国家出版基金项目
NATIONAL PUBLICATION FOUNDATION

涡轮机械与推进系统出版项目

航空发动机技术出版工程

航空发动机机械系统设计

刘振侠　江　平　等　编著

科学出版社

北　京

内 容 简 介

　　机械系统是航空发动机中典型的复杂综合系统,作为与各大气动部件并列的发动机六大部件之一,机械系统的设计必须适应现代高性能航空发动机技术的发展要求。本书针对航空发动机机械系统中附件传动系统、轴承应用设计、滑油系统和发动机密封四部分内容进行系统介绍。从基本概念出发,对机械系统各部分涉及的结构形式、设计要求、设计方法、分析流程、应用设计案例、试验验证、发展展望及新技术等进行全面论述,充分结合典型发动机相关设计实践,力求内容全面、准确、深入浅出。

　　本书面向工程技术人员、高年级本科生及研究生,可以作为航空发动机专业高年级本科生和研究生到航空发动机工程技术人员过渡阶段的参考书。

图书在版编目(CIP)数据

航空发动机机械系统设计 / 刘振侠等编著. --北京:
科学出版社,2022.1
　　(航空发动机技术出版工程)
　　ISBN 978 - 7 - 03 - 070694 - 2

Ⅰ.①航… Ⅱ.①刘… Ⅲ.①航空发动机-机械系统
-系统设计 Ⅳ.①V23

中国版本图书馆 CIP 数据核字(2021)第 240402 号

责任编辑:徐杨峰 / 责任校对:谭宏宇
责任印制:黄晓鸣 / 封面设计:殷 靓

科 学 出 版 社 出版

北京东黄城根北街 16 号
邮政编码:100717
http://www.sciencep.com

南京展望文化发展有限公司排版
广东虎彩云印刷有限公司印刷
科学出版社发行　各地新华书店经销

＊

2022 年 1 月第 一 版　开本:B5(720×1000)
2024 年 12 月第九次印刷　印张:31 1/4
字数:612 000

定价:240.00 元
(如有印装质量问题,我社负责调换)

涡轮机械与推进系统出版项目
顾问委员会

主任委员

张彦仲

委 员

（以姓名笔画为序）

尹泽勇　　乐嘉陵　　朱　荻　　刘大响　　杜善义

李应红　　张　泽　　张立同　　张彦仲　　陈十一

陈懋章　　闻雪友　　宣益民　　徐建中

航空发动机技术出版工程

专家委员会

主任委员

曹建国

副主任委员

李方勇　尹泽勇

委　员

（以姓名笔画为序）

王之林　尹泽勇　甘晓华　向　巧　刘大响

孙　聪　李方勇　李宏新　杨　伟　杨　锐

吴光辉　吴希明　陈少洋　陈祥宝　陈懋章

赵振业　唐　斌　唐长红　曹建国　曹春晓

航空发动机技术出版工程
设计系列
编写委员会

航空发动机机械系统设计
编写委员会

涡轮机械与推进系统出版项目

序

涡轮机械与推进系统涉及航空发动机、航天推进系统、燃气轮机等高端装备。其中每一种装备技术的突破都令国人激动、振奋,但是由于技术上的鸿沟,使得国人一直为之魂牵梦绕。对于所有从事该领域的工作者,如何跨越技术鸿沟,这是历史赋予的使命和挑战。

动力系统作为航空、航天、舰船和能源工业的"心脏",是一个国家科技、工业和国防实力的重要标志。我国也从最初的跟随仿制,向着独立设计制造发展。其中有些技术已与国外先进水平相当,但由于受到基础研究和条件等种种限制,在某些领域与世界先进水平仍有一定的差距。在此背景下,出版一套反映国际先进水平、体现国内最新研究成果的丛书,既切合国家发展战略,又有益于我国涡轮机械与推进系统基础研究和学术水平的提升。"涡轮机械与推进系统出版项目"主要涉及航空发动机、航天推进系统、燃气轮机以及相应的基础研究。图书种类分为专著、译著、教材和工具书等,内容包括领域内专家目前所应用的理论方法和取得的技术成果,也包括来自一线设计人员的实践成果。

"涡轮机械与推进系统出版项目"分为四个方向:航空发动机技术、航天推进技术、燃气轮机技术和基础研究。出版项目分别由科学出版社和浙江大学出版社出版。

出版项目凝结了国内外该领域科研与教学人员的智慧和成果,具有较强的系统性、实用性、前沿性,既可作为实际工作的指导用书,也可作为相关专业人员的参考用书。希望出版项目能够促进该领域的人才培养和技术发展,特别是为航空发动机及燃气轮机的研究提供借鉴。

张彦仲

2019 年 3 月

航空发动机技术出版工程

序

　　航空发动机被誉称为工业皇冠之明珠，实乃科技强国之重器。

　　几十年来，我国航空发动机技术、产品及产业经历了从无到有、从小到大的艰难发展历程，取得了显著成绩。在世界新一轮科技革命、产业变革同我国转变发展方式的历史交汇期，国家决策进一步大力加强航空发动机事业发展，产学研用各界无不为之振奋。

　　迄今，科学出版社于 2019 年、2024 年两次申请国家出版基金，安排了"航空发动机技术出版工程"，确为明智之举。

　　本出版工程旨在总结、推广近期及之前工作中工程、科研、教学的优秀成果，侧重于满足航空发动机工程技术人员的需求，尤其是从学生到工程师过渡阶段的需求，借此也为扩大我国航空发动机卓越工程师队伍略尽绵力。本出版工程包括设计、试验、基础与综合、前沿技术、制造、运营及服务保障六个系列，2019 年启动的前三个系列近五十册任务已完成；后三个系列近三十册任务则于 2024 年启动。对于本出版工程，各级领导十分关注，专家委员会不时指导，编委会成员尽心尽力，出版社诸君敬业把关，各位作者更是日无暇晷、研教著述。同道中人共同努力，方使本出版工程得以顺利开展、如期完成。

　　希望本出版工程对我国航空发动机自主创新发展有所裨益。受能力及时间所限，当有疏误，恭请斧正。

2024 年 10 月修订

前　言

　　航空发动机是为航空飞行器提供动力的高度复杂和精密的热力机械,被喻为飞机的"心脏"。发动机的各大部件(压气机、燃烧室、涡轮等),决定了发动机的"好"与"不好",即是否具有高的性能指标;而发动机的机械系统则决定了发动机的"行"与"不行",即能否安全、可靠工作。

　　现代航空发动机正朝着高推重比、低油耗、高可靠性和长寿命的方向发展,严苛的参数指标对发动机各个零部件都提出了近乎苛刻的性能要求。发动机既需要经受高转速、高温、高载荷的考验,同时又必须满足结构紧凑、重量轻、高可靠性及长寿命的要求。因此,与一般动力装置的机械系统不同,航空发动机的机械系统集中了大量非常尖锐的矛盾(如高载荷与轻质量、高温环境与低耐热能力的工作介质、结构复杂与空间狭小、条件恶劣与高可靠性和长寿命等),由此也带来了大量的技术难题。而且相对于各大部件的研究,机械系统还有一个显著的特点就是它的零部件种类繁多,这些零部件的材料、结构特征、工作原理各不相同,导致机械系统实际上是一个涉及众多学科且相互交叉、综合的极其复杂的研究领域。

　　事实上,发动机故障中机械系统故障的占比一直较高。20世纪80年代初,英国罗·罗公司RB211发动机连续三次发生风扇部件甩出的严重事故,其原因就是风扇前滚子轴承滑油供油不足,滑油冷却不好,造成轴承损伤,引发转子偏斜、封严件磨损、封严间隙加大和滑油外溢;美国空军的TF34发动机在1983年发生90次事故,其中因机械系统问题引起的事故26次,约占28.89%;JT3D型号的发动机滑油系统故障率也达到37.95%。国内由于曾经片面地将机械系统放在从属地位,忽视了其中关键技术的基础研发工作,也使得机械系统故障频发。这也从另一个角度反映出机械系统在航空发动机研制中的重要性。

　　基于机械系统的重要性及其零部件种类繁多且涉及众多学科领域的特点,航空发动机技术先进的国家在很早就针对航空发动机机械系统设立了专门的研究部门,建立了相应的研究队伍,如美国NASA的动力传输试验室、普惠公司的发展部轴承密封分部、德国MTU航空发动机公司的空气与滑油系统研究团队。他们还设立了多个相关的研究计划,从基础研究一直到应用研究,投入大量资金,并取得了丰富的经验。我国从"十五"计划开始,各发动机研究所针对机械系统先后设立了独立的研究部门,并在几个发动机技术研究计划中,将机械系统研究提高到重要的位置。

本书针对航空发动机机械系统中附件传动系统、轴承应用设计、滑油系统和发动机密封四部分内容,分为四篇进行系统介绍。希望通过各篇的阐述,让读者在掌握相关技术研究现状的同时也了解其未来的发展趋势。本书既具有一般性的介绍也有相关内容的专门讨论,充分结合典型发动机相关设计实践,力求内容准确、系统、全面。

航空发动机附件传动系统主要包括中央传动装置、传动杆、附件传动机匣以及联轴器等。附件传动系统的主要作用是起动时将起动机的扭矩通过起动链传递给发动机主轴,从而起动发动机,正常工作时从发动机主轴提取功率,以驱动发动机和飞机附件等。对于高性能航空发动机来说,传动系统需满足轻重量、长寿命、高可靠性要求。齿轮的运转条件较为苛刻,其工作负荷、线速度、工作温度等都较高,因此,传动系统设计时必须进行系统综合匹配优化(如结构布局优化、传动链优化及系统动态分析等),采用合理的结构(如集成化的附件机匣)、材料、工艺。本书第一篇为航空发动机附件传动系统,共11章。主要介绍了传动系统的类型及布局、传动系统设计的基本要求或准则、齿轮及支承结构和附件机匣壳体结构设计、齿轮强度和振动设计、传动轴及花键连接设计、传动机匣壳体联轴器和离合器设计、附件传动系统试验验证项目及传动系统常见故障、附件传动系统未来发展趋势等方面,较为全面地阐述了传动系统的研制过程和发展方向。

轴承的主要功能是支承发动机转子和传动轴,引导旋转件精确转动,传递旋转件的载荷,为转子提供良好的定位精度和足够的支承刚性。根据轴承在发动机中安装部位的不同,航空发动机轴承分为主轴轴承、附件传动轴承、减速器轴承等。随着航空发动机推重比/功重比及寿命需求的不断提升,对轴承的性能、寿命和可靠性提出了更高的要求。对于航空发动机轴承,除了轴承自身在设计、材料、制造等方面的优化和改进等外,轴承应用设计则是通过合理选择轴承配置和类型、尺寸,设计合适的安装和润滑,提高轴承与转速、载荷、环境条件的适应性,满足发动机需求。本书第二篇为轴承应用设计,共11章,仅包含轴承应用设计方面的内容。从常用轴承的基础知识出发,介绍了航空发动机常见的轴承选型和配置形式、轴承初步设计和分析方法,特别对轴承的润滑与冷却、轴承安装、轴承集成等通过应用案例进行了重点阐述,另外还简要介绍了轴承的主要试验项目和轴承失效模式及预防措施。

滑油系统是航空发动机机械系统的重要组成部分,主要功能是向发动机供给滑油,保证轴承、齿轮等机械零部件的有效润滑和冷却,并带走运动表面的磨粒和污物。对于目前仍以机械传动为基础的绝大多数航空发动机,高温、高转速、高负荷条件下,其主轴轴承、传动齿轮等零部件的工作环境十分恶劣,必须配备滑油系统,以保证发动机的可靠工作。滑油系统涉及的部件种类繁多、安装分散,其外部管路及附件大多分布于发动机机匣外部,任一部件出现问题都可能会影响整个系统的正常运转。西方航空发达国家针对发动机滑油系统制定了一系列专门的研究计划,取得了许多突破性的成果,有些已经应用于实践。随着我国航空发动机技术的发展,相关投入不断增加,发动机设计研究机构积累了丰富的工程经验,针对其中的生热、两相流传热等基础前沿问题不断探索,基本形成了滑油系统的设计分析能力。本书第三篇为航空发动机滑油系统,共 10 章。从滑油系统的类型出发,介绍了滑油系统三大子系统(供油、回油和通风系统)及其主要部件的功能、设计要求、设计和分析方法、验证试验等,特别对滑油系统中"热问题"最集中、最突出的部位——轴承腔及其热分析进行了重点阐述。

发动机密封技术研究重点是发动机流路动密封、主轴承腔动密封、附件传动轴端动密封以及发动机静密封的设计技术与试验技术等。发动机自诞生时起,密封问题导致的故障和事故时有发生,对发动机的性能、可靠性、寿命和维护性具有重大的影响。随着发动机技术的发展,密封技术已成为影响发动机性能和寿命的重要因素,高性能的密封可以提高发动机效率,减少污染物的排放,例如某些先进的发动机密封技术可使发动机推力提高 1%~3%,耗油率降低 3%~5%。下一代发动机将会逐渐提高压比和循环温度,因此能在高转速、高环境温度和高压比的条件下,并且保持高性能、高可靠性和长寿命的发动机密封技术将成为发动机是否能达到设计目标的重要技术之一。本书第四篇为发动机密封,共 8 章。首先从系统设计方面阐述了发动机密封系统的设计理念,然后对发动机典型的静密封装置和动密封装置的设计和故障进行介绍;同时还对发动机密封相关的材料和试验项目进行了介绍。发动机密封系统的设计与发动机的总体结构、发动机空气系统、发动机滑油系统、发动机通风系统紧密相关,发动机密封技术还考虑到材料、流体(气体、液体)、运动、摩擦学、热力学、传热学、机械加工和气动学等多个学科的耦合影响。

本书主要针对涡轮喷气、涡轮风扇、涡轮轴、涡轮螺桨发动机,包括航空发动机附件传动系统、轴承应用设计、航空发动机滑油系统、发动机密封共四篇。其中,第一篇由李贵林、王蓉主撰并协调统稿,第二篇由江平、王群主撰并协调统稿,第三篇由刘振侠、朱鹏飞主撰并协调统稿,第四篇由张振生主撰并协调统稿,全书由刘振侠、江平、朱鹏飞全面协调、统稿和编撰。参加本书编撰的主要人员已列入本书编写委员会。除此之外,参加编撰的人还有:黄宏亮、陈华清、郭梅、谭见钱、雷敦财、闫国斌、冯小川、孙志强、魏建波、于庆杰、赵燕、颜家森、张尊浩、周占生、梁志远、刘贞涛、袁同燕、张振、王敏、张丽芬、张立静、郭松、张杰一、常城、程瑶、李齐飞、王晓燕、司佳鑫。书稿编撰过程中侯岩锟、蔡钦等参与了插图绘制,朱泽韬、潘迎等参与了书稿的校对,在此一并表示感谢。

本书涉及四个子系统,关注对象、研究重点、学科专业均有不同,各具特色。由于内容繁多,各专业符号术语使用习惯差异,且参与撰写人员众多,本书公式符号采取了各篇篇内统一的方法。航空发动机技术加速发展,相关技术发展突飞猛进,而编者视野狭隘,水平有限,书中应提未提内容一定不少,问题和错误在所难免,还望读者批评指正!

刘振侠

2021 年 7 月 31 日

目 录

第一篇 航空发动机附件传动系统

第1章 附件传动系统类型

第2章 传动系统部件设计

第3章 齿轮及支承结构设计

第4章 齿轮强度和振动设计

第5章 传动轴及花键连接

第6章 传动机匣壳体

第7章　联轴器

第8章　离合器

第9章　附件传动系统试验验证

第 10 章 传动系统常见的故障及解决措施

第 11 章 附件传动系统未来发展趋势

第二篇 轴承应用设计

第 12 章 航空发动机滚动轴承类型与特点

第 13 章　航空发动机轴承类型选择

第 14 章　滚动轴承设计

第 15 章　滚动轴承的润滑与冷却

第16章　滚动轴承的配合

第17章　滚动轴承安装结构及相关零部件设计

第18章　滚动轴承集成结构设计

第 19 章　滚动轴承应用设计实例

第 20 章　轴承试验与验证

第 21 章　滚动轴承失效与预防

第 22 章　航空发动机轴承技术发展展望

第三篇　航空发动机滑油系统

第 23 章　航空发动机滑油系统类型

第 24 章　供油系统设计分析

第 25 章　回油系统设计分析

第 28 章　滑油系统设计与分析

第 29 章　润滑油

第 30 章　滑油系统试验验证

第 31 章　系统监测与故障诊断

第 32 章　滑油系统的发展展望

第四篇　发动机密封

第 33 章　发动机密封技术的发展现状

第 34 章　发动机密封的系统性设计

第 35 章　发动机静密封

第 36 章 发动机动密封

第 37 章 发动机密封材料

第38章　发动机密封典型故障与分析

第39章　发动机密封试验验证

第 40 章　发动机密封技术发展展望

第一篇
航空发动机附件传动系统

第1章
附件传动系统类型

航空燃气涡轮发动机(包括涡喷、涡扇、涡轴、涡桨发动机等)、航空燃气涡轮辅助动力装置(以下简称辅助动力装置)一般包含电气、控制、燃油、滑油等系统附件,以保证其自身正常工作,航空燃气涡轮发动机同时也对飞行器(飞机)的液压、气压、电气等系统附件提供动力,辅助动力装置也可为这些系统提供辅助动力能源。飞机和发动机附件的传动方式主要有三种:机械传动、电驱动、高压气体驱动,机械传动是目前航空燃气涡轮发动机中广泛采用的传动方式,本篇主要介绍机械传动(齿轮传动)的动力传输方式,篇中所述的传动系统即为附件传动系统。

1.1　航空燃气涡轮发动机

1.1.1　附件传动系统

航空燃气涡轮发动机(以下简称航空发动机)附件传动系统主要有以下几个功能:

(1) 发动机起动时将安装在附件传动机匣上的起动机功率传输给发动机转子;

(2) 发动机正常工作时,提取发动机转子功率,传递给安装在附件传动机匣上的其他传动附件(滑油系统、燃油系统、电气系统、控制系统和空气系统等),如表1.1所示;

(3) 为发动机和飞机附件提供安装平台。

表 1.1　航空发动机常用传动附件

附件名称	功　　能	所属系统	备　注
燃油增压泵	将飞机油箱的燃油压力进行初步提升,为主泵-控制装置、加力泵、喷口油源泵等提供低压燃油。	燃油系统	发动机附件
主燃油泵-调节器	控制并定量向主燃烧室提供燃油	控制系统	发动机附件
加力燃油泵-调节器	控制并定量向加力燃油系统供油,从飞机燃油系统应急放油	控制系统	发动机附件

续　表

附件名称	功　　能	所属系统	备　注
喷口油源泵	向喷口调节装置供高压油,实现喷口面积控制	燃油系统	发动机附件
伺服燃油泵	向伺服作动机构(导叶控制装置、喷口控制装置、矢量喷管控制装置、主动间隙控制等)供高压油	燃油系统	发动机附件
滑油泵	为发动机的摩擦副(齿轮、轴承、花键、动密封等)提供滑油润滑和冷却,并使滑油循环使用	滑油系统	发动机附件
离心通风器	作为除油器,用于通风系统中分离滑油并使油腔与大气相通,利用离心原理进行油气分离	滑油系统	发动机附件
油气分离器	作为灭泡器,将滑油中的油和气体分离	滑油系统	发动机附件
转速传感器	旋转磁性齿轮轮齿感应磁敏电阻,产生脉冲信号,输出至计数器并转化为转速	控制系统	发动机附件
起动机	带转发动机转子到点火转速直至脱开	起动系统	飞机附件
发电机	为飞机的机载设备提供电源	电气系统	飞机附件
控制电机	为数控系统提供电源	控制系统	发动机附件
鼓风机	为粒子分离器提供高压空气	空气系统	军用直升机特有
液压泵	为飞行操纵作动器、起落架、机轮制动、前轮转向等功能装置提供高压液压油	液压系统	飞机附件

1.1.2　传动类型及特点

　　航空发动机附件传动系统当前主要采用经典的齿轮传动方式进行功率传递,传动系统零组件主要包括齿轮、轴承、机匣、传动轴、联轴器、离合器等。机械式齿轮传动方式历史悠久,其加工、使用和维护经验都非常成熟,传动功率和速度的适用范围广,具有恒定的传动比,传动效率高,传动可靠,使用寿命长,结构也比较紧凑。但这种传动方式对加工和安装精度要求较高,成本相对较高,使用过程中容易因齿轮啮合时产生的激励而诱发振动问题,噪声也比较大,影响使用的舒适性。

　　附件传动系统根据附件安装方式可分为齿轮箱式(或整体式)、混合式。齿轮箱式附件传动系统特点为,发动机及飞机附件集中安装于一个或多个齿轮箱式机匣上,根据在发动机的位置分布,可包括内部的中央传动装置(简称中央传动),以及外部的附件传动装置(简称附件机匣)。混合式附件传动系统特点为,发动机及飞机附件中并不是所有的附件都集中安装于齿轮箱式机匣上,而是部分附件集成于发动机内部或其他机匣上,可通过包含齿轮传动的多种方式联合驱动,如由发动机内部主轴直接驱动,由引气、液压、电机等一种或多种方式驱动,且在发动机内、外多个部位分散独立布置。

1.1.3　传动系统布置

1. 涡轴、涡桨发动机

涡轴、涡桨发动机附件传动系统通常位于发动机的冷端部分,是涡轴、涡桨发动机的重要组成部分,一般约占整个发动机重量的 10%。附件传动系统包括中央传动装置和附件传动装置,大多采用单元体集成化设计,所有附件都安装在一个机匣上,没有专门的飞机附件机匣(也称飞附机匣)。

由于附件传动系统中有大量的盘状齿轮,布置时除了尽可能减少发动机的迎风面积,方便发动机维护,还必须避开齿轮对进气流道的干扰,因此发动机的进气方式对涡轴、涡桨发动机附件传动系统的布置有重大的影响。采用涡轴、涡桨发动机作为动力的飞机/直升机,飞行马赫数都不超过 1,发动机可以选用轴向进气也可选用径向进气,附件传动系统应根据不同的进气方式进行相应布置。

对于轴向进气的涡轴、涡桨发动机(图 1.1),中央传动装置从发动机转子上提取功率后,通过一根细长的中央传动轴(也称径向传动轴、传动杆),穿过进气机匣进气流道中的支板,传递到位于发动机上方或下方的附件传动装置,发动机/飞机附件可布置在附件机匣的前、后端,附件传动装置一般安装固定在进气机匣上。

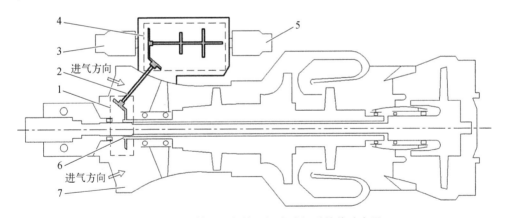

图 1.1　典型轴向进气的飞机发动机附件传动布局

1. 中央传动装置;2. 中央传动轴;3. 发动机/飞机附件;
4. 附件传动装置;5. 发动机/飞机附件;6. 发动机转子;7. 进气机匣

对于径向进气的涡轴、涡桨发动机(图 1.2),中央传动装置从发动机转子上提取功率后,直接传递给附件传动装置,由于附件传动系统与进气流道没有重叠,通常可以将附件传动装置布置在发动机的正前方(一般位于进气道之前),与进气机匣轴向连接固定,发动机/飞机附件可布置在附件机匣的前方。

两种进气方式的发动机附件传动系统布置方式各有特点:

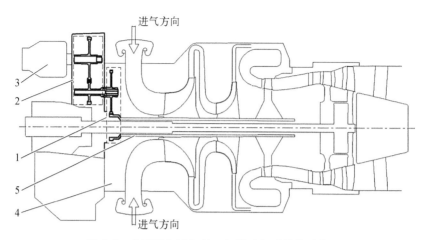

图 1.2 典型径向进气的飞机发动机附件传动布局

1. 中央传动装置;2. 附件传动装置;3. 发动机/飞机附件;4. 进气机匣;5. 发动机转子

（1）径向进气发动机附件传动系统的周向轮廓基本位于发动机三大部件的周向轮廓范围内,更有利于减少发动机的迎风面积,降低飞行阻力。

（2）径向进气发动机附件传动系统结构更简单,整个中央传动装置只需要一对圆柱齿轮,省略了中央传动机匣、支撑轴承和中央传动轴,也避免了采用锥齿轮换向传动。由于锥齿轮的加工成本更高,且需要选配调整垫保证啮合侧隙及印痕,装配难度也更大,同时锥齿轮副啮合时产生的轴向力还是诱发齿轮振动的主要激励之一。此外,高速、细长且通过花键浮动连接的中央传动轴是整个附件传动系统中最薄弱的一个零件,长期使用统计数据表明,该轴的故障率相对较高,详见本篇第10.2节"花键故障"。因此,使用径向进气发动机的附件传动系统,能够减少传动零件数量和传动链长度,降低加工、装配难度和成本,提高发动机工作可靠性。

（3）径向进气发动机的附件传动系统布置在发动机正前方时,各类附件也只能布置在附件传动机匣的前端,留给附件的布置空间相对轴向进气发动机的附件传动系统要少。

总的说来,在两种进气方式都满足发动机总体要求的前提下,径向进气的发动机更有利于附件传动系统布局和设计,建议优先采用。

2. 涡喷、涡扇发动机

现代先进军用战斗机、民用航空飞机的动力装置普遍采用涡轮喷气(涡喷)发动机、涡轮风扇(涡扇)发动机。此外,在通用航空飞机、民用支线飞机、靶机、无人机和巡航导弹等领域也广泛使用涡喷、涡扇发动机。

大中型军、民用飞机的发动机及飞机附件传动装置通常以齿轮箱式附件传动系统为主,并普遍采用齿轮箱式单元体设计,便于维护。

军用战斗机发动机附件传动系统包括中央传动装置(内部齿轮箱)、中央传动杆、发动机附件机匣(也称发附机匣)、联轴器、飞机附件机匣等。一般将发动机附件、飞机附件分别安装于各自独立的传动齿轮箱上,分别称为发动机附件传动(engine mounted accessory drive,EMAD)、飞机附件传动(airframe mounted accessory drive,AMAD)。发动机附件机匣固定安装于发动机机体上,飞机附件机匣固定安装于飞机机体上,两个齿轮箱之间通过联轴器(动力输出轴、柔性轴)连接。典型军用飞机发动机附件传动布局见图 1.3。

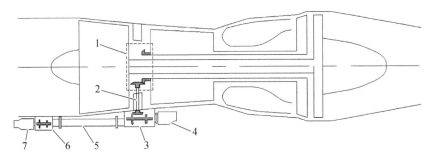

图 1.3 典型军用飞机发动机附件传动布局

1. 中央传动装置;2. 中央传动杆;3. 发动机附件机匣;4. 发动机附件;
5. 联轴器;6. 飞机附件机匣;7. 飞机附件

民用飞机常采用大涵道比涡扇发动机,发动机附件和飞机附件一般安装于同一个附件传动齿轮箱上,也常称为主齿轮箱。若传动路径较长,部分发动机附件传动系统还包含一个中间齿轮箱(角传动齿轮箱)。考虑维修性、可达性等要求,附件机匣一般置于发动机底部,安装于风扇机匣外缘。如果风扇尺寸较大,附件齿轮箱则安装于核心机底部外缘,如图 1.4 所示。

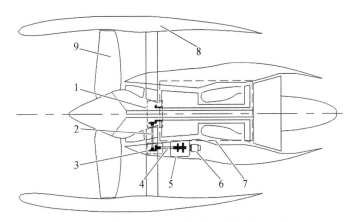

图 1.4 典型民用飞机发动机附件传动布局

1. 中央传动装置;2. 中央传动杆;3. 中间齿轮箱;4. 水平传动轴;
5. 附件机匣;6. 发动机/飞机附件;7. 核心机;8. 风扇机匣;9. 风扇

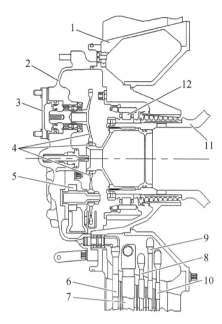

**图 1.5　JT8D 系列发动机部分附件
集成于进气机匣**

1. 风扇进气机匣；2. 前附件传动支撑座；
3. 1#转速表安装座；4. 前附件传动齿轮；
5. 1#支点回油泵；6. 转速表引线管；
7. 通风管；8. 回油管；9. 供油管；
10. 进气压力测试管；11. 风扇轴；12. 1#支点

也有一些发动机将部分附件集成于发动机内部，如 JT8D 系列涡扇发动机将部分附件集成于进气机匣内，称为前附件传动，如图 1.5 所示。前附件传动的附件包括 1#支点回油泵、低压转子转速表。附件动力从风扇轴引出，分成上、下两路，上路传递至安装于前附件传动支撑座上的转速表，下路传递至回油泵，该泵与前附件传动支撑座集成设计。转速表引线管、1#支点轴承腔通风管、供油管、回油管、进气压力测试管从风扇底部支板引出。

对于小、微型涡轮发动机（micro turbine engine，MTE），尤其是短寿命的弹用发动机，其一次性使用、低成本、高可靠性等要求，使得结构简单、可靠的集成化附件传动设计思想显得尤为重要。例如，TRI 60 系列发动机附件主要集中于发动机机体前端进气口的中部，集成安装于进气机匣的进气锥内，主要包括燃、滑油泵组等，附件传动功率由转子前端安装的直齿轮引出，如图 1.6 所示。

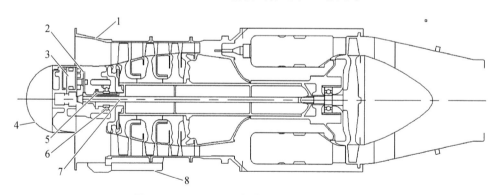

图 1.6　TRI 60 系列发动机附件集成于进气锥

1. 进气机匣；2. 直齿轮；3. 燃、滑油泵；4. 进气锥；
5. 离心通风器；6. 前支点；7. 转子；8. 滑油箱

将附件机匣与进气机匣集成，并把附件安装于进气锥或进气通道内部的附件传动形式，在其他弹用发动机中也广泛采用，如 Arbizon 系列、J402 系列涡喷发动机等。其中，J402 发动机的发电机置于进气锥，离心燃油泵则置于排气尾锥内，并将热负荷较高的后轴承用燃油进行润滑冷却。而 MS400 单轴涡扇发动机则将燃、滑油泵和发电机集成于中介机匣内,通过风扇轴引出功率,如图 1.7 所示,同时将火药起动器集成于排气尾锥内。显然,混合式附件传动系统的非单元体设计,各附件布置更为灵活,与发动机主承力机匣及转子结构设计融合也更为紧密,同时也与该类型 MTE 的设计思路很好地统一。

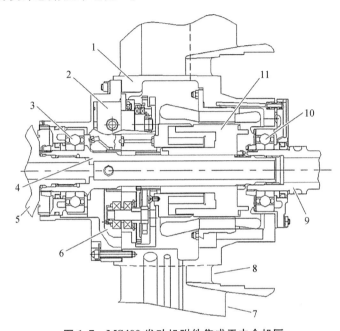

图 1.7　MS400 发动机附件集成于中介机匣

1. 中介机匣;2. 燃油泵;3. 1#支点;4. 风扇轴;5. 风扇一级盘;6. 滑油泵;
7. 外涵道;8. 内涵道;9. 压气机轴;10. 2#支点;11. 发电机

1.2　辅助动力装置

1.2.1　附件传动系统

辅助动力装置(auxiliary power unit,APU)附件传动系统的主要功能是:

(1)起动时,附件传动系统将起动装置(直流电起动机、液压马达)扭矩经齿轮传动带转燃气发生器转子,使其点火起动;

(2)正常工作时,附件传动系统从燃气发生器转子上提取一定的功率,并按固定传动比使附件在一定转速、转向下工作,保证辅助动力装置在寿命期内稳定工作。

辅助动力装置起动成功后需切断起动装置与辅助动力装置燃气发生器转子之间的动力传递,防止起动装置的转子发生随动,因此需要采用离合器。辅助动力装置中的离合器一般单独设置在附件传动系统中,也有些直接集成在起动装置上。

辅助动力装置附件包括起动系统附件（如液压起动附件-液压马达、电起动附件-直流电起动机）、滑油系统附件（如滑油泵、滑油滤、滑油温度传感器、滑油压力传感器和磁性屑末检测器）、燃油与控制系统附件（如燃油调节器、燃油电磁阀组件、燃油滤和转速传感器）、电气系统附件（电子控制器、点火电嘴和点火电缆）等。

1.2.2　传动类型

辅助动力装置包括轴功率输出的辅助动力装置、气压型输出的辅助动力装置、全电型辅助动力装置和组合型辅助动力装置。

辅助动力装置附件传动系统一般采用齿轮传动，目前广泛应用的是渐开线圆柱齿轮和锥齿轮。由于附件传动系统传动载荷较小，大部分都采用直齿圆柱齿轮。对于轴功率输出的辅助动力装置一般需要输出较大的轴功率，为了提高齿轮系的承载能力、降低传动噪声，一般会采用功率分流的斜齿轮传动方式，如星型传动。功率分流的传动方式应着重考虑齿轮的均载特性，采取合理的均载措施，如柔性齿圈、太阳轮浮动、齿圈浮动、行星轮弧齿厚分组等；斜齿圆柱齿轮传动由于啮合时会产生轴向力，必须提高轴和机匣的强度和刚度，并采用止推轴承。

1.2.3　传动系统布置

辅助动力装置本质上就是一台燃气涡轮发动机，但是它不直接为飞机（包括直升机）提供飞行动力，而是为主发动机提供起动能源，为飞机的环控、液压、电力等系统提供辅助能源。

辅助动力装置一般采用径向进气，附件传动系统一般布置在辅助动力装置的前端，采用平行轴简单传动（图 1.8）。附件传动系统位于进气机匣前端，附件传动

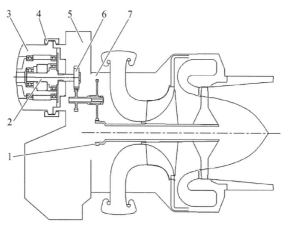

图 1.8　离合器集成在起动装置中的某辅助动力装置

1. 燃气发生器转子；2. 离合器；3. 起动装置；4. 快卸环组件；5. 附件传动机匣；6. 齿轮；7. 进气机匣

机匣集成滑油箱,与起动装置之间通过快卸环组件连接,以提高辅助动力装置的维护性。起动装置集成离合器和齿轮,齿轮安装在离合器的内环上,与燃气发生器转子之间通过平行轴齿轮传动。

　　也有某些辅助动力装置将离合器单独布置在附件传动齿轮系中(图 1.9),附件传动系统上的传动附件从燃气发生器转子上提取功率,起动装置的传动轴通过花键驱动离合器的内环,离合器外环与齿轮采用一体化设计,附件传动机匣与进气机匣连接。

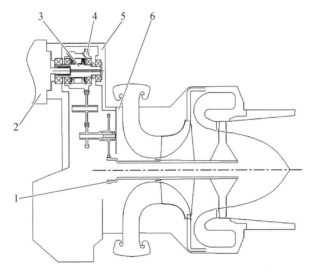

图 1.9　离合器布置在附件传动齿轮系中的某辅助动力装置

1. 燃气发生器转子;2. 起动装置;3. 离合器;4. 齿轮;5. 附件传动机匣;6. 进气机匣

第2章
传动系统部件设计

航空发动机附件传动系统的核心用途是进行飞机及发动机附件与发动机之间的功率传输。对于不同的飞机或飞行器,飞机及发动机相关附件系统的类型、数量存在显著差异。因而,发动机附件传动系统设计必须在发动机型号论证初期,与发动机总体、各分系统进行统筹和同步设计。基于特定的附件需求,按发动机型号研制要求,开展相应的附件传动系统及部件设计。

2.1 传动系统设计要求和准则

2.1.1 传动系统设计要求

传动系统作为主要部件或系统之一,发动机型号规范或总体明确规定附件传动系统的设计要求,主要涉及功能、结构、性能等方面,并作为系统设计的主要依据。附件传动系统设计要求[1]一般包括以下方面:

(1) 传动系统的功能、类型、定义以及基本构成;

(2) 系统的主要性能指标,如功率提取、传动效率、寿命、重量等;

(3) 附件传动的布局和结构;

(4) 附件的主要性能及结构特点,如驱动方式、转向、扭矩或功率、转速、传动比、外廓尺寸等;

(5) 起动及工作包线要求;

(6) 润滑特性要求;

(7) 振动、姿态、环境条件要求;

(8) 可靠性、维修性、测试性等通用质量特性及适航要求。

2.1.2 传动系统设计准则

附件传动系统的一般设计准则包括:

(1) 结构设计应简单、紧凑、重量轻,保证寿命要求条件下工作安全、可靠;

（2）根据发动机要求进行选材，材料选择应考虑实用性、通用性、成熟性、经济性等；

（3）结构设计应有良好的工艺性。

齿轮箱式附件传动系统基本设计准则包括：

（1）满足各传动附件所要求的功率、转速、转向、外廓尺寸和安装要求，满足总体设计要求的重量和迎风面积的限制；

（2）附件传动系统应有适用于安装和传动发动机附件及飞机附件的安装座和传动装置，并尽可能采用标准零部件，应给出传动形式、传动比、转向、扭矩、悬臂力矩、最大花键偏斜等；

（3）应考虑传动附件的合理安排，选择合适的传动链方案，满足可达性和维护性要求；

（4）齿轮传动链设计应考虑各个齿轮、轴承的寿命相对均衡性，避免重载传动路线长，以及局部传动链载荷过大；

（5）当每一传动装置都按其规定的最大允许扭矩或额定功率工作时，附件传动系统的所有传动装置应具有同时工作的能力；

（6）附件传动装置上的任何附件和组件应能独立拆装，附件的安装位置应尽可能靠近服务对象；

（7）应合理选择附件传动齿轮箱的密封装置，一般在不拆卸整个齿轮箱的情况下能检查和更换；

（8）附件的安装固定要可靠，防止振动造成损坏，保证附件系统在飞行条件下工作可靠；

（9）附件传动系统宜安排一个手动转动发动机燃气发生器转子的装置，以便进行转子盘车检查。

2.2 中央传动装置设计

中央传动装置安装于发动机内部，传递发动机主轴功率。一般由一对角传动锥齿轮、支承轴承及机匣壳体等结构组成，也有部分中小型径向进气的发动机附件传动系统的中央传动装置为圆柱齿轮系。对于角传动锥齿轮中央传动，主动锥齿轮与发动机主轴主要有三种基本的连接方式[2]：直接连接、短轴连接、中介齿轮轴连接。

2.2.1 直接连接

图 2.1 为直接连接结构示意图。中央传动装置通常为单元体设计，主动锥齿轮直接安装在主轴上，由发动机主轴承支撑，锥齿轮与主轴之间通过花键传扭。这

种结构最为简单、紧凑,零件数量最少,重量较轻,在欧美军、民用发动机中均普遍采用,也是现代航空发动机单元体设计概念应用中最普遍的结构形式。但需要注意的是,发动机主轴轴向窜动对锥齿轮啮合影响较大,要求锥齿轮在最大轴向位移状态下也能可靠工作。

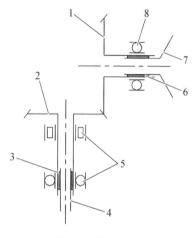
图 2.1   直接连接
1. 主动锥齿轮;2. 从动锥齿轮;3. 花键;
4. 中央传动杆;5. 从动轮轴承;6. 花键;
7. 主轴;8. 发动机主轴承

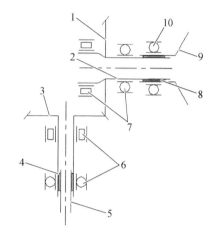
图 2.2   短轴连接
1. 主动锥齿轮;2. 短轴;3. 从动锥齿轮;4. 花键;
5. 中央传动杆;6. 从动轮轴承;7. 主动轮轴承;
8. 花键;9. 短轴;10. 发动机主轴承

2.2.2   短轴连接

图 2.2 为短轴连接结构示意图。主动锥齿轮置于一根短轴上,并由两个轴承进行独立支撑及定位,短轴与主轴之间通过花键传扭。中央传动装置和发动机主轴之间运转相对独立,主轴的轴向窜动,经过花键相对滑动而抵消,故相互影响较小,锥齿轮副具有更高的工作可靠性。但这种结构较为复杂,零件数量较多,在俄罗斯、乌克兰等国研制的发动机上应用较多。

2.2.3   中介齿轮轴连接

图 2.3 为中介齿轮轴连接结构示意图。主动锥齿轮安装或一体化设计在一根中介齿轮轴上,该轴的另一端或与锥齿轮同侧,设计有外啮合或内啮合的圆柱齿轮副,实现与主轴功率传递。主轴可一体化设计直齿,或单独设计一根圆柱齿轮轴,通过花键与主轴连接。这种连接方式避免了发动机主轴轴向窜动对锥齿轮啮合的影响,同样具有锥齿轮副工作可靠性高的优势,但连接方式最复杂,零件数量最多,重量也最重。乌克兰 АИ-25、法国 Larzac 等发动机均采用了这种连接方式。

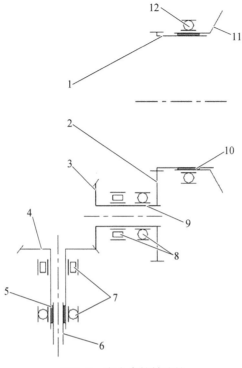

图 2.3　中介齿轮轴连接

1. 圆柱齿轮轴；2. 直齿圆柱齿轮；3. 主动锥齿轮；4. 从动锥齿轮；5. 花键；6. 中央传动杆；
7. 从动轮轴承；8. 中介轴支承轴承；9. 中介齿轮轴；10. 花键；11. 主轴；12. 发动机主轴承

2.3　附件传动机匣设计

附件传动机匣是一种齿轮箱式传动装置，主要包括壳体、齿轮、轴承及轴端密封等部件，这些部件在结构上相互关联，受力上相互影响，是复杂的动力传输部件。

2.3.1　角传动齿轮箱

角传动齿轮箱通常采用相交轴传动，主、从动齿轮轴相交并呈一定角度，实现动力转向。实际角度根据发动机的布局进行确定，以 90° 相交轴居多。图 2.4 为典型的角传动齿轮箱，通过一对锥齿轮将竖直轴传动转为水平轴传动，通过中央传动杆与中央传动装

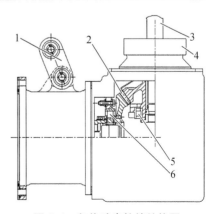

图 2.4　角传动齿轮箱结构图

1. 吊耳；2. 一对锥齿轮；3. 中央传动杆；
4. 中介机匣；5、6. 轴承

置相连。

角传动齿轮箱主要用于大涵道比涡轮风扇发动机上,齿轮箱内包括一对锥齿轮,锥齿轮两端分别由球轴承和滚棒轴承支撑。锥齿轮润滑为喷射润滑,在进入啮合端和退出啮合端分别由喷嘴供油对齿轮进行润滑、冷却。转接齿轮箱通过螺栓与发动机机匣正下方的吊耳连接,在角传动齿轮箱主壳体上方的安装座与中介机匣通过止口连接。

2.3.2　平行轴式齿轮箱

各飞机或发动机附件由一系列平行齿轮轴带动,如图 2.5 所示。平行轴间由直齿或斜齿圆柱齿轮传递扭矩。附件安装在齿轮箱前后两侧的安装座上,通过快卸环连接。壳体通常用镁合金或铝合金,齿轮用渗碳钢或氮化钢。

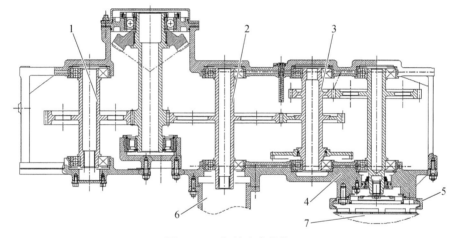

图 2.5　平行轴式齿轮箱

1、2、3. 齿轮轴;4. 安装座;5. 快卸环;6. 附件 1;7. 附件 2

平行轴式齿轮箱设计应重点考虑以下几个方面。

1. 合理安排传动链

传动链要根据各附件传递功率均衡安排位置,将大功率附件分散排列,避免大功率附件集中在一条传动链上,造成齿轮、轴承承受载荷过大,如图 2.6 所示,方案 1 中虚线框内的齿轮承受附件 1 和附件 2 的总功率,如果采用方案 2,附件 1 和附件 2 的功率分别由两个传动链承受,减小了齿轮、轴承的负荷。

2. 提高壳体定位精度与刚度

机匣壳体有剖分式和整体式两种,如图 2.7 所示。剖分式由两个或两个以上的机匣壳体组成;整体式只有一个机匣壳体。剖分式机匣结构紧凑,适用于空间限制严格的发动机,齿轮轴两端的轴承安装在不同的壳体上,需要采取措施保证齿轮

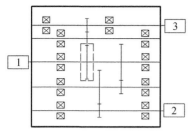 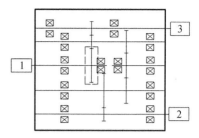

(a) 传动链方案1　　　　　　　　(b) 传动链方案2

图 2.6　传动链布局

1. 附件 1;2. 附件 2;3. 功率输入

轴有较高的同心度。整体式机匣周向展开空间大,适用于直径较大的发动机,齿轮轴两端的轴承安装在同一壳体上,齿轮轴同心度高。不论哪种形式的壳体,都应在局部进行加强。

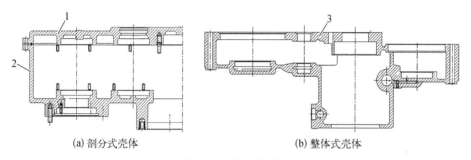

(a) 剖分式壳体　　　　　　　　(b) 整体式壳体

图 2.7　壳体结构形式

1. 前壳体;2. 后壳体;3. 附件机匣壳体

3. 轴承形式优化

通常附件机匣内轴承结构形式有无安装边和带安装边两种,如图 2.8 所示。无安装边轴承外圈与壳体采用间隙配合,长时间工作后安装孔易产生磨损;带安装边轴承通过螺桩直接安装在壳体上,轴承与壳体间为间隙配合,零件数量少;可以

(a) 无安装边轴承　　　　　　　(b) 带安装边轴承

图 2.8　轴承结构形式

减少基准转换次数,保证齿轮轴有较高的同心度。因此使用带安装边轴承可以大大提高可靠性,附件机匣轴承设计推荐采用该方案。

4. 齿轮轴优化

齿轮和轴建议设计为一体,且尽可能不采用双联齿轮结构形式。如果确需采用双联齿轮结构,则应设计合适的连接方式。通常双联齿轮结构(含齿轮和轴的连接)有一体化结构、机械连接和焊接三种形式,如图 2.9 所示。一体化连接设计条件是两个齿轮之间的距离大于磨齿砂轮退刀行程;机械连接是通过圆柱销和螺纹销将齿轮轮毂与轴相连;焊接形式是通过电子束焊将大齿轮连接到小齿轮轴上。推荐优先选用一体化连接形式,结构简单,重量轻,可靠性高;机械连接零件数量多,结构相对复杂;焊接形式对焊接工艺水平要求较高,欧美多使用该种形式。此外,过盈连接或过盈+花键连接在功率传递较小的场合也是常用的连接方式。

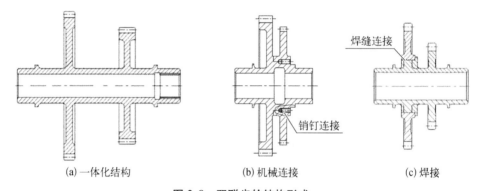

(a) 一体化结构   (b) 机械连接   (c) 焊接

图 2.9 双联齿轮结构形式

5. 传动杆优化设计

传动杆是发动机传动系统中较易出现故障的部件,特别是传动杆花键经常出现磨损。设计时应对振动特性、花键偏斜角、表面硬度及润滑冷却方面进行优化。

必须重视对临界转速的分析,工作转速范围内不能存在临界转速。通常情况下从发动机内部传递动力的中央传动杆和飞、发附机匣之间传递动力的传动杆还需进行动平衡。对传动杆上的花键应进行润滑,减缓磨损。

第3章
齿轮及支承结构设计

航空发动机对各部件、系统的使用寿命和工作可靠性都有具体的要求。齿轮及支承结构设计对附件传动系统的可靠安全工作具有决定性作用。齿轮及支承结构设计是传动系统设计中基本而重要的内容。

3.1 齿 轮 类 型

齿轮的种类很多,其分类方法有:按齿轮的外形和轴线相对位置关系;按齿线、齿廓等齿形形状;按用途和功能;按应用材料等。根据齿轮副安装轴的布置形式或相对位置进行分类[3],齿轮可分为平行轴传动齿轮、相交轴传动齿轮、交错轴传动齿轮,见表 3.1。

表 3.1 航空齿轮根据齿轮副安装轴相对位置分类

类　　型	主 要 特 点	主要齿轮应用
平行轴传动齿轮	输入轴与输出轴平行;中等传动比,传动比范围 1~20;传动效率高;节圆圆周速度高	圆柱直齿轮、斜齿轮、人字齿轮、圆弧齿轮等
相交轴传动齿轮	输入轴与输出轴相交;传动比比较低,传动比范围 1~8;传动效率高;节圆圆周速度较高	直齿锥齿轮、弧齿锥齿轮、零度齿锥齿轮、面齿轮等
交错轴传动齿轮	输入轴与输出轴相错;传动比很高,传动比范围 1~100;传动效率低;节圆圆周速度低	蜗杆副、准双曲面齿轮、相交斜齿轮等

航空发动机附件传动齿轮主要是平行轴传动齿轮、相交轴传动齿轮,其特点为重量轻、线速度高、应力高,中央传动齿轮的高速、高应力特点尤为突出。基于此,现代大中型航空发动机附件传动系统的相交轴传动齿轮普遍采用具有相对较高承载能力和传动平稳性的弧齿锥齿轮,而外部齿轮箱中平行轴传动齿轮 90%以上采用的是薄轮缘的直齿圆柱齿轮,仅有少部分大功率附件,如起动机等,其传动齿轮采用斜齿圆柱齿轮。本章对于齿轮设计的论述主要涉及目前航空发动机附件传动最常用的弧齿锥齿轮、直齿圆柱齿轮,对于其他结构类型齿轮设计可参考相关标准和手册[4]。

3.2　齿轮设计基本原则

3.2.1　齿轮设计基本原则

贯穿附件传动齿轮整个设计流程,应遵循以下齿轮设计基本原则。

1. 结构设计原则

(1) 大、小齿轮的齿数应为质数,两齿数间没有公约数,以降低由于轮齿重复啮合所产生的动载荷;

(2) 采用小模数、多齿数的设计方法,用最小模数、最大齿数来保证轮齿的弯曲疲劳强度;

(3) 齿轮齿数应大于不产生根切的最少齿数;

(4) 根据圆周速度和静载荷选择齿轮精度,齿轮精度等级选择一般为 4~7 级(HB 0-91、HB 0-92);

(5) 渐开线圆柱齿轮的变位系数选取应满足限制条件:加工时不发生根切、顶切,啮合不发生干涉,以及必要的齿顶厚和重合度;可基于等弯曲强度、等闪点温度、等滑动率,作为变位系数的分配方法;

(6) 对于变位渐开线圆柱齿轮应进行滑动率计算,应使相啮合的两齿轮最大滑动率接近或相等,以降低齿面压力,保证齿轮的胶合承载能力和耐磨损性能,一般最大滑动率不大于 1.5;

(7) 对于变位圆柱齿轮,为保证齿顶强度,一般要求正变位小齿轮的齿顶厚不小于 0.4 倍模数;

(8) 对于直齿圆柱齿轮,端面重合度大于 1.25;对于斜齿或人字齿轮,总重合度为 1.8~5.0;对于弧齿锥齿轮,要求高速、重载、传动平稳性高时,总重合度大于 2.0。

2. 强度、振动原则

(1) 按航标进行齿面接触疲劳、齿根弯曲疲劳、齿轮胶合承载能力计算,并满足安全系数要求;

(2) 工作条件苛刻的高速、高温、重载齿轮,应进行齿轮有限元强度计算,按工作状态最大静扭矩的 150% 和起动状态最大起动扭矩的 250% 进行齿轮静强度校核;

(3) 对于轮缘高度和辐板厚度小于 1.6 倍齿轮模数的高应力薄轮缘齿轮,应当进行轮缘和辐板的静强度、刚度计算;

(4) 在工作转速范围内,齿轮应避开低阶(前 4 阶)小节径(前 4 节径)行波共振,一般频率裕度大于 10%,如不能避免,应采取措施将振动应力水平降到允许的水平;

(5) 齿轮轴在工作转速范围内不应存在临界转速,如果临界转速接近工作转速,至少应有 20% 的转速裕度,振动应力不得超过材料的疲劳极限。

3.2.2　齿轮通用设计考虑

对于选定的任意类型齿轮,在开展具体齿轮结构设计之前,应首先研究齿轮工作的所有条件,这在齿轮通用设计过程中非常关键。齿轮工作条件包括预测载荷、传动比、速度、精度、重量及空间限制、振动及噪声要求、工作环境要求等。

1. 载荷

载荷或载荷谱是确定齿轮尺寸的基本前提,也是齿轮强度、振动、寿命等分析和试验验证的基础。航空发动机高功率密度附件齿轮的传动能力,取决于设计齿轮的最大承载能力。齿轮工作所承受的载荷主要包括传递扭矩、动载、离心载荷、温度载荷等。

1) 扭矩

由于发动机工作状态发生变化,附件传动齿轮的扭矩载荷并不是一个常数。设计初期,通常会根据发动机总体及对附件功率的需求,预估齿轮传动的功率和转速。齿轮传递峰值扭矩、峰值扭矩持续时间以及寿命要求,共同决定设计输入传递功率值。齿轮尺寸预估,对于采用长寿命设计(循环数$>10^7$)的齿轮传动,通常以峰值扭矩作为输入值;对于弹用发动机附件传动等短寿命设计的齿轮传动,可取峰值扭矩的一半和最大状态工作扭矩之间的最大者作为输入扭矩进行齿轮尺寸预估。

通常以小轮扭矩作为评估齿轮传递功率的一个指标,已知传递功率和转速,通过以下关系式将功率转化为扭矩:

$$T_1 = \frac{9\,549P}{n_1} \tag{3.1}$$

式中,T_1 为小轮扭矩,N·m;P 为齿轮副传递功率,kW;n_1 为小轮转速,r/min。

2) 动载

对于高速传动齿轮,如何精确计算动载,对于准确预测齿轮的传动能力和设计特点非常重要。

动载主要包括三部分。第一,由部件或系统共振产生。轮体、齿轮系统因激振引发共振,形成变形而产生动载荷。第二,由齿轮轮齿啮合传动误差产生。主要涉及轮齿的设计、加工制造等因素,啮合轮齿之间的相对角运动偏差作为激振源而产生动载荷。第三,包含输入扭矩的动态响应。主要涉及影响齿轮、支承、安装座的传动系统动力学特性参数,如质量、刚度、阻尼等相关因素。

共振条件可通过改变齿轮、辐板结构、阻尼、传动比等进行控制。齿轮轮齿啮合条件可通过改变齿形、重合度、阻尼等进行控制。为确定动态扭矩,可进行附加的质量变形分析,对含齿轮、支承、机匣的齿轮传动系统进行动力学分析。

目前齿轮动载主要基于经验估计,因其影响因素较多,理论计算相当复杂。但在设计过程中,必须考虑潜在的影响动载的各种因素,并在条件允许下,开展系统有限元分析和必要的试验验证。

3)离心载荷

对于高速齿轮箱,转动件因高转速产生的离心载荷应引起重视。对于给定转速,这些载荷以稳态应力形式作用于齿轮、轴承、齿轮箱安装节等零组件。

4)温度载荷

通常航空发动机齿轮箱式附件传动的齿轮温度不是很高,一般不考虑高温产生的温度载荷。对于混合式附件传动中,或特定部位应用中工作温度较高的齿轮,则需要考虑温度引起的热应力。

2. 空间结构限制

齿轮安装座的结构空间,尤其是附件齿轮箱传动中,受安装附件的空间尺寸限制,在齿轮设计中需要特别注意。主要是需要考虑固定安装座间的距离、外部接口或特定位置限制等。空间结构限制可决定所需的齿轮类型、传动比限制范围。

3. 其他考虑

齿轮设计过程中,可参考类似齿轮传动应用进行齿轮类型选择,并注意不同类型齿轮传动的速度、传动比、精度等一般应用范围。同时需要考虑转向要求、重量要求、润滑冷却条件、振动和噪声要求、特殊工作环境、加工制造条件等。

3.3 锥齿轮设计

3.3.1 齿形设计

1. 齿形基本参数设计

1)节圆直径

根据小轮的传递扭矩量级、传动比,基本上可估算初始小轮尺寸大小,即大端节圆直径。图3.1、图3.2分别为工业用产品级90°轴交角锥齿轮传动表面硬化弧齿锥齿轮小轮尺寸与基于接触疲劳强度、基于弯曲疲劳强度的小轮扭矩的关系曲线[5],对于航空及特定应用条件下的弧齿锥齿轮,如不是90°轴交角的锥齿轮传动,小轮节圆直径需基于强度计算及设计使用经验进行相应调整。航空发动机附件传动实际应用中也常参考类似材料和应用的相近扭矩量级的齿轮尺寸,作为确定初始小轮节径的方法。

2)齿数

小轮齿数可根据节圆直径和传动比,通过图3.3确定小轮齿数[5]。相配的大轮齿数通过传动比确定,需注意齿轮齿数的选择应满足基本的设计原则,并保证不发生根切的最少齿数。

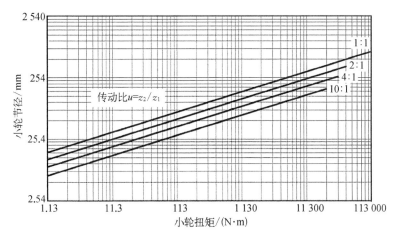

图 3.1　小轮节径与扭矩关系曲线-接触疲劳

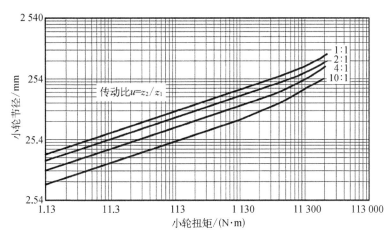

图 3.2　小轮节径与扭矩关系曲线-弯曲疲劳

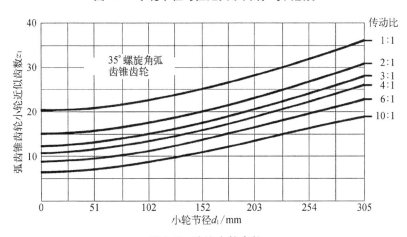

图 3.3　建议小轮齿数

3）齿宽

对于90°轴交角锥齿轮齿宽,根据节圆直径和传动比,通过图3.4确定[5]。对于轴交角低于90°,齿宽可大于图中给定值,需注意齿宽与小轮节径比不应过大。对于轴交角大于90°,齿宽可小于图中给定值。通常,齿宽不应超过外锥距的30%和10倍大端端面模数中两者的较小值。

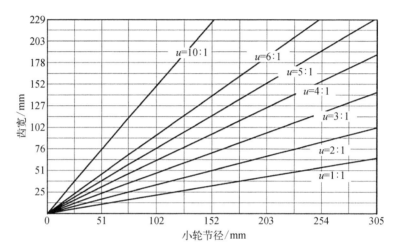

图3.4   90°轴交角弧齿锥齿轮建议齿宽

4）模数

根据齿数和大端节圆直径,可确定大端端面模数。锥齿轮加工并不是基于节距的系列标准化刀具,故模数取值无需刻意取整。

5）螺旋角

在锥齿轮传动中,重合度是一个十分重要的指标,螺旋角的选择会影响支承轴承的载荷和齿轮副的重合度。锥齿轮纵向重合度计算见式(3.2),由该式可知,在给定齿宽和模数下,中点螺旋角决定了锥齿轮副的纵向重合度大小。常规设计建议螺旋角选择应确保纵向重合度接近 2.0。对于高速应用,并考虑传动高平稳性和低噪声时,一般建议式(3.2)所确定的纵向重合度大于 2.0。对于齿宽为外锥距的 30%,可参考图 3.5 进行螺旋角的选择[5]。弧齿锥齿轮中点螺旋角范围一般为 0°~45°,一般尽量采用 15°、20°、25°、30°、35°、40°,建议采用 35°基本中点螺旋角。

$$\varepsilon_{\beta} = \frac{R}{R_{m}} \frac{b\tan\beta_{m}}{m\pi} \tag{3.2}$$

式中,ε_{β} 纵向重合度;R 为外锥距,mm;R_{m} 为中点锥距,mm;b 为齿宽,mm;β_{m} 为节锥面中点螺旋角,(°);m 为大端端面模数,mm。

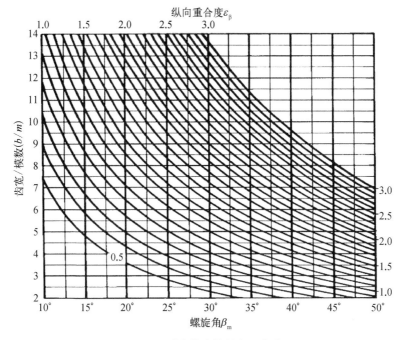

图 3.5 弧齿锥齿轮纵向重合度

6）压力角

锥齿轮的法向压力角有 20°、22.5°、25°,航空附件传动锥齿轮最常用20°基本法向压力角。压力角影响锥齿轮设计的多个方面,低压力角增加端面重合度,降低轴向力和分离力,并增加齿顶厚、齿槽宽,同时也增加根切风险。对于高压力角则作用相反。压力角对轮齿弯曲强度影响相对复杂。低压力角增加齿槽宽能允许更大的齿根圆角半径,同时增加重合度,则增大弯曲强度。然而,齿根厚度降低则减小弯曲强度。一般来讲,低压力角增大弯曲强度,但减小接触应力。为避免根切,对于弧齿锥齿轮小轮齿数 12 或更低,可采用 20°或更高压力角。需要注意的是,为提高承载能力,航空锥齿轮有趋于增大压力角设计的趋势。

7）旋向

锥齿轮齿线旋向决定了齿轮的轴向力方向。弧齿锥齿轮齿线旋向选择原则为:在工作状态,应保证产生的轴向力使大轮和小轮趋于啮合分离,以避免侧隙减小。在弧齿锥齿轮安装设计时,啮合齿轮副均需要轴向限位,防止轴向来回窜动,因而在支承轴承设计中需要考虑锥齿轮产生的轴向力。

2. 切齿方法

1）轮齿收缩

航空附件传动弧齿锥齿轮一般采用 Gleason 制[6]。Gleason 齿制标准规定两种轮齿收缩形式:标准收缩、双重收缩。由于实际加工中为提高效率,普遍采用大轮双面法,小轮单面法加工,如果所选的实际刀盘半径与理论值存在较大差异,为避免小轮两端齿槽底宽相差悬殊,轮坯实际上按倾斜根锥线收缩进行修正。

倾斜根锥线收缩有两种:绕齿宽中点倾斜、绕大端倾斜。齿根绕大端倾斜常用于理论刀盘半径小于实际刀盘半径,大端几何参数不变,小端几何参数变化较大。绕齿宽中点倾斜一般用于理论刀盘直径大于实际刀盘直径,此时,大端、小端几何参数都发生变化,但变化幅度要均匀。一般推荐采用绕齿宽中点倾斜。

2) 切齿方法

基于切齿分度是否连续,工业上锥齿轮常有两类切齿工艺[5]: 间歇(或单齿)分度法、连续分度法。两种方法的特点和应用见表3.2。

表 3.2　弧齿锥齿轮切齿工艺方法

切齿工艺	特　　点	应用方法
间歇(或单齿)分度法	摇台轴线和工件轴线以一定时间关系旋转; 加工完一个齿槽后,工件做一次间歇分度; 产形齿面及其切削形成工件轮齿的纵向齿线为圆弧形; 加工轮齿主要为 Gleason 制收缩齿	双面法(SB)、固定调整法(SGM)等
连续分度法	摇台轴线、工件轴线、刀盘轴线以一定时间关系旋转; 工件上的轮齿是连续分度滚切成形; 产形齿面及其切削形成工件轮齿的纵向齿线为延伸外摆线; 加工轮齿主要为 Gleason、Oerlikon、Klingelnberg 等高齿	长锥距切齿法(LCD)等

目前,航空发动机附件传动锥齿轮一般采用需要磨齿工序的表层硬化弧齿锥齿轮,普遍采用间歇分度法加工,如所谓的"五刀法",即大轮采用双面法,小轮采用单面法。

3) 刀盘直径

大多数弧齿锥齿轮采用端面铣刀盘加工,铣刀盘的名义直径已形成系列标准化规格。刀盘直径的选择取决于所采用的刀具系统。实际应用中,一般先按推荐的公式(3.3)进行最小刀盘半径计算,结合系列化的名义刀盘直径,见表 3.3,选取最接近的或稍大于计算值的名义刀盘直径。

$$r_{\mathrm{C}} = \frac{R_{\mathrm{m}}\sin\beta_{\mathrm{m}}}{1 - \dfrac{\sum\theta_{\mathrm{fs}}R\tan\alpha_{\mathrm{n}}\cos\beta_{\mathrm{m}}}{90m}} \tag{3.3}$$

式中,r_{C} 为刀盘半径,mm;$\sum\theta_{\mathrm{fs}}$ 为标准收缩的小、大轮齿根角之和,(°);α_{n} 为法向压力角,(°)。

表 3.3　名义刀盘直径选取

刀盘直径	in*	1/2	$1\frac{1}{10}$	$1\frac{1}{2}$	2	$3\frac{1}{2}$	$4\frac{1}{2}$	5
	mm	12.7	27.94	38.1	50.8	88.9	114.3	127
刀盘直径	in	6	$7\frac{1}{2}$	9	$10\frac{1}{2}$	12	16	18
	mm	152.4	190.5	228.6	266.7	304.8	406.4	457.2

3. 齿形设计

给定锥齿轮初步工作条件,确定基本齿形参数和切齿方法后,可通过航标几何尺寸计算表[6]进行详细的弧齿锥齿轮几何参数计算。基于几何参数计算表,通常也同时对该齿形结构的轮齿进行初步的接触、弯曲疲劳强度校核和齿面胶合承载能力计算。

弧齿锥齿轮齿形设计过程中,变位系数对小轮根切及轮齿强度均有较大影响,变位系数选取及根切检查应引起重视。

1) 变位系数

锥齿轮变位包括切向变位(齿厚变位)、径向变位(齿高变位)、角变位(两齿轮变位系数之和不为零)。Gleason 制弧齿锥齿轮通常采用小轮切向和径向的正变位,即小轮增大齿高、增加齿厚。小轮径向正变位,使得小轮齿顶高增大,大轮齿顶高减小,目的是避免小轮根切并提高小轮强度。小轮切向正变位,使小轮齿厚增大,以进一步均衡大小轮的强度。切向变位一般只局限于小轮齿数较少,而大轮齿数较多的情况。当小轮齿数大于 12 时,不论齿数比多大,都不必进行切向变位,因此切向变位局限于较小的范围内。小轮径向变位系数可通过公式计算,切向变位系数一般根据小轮齿数及齿数比,查表选取。对于不同的标准对变位系数的取值略有不同,小轮正变位、大轮负变位的变位系数用法也不绝对[7],在实际工程设计过程中需要引起注意。

2) 根切检查

锥齿轮齿形参数中,齿数、压力角、齿高和齿顶高系数等的选取应注意避免根切。由于轮齿收缩等,一般需对小轮小端和小轴交角大轮进行根切检查。通过以下式子计算小轮小端齿根高极限值,该值应高于小轮小端设计齿根高,以避免根切。

间歇分度的大轮小端螺旋角:

$$\sin\beta_{iG} = \frac{2R_m r_C \sin\beta_m - R_m^2 + R_{iG}^2}{2R_{iG} r_C} \tag{3.4}$$

式中,β_{iG} 为大轮小端螺旋角,(°);R_{iG} 为大轮内锥距,mm。

---

　* 1 in = 25.4 mm。

小端端面压力角:

$$\tan \alpha_{Ti} = \frac{\tan \alpha_n}{\cos \beta_{iG}} \tag{3.5}$$

式中,α_{Ti} 为大轮小端端面压力角,(°)。

小轮极限小端齿根高:

$$h_{fIP} = R_{iG} \tan \delta_p \sin^2 \alpha_{Ti} \tag{3.6}$$

式中,h_{fIP} 为小轮小端极限齿根高,mm;δ_p 为小轮分锥角,(°)。

小轮小端设计齿根高:

$$h_{fP} = h_f - 0.5b \tan \theta_{fP} \tag{3.7}$$

式中,h_{fP} 为小轮小端齿根高,mm;h_f 为小轮中点齿根高,mm;θ_{fP} 为小轮齿根角,(°)。

3.3.2　轮体设计

轮体或轮坯作为齿轮轮齿承载的基体,其设计和加工精度从某种意义上决定了齿轮传动质量的精度。轮体一般包括轮缘、辐板、支承轮毂等部分。

1. 基本结构要素设计

轮体的基本结构要素设计必须综合考虑齿轮的结构功能、加工、安装、定位、强度、可靠性等方面,即满足性能、功能要求的同时,该齿轮具备可制造性、可装配性并满足可靠性要求。合理的齿轮轮体结构,其内孔、轮毂、定位面等要素尺寸应与齿轮直径尺寸具有合适的比例,齿轮整体均匀协调。应避免出现小中心孔、过薄辐板等容易引起齿轮装配后整体偏斜、齿圈过度悬挂等影响的特征。

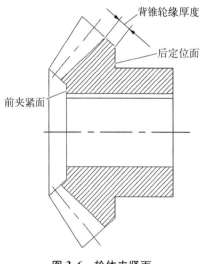

图 3.6　轮体夹紧面

对于带空心内孔的锥齿轮,在切齿过程中需要采用专用夹具对锥齿轮小端端面进行轴向固定,因此,锥齿轮轮体的小端侧需设计合适的夹紧平面,如图 3.6 所示。对实心锥齿轮,不带空心内孔,则类似轴类零件结构,需要设计用于加工定位的中心孔或轴端螺纹。

齿轮大端侧的背面也需设计有足够大的定位端面,作为安装距定位面,可用于装配时齿轮轴向定位和切齿夹紧。该面与小端侧的前夹紧面平行。前、后两个平行的夹紧面,也常用于装配印痕检查的工装固定和作为测量的辅助平面。

（图中标注：背锥轮缘厚度、后定位面、前夹紧面）

　　背锥轮缘厚度不低于全齿高,如图 3.6 所示,若采用高应力锥齿轮该厚度应加大。

　　轮体设计应避免承受过度应力集中和严重变形。对于高应力弧齿锥齿轮,应对齿轮承受载荷的方向和大小进行初步分析。如果可能,在轴截面上,辐板方向与轮齿合成力的方向应尽量一致,如图 3.7 所示。

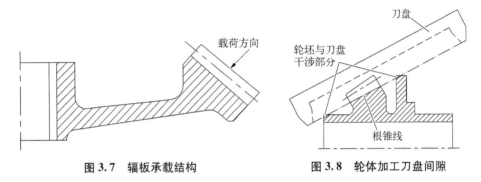

图 3.7　辐板承载结构　　　　　　图 3.8　轮体加工刀盘间隙

　　对于长轮坯的锥齿轮轴,为保证切齿刀盘和轮坯不发生干涉,将轮齿根锥线沿着两侧延伸,不允许轮坯干涉遮挡,并去除遮挡部分材料,以保证足够的刀盘间隙,如图 3.8 所示。

　　高速重载的航空锥齿轮一般不设计成齿圈结构,而是尽量将齿圈和轮体设计成一体,更好的是将齿轮和轴设计成一体。齿轮轮齿必须进行修边和倒圆,主要包括:齿面和齿顶圆相交的棱边进行倒圆;齿厚的两边进行修边或修圆;轮齿小端、大端的端面进行倒角。注意不能破坏已完成精切的轮齿表面。

　　航空锥齿轮常采用内花键作为传扭结构,主要有固定式、浮动式两种花键连接方式。如中央传动的主动锥齿轮与发动机主轴连接,采用固定式渐开线花键。该花键仅传递扭矩,花键两侧设计定心柱面。中央传动的从动锥齿轮与中央传动杆连接,采用浮动式渐开线花键,该花键一般采用齿侧定心。由于热处理可导致花键不可恢复的变形和椭圆度,因此,花键长度不大于传递载荷所需的必要长度。对于长轮毂齿轮,花键轴向位置应尽可能地靠近轮齿。详细的花键结构设计参考 5.2 节"花键连接"。

　　2. 轮缘和辐板

　　齿轮轮缘和辐板对弯曲强度的影响很大。轮缘宽度由设计齿宽确定,这里需要确定的是轮缘的径向厚度。对于航空传动齿轮,通常以最小化轮缘厚度为设计原则。随着轮缘厚度的降低,轮缘靠近齿根圆弧处存在一个点的应力高于齿根弯曲应力,这种情况应该避免在设计中出现。锥齿轮通过轮缘靠近齿根圆弧处的高应力点产生裂纹并沿辐板方向发展,而发生毫无征兆的瞬间毁灭性破坏,如图

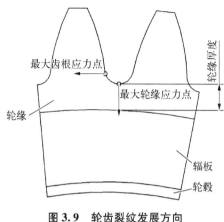

图 3.9　轮齿裂纹发展方向

3.9 所示,这种失效模式在锥齿轮故障中极为典型。因此,轮缘设计中应保证轮缘应力,尤其是齿根应力必须低于轮齿弯曲应力[8]。轮缘和辐板应力可通过有限元分析计算,需要注意应保证有限元计算模型与实际结构的一致性。

弧齿锥齿轮由于螺旋齿线,在工作中存在较大的轴向力,该力极易激起锥齿轮的节径型振动。振动应力过大产生疲劳裂纹是引发锥齿轮失效的主要原因之一。因此,轮缘和辐板结构应结合齿轮的振动特性进行设计,必要时增加耗能阻尼材料或结构。

3.3.3　公差要求和检验

1. 公差要求

1) 齿轮公差

对于航空锥齿轮,航标 HB 0-92 规定了 4~9 级共 6 个精度等级,其中,4 级精度最高。美国齿轮制造业协会(American Gear Manufacturers Association,AGMA)标准(AGMA2005)规定 3~13 级,其中,13 级最高。对于高速、重载的航空附件传动锥齿轮,常用航标 5 级精度,AGMA 常用 12~13 级精度。

锥齿轮的齿轮公差主要有:齿距偏差、齿距累积误差、齿圈跳动、齿廓偏差等。齿轮副的公差主要有接触印痕、法向侧隙、轴交角偏差等。锥齿轮的轮齿表面加工精度与齿轮精度等级相对应,并由齿面加工方法决定,常用切齿工艺及齿面精度见表 3.4。

表 3.4　切齿工艺及齿面精度

切齿工艺	HB 精度	AGMA 精度	齿面粗糙度 $Ra/\mu m$
铣齿	7~8 级	8~10 级	1.6~3.2
研齿	6~7 级	10~11 级	0.8~1.6
珩齿	5~6 级	11~12 级	0.4~0.8
磨齿	4~5 级	12~13 级	0.2~0.4

2) 轮体公差

锥齿轮轮体或轮坯结构设计中,对于影响齿轮功能的重要尺寸,必须严格规定其公差。在专用轮坯检验仪中通常规定通用的轮体控制尺寸:顶锥角、顶圆直径、轮冠距、齿轮轴的孔径、轴径等。齿轮轴的孔径、轴径尺寸公差,一般根据齿轮精度等级给定;顶圆直径、轮冠距、顶锥角公差,一般根据模数大小进行选择;安装距一般给出名义值,并作为参考尺寸,也可给出建议公差。

2. 检验

锥齿轮加工完成后,必须进行完整的检验,以确定是否满足图纸规定要求。锥齿轮检验一般包括外观目视检验、轮体检验、冶金检验、齿轮公差检验(单个齿轮检验、齿轮副检验)。

外观目视检验,主要检查明显的可见缺陷,如裂纹、毛刺、划痕等。

轮体检验,重点关注影响齿轮功能的重要结构尺寸,如轴承配合面、安装面、定位面、顶锥面等。

冶金检验主要是对齿轮几何特征以外的冶金特征进行检查。航空锥齿轮普遍采用齿面表层硬化技术,并进行热处理和磨削加工。因而,锥齿轮冶金检验通常包括:表面硬度、中心硬度检查,表面缺陷检查,缺陷部位和深度检查,磨削烧伤检查,材料化学光谱分析等。

齿轮公差检验,主要包括前文所述的锥齿轮单个齿轮齿形公差,如齿距偏差、齿厚偏差、齿圈跳动、齿廓偏差,以及齿轮副公差:接触区检查、法向侧隙等。其中,侧隙检验、接触区检查是锥齿轮加工和验收的主要检验项目,需要重点关注。航空齿轮为单件或小批量生产时,为减少工装成本,常采用传统的配对检验。对于大批量生产齿轮,可采用分级归类的测量控制齿轮,以满足齿轮批生产的互换性要求。

1) 侧隙

侧隙测量一般与接触区检查同时进行。法向侧隙通常是通过圆周侧隙间接测量,将指示表的测头垂直安装于位于齿宽中点或大端靠近节线处的齿面,通过转动测量齿轮,并同时固定相配齿轮防止转动。侧隙检查包括制造过程的工序检验和装配过程检验。对于制造过程侧隙检验,若侧隙值不满足设计要求,可在给定的安装距公差范围内调整滚动检验机的水平轮位,如能达到设计要求,则视为合格,检验机上的调整参数可用于指导切齿机床的调整。

2) 接触区

轮齿接触区有两种常用的检查方法:轮齿接触印痕检查、EPG 检查。通过这些方法可进行以下评估:齿轮接触印痕位置、工作平顺性、接触区对安装误差的适应性、不利接触区的避免方法。

轮齿接触区检查包括制造过程的工序检验和装配过程检验,接触区检验设备主要有滚动检验机和专用检验工装。制造过程的工序检验通常采用滚动检验机,进行 EPG 检查。装配过程检验一般采用专用的印痕检查工装,进行轮齿接触印痕检查。

EPG 检查,通过调整测量小轮相对理论标准安装位置的垂直 E(或 V)、轴向 P (或水平 H)的位移大小和方向,用于获取齿廓中部、小端极限位置和大端极限位置的轮齿接触印痕。大轮轴向位移 G,一般仅用于获取侧隙。在大多数齿轮副中,G 对轮齿接触印痕影响不明显。E、P 调整,传统上也称为"$V-H$ 检查"。

通过 EPG 检查数据结果,确定实际的齿廓接触印痕,并提供一个有效方法,即精确度量齿轮相对于规定安装位置可以承受的最大垂直位移量,同时不发生大、小端接触。

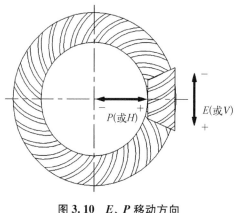

图 3.10　E、P 移动方向

当齿轮在指定安装位置时,检验机表盘读数规定为初始零值。所有水平和垂直移动均基于零位置测量。E、P 移动方向对应符号的定义见图 3.10。

通过调整 E、P 值,使接触印痕从齿廓中心拓展至小端、大端极限位置,分别对应于小端位移读数、大端位移读数。从小端到大端总的位移读数,可以通过小端读数与大端读数的代数差得出。当 EPG 检查的总位移过大时,表明承载轮齿过短,此时,载荷会集中于齿面的很小范围内,从而导致过度磨损危险。当总位移过小时,表明承载轮齿过长,此时,大轮缺乏足够调整空间以补偿安装误差,从而导致在轮齿两端出现载荷集中。

3.3.4　轮齿接触区控制

1. 接触分析

弧齿锥齿轮副的理论啮合齿面为一对共轭齿面,其转速比保持一定,并在齿面边界内具有线接触[9]。随着齿轮旋转,接触线沿着齿面推进并不断改变形状和方向,轮齿接触区将覆盖整个齿面,形成全齿面接触区,如图 3.11(a)所示。理论完全共轭的锥齿轮,在理论安装位置下运转很好。但是,对实际存在的齿轮加工误差和承载变形非常敏感,极易出现不利的大小端接触、顶根接触等不正常的边缘接触,从而严重影响轮齿强度和传递载荷的平稳性。

为了实现锥齿轮在实际工作条件下很好地运转,通常基于已加工好的大轮,对小轮的齿廓和齿长方向进行失配处理,失配轮齿接触区如图 3.11(b)所示。因而,锥齿轮实际切齿工艺的最大特点是按共轭原理进行齿面配切加工。

理想的齿面失配量,传统上是采用试切调整法进行选择,试切调整的标准程序[10]见表 3.5。基于各种不同组合的失配来试切小轮,在锥齿轮检验机上进行 EPG 或 $V-H$ 检查,通过观察接触区的位置、形状,位移后的接触区移动方向和大

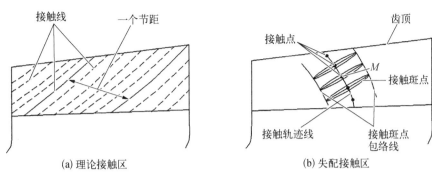

(a) 理论接触区　　　　　　　　　　　　(b) 失配接触区

图 3.11　弧齿锥齿轮轮齿接触区

小,以及倾听运转声音,从而确定最合适的一个组合。显然,这种方法存在一些弊端,如花费大且耗时长、个人经验及人为因素影响很大等。

表 3.5　弧齿锥齿轮试切调整法标准程序

程序步骤序号	程 序 内 容
1	基于载荷作用下齿轮轴在轴承中的径向、轴向窜动量,粗略估计大、小轮的相对窜动量
2	计算各组件的热膨胀量矢量和
3	基于上述步骤得出的齿轮轴的径向窜动量,调整磨齿机床,试磨轮齿,并在检验机上进行接触区检查
4	将试磨齿轮安装于发动机实际装配机匣中,使两齿轮的轴向位移量与步骤 1、2 所计算的轴向窜动量大小相等方向相反
5	在发动机使用状态下的载荷与温度下,进行齿轮印痕检查试验
6	观察齿轮印痕检查试验的轮齿接触区
7	重新规定磨齿机和发动机的调整量,或其中之一,重复第 5 步,使其与步骤 6 的状态一致
8	重复步骤 5~7,直到获得满意的轮齿接触区

基于此,引入轮齿接触分析(tooth contact analysis,TCA),对失配齿轮的接触和运动传递情况进行定量分析。对于弧齿锥齿轮设计,TCA 通常与局部综合法紧密结合[11],不考虑实际存在的轮齿载荷、热处理等变形。其中,局部综合法基于以下假设:

(1) 设定接触中心的名义公共接触点 M,小轮、大轮齿面在该点处相切;

(2) 齿轮副在 M 点处传动比等于预设值,M 点邻域内满足传动误差为二次抛物线函数,并给定抛物线方程系数;

(3) 设定接触路径切向方向及 M 点处接触椭圆长轴长度。

基于已有的大轮机床、刀盘参数,利用局部综合法可以迭代计算小轮机床、刀盘参数;基于已知大、小轮机床、刀盘参数,利用 TCA 计算 E、P 值及传动性能(接

触印痕、接触迹线、传动误差)或对于不同的齿轮副错位量输入,计算传动性能。常用的弧齿锥齿轮 TCA 分析的基本过程如下:

(1) 进行基本齿形参数计算,给定大轮刀盘、机床安装参数;

(2) 基于局部综合法,给定预置参数,通过非线性迭代计算小轮刀盘、机床安装参数;

(3) 利用非线性迭代,进行 TCA 数值求解,模拟小轮垂直偏置量 ΔE、小轮轴向变动量 ΔP、大轮轴向变动量 ΔG、轴交角变动量 $\Delta \Sigma$ 对传动误差的影响,得出齿面接触迹线、印痕和传动误差曲线。

考虑齿轮真实承载条件下的加载接触分析(loaded tooth contact analysis, LTCA)逐渐引起设计者的重视。LTCA 由 Gleason 公司首先在 20 世纪 70 年代开发出来,最新程序是基于有限元分析方法[12]。利用 TCA 所产生的齿面几何结构,定义轮齿啮合的有限元模型。齿面接触的非线性运动是通过一种特殊的"间隙"单元来模拟,并同时考虑扭矩的变化和模拟轮齿轴的刚性条件。输入不同的加载扭矩,输出对应条件下的接触印痕和传动误差曲线。

2. 修形设计

齿面的修形是相对于理论共轭齿面刮去一层表面材料,使得实际齿面相对于理论共轭齿面产生一定量的偏差。修形一般包括齿廓方向和齿面纵向修形两种形式,齿廓修形可通过刀具修形或产形运动修正来实现,齿面纵向修形可通过产形运动来实现。修形通常在切齿或精加工过程中引入,修形过程最终是通过刀具参数、机床加工及调整参数的设置来实现。修形设计,即按照所要求的传动性能,设计刀具、机床加工等参数,满足预先设计的接触印痕、传动误差要求,从而达到优化齿面啮合质量的目的。

弧齿锥齿轮在实际切齿加工中,采用局部共轭原理,即从理论共轭的小轮齿面上选择一个控制点 M,将 M 点四周的齿面稍许切去一些,离 M 点越远的地方切得越多些,从而在保持 M 点法矢不变的情况下对齿面上 M 点的曲率进行修正,得到一个与原齿面在 M 点相切的新齿面。失配小轮齿面即采用修形处理技术,形成点接触局部共轭,避免承载边缘接触和局部接触应力集中。而这种局部综合技术,仅预控控制点 M 及附近的啮合性能,对于远离该点的齿面,可能出现接触迹线严重弯曲,接触椭圆长轴变化剧烈等现象[13],产生菱形、鱼尾形等高阶不正常接触印痕。因而,基于失配加工处理方式,行业内对锥齿轮修形设计技术进行了深入发展。

弧齿锥齿轮的修形设计主要有齿面主动设计、齿面误差修正等。齿面主动设计是基于特定的齿轮强度和动态性能目标,确定实际工作条件时齿轮的最佳啮合印痕和传动误差,设计出满足以上条件的齿面及相应的加工方法。如在局部综合法的基础上,通过增加控制啮合点数量,达到齿面全局控制,基于理论上设计齿面接触路径和传动误差幅值,实现齿面修形和传动性能优化。齿面误差修正技术,是 Gleason 发展的先进修形设计技术。该技术将齿轮理论设计、齿轮加工工艺和齿面测量技术相结合,利用先进的硬件和软件加以实现。齿轮完成切削或磨削后,对其进行齿面坐标测量,并将齿面测量坐标值与理论或样本齿面坐标进行对照,得到一个误差曲面。经软件模块进行齿面修形计算,通过自动程序分析模块得到机床调整参数,进行齿面修形并实现对齿面误差闭环修正。

3.4　圆柱齿轮设计

3.4.1　齿形设计

1. 基本齿形参数

1）节圆直径

对于航空发动机附件传动齿轮箱传动链设计建议采用迭代设计方法。附件传动齿轮箱设计的主要输入参数为附件类型、转速、转向、附件外廓直径、附件功率等。其中,附件的转速、转向等信息可用于初始的圆柱齿轮节圆直径设计,以满足基本的附件传动布置要求。此时,需要注意圆柱齿轮的一些常规设计准则,如直齿圆柱齿轮传动比一般为 1~5,斜齿圆柱齿轮传动比一般为 1~10。

2）模数

不同于弧齿锥齿轮,圆柱齿轮的模数通常按航标规定的标准系列值进行选择。附件传动圆柱齿轮模数一般在 1~8 mm,其中,大部分在 1.5~5 mm。

3）齿数

圆柱齿轮的齿数可根据节圆直径、模数进行确定,并注意结构设计原则中对齿轮副的齿数选择要求,包括最少齿数要求等。对于外啮合圆柱齿轮,小轮齿数 z_1 一般在 18~30 之间,在满足弯曲疲劳强度条件下,建议按小模数多齿数的原则进行设计。

4）压力角

压力角 α 一般可取 20°、25°,对于载荷较高的圆柱齿轮传动建议取 25°。

5）螺旋角

斜齿轮螺旋角 β 取 8°~16°,人字齿轮 β 取 15°~40°。

6）齿宽

齿宽选取通常基于齿宽系数 ϕ_d(齿宽与小轮直径之比),一般取 0.08~0.9,中位数取 0.3。需要注意的是齿宽增大,承载能力提高,但载荷沿齿宽分布不均匀的状况会趋于严重。因此,当需要采用较大齿宽时,为避免偏载,齿轮、轴、机匣应具有较高的精度和足够的刚度,一般还应齿向修形。此外,对于高速重载附件传动圆柱齿轮,可考虑采用斜齿轮等结构形式,以提高承载能力。

2. 圆柱齿轮传动特性

1）变位系数

在圆柱齿轮传动设计中,应根据齿轮的设计类型、工作条件和主要失效模式选择齿轮的变位系数。渐开线圆柱齿轮变位方式主要有高度变位、角度变位,实际设计中,常采用高度变位。圆柱齿轮变位主要考虑以下因素:

（1）避免根切,对于采用标准刀具切制少齿数齿轮时,利用正变位可避免根切;

（2）调整中心距,或实现与标准中心距不同的状态下的正确啮合;

（3）提高齿面接触强度,实现大、小轮强度平衡或齿面磨损平衡;

（4）用于专门用途,如磨损齿轮修复,增大重合度等。

采用变位设计的圆柱齿轮,满足强度设计要求时,一般应保证配对齿轮的弯曲强度、齿根滑动率尽可能相近,同时,应满足以下限制条件,并进行相关验算:

（1）加工时不根切;

（2）加工时不顶切;

（3）齿顶不过薄;

（4）保证重合度;

（5）不产生过渡曲线干涉。

国内标准中,变位系数一般利用封闭图进行选取,也可基于限制条件作为约束进行求解。AGMA、国际标准化组织（International Organization for Standardization, ISO）等标准中则给出变位系数的计算经验公式。对于航空圆柱齿轮,应结合设计需求,综合考虑强度、滑动率、重合度等条件进行设计和校验。

2）根切

轮齿根切须重点考虑。直齿轮低于基圆的轮齿部分,有时被切成径向斜线而不是渐开线。因此,如果接触发生在基圆内部,则出现非共轭的根切现象。为避免根切,大轮齿顶圆半径最大值应不大于 r'_a。其中 r'_a 计算如下:

$$r'_a = (r_b^2 + C^2 \sin^2 \alpha)^{0.5} \tag{3.8}$$

式中,r'_a 为大轮中心到相配齿基圆与作用线切点的距离,mm;r_b 为大轮基圆半径,mm;C 为两齿轮的中心距,mm;α 为压力角,（°）。

避免根切的方法有多种:增加中心距,同时也增加压力角并改变重合度;减小齿顶高,同时相应地增加相配齿的齿顶高。采用何种方法取决于应用和经验。

3）侧隙

为防止轮齿啮合过程发生卡滞,齿槽宽必须大于相配齿厚。齿厚与齿槽宽之间的差值,即为轮齿侧隙。侧隙的产生有两种方法:方法一,轮齿齿厚略小于齿槽宽;方法二,略增大中心距。第二种方法产生侧隙的同时,齿轮副的工作压力角也同时增大并影响重合度,故一般通过控制齿厚进行侧隙设计。齿轮副应设计有足够的侧隙值,允许在考虑加工公差、工作温度变化、工作状态下机匣变形等综合因素下,仍能自如啮合。

渐开线圆柱齿轮副的侧隙可按 HB0-91 计算选取。对于高速或中高速齿轮,要求侧隙高于标准值,以降低轮齿啮合时齿间油气混合物排挤速度。通过略微增加侧隙,能显著改善圆柱齿轮传动的总体噪声和振动水平。

4)重合度

重合度为齿轮副在啮合线上的有效接触作用区的总长度与基节的比值。重合度反映齿轮副每个啮合循环下的平均有效啮合轮齿对数,常规设计的直齿圆柱齿轮副重合度一般为 1.2~1.6。对于重合度为 1.6,意味着 40% 时间是单对齿啮合,60% 时间是两对齿啮合。齿轮副重合度大于 2,一般称为"高重合度齿轮副"。此时,任意时刻均大于两对齿啮合,该情形通常应用于对寿命要求高的场合。对于高重合度直齿圆柱齿轮,一般需要经过修形处理,其齿顶易产生高的弯曲应力,必须进行专门分析。同时,高重合度齿轮齿面的高滑动率易产生齿面应力,也有可能产生高动载。

5)滑动率

齿轮副啮合齿面滑动率是指两啮合齿廓相对滑动的弧长与该齿面滑过的全弧长之比的极限值[14]。滑动率的绝对值越高,齿面的磨损就越大,同时增大滑动功率损失,并影响齿轮的抗胶合能力。不同齿形设计具有不同的滑动率特性。对于渐开线圆柱齿轮,齿廓接触区距离节圆最远端的啮合点的滑动率最高。分配变位系数时应保证两啮合齿轮最大滑动率接近或相等,并建议最大滑动率值不大于 1.5。

外啮合直齿圆柱齿轮小轮的最大滑动率为

$$\eta_1 = \frac{\tan \alpha_{a2} - \tan \alpha'}{\left(1 + \dfrac{1}{u}\right) \tan \alpha' - \tan \alpha_{a2}} \left(1 + \frac{1}{u}\right) \tag{3.9}$$

外啮合直齿圆柱齿轮大轮的最大滑动率为

$$\eta_2 = \frac{\tan \alpha_{a1} - \tan \alpha'}{(1 + u) \tan \alpha' - \tan \alpha_{a1}} (1 + u) \tag{3.10}$$

式中,η_1、η_2 分别为小轮、大轮齿根滑动率;α_{a1}、α_{a2} 分别为小轮、大轮齿顶压力角,(°);α' 为节圆压力角,(°);u 为传动比,$u = z_2/z_1$,其中,z_1、z_2 分别为小轮、大轮齿数。

3.4.2　轮体设计

1. 轮缘

航空附件传动圆柱齿轮普遍采用薄轮缘设计,轮缘厚度对轮齿啮合刚度、载荷

沿啮合线分布、弯曲应力等有重要影响。轮缘厚度常采用轮缘厚度系数 ψ_r 表示，ψ_r 定义为

$$\psi_r = \frac{d_a - d_r}{2m_n} \qquad (3.11)$$

式中，d_a 为齿顶圆直径，mm；d_r 为轮缘内径，mm；m_n 为齿轮法向模数。

航空附件传动圆柱齿轮，一般取 $\psi_r = 4.16 \sim 6.8$。对于 ψ_r 小于 5 时，需要考虑轮缘厚度对轮齿弯曲承载能力的影响。对于薄轮缘齿轮，其轮体精度要求也较高。

2. 辐板

辐板厚度对齿圈刚度、轮齿弯曲应力等有重要影响。辐板厚度采用辐板厚度系数 ψ_s 表示：

$$\psi_s = \frac{\delta}{b} \qquad (3.12)$$

式中，δ 为辐板厚度，mm。

通常取 $\psi_s = 0.1 \sim 0.5$。

3. 轮毂

对于采用花键、销等方式与轴联结的圆柱齿轮，其轮毂长度系数 ψ_h 为

$$\psi_h = \frac{L_g}{d_n} \qquad (3.13)$$

式中，L_g 为轮毂长度，mm；d_n 为齿轮配合孔直径，mm。

通常取 $\psi_h < 1$。轮毂形状可以是等厚度直线形、中心厚边缘薄的锥形等。

4. 其他结构要素设计

航空附件传动齿轮箱中，普遍将圆柱齿轮与空心轴设计成一体。这种一体化结构设计，能减少零件数，简化装配并提高系统刚性。齿轮轴径、内孔、定位面等要素尺寸应与齿轮直径具有合适的比例，齿轮整体均匀协调。对于高应力齿轮必须注意轮齿修边和倒圆，以及足够的过渡圆角。一般齿面与齿顶相交棱边转接圆角为 0.1~0.15 倍模数；齿厚两边转接圆角为 0.1~0.3 倍模数；端面倒角根据需要确定，一般不超过 0.1 倍模数。辐板向轮缘和轮毂过渡的圆角半径不小于 1.5 mm。圆柱齿轮应基于最小尺寸或最小重量，在几何、强度、寿命等约束条件下进行优化设计。

3.4.3 公差要求及检验

1. 公差要求

对于航空圆柱齿轮，航标 HB 0-91 规定了 1~9 级共 9 个精度等级，其中，1 级精度最高。AGMA2015 标准，规定精度等级为 A2~A11 级，共 10 个等级，其中，A2

级最高。对于航空附件传动圆柱齿轮,常用航标 5~7 级精度。

　　航标将圆柱齿轮公差分为三组,第一组反映传递运动准确性,以转动一圈为周期的误差;第二组反映传动平稳性,主要为单齿相关的误差;第三组反映载荷均匀性,主要为接触线、齿线等公差。圆柱齿轮的齿面精度及轮体精度与齿轮精度等级相对应,实际可按航标规定选取。

　　2. 检验

　　圆柱齿轮检验一般包括外观目视检验、齿轮公差检验、冶金检验、轮体检验等。外观目视检验,主要检查明显的可见缺陷,如裂纹、毛刺、划痕、碰伤等。轮体检验,主要关注影响齿轮、齿轮轴功能的重要结构尺寸,如轴承配合面、安装面、定位面,以及大径、小径、齿根圆角半径、齿轮表面粗糙度等。冶金检验除常规的硬度、表面缺陷、材料光谱等检查外,对于采用表面渗碳硬化处理和磨削加工的齿轮,还应进行磨削烧伤检查。

　　航空圆柱齿轮精度较高,要求对齿轮公差进行测量和控制。圆柱齿轮公差测量主要分为单项公差测量和综合公差测量。综合公差是齿轮各单项公差的综合作用,能较全面反映出齿轮的使用质量。一般采用测量齿轮(或齿条、蜗杆等)进行控制,易实现高效率的自动化。因而,批量生产齿轮适合采用综合公差测量检验。对于航空预研或小批量生产齿轮,可采用单项检验。圆柱齿轮一般选取部分基础公差作为验收检验要求项,常用的基础公差项包括齿圈径向跳动 F_r、公法线长度变动 F_w、齿距累积公差 F_p、齿形公差 f_f、齿距极限偏差 f_{pt} 或基节极限偏差 f_{pb}、齿向公差 F_β 等。

3.4.4　圆柱齿轮修形

　　对于高速、重载圆柱齿轮传动,为提高承载能力,减少振动和噪声,常采用修形设计。圆柱齿轮修形包括齿廓和齿向修形。齿廓修形主要是对齿顶、齿根等进行部分材料削除,齿廓形状发生改变,不再是真实的渐开线曲线。重载齿轮传动中,齿轮、安装轴、机匣等部件发生变形,容易导致齿轮转动时,发生轮齿啮入和啮出干涉,进而产生很高的动载荷,并激起振动和增大噪声。通过齿廓修形,去除轮齿干涉部分,从而避免出现这种问题。

　　除了改变齿廓形状,也可以对轮齿轴向形状进行修改,形成鼓形齿或齿向修正。齿线或螺旋角修正可以补偿轮齿、轴以及安装座和支承的变形。对于齿宽直径比值较高(大于 1)并承受重载的小轮,如果不采取补偿措施,则较高扭曲变形会导致轮齿端部承载。若大量载荷集中于端部,则会产生振动和噪声。对于高速、重载圆柱齿轮,采用齿面纵向修形可减少端部承载风险,并降低振动和噪声水平。

　　修形量的设计通常基于设计点或其他单个工况点,在该工况下,齿轮设计表现出很好的啮合特性,而对于大于和小于该工况载荷水平,齿轮啮合质量则并非最优。航空齿轮,尤其是军用发动机附件传动齿轮,其工作状态点较多,实际修形量应综合工作载荷、峰值载荷下的啮合特性,进行折中设计[8]。修形对轮齿刚度有影响,对于高精度齿轮,过度的修形量会减少轮齿重合度并增大传动误差。需要注意的是,对于航空附件传动圆柱齿轮,通常本身精度等级较高,其修形量更应严格控制。

3.5 齿轮支承结构设计

3.5.1 齿轮承载计算

1) 锥齿轮载荷

作用在锥齿轮齿面参考点 M 的法向力可分解为圆周力(切向力)、径向力和轴向力[4]。圆周力 F_t,其方向与主动轮圆周速度方向相反,与从动轮圆周速度方向相同;径向力 F_r,指向齿轮中心为正,离开齿轮中心为负;轴向力 F_x,指向齿轮大端为正,指向齿轮小端为负。

圆周力 F_{ti}:

$$F_{ti} = \frac{2\,000T_i}{d_i} \quad (i = 1,\ 2) \tag{3.14}$$

径向力 F_{ri}、轴向力 F_{xi} 计算见表 3.6。

表 3.6 锥齿轮 i ($i=1,\ 2$) 上的径向力和轴向力

受力齿面	凹 面		凸 面	
图形				
齿线螺旋方向	右旋	左旋	右旋	左旋
主动轮转向	逆时针	顺时针	顺时针	逆时针
径向力	$F_{ri} = F_{ti}\left(\dfrac{\tan\alpha_n\cos\delta_i}{\cos\beta_{mi}} - \tan\beta_{mi}\sin\delta_i\right)$		$F_{ri} = F_{ti}\left(\dfrac{\tan\alpha_n\cos\delta_i}{\cos\beta_{mi}} + \tan\beta_{mi}\sin\delta_i\right)$	
轴向力	$F_{xi} = F_{ti}\left(\dfrac{\tan\alpha_n\sin\delta_i}{\cos\beta_{mi}} + \tan\beta_{mi}\cos\delta_i\right)$		$F_{xi} = F_{ti}\left(\dfrac{\tan\alpha_n\sin\delta_i}{\cos\beta_{mi}} - \tan\beta_{mi}\cos\delta_i\right)$	

式(3.14)及表 3.6 中,T_i 为齿轮 i(小轮 $i=1$,大轮 $i=2$)的转矩,N·m;d_i 为齿轮 i 的分度圆直径,mm;δ_i 为齿轮 i 的分锥角,(°);β_{mi} 为齿轮 i 的中点螺旋

角,(°)。

2）圆柱齿轮载荷

圆柱齿轮传动的作用力[15]计算见表 3.7。

表 3.7　圆柱齿轮传动的作用力

作用力/N	直 齿 轮	斜 齿 轮
分度圆上的圆周力 F_t	$F_t = \dfrac{2\,000T}{d}$	
节圆上的圆周力 F_t'	$F_t' = \dfrac{2\,000T}{d'}$	
径向力 F_r'	$F_r' = F_t' \tan \alpha$	$F_r' = F_t' \dfrac{\tan \alpha}{\cos \beta}$
轴向力 F_x'	—	$F_x' = F_t' \tan \beta$

表 3.7 中,d、d' 分别为齿轮的分度圆直径、节圆直径,mm;计算齿轮强度时使用 F_t;计算轴、轴承承载时使用 F_t'、F_r'、F_x'。

3.5.2　轴承承载计算

1. 锥齿轮支承轴承载荷

齿轮支承方式主要有悬臂式、双跨式（简支式）安装,其受力示意[4]分别如图 3.12、图 3.13 所示。锥齿轮载荷取式（3.14）和表 3.6 中的计算式。

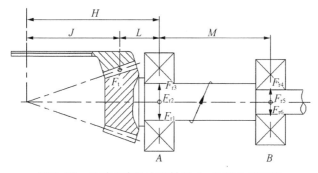

图 3.12　悬臂式齿轮支承轴承 A、B 受力示意图

对于图 3.12 所示的悬臂式支承结构,齿轮 i（小轮 $i=1$,大轮 $i=2$）和支承轴承 A、B。L 为参考点（齿宽中点）到轴承 A 中间的轴向位置;M 为前后轴承 A、B 中心平面间的轴向距离。

$$L = H - J_i \quad (i = 1, 2) \tag{3.15}$$

式中,H 为相配齿轮轴线到轴承 A 中心平面间的距离。

对于小轮,尺寸 J_i 为

$$J_1 = 0.5d_2 \cdot \cos \varepsilon_f \qquad (3.16)$$

式中, $\varepsilon_f = \arctan(\tan \beta_{m12} \sin \delta_{f2})$,其中 β_{m12} 为参考点大小轮螺旋角差值,(°); δ_{f2} 为大轮根锥角,(°)。

对于大轮,尺寸 J_i 为

$$J_2 = 0.5d_1 \qquad (3.17)$$

作用在轴承 A 上的总径向力为

$$F_{rA} = \sqrt{F_{r2}^2 + (F_{r1} - F_{r3})^2} \qquad (3.18)$$

式中, $F_{r1} = \dfrac{F_{ri}(L+M)}{M}$; $F_{r2} = \dfrac{F_{ti}(L+M)}{M}$; $F_{r3} = \dfrac{0.5d_i F_{xi}}{M}$ 。

作用在轴承 B 上的总径向力为

$$F_{rB} = \sqrt{F_{r5}^2 + (F_{r4} - F_{r6})^2} \qquad (3.19)$$

式中, $F_{r4} = \dfrac{F_{ri}L}{M}$; $F_{r5} = \dfrac{F_{ti}L}{M}$; $F_{r6} = \dfrac{0.5d_i F_{xi}}{M}$ 。

对于图 3.13 所示的双跨式支承结构,齿轮 i (小轮 $i=1$,大轮 $i=2$)和支承轴承 C 、 D 。 N 为参考点(齿宽中点)到轴承 C 中心平面间的轴向距离; K 为参考点到轴承 D 中心平面间的轴向距离。

$$K = G - J_i \quad (i = 1, 2) \qquad (3.20)$$

式中, G 为相配齿轮轴线到轴承 D 中心平面间的轴向距离。

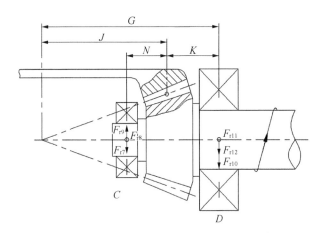

图 3.13　双跨式齿轮支承轴承 C 、 D 受力示意图

作用在轴承 C 上的总径向力为

$$F_{rC} = \sqrt{F_{r8}^2 + (F_{r7} - F_{r9})^2} \tag{3.21}$$

式中，$F_{r7} = \dfrac{F_{ri}K}{(N+K)}$；$F_{r8} = \dfrac{F_{ti}K}{(N+K)}$；$F_{r9} = \dfrac{0.5 d_i F_{xi}}{N+K}$。

作用在轴承 D 上的总径向力为

$$F_{rD} = \sqrt{F_{r11}^2 + (F_{r10} + F_{r12})^2} \tag{3.22}$$

式中，$F_{r10} = \dfrac{F_{ri}N}{N+K}$；$F_{r11} = \dfrac{F_{ti}N}{N+K}$；$F_{r12} = \dfrac{0.5 d_i F_{xi}}{N+K}$。

2. 圆柱齿轮支承轴承载荷

对于圆柱齿轮支承轴承的载荷计算与锥齿轮支承轴承载荷计算式具有相同的形式，悬臂式支承结构采用式(3.18)、式(3.19)，双跨式支承结构采用式(3.21)、式(3.22)，但这些计算式中的齿轮载荷应取表3.7中的圆柱齿轮载荷。

3.5.3　齿轮支承结构

齿轮支承结构根据轴承轴向位置限制方式的不同，主要有三种形式：两端固定、一端固定一端浮动、两端浮动。航空发动机附件传动系统通常比民用传动机械的工作温升更高，需要采用浮动式的支承以适应温升造成轴的热伸长。因而，最常见应用的支承结构形式为一端固定一端浮动或两端浮动。

一端固定一端浮动式支承，其固定端轴承必须同时固定在轴和轴承座上，固定端一般用能承受联合负荷的径向轴承，如深沟球轴承，角接触球轴承，也可采用只承受纯径向负荷的外圈无挡边(N 型)或内圈无挡边(NU 型)圆柱滚子轴承与只承受双方向轴向力的深沟球轴承或角接触球轴承的组合。浮动端轴承只承受径向力，并允许轴有一定的轴向位移，避免轴承之间产生相互的作用力；轴向位移可在轴承内部实现，如 N 型和 NU 型轴承，也可在轴承套圈与其相连接的部件配合面之间，最好采用在轴承外圈与轴承座孔之间实现。

两端浮动形式主要有两端深沟球轴承支承，两端是内圈单挡边(NJ 型)轴承或外圈单挡边(NF 型)圆柱滚子轴承支承。深沟球轴承的轴向位移主要是利用轴承套圈与其配合面间的间隙，通常是外圈与轴承座孔之间实现轴向位移；NJ 型或 NF 型轴承的浮动是利用轴承内部单方向的位移，实现两个轴承朝相反方向的轴向位移。

在传动系统中，附件轴承主要用于支承转动件旋转，同时将齿轮产生的轴向力和径向力通过轴承传递到机匣上。其支承安装型式主要有跨式简支和悬臂式支承。

对于锥齿轮支承,采用跨式简支会使支承具有良好的刚度,其主要支承方式见图 3.14;考虑锥齿轮加工和装配空间的要求,也有采用悬臂支承,见图 3.15。其中,图 3.14、图 3.15 中的球轴承可为深沟球轴承、三点或四点角接触球轴承。

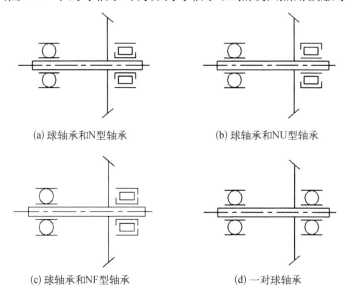

(a) 球轴承和N型轴承　　　　　　　(b) 球轴承和NU型轴承

(c) 球轴承和NF型轴承　　　　　　　(d) 一对球轴承

图 3.14　锥齿轮简支支承结构轴承组合主要形式

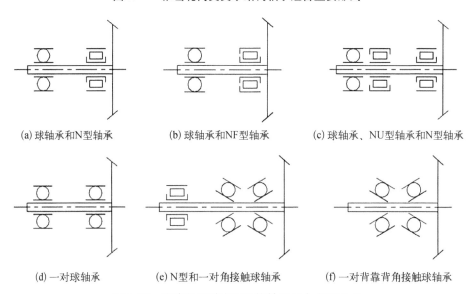

(a) 球轴承和N型轴承　　(b) 球轴承和NF型轴承　　(c) 球轴承、NU型轴承和N型轴承

(d) 一对球轴承　　(e) N型和一对角接触球轴承　　(f) 一对背靠背角接触球轴承

图 3.15　锥齿轮悬臂支承结构轴承组合主要形式

对于圆柱齿轮支承,更多是采用跨式简支方式,如图 3.16 所示,而很少采用悬臂支承。也有将轴承放在齿轮内孔的形式,其内圈固定不动,外圈转动,如图 3.17 所示。

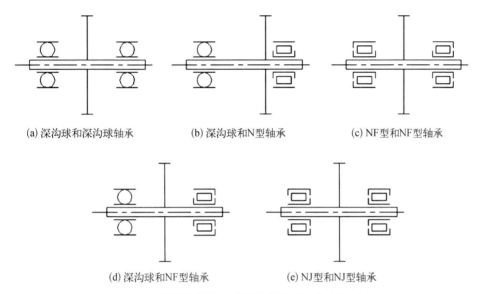

(a) 深沟球和深沟球轴承　　　　(b) 深沟球和N型轴承　　　　(c) NF型和NF型轴承

(d) 深沟球和NF型轴承　　　　(e) NJ型和NJ型轴承

图 3.16　圆柱齿轮简支支承结构轴承组合主要形式

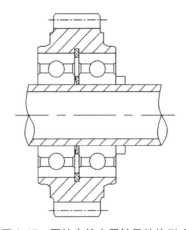

图 3.17　圆柱齿轮内置轴承结构形式

3.6　齿轮材料及工艺

3.6.1　齿轮材料

成功的航空齿轮应用,其合理的结构设计、材料选择、工艺处理三者缺一不可。航空附件传动齿轮广泛使用表面硬化热处理的合金钢,通过渗碳、渗氮及直接硬化等方式实现表层高硬度,并同时保持心部高强度,以实现最佳的综合机械性能。齿轮材料的选择首先应确定应用需求,如精度、载荷、转速、寿命、噪声限制等。此外,其他需要考虑的因素主要有许用弯曲应力、接触应力、耐磨特性、强度、防腐等功能特性、加工成本、尺寸、重量、可靠性、润滑需求等。

结合齿轮材料的应用和发展历史,航空齿轮钢大致可划分为三代[16]。第一代齿轮钢的特点为:采用低合金钢,低温回火、常温使用,其使用温度一般不超过150℃,典型代表为 AISI 9310 低合金表层硬化钢。国产第一代航空齿轮钢常用的有 12CrNi3A、12Cr2Ni4A、18Cr2Ni4WA、16Ni3CrMoE、16Cr3NiWMoVNbA 等,常用的氮化钢有 32Cr3MoVA、35Cr2Ni4MoA/E 等。部分第一代钢种,通过增加碳化物形成元素,形成轻微二次硬化并提高抗回火软化能力,工作温度能达到 250℃,如 EX-53、Vasco X-2、16Cr3NiWMoVNbE 等。第二代齿轮钢的特点为:采用二次硬化机理设计成分的中合金,高温回火、中温使用,其使用温度一般能到 350℃,典型代表为 M50NiL。第三代齿轮钢的特点为:采用二次硬化机理进行成分设计,表层超高硬度、心部高强度、耐腐蚀,高温使用,其使用温度能达到 500℃,典型代表为 CSS-42L 超高强度不锈齿轮钢。

3.6.2 齿轮工艺

齿轮工艺包括冶金工艺、加工工艺、热处理工艺、表面处理工艺等。

齿轮钢技术源自轴承钢,冶金熔炼工艺技术主要经历有空气氛围熔炼、自耗真空熔炼(consumable-electrode vacuum remelting,CVM)、真空除气、电渣重熔、真空感应熔炼(vacuum induction melting,VIM)、真空电弧重熔(vacuum arc remelting,VAR)、VIM-VAR。

齿轮机加制造技术主要经历了成形制造、表面完整性制造、抗疲劳制造三个阶段[17]。成形制造以满足图纸形位公差及尺寸精度为主;表面完整性制造,除满足图纸尺寸规定要求外,对表面精度、残余应力等疲劳性能参数均进行有效控制;抗疲劳制造深入控制表面完整性和表面变质层,更着重强调表层改性。齿轮毛坯一般采用模锻件,以保证齿轮的金属流线沿着零件外形分布。合适的晶粒流线或流线方向能显著提高轮齿的接触疲劳寿命和弯曲疲劳寿命[3]。

齿轮轮齿表面硬化的方法主要有渗碳、渗氮及直接硬化等。直接硬化技术主要有感应淬火、激光处理、电子束处理等。为提高航空齿轮的耐久性要求,考虑耐疲劳、耐磨损和耐腐蚀等性能,通常在齿轮表层硬化后进行表面处理。常用的表面处理方式有喷丸、表面涂层、离子注入等。

航空齿轮通常在齿根和齿根圆角区域进行喷丸,以产生高量级的压应力,获得弯曲疲劳强度的提高。

表面涂层用于航空齿轮的主要功能有防止微动疲劳磨损、防腐蚀、堆焊修复。防微动磨损涂层,如用于齿轮中连接螺纹或花键齿面的银层、铜层。防腐蚀涂层有磷酸盐氧化、发蓝等。堆焊修复涂层,如齿轮轴的轴承轴颈采用氨基磺酸盐镀镍层修复。

　　齿轮表面离子注入工艺主要用于提高耐磨损及抗腐蚀能力。齿轮表面注入氮、碳,产生高硬度氮化物、碳化物表面沉淀,能增加齿轮表面硬度,并降低摩擦系数,从而有效提高齿面耐磨损性能。

第 4 章
齿轮强度和振动设计

依据强度设计要求,开展齿轮强度和振动设计,计算验证齿轮相关参数满足强度设计准则和相关规范,是附件传动系统设计过程中的重要环节。主要包括齿形强度计算、轮体强度设计、齿轮振动设计及齿轮振动控制方法。

4.1　齿形强度计算

4.1.1　圆柱齿轮齿形强度

齿轮轮齿的主要失效模式为微观/宏观点蚀及剥落、轮齿断裂、齿面胶合,如图 4.1 所示[18]。齿轮齿形设计时需要开展齿轮接触疲劳强度分析、弯曲疲劳强度分析、胶合承载能力分析[19]。航空圆柱齿轮通常按航空标准 HB/Z 84.1~84.4 进行轮齿强度计算[20-23]。

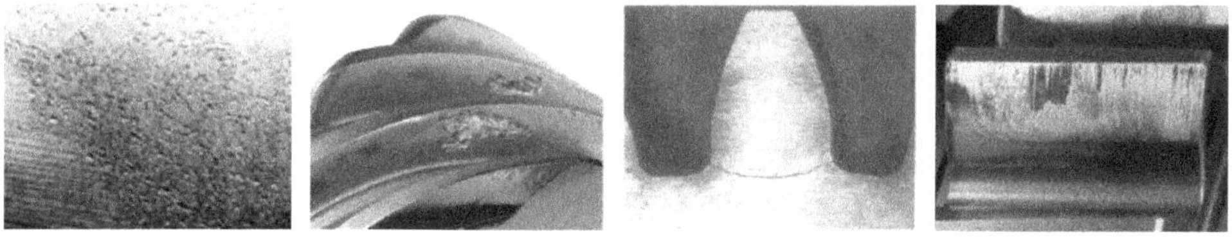

(a) 微观点蚀　　　　(b) 宏观点蚀　　　　(c) 轮齿断裂　　　　(d) 齿面胶合

图 4.1　齿轮轮齿主要失效模式

1. 接触疲劳强度分析

接触疲劳强度设计要求为计算接触应力 σ_H 不大于许用接触应力 σ_{HP},即

$$\sigma_H \leqslant \sigma_{HP} \tag{4.1}$$

式中,σ_H 为计算接触应力,MPa;σ_{HP} 为许用接触应力,MPa。

或接触强度的计算安全系数 S_H 不小于最小安全系数 $S_{H\,min}$,即

$$S_H \geqslant S_{H\,min} \tag{4.2}$$

式中，S_H 为接触强度计算安全系数；$S_{H\,min}$ 为接触强度最小安全系数。

计算接触应力 σ_H 计算如式(4.3)所示，计算接触应力 σ_H 与载荷、形状尺寸、应力分布相关。

$$\sigma_H = \sqrt{\left(\frac{F_t}{d_1 b} \frac{u \pm 1}{u}\right)(K_A K_v K_{H\beta} K_{H\alpha})} \cdot (Z_B Z_H Z_E Z_\varepsilon Z_\beta) \qquad (4.3)$$

式中，K_A 是使用系数；K_v 是动载系数；$K_{H\beta}$ 是接触疲劳强度计算的齿向载荷分布系数；$K_{H\alpha}$ 是接触疲劳强度计算的齿间载荷分布系数；Z_B 是小齿轮单对齿啮合区下界点啮合系数；Z_H 是节点区域系数；Z_E 是弹性系数，$(\text{MPa})^{0.5}$；Z_ε 是重合度系数；Z_β 是螺旋角系数；F_t 是名义切向力，N；b 是工作齿宽，为一对齿轮中较窄的齿宽，mm；d_1 是小齿轮分度圆直径，mm；u 是齿数比，$u = z_2/z_1$，z_1 为小齿轮齿数，z_2 为大齿轮齿数；"+"用于外啮合，"-"用于内啮合。

许用接触应力 σ_{HP} 计算如式(4.4)所示，与材料工艺、工作时间、表面质量、润滑状态等相关。

$$\sigma_{HP} = \frac{\sigma_{H\,lim}}{S_{H\,min}} Z_N Z_L Z_V Z_R \qquad (4.4)$$

式中，$\sigma_{H\,lim}$ 是接触疲劳极限值，MPa；Z_N 是寿命系数；Z_L 是润滑剂系数；Z_V 是速度系数；Z_R 是粗糙度系数。

接触强度计算安全系数 S_H 计算如式(4.5)所示。

$$S_H = \frac{\sigma_{H\,lim} Z_N Z_L Z_V Z_R}{\sigma_H} \qquad (4.5)$$

2. 弯曲疲劳强度分析

弯曲疲劳强度设计要求为计算齿根应力 σ_F 不大于许用齿根应力 σ_{FP}，即

$$\sigma_F \leqslant \sigma_{FP} \qquad (4.6)$$

式中，σ_F 是计算齿根应力，MPa；σ_{FP} 是许用齿根应力，MPa。

或弯曲强度的计算安全系数 S_F 不小于最小安全系数 $S_{F\,min}$，即

$$S_F \geqslant S_{F\,min} \qquad (4.7)$$

式中，S_F 是弯曲强度计算安全系数；$S_{F\,min}$ 是弯曲强度最小安全系数。

计算齿根应力 σ_F 计算如式(4.8)所示，计算齿根应力 σ_F 与载荷、形状尺寸、应力分布相关。

$$\sigma_F = \frac{F_t}{bm_n}(K_A K_v K_{F\beta} K_{F\alpha})(Y_F Y_S Y_\beta) \qquad (4.8)$$

式中,$K_{F\beta}$是弯曲疲劳强度计算的齿向载荷分布系数;$K_{F\alpha}$是弯曲疲劳强度计算的齿间载荷分布系数;m_n是法面模数,mm;Y_F是载荷作用于单对齿啮合区上界点时的齿形系数;Y_S是载荷作用于单对齿啮合区上界点时的应力修正系数;Y_β是螺旋角系数。

许用齿根应力 σ_{FP} 计算如式(4.9)所示,与材料工艺、工作时间等相关。

$$\sigma_{FP} = \frac{\sigma_{F\,lim} Y_{ST} Y_{NT}}{S_{F\,min}} Y_{\delta\,rel\,T} Y_{R\,rel\,T} Y_X \qquad (4.9)$$

式中,$\sigma_{F\,lim}$是弯曲疲劳极限值,MPa;Y_{ST}是试验齿轮的应力修正系数;Y_{NT}是寿命系数;$Y_{\delta\,rel\,T}$是相对齿根圆角敏感系数;$Y_{R\,rel\,T}$是相对齿根表面状况系数;Y_X是尺寸系数。

弯曲强度计算安全系数 S_F 计算如式(4.10)所示。

$$S_F = \frac{\sigma_{F\,lim} Y_{ST} Y_{NT} Y_{\delta\,rel\,T} Y_{R\,rel\,T} Y_X}{\sigma_F} \qquad (4.10)$$

3. 胶合承载能力分析

胶合承载能力分析包括积分温度法和闪温法,HB/Z 84.4 采用积分温度法,胶合的危险性由积分温度 θ_{int} 与胶合温度 $\theta_{sin\,t}$ 相比较来评价,其计算式如下:

$$\theta_{int} \leqslant \frac{\theta_{sin\,t}}{S_{int\,min}} \qquad (4.11)$$

式中,θ_{int}是积分温度,℃;$\theta_{sin\,t}$是胶合温度,℃;$S_{int\,min}$是胶合承载能力计算的最小安全系数。

或胶合承载能力的计算安全系数 S_{int} 不小于最小安全系数 $S_{int\,min}$,即

$$S_{int} \geqslant S_{int\,min} \qquad (4.12)$$

式中,S_{int}是胶合承载能力计算安全系数。

积分温度 θ_{int} 计算如式(4.13)所示。

$$\theta_{int} = \theta_M + C_2 \theta_{fla\,int} \qquad (4.13)$$

式中,θ_M是本体温度,℃;$\theta_{fla\,int}$是平均温升,℃;C_2是加权数,由试验确定为 1.5。

胶合温度 $\theta_{sin\,t}$ 计算如式(4.14)所示。

$$\theta_{sin\,t} = \theta_{MT} + C_2 X_w \theta_{fla\,int\,T} \qquad (4.14)$$

式中,θ_{MT}是试验齿轮本体温度,℃;$\theta_{fla\,int\,T}$是试验齿轮平均温升,℃;X_w是金相结构系数。

胶合承载能力的计算安全系数 S_{int} 计算如式(4.15)所示。

$$S_{\text{int}} = \theta_{\sin t} / \theta_{\text{int}} \tag{4.15}$$

4.1.2　锥齿轮齿形强度

航空锥齿轮通常按航空标准 HB/Z 89.1~4 进行轮齿强度计算[24-27]。

1. 接触疲劳强度分析

接触疲劳强度设计要求为计算接触应力 σ_{H} 不大于许用接触应力 σ_{HP},即

$$\sigma_{\text{H}} \leqslant \sigma_{\text{HP}} \tag{4.16}$$

式中,σ_{H} 是计算接触应力,MPa;σ_{HP} 是许用接触应力,MPa。

或接触强度的计算安全系数 S_{H} 不小于最小安全系数 $S_{\text{H min}}$,即

$$S_{\text{H}} \geqslant S_{\text{H min}} \tag{4.17}$$

式中,S_{H} 是接触强度计算安全系数;$S_{\text{H min}}$ 是接触强度最小安全系数。

计算接触应力 σ_{H} 计算如式(4.18)所示。

$$\sigma_{\text{H}} = \sqrt{\frac{F_{\text{mt}}}{d_{\text{v1}}b} \frac{u_{\text{v}} + 1}{u_{\text{v}}} (K_{\text{A}} K_{\text{v}} K_{\text{H}\beta})} \cdot (Z_{\text{H}} Z_{\text{E}} Z_{\varepsilon} Z_{\text{i}} Z_{\rho} Z_{\text{c}}) \tag{4.18}$$

式中,K_{A} 是使用系数;K_{v} 是动载系数;$K_{\text{H}\beta}$ 是接触疲劳强度计算的齿向载荷分布系数;Z_{H} 是节点区域系数;Z_{E} 是弹性系数,$(\text{MPa})^{0.5}$;Z_{ε} 是重合度系数;Z_{i} 是惯性系数;Z_{ρ} 是齿廓曲率修正系数;Z_{c} 是齿长鼓形系数;F_{mt} 是中点分度圆名义切向力,N;b 是齿宽,为一对齿轮中较窄的齿宽,mm;d_{v1} 是小齿轮当量圆柱齿轮端面分度圆直径,mm;u_{v} 是当量圆柱齿轮的齿数比。

许用接触应力 σ_{HP} 计算如式(4.19)所示。

$$\sigma_{\text{HP}} = \frac{\sigma_{\text{H lim}}}{S_{\text{H min}}} Z_{\text{N}} Z_{\theta} \tag{4.19}$$

式中,$\sigma_{\text{H lim}}$ 是接触疲劳极限值,MPa;Z_{N} 是寿命系数;Z_{θ} 是温度系数。

接触强度计算安全系数 S_{H} 计算如式(4.20)所示。

$$S_{\text{H}} = \frac{\sigma_{\text{H lim}}}{\sigma_{\text{H}}} Z_{\text{N}} Z_{\theta} \tag{4.20}$$

2. 弯曲疲劳强度分析

弯曲疲劳强度设计要求为计算齿根应力 σ_{F} 不大于许用齿根应力 σ_{FP},即

$$\sigma_{\text{F}} \leqslant \sigma_{\text{FP}} \tag{4.21}$$

式中,σ_{F} 是计算齿根应力,MPa;σ_{FP} 是许用齿根应力,MPa。

或弯曲强度的计算安全系数 S_F 不小于最小安全系数 $S_{F\,min}$，即

$$S_F \geqslant S_{F\,min} \tag{4.22}$$

式中, S_F 是弯曲强度计算安全系数; $S_{F\,min}$ 是弯曲强度最小安全系数。

计算齿根应力 σ_F 计算如式(4.23)所示。

$$\sigma_F = \frac{F_{mt}}{bm_{mn}} K_A K_v K_{F\beta} Y_F Y_S Y_\gamma Y_i Y_{LC} Y_b \tag{4.23}$$

式中, $K_{F\beta}$ 是弯曲疲劳强度计算的齿向载荷分布系数; m_{mn} 是中点法向模数, mm; Y_F 是载荷作用于危险点时的齿形系数; Y_S 是载荷作用于危险点时的应力修正系数; Y_γ 是载荷分担系数; Y_i 是惯性系数; Y_{LC} 是纵向曲率系数; Y_b 是齿根应力纵向分布系数。

许用齿根应力 σ_{FP} 计算如式(4.24)所示, 按无限疲劳寿命设计。

$$\sigma_{FP} = \frac{\sigma_{F\,lim} Y_{ST}}{S_{F\,min}} Y_\theta Y_x \tag{4.24}$$

式中, $\sigma_{F\,lim}$ 是弯曲疲劳极限值, MPa; Y_{ST} 是试验齿轮的应力修正系数; Y_θ 是温度系数; Y_x 是尺寸系数。

弯曲强度计算安全系数 S_F 计算如式(4.25)所示。

$$S_F = \frac{\sigma_{F\,lim} Y_{ST} Y_\theta Y_x}{\sigma_F} \tag{4.25}$$

3. 胶合承载能力分析

胶合承载能力分析包括积分温度法和闪温法, HB/Z 89.4 采用积分温度法, 胶合的危险性由积分温度 θ_{int} 与胶合温度 $\theta_{sin t}$ 相比较来评价。其计算式如下:

$$\theta_{int} \leqslant \frac{\theta_{sin t}}{S_{sin t\,min}} \tag{4.26}$$

式中, θ_{int} 是积分温度, ℃; $\theta_{sin t}$ 是胶合温度, ℃; $S_{sin t\,min}$ 是胶合承载能力计算的最小安全系数。

或胶合承载能力的计算安全系数 $S_{sin t}$ 不小于最小安全系数 $S_{sin t\,min}$，即

$$S_{sin t} \geqslant S_{sin t\,min} \tag{4.27}$$

式中, $S_{sin t}$ 是胶合承载能力计算安全系数。

积分温度 θ_{int} 计算如式(4.28)所示。

$$\theta_{int} = \theta_M + C_2 \theta_{fla\,int} \tag{4.28}$$

式中,θ_M 是本体温度,℃;$\theta_{\text{fla int}}$ 是沿啮合线的平均温升,℃;C_2 是加权数,由试验确定为 1.5。

胶合温度 $\theta_{\text{sin t}}$ 计算如式(4.29)所示。

$$\theta_{\text{sin t}} = \theta_{MT} + C_2 X_w \theta_{\text{fla int T}} \tag{4.29}$$

式中,θ_{MT} 是试验齿轮本体温度,℃;$\theta_{\text{fla int T}}$ 是试验齿轮沿啮合线的平均温升,℃;X_w 是金相结构系数。

胶合承载能力的计算安全系数 $S_{\text{sin t}}$ 计算如式(4.30)所示。

$$S_{\text{sin t}} = \theta_{\text{sin t}} / \theta_{\text{int}} \tag{4.30}$$

4.2　齿轮轮体强度设计

4.2.1　轮体静强度

轮体的应力采用有限元分析,主要考虑啮合力和离心力,得到最大等效应力和齿根截面平均应力,判断静强度安全系数是否满足要求。

4.2.2　轮体疲劳强度

齿轮轮体疲劳强度参考轮盘进行计算,疲劳强度储备系数 n_a 计算为[28-30]

$$n_a = \frac{\sigma_{-1} - \psi_\sigma \sigma_m}{\dfrac{K_{\sigma s}}{\varepsilon \beta_1} \sigma_a} \tag{4.31}$$

$$\sigma_a = 0.5(\sigma_{\max} - \sigma_{\min}) \tag{4.32}$$

$$\sigma_m = 0.5(\sigma_{\max} + \sigma_{\min}) \tag{4.33}$$

式中,σ_{-1} 是材料(光滑试样)弯曲疲劳极限,MPa;σ_a 是应力幅值,MPa;σ_m 是平均应力,MPa;$\sigma_{\max}$ 是最大应力,MPa;$\sigma_{\min}$ 是最小应力,MPa;$K_{\sigma s}$ 是粗糙表面的疲劳缺口系数,$K_{\sigma s} = 1 + (K_\sigma - 1)\beta_1$;$K_\sigma$ 是疲劳缺口系数(有效应力集中系数),$K_\sigma = 1 + q_\sigma (\alpha_\sigma - 1)$;$q_\sigma$ 是疲劳缺口敏感度,对于渗碳齿轮,取 $q_\sigma \approx 0.2$;α_σ 是理论应力集中系数;β_1 是表面加工系数;ε 是尺寸系数;ψ_σ 是平均应力影响系数,$\psi_\sigma = \sigma_{-1} / \sigma_b$;$\sigma_b$ 是材料(光滑试样)的拉伸强度,MPa。

理论应力集中系数 α_σ 按下列式子求得其最小值。

当拉伸时,对内齿:

$$\alpha_{\sigma L} = 1.97 + \frac{3}{z} + \frac{35}{z^2} + \frac{14x}{z} + \frac{0.7(z_0 - 20)}{z} \tag{4.34}$$

当拉伸时,对外齿:

$$\alpha_{\sigma L} = 1.44 - \frac{4.2}{z} + \frac{34.4}{z^2} + \frac{7.4x}{25 + z} \tag{4.35}$$

当弯曲时:

$$\alpha_{\sigma w} = \left(0.67 \mp \frac{5}{z} + \frac{37}{z^2} \right) \lg \frac{h_0}{m_n} + \left(1.33 \mp \frac{5}{z} + \frac{45}{z^2} \right) \tag{4.36}$$

式中,x 是变位系数;z_0 是内齿轮加工的插齿刀齿数;z 是齿轮齿数;h_0 是轮缘厚度,mm;m_n 是法面模数,mm;"+"用于内齿;"-"用于外齿。

齿根过渡圆角处的理论应力集中系数 α_σ 也可取 HB/Z84.3、HB/Z89.3 中的应力修正系数 Y_S 的计算值。

将轮体考虑为弹性系统,进行最大应力 σ_{max} 和最小应力 σ_{min} 的计算,得到平均应力 σ_m 和应力幅值 σ_a,再得到疲劳强度储备系数 n_a。

对于弹性系统,当频率比 $\gamma \ll 1$ 时,为低频激振,放大系数 $\beta = 1$,处于刚度区,刚性起主要作用,动态效应小;当 $\gamma \gg 1$ 时,为高频激振,放大系数 $\beta = 0$,处于惯性区,质量起主要作用,处于静态而来不及响应;其余为阻尼区,阻尼对放大系数有影响[31]。

对于高频激振(惯性区),最大应力 σ_{max} 和最小应力 σ_{min} 通常由静强度计算近似得到,以最大啮合力计算轮体最大静态啮合应力 σ_{nh},考虑到啮合点在轮盘上周向移动,轮盘上某点的应力在一转内由 0→最大静态应力→0,同时叠加恒定的离心应力 σ_{lx},$\sigma_{min} = \sigma_{lx}$,$\sigma_{max} = \sigma_{nh} + \sigma_{lx}$,式(4.31)考虑了非对称循环下($r = \sigma_{max} / \sigma_{min} \neq -1$)的古德曼修正。低频激振(刚度区)时应将最大啮合力乘以动载系数计算轮体最大静态啮合应力。

这种近似方法简化了相关计算,但得到的轮体的应力与频率比 γ、阻尼比 ζ 无关,对于处于阻尼区特别是共振区时的轮体,该应力计算方法是不适用的,最大静态啮合应力通常不能作为动态啮合应力的最大值,主要由于动力效应,载荷的波动部分的响应会有一个放大系数 β,β 与频率比 γ、阻尼比 ζ 相关。只有当频率比 $\gamma \geq 3$ 时,放大系数 $\beta \approx 0$,高频激振下处于惯性区,此种近似才合理。阻尼区应该进行轮体瞬态振动应力计算得到最大应力 σ_{max} 和最小应力 σ_{min},为减小瞬态响应分析计算规模,通常填平齿槽、削去齿顶。

4.3 齿轮振动设计

4.3.1 扭转振动

齿轮副啮合的传动误差 $x_s(t)$ 激励会激发扭转振动,共振时产生较大的动载荷,对轮齿强度、轮体应力产生较大影响。

1. 扭转振动理论基础

齿轮副可建立如图 4.2 所示的理论分析模型[32]。

定义啮合线上两齿轮的相对位移 x 为

$$x = R_p \theta_p - R_g \theta_g \qquad (4.37)$$

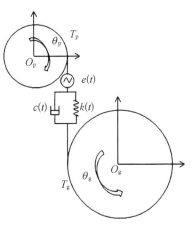

式中,R_p 是主动齿轮的基圆半径,m;R_g 是从动齿轮的基圆半径,m;θ_p 是主动齿轮的扭转振动位移,rad;θ_g 是从动齿轮的扭转振动位移,rad;x 是啮合线上两齿轮的相对位移,m。

图 4.2 齿轮副扭转振动分析模型

建立运动方程为

$$m_e \ddot{x} + c(t)\dot{x} + k(t)x = F(t) \qquad (4.38)$$

式中,m_e 是齿轮副等效质量,kg;$c(t)$ 是齿轮副啮合阻尼,(N·s)/m;$k(t)$ 是齿轮副啮合综合刚度,N/m;$F(t)$ 是齿轮副等效载荷,N。

式(4.38)为时变参数微分方程,通常较难求解位移响应,将 $c(t)$、$k(t)$ 以平均值 c_m、k_m 代替,进行转化后得到[33]:

$$\ddot{x} + 2\omega_n \xi \dot{x} + \omega_n^2 x = \omega_n^2 x_s \qquad (4.39)$$

式中,ω_n 是齿轮副扭转振动固有频率,$\omega_n = (k_m/m_e)^{0.5}$,Hz;$\xi$ 是齿轮副扭转振动阻尼比,$\xi = c_m/(2\omega_n m_e)$;$c_m$ 是齿轮副平均啮合阻尼,(N·s)/m;k_m 是齿轮副平均啮合综合刚度,N/m;x_s 是加载静态传动误差,m。

加载静态传动误差 $x_s(t)$ 与轮齿变形、轮齿误差相关,如下式所示:

$$x_s(t) = \frac{T_p/R_p + k_1 e_1 + k_2 e_2}{k(t)} \qquad (4.40)$$

式中,T_p 是主动齿轮的外载扭矩,N·m;k_i 是第 i 对轮齿的综合刚度,N/m;e_i 是第 i 对轮齿的误差,m。

传动误差激励综合了时变刚度激励和轮齿误差的位移激励。

对于高精度重载齿轮,加载静态传动误差主要由轮齿变形产生,修形齿轮计入修形量的影响,通常由变形分析得到传动误差 $x_s(t)$,求解动态啮合力和动态扭矩。

2. 扭转振动共振分析

由式(4.39)可知:当 $\omega_n = \omega_1$ 时,产生扭转共振,动态啮合力的幅值很大。

航空标准 HB/Z 84.1 中基于齿轮振动模型提出了相关分析方法,考虑了时变非线性、齿形精度、跑合和修形的影响[20]。

$$N = \frac{n_1}{n_{E1}} \qquad (4.41)$$

$$n_{E1} = \frac{30 \times 10^3}{\pi z_1} \sqrt{\frac{C_\gamma}{m_{red}}} \qquad (4.42)$$

式中,n_{E1} 是小轮的临界转速,r/min;N 是临界转速比;n_1 是小轮工作转速,r/min;ω_1 是小轮转动激振频率,Hz;z_1 是小轮齿数;C_γ 是啮合刚度,N/(mm · μm);m_{red} 是齿轮副诱导质量,kg/mm;

当 $0.85 \leqslant N \leqslant 1.15$ 时,位于主共振区,应尽量避免在该区工作,在该区工作的齿轮必须是精密的斜齿轮或精心设计齿廓修形的直齿轮。

当 $N \leqslant 0.85$ 时,位于亚临界区,在 $N = 1/2$ 或 $1/3$ 时可能出现共振现象,应尽量避免此情况。

当 $N \geqslant 1.5$ 时,位于超临界区,在 $N = 2$ 或 3 时可能出现共振现象,但影响不大;但当齿轮轴系统的横向振动频率与啮合频率接近时动载系数较大,应该避免此情况。

3. 齿轮系统扭转振动分析

可建立整个齿轮系统的轴系振动分析模型,包含无耦合、轴系弯扭耦合等模态,通常通过应变能分析判断主导模态。由于啮合影响,齿轮轴系会增加新的耦合频率,并且单一零件的原频率值由于耦合影响会有所改变。

4.3.2　弯曲振动

航空锥齿轮的辐板的弯曲刚性远比其他方向刚性小,易产生弯曲振动失效,故障特征为齿轮掉块。

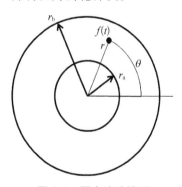

图 4.3　圆盘波动模型

1. 弯曲振动理论基础

辐板可简化为圆盘(图 4.3)进行理论分析,圆盘的波动方程为[33]

$$D\nabla^4 W + c\frac{\partial W}{\partial t} + \rho h \frac{\partial^2 W}{\partial t^2} = f(t) \qquad (4.43)$$

式中,W 是圆盘波动轴向位移,m;$f(t)$ 是圆盘轴向载荷,N;D 是圆盘弯曲刚度,$D = Eh^3/[12(1-\nu^2)]$,N · m;h 是圆盘厚度,m;ρ 是圆盘材料密度,kg/m³;c 是圆盘弯曲阻尼系数,(N · s)/m;E 是圆盘材料弹性模量,Pa;ν 是圆盘材料泊松比;r_a 是圆盘内环半径,m;r_b 是圆盘外环半径,m。

内环简支,当 $r = r_a$ 时,

$$W = 0, \quad \partial W/\partial t = 0 \tag{4.44}$$

外环自由,当 $r = r_b$ 时,

$$\frac{\partial^2 W}{\partial r^2} + \nu\left(\frac{1}{r}\frac{\partial W}{\partial r} + \frac{1}{r^2}\frac{\partial^2 W}{\partial \theta^2}\right) = f(t) \tag{4.45}$$

齿轮实际运转时啮合点位置基本不变,齿轮旋转,可等效为齿轮静止,啮合点位置反向旋转,啮合力的大小变化和加载位置、方向变化均引起振动。等效后的载荷 $f(t)$ 可表示为

$$f(t) = F(t)\delta(r - r_0)\delta(\theta + \omega_N t) \tag{4.46}$$

式中,$F(t)$ 是轮齿啮合力,N;r_0 是啮合点在圆盘上的半径,m;ω_N 是转速基频,$\omega_N = N/60$,Hz;N 是工作转速,r/min;r 是圆盘任意点的径向坐标值,m;θ 是圆盘任意点的角向坐标值,rad。

将 $F(t)$ 与 $\delta(\theta+\omega_N t)$ 进行傅里叶变换,$f(t)$ 可转化为

$$f(t) = \frac{\delta(r - r_0)}{\pi}\left\{\frac{a_0}{4} + \frac{1}{2}\sum_{k=1}^{\infty} c_k\cos(k\omega_1 t - \psi_k) + \frac{a_0}{2}\sum_{m=1}^{\infty}\cos(m\omega_N t - m\theta)\right.$$

$$+ \frac{1}{2}\sum_{k=1}^{\infty}\sum_{m=1}^{\infty} c_k\big[\cos(k\omega_1 t + m\omega_N t - \psi_k - m\theta)$$

$$\left. + \cos(k\omega_1 t - m\omega_N t - \psi_k + m\theta)\big]\right\} \tag{4.47}$$

式中,c_k 是傅里叶变换系数,$c_k = \sqrt{a_k^2 + b_k^2}$;$a_k$ 是傅里叶变换系数,$a_k = \frac{2}{T}\int_{-T/2}^{T/2} F(t)\cos(k\omega_1 t)\mathrm{d}t$;$b_k$ 是傅里叶变换系数,$b_k = \frac{2}{T}\int_{-T/2}^{T/2} F(t)\sin(k\omega_1 t)\mathrm{d}t$;$\psi_k$ 是傅里叶变换参数,$\psi_k = \mathrm{atan}(b_k/a_k)$;$\omega_1$ 是啮合基频,$\omega_1 = NZ/60$,Hz,Z 是齿数;T 是啮合周期,$T = 2\pi/\omega_1$,s。

式(4.47)中的第 4 项激励通常激起前后行波振动,此激励下的圆盘波动方程可转化为

$$\ddot{q}_{mn}^{\pm} + 2\xi_{mn}\omega_{mn}\dot{q}_{mn}^{\pm} + \omega_{mn}^2 q_{mn}^{\pm} = \frac{W_{mn}(r_0)}{2\rho h N_{mn}}c_k\cos\big[(k\omega_1 \pm m\omega_N)t - \psi_k \mp m\theta\big] \tag{4.48}$$

得到强迫响应结果:

$$W(r, \theta, t) = \sum_{n=1}^{\infty} \sum_{m=1}^{\infty} W_{mn}(r) q_{mn}^{\pm}(\theta, t) \tag{4.49}$$

$$q_{mn}^{+} = \beta^{+} B_0 \cos(\omega^{+} t - \psi_k - \varphi^{+} - m\theta) \tag{4.50}$$

$$q_{mn}^{-} = \beta^{-} B_0 \cos(\omega^{-} t - \psi_k - \varphi^{-} + m\theta) \tag{4.51}$$

式中，$W(r, \theta, t)$ 是波动轴向位移或挠度，m；m 是模态振型节径数；n 是模态振型节圆数；$W_{mn}(r)$ 是振型函数，m；θ 是旋转角，rad；ω_{mn} 是固有频率，$\omega_{mn} = D\rho r_{mn}^{4}/h$，Hz；$\xi_{mn}$ 是行波模态阻尼比，$\xi_{mn} = c/(2\rho h\omega_{mn})$；$q_{mn}^{+}$ 是前行波广义模态坐标；q_{mn}^{-} 是后行波广义模态坐标；$\omega^{\pm}$ 是激振频率，$\omega^{\pm} = k\omega_1 \pm m\omega_N = kNZ/60 \pm mN/60$，Hz；$B_0$ 是静变形，$B_0 = c_k W_{mn}(r_0)/(2\omega_{mn}^{2}\rho h N_{mn})$，m；$\gamma^{\pm}$ 是频率比，$\gamma^{\pm} = \omega^{\pm}/\omega_{mn}$；$\beta^{\pm}$ 是放大因子，$\beta^{\pm} = 1/\sqrt{[1-(\gamma^{\pm})^2]^2 + (2\xi_{mn}\gamma^{\pm})^2}$；$\varphi^{\pm}$ 是相位差，$\varphi^{\pm} = \arctan\left[\dfrac{2\xi_{mn}\gamma^{\pm}}{1-(\gamma^{\pm})^2}\right]$，rad。

β^{+}、β^{-} 中任意一个达到最大值即产生共振，位移共振条件为

$$\gamma^{\pm} = \frac{\omega^{\pm}}{\omega_{mn}} = \sqrt{1 - 2\xi_{mn}^{2}} \tag{4.52}$$

共振放大系数为

$$\beta_{\max}^{\pm} = \frac{1}{2\xi_{mn}\sqrt{1-\xi_{mn}^{2}}} \tag{4.53}$$

当行波模态阻尼比 $\xi_{mn} = 0$ 时，位移共振条件为 $\gamma^{\pm} = 1$，共振放大系数 $\beta^{\pm} = \infty$，此时，位移共振条件转化为

$$\frac{kNZ}{60} \pm \frac{mN}{60} = \omega_{mn} \tag{4.54}$$

2. 行波共振分析

按式(4.54)计算行波共振转速，判断是否在工作转速范围内存在共振点，通常通过绘制行波共振图求解，该图有两种表达方式，主要区别为式(4.54)在数学上的等式左右移项处理，通过行波共振图可方便地进行频率调整需求判断，固有频率 ω_{mn} 通过有限元方法求解。

共振区内放大因子 $\beta^{\pm}$ 较大，对模态阻尼比 ξ_{mn} 极其敏感。在工程实践中，通常在强度设计要求中对避开的节径数、频率阶数、频率裕度作出专门的规定。在设计上，齿轮振动设计也由避振设计向容振设计过渡，即不完全避开共振区，而将振动应力控制在容许的范围内，目前需要提高振动应力的计算精度，特别是需要积累行波模态阻尼比相关数据。

3. 旋转状态下的共振分析

旋转状态下,由于陀螺效应、离心刚化效应、旋转软化效应、预应力刚化效应,固有频率和模态阻尼比均会变化。

$$[M][\ddot{\xi}] + [C][\dot{\xi}] + [K][\xi] = [F] \tag{4.55}$$

$$[M][\ddot{\xi}] + ([M_G] + [C])[\dot{\xi}] + ([K] + [K_C] + [K_\sigma] - [M_C])[\xi] = [F] + [F_C] \tag{4.56}$$

式中,K_C 是离心刚度矩阵;K_σ 是预应力(除离心力)刚度矩阵;M_C 是离心质量矩阵;F_C 是离心力矩阵;M_G 是科氏力引起的回转矩阵。

旋转模态阻尼比增加,固有频率变化。圆盘转动时,其变形速度矢量与转动矢量在一条直线上,因而圆盘陀螺力对固有频率无影响。

$$[C] = \alpha[M] + \beta[K] \tag{4.57}$$

$$2\zeta\omega_n = \alpha + \beta\omega_n^2 \tag{4.58}$$

$$[M_G] + [C] = \alpha^\tau[M] + \beta^\tau([K] + [K_C] + [K_\sigma] - [M_C]) \tag{4.59}$$

$$2\zeta^\tau\omega_d = \alpha^\tau + \beta^\tau\omega_d^2 \tag{4.60}$$

$$\omega_d = \sqrt{\omega_n^2 + B\omega_N^2} \tag{4.61}$$

式中,ω_n、ω_d 是静频、动频,Hz;B 是动频系数,对于不同的边界条件和振动阶次 B 值不同,可通过有限元计算得到;ζ、ζ^τ 是静态、旋转状态下的模态阻尼比;α、α^τ 是静态、旋转状态下的 α 阻尼系数;β、β^τ 是静态、旋转状态下的 β 阻尼系数。

旋转状态下的考虑阻尼的圆盘共振条件为

$$\gamma_m = \frac{\dfrac{kNZ}{60} \pm m\dfrac{N}{60}}{\sqrt{\omega_n^2 + B\left(\dfrac{N}{60}\right)^2}} = \sqrt{1 - 2\zeta^{\tau 2}} \tag{4.62}$$

轮缘可等效为圆环,圆环的波动方程与圆盘相同,不同之处在于转动引起的离心力使圆环产生正的周向应力,使圆环刚度增加,从而使圆环固有频率增加,与转动轮盘不同,圆环转动时,其变形速度矢量与转动矢量不在一条直线上,因而有科氏力影响[34]。

$$\omega_d = \sqrt{\omega_n^2 + B\omega_N^2} \pm \frac{2m}{m^2 + 1}\omega_N \tag{4.63}$$

$$B = \frac{m^2(m^2 - 1)}{(m^2 + 1)^2} \tag{4.64}$$

式中,ω_d 是考虑陀螺力影响的圆环动频,Hz;B 是圆环动频系数。

旋转状态下的考虑阻尼的圆环共振条件为[34]

$$\gamma_m = \frac{\dfrac{kNZ}{60} \pm m\dfrac{N}{60}}{\sqrt{\omega_n^2 + B\omega_N^2} \pm \dfrac{2m}{m^2+1}\omega_N} = \sqrt{1-2\zeta^{\tau 2}} \tag{4.65}$$

4.3.3　齿轮系统动态特性分析

1. 概述

齿轮系统的噪声(noise)、振动(vibration)、声振粗糙度(harshness)同时出现且具有密不可分的特性,齿轮系统动态特性分析通常称为 NVH 分析。

齿轮啮合传动误差(transmission error,TE)为激励源,轮齿上产生动态啮合力,该动态载荷通过齿轮轮体传到轴承和壳体上,齿轮、轴承、壳体产生动态响应,齿轮、轴承、壳体等在振动过程中产生噪声。

2. 统计能量分析

对于高速运转的齿轮系统,其响应具有很宽的频率范围,包含了许多高频的成分,在高频段系统的固有频率和局部模态较密集,以位移为变量的动力学分析方法在高频段存在计算精度低的问题,且复杂结构的高阶模态参数具有不确定性,传统的求解方法很难得到有效的结果。

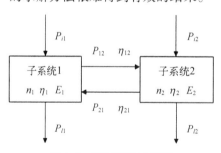

图 4.4　子系统间功率流

齿轮系统动态特性分析通常采用统计能量分析法(statistical energy analysis,SEA),该方法以振动能量作为描述振动的基本参数,使声系统、结构振动系统、其他子系统均可用同一变量描述,是目前高频振动计算的有效方法。

统计能量法将复杂结构分为多个子系统,当某些子系统受到激励而振动时,子系统间就通过边界进行能量交换,如图 4.4 所示,对每个子系统都能列出一个能量平衡方程,综合各系统形成一个高阶线性方程组,解此方程组可求得每个子系统的能量,再由能量得到各个子系统的振动参数[35]。

$$P_{i1} = P_{l1} + P_{12} \tag{4.66}$$

$$P_{i2} = P_{l2} + P_{21} \tag{4.67}$$

$$P_{l1} = \omega\eta_1 E_1 \tag{4.68}$$

$$E_{m1} = E_1/N_1 \tag{4.69}$$

$$E_{m2} = E_2/N_2 \tag{4.70}$$

$$P_{12} = -P_{21} = P'_{12} - P'_{21} \tag{4.71}$$

$$P'_{12} = \omega\eta_{12}E_1 = \omega\eta_{12}N_1E_{m1} \tag{4.72}$$

$$P'_{21} = \omega\eta_{21}E_2 = \omega\eta_{21}N_2E_{m2} \tag{4.73}$$

$$\eta_{12}N_1 = \eta_{21}N_2 \tag{4.74}$$

$$P_{12} = \omega\eta_{12}N_1(E_{m1} - E_{m2}) = \omega\eta_{12}N_1(E_1/N_1 - E_2/N_2) \tag{4.75}$$

$$P_{i1} = \omega\eta_1 E_1 + \omega\eta_{12}N_1(E_1/N_1 - E_2/N_2) \tag{4.76}$$

$$P_{i2} = \omega\eta_2 E_2 + \omega\eta_{21}N_2(E_2/N_2 - E_1/N_1) \tag{4.77}$$

式中,P_{i1} 是子系统 1 的输入功率,kW;P_{l1} 是子系统 1 的内部功率损失,kW;P_{l2} 是子系统 2 的输入功率,kW;P_{l2} 是子系统 2 的内部功率损失,kW;P_{12} 是从子系统 1 传输到的子系统 2 的功率,kW;P_{21} 是从子系统 2 传输到的子系统 1 的功率,kW;ω 是带宽内中心角频率, $\omega = 2\pi f$, rad/s;f 是带宽内中心频率,Hz;η_1 是子系统 1 的内部损耗因子;E_1 是子系统 1 在频带宽 $\Delta\omega$ 内的能量;η_2 是子系统 2 的内部损耗因子;E_2 是子系统 2 在带宽 $\Delta\omega$ 内的能量;E_{m1} 是子系统 1 的平均模态能量;E_{m2} 是子系统 2 的平均模态能量;N_1 是子系统 1 在频带宽 $\Delta\omega$ 内的模态数;N_2 是子系统 2 在频带宽 $\Delta\omega$ 内的模态数;η_{12} 是从子系统 1 到子系统 2 的耦合损耗因子;η_{21} 是从子系统 2 到子系统 1 的耦合损耗因子。

$$\omega\begin{bmatrix} \left(\eta_1 + \sum\limits_{i\neq 1}^{N}\eta_{1i}\right)n_1 & -\eta_{12}n_1 & \cdots & -\eta_{1N}n_1 \\ -\eta_{21}n_2 & \left(\eta_2 + \sum\limits_{i\neq 2}^{N}\eta_{2i}\right)n_2 & \cdots & -\eta_{2N}n_2 \\ \vdots & \vdots & \vdots & \vdots \\ -\eta_{N1}n_N & -\eta_{N2}n_N & \cdots & \left(\eta_N + \sum\limits_{i\neq N}^{N}\eta_{Ni}\right)n_N \end{bmatrix} \cdot \begin{bmatrix} E_1/n_1 \\ E_2/n_2 \\ \vdots \\ E_N/n_N \end{bmatrix} = \begin{bmatrix} P_{i1} \\ P_{i2} \\ \vdots \\ P_{iN} \end{bmatrix}$$

$$\tag{4.78}$$

$$E = M\langle v^2 \rangle \tag{4.79}$$

$$E = \langle p^2 \rangle V/(\rho c^2) \tag{4.80}$$

式中,E 是子系统平均能量;M 是子系统质量;$\langle v^2 \rangle$ 是振动速度的平均空间平方;$\langle p^2 \rangle$ 是声压的平均空间平方;ρ 是密度,kg/m³;c 是无容器影响的声速,m/s;V 是容腔体积,m^3。

结构子系统模态密度:

$$n(f) = \frac{\mathrm{d}N}{\mathrm{d}f} = \frac{1}{f_0} = \frac{A}{2t}\sqrt{\frac{12\rho(1-v^2)}{E}} \tag{4.81}$$

式中,A 是界面面积,m^2;t 是结构子系统厚度,m;E 是弹性模量,$\mathrm{N/m}^2$;v 是泊松比;f_0 是子结构基频,Hz。

声振子系统模态密度:

$$n(f) = \frac{\mathrm{d}N}{\mathrm{d}f} = \frac{4\pi V}{c^3}f^2 \tag{4.82}$$

子结构的内损耗因子 η_i 主要是由三种彼此独立的阻尼机理构成:子系统本身材料内摩擦构成的结构损耗因子 η_{is};子系统振动声辐射阻尼形成的损耗因子 η_{ir};子系统边界连接阻尼构成的损耗因子 η_{ib}。

$$\eta_i = \eta_{is} + \eta_{ir} + \eta_{ib} \tag{4.83}$$

结构子系统内损耗因子:

$$\eta_{is} = \frac{\displaystyle\int_{f_1}^{f_2} Re(Y)F^2\mathrm{d}f}{\omega_0 M\left\langle\displaystyle\int_{f_1}^{f_2}v^2\mathrm{d}f\right\rangle} \tag{4.84}$$

式中,F^2 是输入变载荷的功率谱;v^2 是响应速度的功率谱;Y 是驱动点在频率范围 $f_1\sim f_2$ 的复合调制。

声振子系统内损耗因子:

$$\eta_{ir} = \frac{cS\overline{\alpha}}{4V\omega} \tag{4.85}$$

式中,α 是平均声吸收系数;S 是容腔表面积,m^2。

结构子系统之间耦合损耗因子:

$$\eta_{ij} = \frac{c_{gi}L_c\tau_{ij}}{\pi\omega S_i} \tag{4.86}$$

式中,c_{gi} 是弯曲波群速度,$\mathrm{m/s}$;L_c 是耦合长度,m;S_i 是表面面积,m^2;τ_{ij} 是从子系统 i 到子系统 j 的能量传递系数。

结构与声振子系统之间耦合损耗因子:

$$\eta_{ij} = \frac{Z_0 S_c \sigma}{\omega M_i} \qquad (4.87)$$

式中，Z_0 是空气阻抗常数；S_c 是耦合面积，m^2；σ 是声音辐射效率；M_i 是结构子系统质量，kg。

声振子系统与容腔之间耦合损耗因子：

$$\eta_{ij} = \frac{c_s S_{cs} \tau_m}{4\omega V_s} \qquad (4.88)$$

式中，c_s 是容腔内声音的速度，m/s；S_{cs} 是耦合面积，m^2；V_s 是容腔体积，m^3；τ_m 是传递系数。

3. 传动系统振动噪声

1）激励分析

进行齿轮接触分析后，可得到各个齿轮副的传递误差，各齿轮副传递误差是传动系统振动的主要激励源。通常对传递误差曲线进行傅里叶变换，将低阶幅值较大的部分作为主要激励。

2）模态分析

为避免系统的激振频率与系统的固有频率相接近，防止在工作过程中发生共振，因此通过对附件机匣传动系统进行耦合模态分析，得到系统的固有频率和固有振型。

3）瞬态响应分析

以传递误差为激励，对传动系统进行 NVH 分析，求解得到传动系统的振动特性，通过分析测点的振动加速度可以得知机匣在分析工况载荷下的振动情况。

4.4 齿轮振动控制方法

经振动特性分析或台架试验表明，附件传动系统齿轮在工作转速范围内存在有害共振或振动应力过高，不满足齿轮振动设计要求，可采取如下振动控制方法：结构调频优化、附加阻尼设计、修形减振设计以及动平衡及支承刚性优化等。

4.4.1 结构调频优化

结构调频的方法是在齿轮的某一部位增加或减去部分质量以改变需要调整振型的模态刚度和模态质量，改变该阶振型的固有频率。调频时在将某一阶要调整的频率调好后，应防止其他频率引起的共振转速移到齿轮的工作转速范围内。在调频的同时，也应检查齿轮的静强度、刚度和重量是否满足设计要求。附件传动系统齿轮结构的主要调频方法如下所示。

1. 调整"内"圆角法

调整辐板与轴的转接圆角半径,从而改变齿轮的轴向刚度。圆角结构改变,实现转接位置质量的增加或减小,越是靠近齿轮径向的外圆部分,对轴向刚度和扭转刚度的影响越大,所有阶次振型的固有频率都产生变化。一节径、一扭转等轴向或周向振幅较大的振型的固有频率将变化更为显著。"内"圆角半径增大,一般可提高固有频率。

2. 调整"外"圆角法

调整辐板与齿圈连接处的圆角半径,以改变辐板外缘刚度,进而调整节径型振动的固有频率。增大"外"圆角半径,通常可提高固有频率。

3. 调整辐板结构法

对环形辐板的锥度或厚度进行改变,可调节实心或空心无轴齿轮的节径型弯曲振动刚性,能显著改变该型固有频率,但对盘轴形齿轮效果不明显。

4. 调整轮缘结构法

调整齿轮轮缘结构,如轮缘整体厚度,或采用型面结构改变局部厚度,可调节齿轮节径型弯曲振动刚性,从而改变齿轮节径型振动的固有频率。增加轮缘厚度,通常可提高固有频率。

4.4.2　附加阻尼设计

航空齿轮为减轻重量通常设计成薄辐板和窄齿宽结构,由于齿轮在传动误差等激励下产生周期变化的动载荷,一定条件下会激起薄辐板窄齿宽齿轮的行波共振。有时结构调频极为困难,在避开了危险的低阶频率后,可在齿轮的适当部位安装阻尼结构,降低共振应力到安全水平之下,不失为一种有效的方法。

1. 阻尼环减振机理

当轮缘在外界激励下发生行波共振时,轮缘与阻尼环组合结构发生一致的弯曲变形,轮缘和阻尼环的外侧材料受拉伸长、内侧材料受压缩短,接触面分别为轮缘内侧和阻尼环外侧,两结构在接触面上由于变形不协调产生相对滑移,形成干摩擦,耗能产生阻尼。

节径共振时的子结构模型:当轮缘和阻尼环组合结构发生 N 节径共振时,以相邻两条节线之间的部分 $[-\pi/(2N) \leqslant \theta \leqslant \pi/(2N)]$ 为一个子结构,如图4.5所示。

当圆环发生 N 节径振动时,圆环的任意角度位置点的径向位移 w 可表达为

$$w = W_0\cos(N\theta)\cos(\omega t) \qquad (4.89)$$

式中,w 是圆环上 θ 角度处的径向位移(向环心为"$-$",向外为"$+$"),mm;W_0 是圆

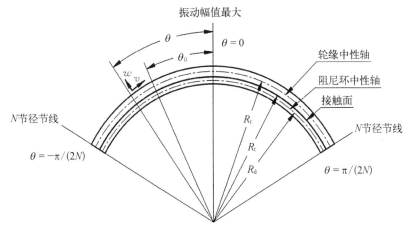

图 4.5　组合结构子结构图

环上 $\theta = 0$ 位置点径向振幅,mm;N 是节径数;θ 是圆环上任意位置点的角坐标,rad;ω 是结构振动圆频率,rad/s。

圆环的挠曲线微分方程为

$$\frac{M}{EI} = \frac{1}{\rho} - \frac{1}{R} = -\frac{1}{R^2}\left(\frac{\mathrm{d}^2 w}{\mathrm{d}\theta^2} + w\right) \tag{4.90}$$

式中,M 是弯矩,N·mm;EI 是弯刚度,N·mm^2;E 是弹性模量,MPa;I 是截面对中性轴的惯性矩,mm^4;R 是圆环变形前中性轴曲率半径,mm;ρ 是圆环变形后中性轴曲率半径,mm。

圆环弯曲时的切向应变 ε_b 为

$$\varepsilon_b = \frac{\sigma_b}{E} = \frac{-MC}{EI} = \frac{C}{R^2}(N^2 - 1) \cdot w \tag{4.91}$$

式中,ε_b 是圆环弯曲的圆周切向应变;σ_b 是圆环弯曲的正应力,MPa;C 是圆环的半厚度,mm。

轮缘和阻尼环一致弯曲时在同一角度位置点的切向应变差 $\Delta\varepsilon$ 为

$$\Delta\varepsilon = \varepsilon_r - \varepsilon_d = \left(\frac{C_r}{R_r^2} + \frac{C_d}{R_d^2}\right)(N^2 - 1) \cdot w \tag{4.92}$$

式中,$\Delta\varepsilon$ 是圆周切向应变差;ε_r 是轮缘弯曲的圆周切向应变;ε_d 是阻尼环弯曲的圆周切向应变;C_r 是轮缘的半厚度,$C_r = R_r - R_t$,mm;C_d 是阻尼环的半厚度,$C_d = R_t - R_d$,mm;R_r 是轮缘的中面半径,mm;R_d 是阻尼环的中面半径,mm;R_t 是接触面处的半径,mm。

理论分析表明,当 $\mu P/(T_1 W_0) = 0.3924$ 时,产生最大耗能,阻尼效果最佳[36],

T_1 为结构参数，$T_1 = (A_d E/R_d)(C_r/R_r^2 + C_d/R_d^2)(N^2 - 1)N$，$P$ 为接触面线压力，μ 为接触面摩擦系数。

由接触分析及相关估算得到结合面的等效刚度、阻尼等参数；进行瞬态响应分析，分析得到啮合点的位移响应和最大应力点等效应力。

2. 阻尼减振结构

根据减振机理的不同可以分成两类减振方法。一类是利用外摩擦减振，如采用阻尼环、阻尼衬筒、阻尼垫等。另一类是利用附加内阻较大的材料减振，如阻尼涂层和粘贴复合材料阻尼片等。

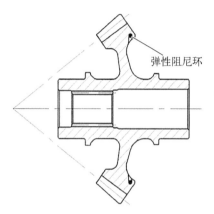

图4.6 应用弹性阻尼环的锥齿轮示意图

阻尼环可采用螺旋卡圈结构形式，其轴向尺寸较短，主要借接触面间周向滑动摩擦起减振作用，见图4.6。阻尼衬筒则可利用与齿轮接触面间的周向滑动摩擦起减振作用，见图4.7。阻尼衬筒减振效果较好，但应壁厚适当，加工准确，工作时其外圆面能与齿轮的某一内圆面靠紧。阻尼环与齿轮内圆接触面应选在齿轮内圆面周向交变应力较大的部位，阻尼衬筒的接触面最好选在齿轮内圆面周向和轴向交变应变均较大的部位。这样，需计算出齿轮发生危险共振的那些振型的振动应变的分布情况。

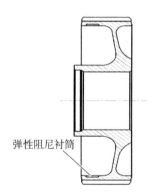

图4.7 应用弹性阻尼衬筒的斜齿轮示意图

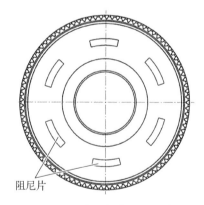

图4.8 应用复合阻尼片的斜齿轮示意图

阻尼片一般为片条状，贴在齿轮辐板两面或齿圈内表面上，见图4.8。粘贴的位置和方向要考虑共振型交变应变较大的部位和方向。齿轮非工作表面涂上阻尼层也能起到减振作用。阻尼片、粘贴胶及阻尼涂层应能在高温、高速和油雾下可靠持久地工作。

4.4.3　修形减振设计

1. 减小啮入啮出冲击

齿轮副连续啮合过程通常分为单齿对啮合、双齿对啮合、单-双齿对交替啮合以及双-单齿对交替啮合 4 个典型啮合状态。

齿轮副由单齿对啮合向双齿对啮合交替的过程中,由于齿轮副的受载弹性变形,主动齿轮的实际啮合基节将小于理论啮合基节,而从动齿轮的实际啮合基节将大于理论啮合基节,主动齿轮的实际啮合基节将小于从动齿轮的实际啮合基节,使得从动齿轮的实际位置与理论位置间存在角度偏差。因此,当前一齿对尚未啮合到达,后一齿对在理论啮合线提前进入啮合,此时两对轮齿的啮合点具有不同的啮合节点,从动齿轮的瞬时节圆半径突然变小,从动轮将从正常的转速骤然提速,将产生额外的冲击力,即啮入冲击。同理,齿轮副由双齿对啮合向单齿对啮合交替的过程中将产生啮出冲击。

可通过齿廓修形使负载曲线减少突变,以降低啮入啮出冲击,推荐的负载曲线如图 4.9 所示。修形量可参见 ISO/TR 13989-1: 2000 Annex B[37]。

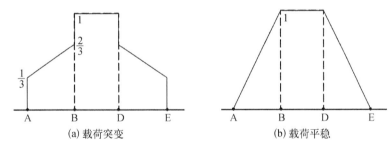

(a) 载荷突变　　　　　　　　　　　　　　(b) 载荷平稳

图 4.9　负载沿啮合线上的分布曲线

2. 降低传动误差波动幅值

传动误差是齿轮动态啮合力的激励,减小传动误差可减小啮合动态载荷,进而减小轮体振动应力。降低传动误差可通过齿面修形实现,修形后的传动误差波动幅值可明显减少。

齿向修形、齿廓修形、齿面修形的方法类别[38]可参考 ISO 21771-2007。齿向修形包括齿端修形、螺旋线修形、鼓形修形;齿廓修形包括齿顶齿根修形、压力角修形、鼓形修形;齿面修形包括齿面拓扑修形、对角终端修形、齿面扭曲修形等。鼓形曲线可分为圆弧和渐开线等类别,齿端、齿顶、齿根修形曲线包括直线和圆弧等类别,结合齿轮参数和各工况载荷,通过接触分析计算,确定修形方案以减小传动误差波动幅值。

4.4.4　动平衡及支承刚性优化

1. 动平衡设计

高转速齿轮应进行动平衡设计,尽量减小齿轮的不平衡量,并进行去材料动平衡。安装在发动机转子上齿轮的平衡精度应与发动机转子的一致(一般不低于G2.5级),其他齿轮的平衡精度一般不低于 G6.3 级。当齿轮工作在组件状态时(如齿轮上安装有锁紧螺母),动平衡去材料时建议也在组件状态下进行。

2. 改善支承刚性

提高齿轮的支承刚性,增强齿轮抗振能力。在结构允许情况下,齿轮尽量采用简支支承结构,在选择轴承之间的距离时,应使轴承的径向载荷与轴承刚度的比值尽量均衡,以减小齿轮受载时的偏斜,并确保极限载荷作用下齿轮的位移量在限定的范围内。

受结构限制需采用悬臂支承时,应尽量减少悬臂量(在条件允许的情况下,一般要求锥齿轮两个轴承之间的距离大于悬臂长度的 2 倍),轴直径和齿轮悬臂量应成适当的比例,以保证齿轮的挠曲变形最小。

确保齿轮轴和机匣有足够的刚度,在满足使用要求的前提下,适当减小轴承的径向游隙。

第5章
传动轴及花键连接

航空发动机附件传动系统中有大量的轴类零件,用于传递扭矩或支承齿轮等零件。传动轴是传动系统主要的零组件之一,其广泛采用渐开线花键进行轴系联接,作为传递扭矩的结构型式。

5.1 传 动 轴

5.1.1 传动轴类型

根据不同的功能、用途,航空发动机附件传动系统中的传动轴主要有齿轮轴、主传动杆、附件传动杆、联轴器等,其特点、应用见表5.1。

表5.1 航空发动机附件传动轴主要类型

类 型	特 点	主 要 应 用
齿轮轴	支承齿轮等传扭件,或者叶轮式通风器等功能件,或者与传扭件、功能件等一体化设计;传递扭矩,一般同时承受弯矩、轴向力等	广泛应用于齿轮箱式附件传动机匣内的传动轴系,如平行轴式、角传动齿轮箱
主传动杆	长径比很大,两端带花键,连接发动机内部齿轮箱和外部齿轮箱,或者外部多个齿轮箱之间的传动轴;一般主要传递扭矩,具有一定弹性,可承受一定的错位量	连接中央传动机匣与外部附件机匣的中央传动杆,连接外部附件机匣之间的水平传动杆等
附件传动杆	长径比相对较小,两端带花键,连接附件传动机匣和外部附件;一般主要传递扭矩,通常设计有过载保护的承减段,具有一定弹性,可承受较小的错位量	连接附件传动机匣与起动机的起动机传动杆等
联轴器	采用金属膜片、波纹管等弹性联轴节,或者球笼等速联轴节,实现同步高速传扭,并补偿较高的轴向、角向、径向错位量,具有较高的缓冲减振作用	连接发动机附件传动机匣与飞机附件传动机匣之间的膜盘式联轴器、球笼式联轴器等

5.1.2 传动轴结构设计基本要求

(1)齿轮轴,包括锥齿轮轴、圆柱齿轮轴,应满足第3章"齿轮及支承结构设计"中的相关要求;

（2）基于比强度、比刚度设计，传动轴一般采用空心结构，采用台阶孔或斜孔设计时，应保证足够的过渡圆角；

（3）轴的结构尺寸，如轴径、过渡圆角、孔槽尺寸等，应尽量采用标准化或通用化的尺寸，且尽可能统一；

（4）传动轴结构力求简单，尽量避免轴径过多阶梯变化，以减少变截面产生的应力集中；

（5）传动轴的设计，尤其是一体化齿轮轴，应考虑装配性、可制造性；对于包含齿轮、花键等结构，应考虑其润滑性；

（6）高速传动轴应规定动平衡要求，轴上应设计有动平衡支承面及材料去除面；

（7）轴上承受交变应力的部位不应设计有孔槽、螺纹等结构，如无法避免，则相关部位应进行局部强化设计和处理；

（8）高速轴进行临界转速评估，尤其是高长径比的传动杆。对于工作转速低于第一阶临界转速的亚临界传动轴，要求最低临界转速应高于最高转速，并建议留有 20% 裕度；对于工作转速高于第一阶临界转速的超临界传动轴，要求设计相应的阻尼结构，确保轴能安全通过临界转速范围。

5.1.3 传动轴强度设计

1. 疲劳强度

航空发动机附件传动轴失效的基本类型有疲劳、变形、磨损、断裂等。其中，传动轴在交变应力长期作用下产生的疲劳破坏，是其主要破坏形式。疲劳破坏与传动轴所承受的应力大小、应力集中情况、应力状态、疲劳源及材料对缺陷的敏感性等密切相关。传动轴所承受的载荷主要包括工作扭矩、弯矩、轴向力、径向力等，叠加振动扭矩等高循环疲劳载荷，可采用扭转疲劳分析的当量稳态应力法[39]进行传动轴疲劳强度分析。

1) 计算截面和计算点的选取

传动轴通常将有孔、槽、花键、螺纹、台阶等应力集中和壁厚最薄的截面作为危险截面，即选取为计算截面。同时选定计算截面上可能的最大应力点（内径或外径上的点）作为计算点。根据预估，计算截面及计算点一般应选取多个，并通过最终计算结果确定最危险截面和最危险点。

2) 各截面计算点的名义应力

（1）名义剪应力 $\tau_{z\theta}$：

当计算点在轴的外径上，有

$$\tau_{z\theta} = \frac{16DM_T}{\pi(D^4 - d^4)} \left[\frac{\pi(D+d)}{\pi(D+d) - 2nd_1} \right] \times 10^3 \tag{5.1}$$

当计算点在轴的内径上,有

$$\tau_{z\theta} = \frac{16dM_{\mathrm{T}}}{\pi(D^4 - d^4)}\left[\frac{\pi(D+d)}{\pi(D+d) - 2nd_1}\right] \times 10^3 \tag{5.2}$$

式中,$\tau_{z\theta}$ 为名义剪应力,MPa;M_{T} 为最大工作扭矩,N·m;d、D 分别计算截面的内、外直径,mm;n 为计算截面上孔或槽的数目;d_1 为计算截面上的孔径或槽宽,mm。

（2）名义轴向应力 σ_z：

$$\sigma_z = \frac{4P}{\pi(D^2 - d^2)}\left[\frac{\pi(D+d)}{\pi(D+d) - 2nd_1}\right] \tag{5.3}$$

式中,σ_z 为名义轴向应力,拉应力为正,MPa;P 为轴向力,N。对于传动杆,一般可不考虑轴向力。

（3）名义周向应力 σ_θ：

作用在花键套齿上扭矩的径向分力,轴的质量离心力,轴内、外表面的气体压力等都会引起周向应力。设周向应力沿壁厚均匀分布,由薄壳受内（外）压力作用的公式可导出周向应力:

$$\sigma_\theta = \frac{2M_{\mathrm{T}}\tan\alpha}{\pi D_{\mathrm{p}}(D-d)L} \times 10^3 + \frac{\rho\omega^2}{g}\left(\frac{D+d}{4}\right)^2 \times 10^{-11} + \frac{\Delta p(D+d)}{2(D-d)} \tag{5.4}$$

式中,σ_θ 为名义周向应力,MPa;α 为花键套齿压力角,(°);D_{p} 为花键套齿的节圆直径,mm;L 为内、外花键套齿的接触长度,mm;ρ 为材料密度,kg/m³;g 为重力加速度,m/s²;ω 为轴旋转角速度,rad/s;Δp 为轴内、外表面的气体压力差,内压力为正,MPa。

3）名义当量剪应力 τ_{eq}

$$\tau_{\mathrm{eq}} = \left[\tau_{z\theta}^2 + \frac{1}{3}(\sigma_z^2 + \sigma_\theta^2 - \sigma_z\sigma_\theta)\right]^{1/2} \tag{5.5}$$

4）有效扭转应力集中系数 α_x

有效应力集中系数 α_x 与循环次数 N 之间的关系如图 5.1 所示。

由图 5.1 可知:当 $x \leq 3$ 时,$\alpha_x = 1.0$;当 $x \geq 6$ 时,$\alpha_x = \alpha_6$;当 $3 < x < 6$ 时,$\alpha_x = 1 + (\alpha_6 - 1)(x - 3)/3$。其中,$\alpha_6$ 为有效扭转剪应力集中系数,$\alpha_6 = \lambda(\alpha_{t,6} - 1) + 1$。其中,$\alpha_{t,6}$ 为理论扭转剪应力集中系数;λ

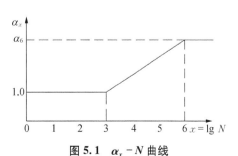

图 5.1　$\alpha_x - N$ 曲线

为缺口敏感系数。$\alpha_{t,6}$ 与 λ 可查阅文献[40]。

5）当量弹性极限扭转剪切强度 τ_{b2}

根据计算截面温度,查取材料的极限剪切强度 τ_b。若无数据,可取 $\tau_b \approx 0.6\sigma_b$,$\sigma_b$ 为强度极限。

$$\tau_{b2} = \tau_b + \frac{\tau_{z\theta}}{\tau_{eq}}(\tau_{b1} - \tau_b) \tag{5.6}$$

式中,

$$\tau_{b1} = \frac{4}{3}\frac{D^3 - d^3}{D^4 - d^4}D\tau_b \tag{5.7}$$

6）N 次循环的对称循环疲劳强度 $\tau_{-1,x}$

由截面温度查取 10^7 次对称循环的扭转疲劳强度 τ_{-1}。若无数据可取 $\tau_{-1} \approx 0.5\sigma_b$。

考虑轴的尺寸与扭转疲劳试验棒尺寸的不同,需用下式修正:

$$\tau_{-1,6} = \tau'_{-1,6}\left(1 + \frac{0.063\,5}{D}\right)\Big/N_3 \tag{5.8}$$

式中,$\tau_{-1,6}$ 为经尺寸修正后的 10^6 次对称循环的扭转疲劳强度;$\tau'_{-1,6}$ 为材料 10^6 次对称循环的扭转疲劳强度,若无数据可取 $\tau'_{-1,6} = \tau_{-1}$;N_3 按下式计算:

$$N_3 = 1 + \frac{0.063\,5}{d_s} \tag{5.9}$$

式中,d_s 为扭转疲劳试棒直径,mm。

N 次循环的对称循环疲劳强度 $\tau_{-1,x}$ 与循环次数 N 之间的关系如图 5.2 所示:

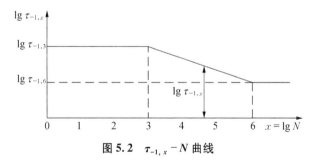

图 5.2　$\tau_{-1,x}$ - N 曲线

由图 5.2 可知:当 $x \leqslant 3$ 时,$\tau_{-1,x} = \tau_{-1,3}$;当 $x \geqslant 6$ 时,$\tau_{-1,x} = \tau_{-1,6}$;当 $3 < x < 6$ 时,$\tau_{-1,x} = \tau_{-1,6}(\tau_{-1,3}/\tau_{-1,6})^{(2-x/3)}$。

若无数据,可取 $\tau_{-1,3} = 0.9\tau_b$。

7）将主循环零到当量剪应力转换成当量稳态应力 τ_{eq1}

$$\tau_{eq1} = \frac{\tau_{eq}}{2}\left(1 + \frac{\alpha_x \tau_{b2}}{\tau_{-1,x}}\right) \tag{5.10}$$

图 5.3 中的循环可视为不变应力为 $\tau_{eq}/2$（横坐标）的对称循环，在交变作用时考虑 α_x 的影响，所以交变应力幅值为 $\alpha_x \tau_{eq}/2$（纵坐标），由此确定 A 点，通过 A 点作平行线，得出当量稳态应力 τ_{eq1}。

在 τ_{eq1} 中考虑了主循环载荷的综合影响及应力集中影响，显然 τ_{eq1} 作用一次与主循环 $0 \sim \tau_{eq}$ 作用 N 次有相同的疲劳储备系数。

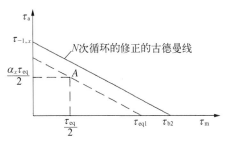

图 5.3　N 次循环的修正的古德曼图　　　　图 5.4　10^7 次循环的修正的古德曼图

8）考虑振动扭矩及应力集中的当量稳态应力 τ_{eq2}

将 τ_{eq1} 作为高循环疲劳载荷的不变应力，以 $\alpha_6 \times 0.05\tau_{eq}$ 作为对称交变的幅值，利用 10^7 次循环的修正古德曼图（图 5.4），可得出考虑振动扭矩及应力集中的当量稳态应力 τ_{eq2}：

$$\tau_{eq2} = \tau_{eq1} + \alpha_6 \times (0.05\tau_{eq})\frac{\tau_{b2}}{\tau_{-1,6}} \tag{5.11}$$

显然，τ_{eq2} 作用一次与叠加有 10^7 次 $\pm 0.05\tau_{eq}$ 的 τ_{eq1} 作用一次有相同的疲劳储备系数。τ_{eq2} 是一个当量稳态应力，它代表主循环（包括扭转剪切应力，轴向及周向应力的共同影响）作用 N 次和振动扭矩作用 10^7 次的疲劳损伤，并考虑了主、次循环应力集中对疲劳寿命的影响，同时，上述转换保证疲劳储备系数不变。

9）疲劳储备系数
安全系数为

$$K = \tau_{b2}/\tau_{eq2} \tag{5.12}$$

疲劳储备系数为

$$K_f = K/1.4 \tag{5.13}$$

満足 $K_f \geqslant 1.0$，即达到设计使用寿命的疲劳设计要求。

2. 静强度

传动轴静强度分析[41]主要包括屈服应力、极限应力以及冲击载荷下的当量应力等计算。

1) 屈服强度

传动轴屈服应力分析，主要是校核最大工作载荷以及瞬时过载下，传动轴抵抗塑性变形的能力。对于附件传动轴的危险截面处，可能存在弯曲或拉、压应力，扭转应力，或上述应力组合。

轴危险截面上所受的最大正应力 σ_{max}：

$$\sigma_{max} = \frac{M_{max}}{W} \times 10^3 + \frac{F_{max}}{A} \qquad (5.14)$$

式中，σ_{max} 为轴危险截面上所受的最大正应力，MPa；M_{max} 为轴危险截面上所受的最大弯矩，N·m；F_{max} 为轴危险截面上所受的最大轴向力，N；W 为轴危险截面的抗弯截面模量，mm^3；A 为轴危险截面的面积，mm^2。

轴危险截面上所受的最大剪切应力 τ_{max}：

$$\tau_{max} = \frac{T_{max}}{W_T} \times 10^3 \qquad (5.15)$$

式中，τ_{max} 为轴危险截面上所受的最大剪应力，MPa；T_{max} 为轴危险截面上所受的最大扭矩，N·m；W_T 为轴危险截面的抗扭截面模量，mm^3。

弯曲或拉、压屈服安全系数 $n_{\sigma s}$：

$$n_{\sigma s} = \frac{\sigma_s}{\sigma_{max}} \geqslant n_s \qquad (5.16)$$

式中，$n_{\sigma s}$ 为弯曲或拉、压屈服安全系数；σ_s 为材料弯曲屈服极限，MPa；n_s 为许用屈服安全系数，建议取 $n_s = 1$。

扭转屈服安全系数 $n_{\tau s}$：

$$n_{\tau s} = \frac{\tau_s}{\tau_{max}} \geqslant n_s \qquad (5.17)$$

式中，$n_{\tau s}$ 为扭转屈服安全系数；τ_s 为材料扭转屈服极限，MPa。

弯扭组合屈服安全系数 $n_{\sigma \tau s}$：

$$n_{\sigma \tau s} = \frac{n_{\sigma s} n_{\tau s}}{\sqrt{n_{\sigma s}^2 + n_{\tau s}^2}} \geqslant n_s \qquad (5.18)$$

2）极限强度

传动轴极限应力分析,主要是校核极限载荷下,如发动机遭受叶片飞出、鸟撞击、主轴卡滞等故障产生的恶劣载荷,传动轴抵抗整体破坏的能力。极限应力分析需考虑轴上的孔槽影响,将轴所承受的扭矩、弯矩、轴向力乘以系数 ζ 进行修正。

$$\zeta = \frac{\pi(D + d)}{\pi(D + d) - 2nd_1} \tag{5.19}$$

式中,ζ 为孔影响的修正系数;d、D 分别为轴的内、外直径,mm;d_1 为孔的直径,mm;n 为孔的数目。

3）静强度

附件传动系统中,部分附件传动轴如起动机传动杆等,其在起动期间承受较高的冲击载荷,应进行静强度校核。对于包含的承剪段设计结构,应满足其相应的强度要求。

（1）最大当量应力

最大载荷下的最大当量应力 σ_{max}:

$$\sigma_{max} = \sqrt{(\sigma_w + \sigma_a)^2 + 3\tau^2} \tag{5.20}$$

式中,σ_{max} 为最大当量应力,MPa;σ_w、σ_a 分别为弯曲应力、轴向力作用的拉应力,MPa;τ 为扭矩作用下的剪切应力,MPa。

最大应力状态安全系数 n_j:

$$n_j = \frac{\sigma_t^\theta}{\sigma_{max}} \tag{5.21}$$

式中,n_j 为最大应力状态安全系数;σ_t^θ 为传动轴所对应的计算状态温度和工作时间的材料持久强度极限,MPa。

（2）破坏扭矩

轴发生破坏或产生不允许变形量的扭矩计算值 T_p:

$$T_p = 0.47 \times 10^{-3} W_T \sigma_t^\theta (1.35\psi + K) \tag{5.22}$$

式中,T_p 为轴的破坏扭矩,N·m;ψ 为轴破坏时的断面收缩系数;K 为系数,取 $K = \frac{4}{3} \cdot \frac{1 - \alpha^3}{1 - \alpha^4}$,对于空心轴,$\alpha$ 为轴的内径与外径之比,$\alpha = d/D$。

破坏扭矩安全系数 n_{pm}:

$$n_{pm} = \frac{T_p}{T_{max}} \tag{5.23}$$

式中，n_{pm} 为破坏扭矩安全系数。

根据经验，对于军用飞机，可取 $n_j \geqslant 1.4$，$n_{pm} \geqslant 1.8$；对于民用飞机，可取 $n_j \geqslant 1.6$，$n_{pm} \geqslant 2.0$。

4) 扭转稳定性

对于内径与外径比值在 0.5~0.96 范围的空心薄壁轴，应进行扭转稳定性校核。轴的失稳扭矩 T_w 为

$$T_w = 0.159 \times 10^{-3} \sigma_{0.2} D^3 \big[\psi(1 - \alpha^4) + 0.99(1 - \alpha^3)(1 - 1.35\psi\alpha)$$
$$+ 1.62 \frac{(1 - \psi)(0.2 + 1.35\psi)}{\psi\sqrt{\beta}} (1 + \alpha)(1 - \alpha)^2 \sqrt[4]{1 - \alpha^2} \big]$$

$$(5.24)$$

式中，T_w 为轴的失稳扭矩，$\text{N} \cdot \text{m}$；$\sigma_{0.2}$ 为工作温度下材料的屈服极限，MPa；β 为长度与外径之比，$\beta = L/D$，其中，L 为轴等直径段光滑部分的长度，mm；D 为轴薄壁段的外径，mm。

扭转稳定性安全系数 n_w：

$$n_w = \frac{T_w}{T_{max}}$$

$$(5.25)$$

式中，n_w 为扭矩稳定性安全系数。

根据经验，对于军用飞机，可取 $n_w \geqslant 1.5$；对于民用飞机，可取 $n_w \geqslant 1.7$。

5) 刚度

传动轴承载后变形过大，也易引发失效。轴的刚度有弯曲刚度、扭转刚度。对于简单结构的轴可以采用材料力学，基于近似弹性梁的应力应变关系式进行估算。对于包含孔槽等多种结构要素的复杂传动轴，建议采用实际实体结构模型，通过有限元进行分析。

对于附件传动轴的许用挠度、许用偏转角、许用扭转角，一般可参考表 5.2。表中，L 为轴的支点间距，mm；m 为齿轮模数，mm。对于寿命、精度等要求高的传动装置，其刚度约束应更为严格。

表 5.2　传动轴的许用挠度、偏转角、扭转角

传动轴类型	许用挠度/mm	许用偏转角/rad	许用扭转角/[(°)/m]
一般传动轴	(0.000 3~0.000 5)L	≤0.005	0.5~1.0
齿轮轴	(0.01~0.03)m	≤0.001~0.002	0.25~0.5
传动杆	—	≤0.003~0.006	0.25~0.5

3. 振动

轴的振动形态主要有轴向振动、扭转振动、横向或弯曲振动。传动杆的长径比

一般较高,轴向刚度要比其他方向高得多,自振频率通常远超工作转速范围,故一般不考虑轴向振动。但对于一体化齿轮轴,尤其是锥齿轮轴,齿轮类似盘形件,且承受较高的轴向载荷,其轴向振动不能忽视。

1)弯曲振动

附件传动中,对于长径比较高的杆类传动轴或转子,出现最多的是横向弯曲振动。当外界激振力的频率与转子的横向固有频率相近或相等时,会引起轴的共振,共振时对应的转子转速称之为临界转速。轴的振动分析,主要是对其转子动力特性分析,包括临界转速、振型、不平衡响应、应变能分布、稳定性等。

传动轴的临界转速计算,是轴振动设计的关键内容。准确预估传动轴的临界转速,是其可靠安全运行的重要前提。临界转速计算是基于转子动力学理论进行分析。附件传动中的单个轴临界转速计算,常采用的方法有传递矩阵法、有限元法等。

需要注意的是,除了传动轴本身的结构参数外,影响轴临界转速的主要因素还有轴的支承形式、支点刚度、阻尼等。因而,进行临界转速计算时,必须对相关影响因素进行准确评估。

2)扭转及耦合振动

对于附件传动中的齿轮轴或传动轴系,扭转振动则非常重要。附件齿轮传动的弹性轴系传递周期变化扭矩,会产生扭转振动。当外界激振力的频率与系统的固有频率相近或相等时,则系统产生扭转共振。传动轴系的扭转振动,可能会引发齿轮破坏,严重时能导致弹性轴系断裂。

附件齿轮传动的弹性传动轴系扭转振动的激振源主要有齿轮轮齿公差产生的周期力、啮合过程中轮齿刚度变化产生的交变扭矩等。基于此,通常扭振考虑是基于齿轮-转子-支承的系统,更多需要从轴系出发,而不仅仅只进行单个转子扭振分析。同时,对于附件传动常用的平行直齿圆柱齿轮传动轴系,主要表现的是弯扭耦合振动特性。对于含斜齿轮、锥齿轮等的传动轴系,需要考虑弯-扭-轴等多自由度相互耦合的系统动力特性。耦合振动分析在齿轮箱式附件传动轴及轴系动力分析中占有非常重要地位,其相关结论为齿轮箱优化、降低噪声、传动系统状态监测和故障诊断等实际工程应用提供重要的理论基础。

5.2 花 键 连 接

5.2.1 花键连接类型、特点及应用

花键是一种等距分布且数量相同的键齿连接装置,一般连接两个同轴元件,以传递扭矩或运动为主。

花键连接的类型很多,根据不同的键齿分布位置,可划分为套齿、端面齿,见表

5.3。根据两个连接元件间是否存在约束,可划分为固定式、活动式,见表5.4。根据不同的齿形结构,可划分为渐开线形、直线形、圆弧形等,见表5.5。根据不同的齿线形状,可划分为直齿、斜齿、鼓形齿、弧形齿、螺旋齿等,见表5.6。几种花键齿形结构和典型花键结构分别见图5.5、图5.6。

在航空发动机附件传动系统中,渐开线花键广泛用于传动轴之间、传动轴与齿轮或其他元件之间的连接。本节主要介绍圆柱直齿渐开线花键的设计。

表5.3 花键连接(按键齿分布)

类 型	特 点	应 用
套齿花键	内、外花键的键齿沿圆周周向均匀分布	广泛使用于航空发动机附件传动、减速器,以及发动机主轴之间,应用最广泛。通常的花键,若无特殊说明,即为该类型
端面齿花键	键齿位于垂直转子轴线的横截面上,在该端面呈圆周均匀分布。承载能力高、刚性高,具有自动定心功能。常见有圆弧端面齿、梯形端面齿等	航空发动机主轴转子连接、盘轴连接等,一般以圆弧端面齿应用为主

表5.4 花键连接(按约束状态)

类 型	特 点	应 用
固定式花键	连接两元件存在约束,在轴向、径向方向无相对运动。一般采用柱面定心,通过螺母端面压紧	中央传动、附件传动机匣中的传动轴与齿轮连接,发动机转子连接等
活动式花键	连接两元件无约束,在轴向、径向方向存在相对运动。一般采用齿侧定心,具有一定的齿侧间隙	中央传动杆与齿轮连接,起动机输出轴与附件机匣传动轴连接等

表5.5 花键连接(按齿形结构)

类 型	特 点	应 用
渐开线花键	键齿齿形为渐开线,见图5.5(a)	广泛使用于航空发动机附件传动、减速器,以及发动机主轴之间,该形式应用最广泛
直线形花键	键齿齿形为直线,一般有矩形、三角形等,见图5.5(b)	一般用于轻、中等负荷传动,如机床行业中的轴孔连接。特定条件下的渐开线内花键中,用直线代替渐开线
圆弧形花键	键齿齿形为圆弧线,见图5.5(c)	一般适用于非金属材料的非机加成形

表5.6 花键连接(按齿线形状)

类 型	特 点	应 用
直齿花键	沿齿长方向的齿线为直线,一般分为圆柱直齿花键、圆锥直齿花键,见图5.5(d)和图5.6(a)	广泛使用于航空发动机附件传动、减速器,以及发动机主轴之间,圆柱直齿花键应用最广泛

续　表

类　型	特　点	应　用
斜齿花键	沿齿长方向的齿线为直线,但不平行于转动轴线,一般指圆柱斜齿花键。增大齿面接触面积、减小接触应力、提高传动平稳性;制造较复杂,见图 5.6(b)	航空发动机附件传动中应用很少
鼓形齿花键	齿线沿齿厚方向为弧线,齿长中部较厚,而两头较窄,呈鼓形。允许更大的套齿不对中,具有更高的传扭能力,见图 5.5(f)	一般用于联轴器等工作条件相对恶劣的场合
弧形齿花键	齿线沿齿高方向为弧线,一般同时设计成鼓形齿,采用齿顶圆定心,见图 5.5(e)	一般用于联轴器等工作条件相对恶劣的场合
螺旋齿花键	齿线在圆周上为类似螺纹的螺旋线,见图 5.6(c)	燃气轮机等传动装置中的自动同步离合器内的螺旋花键传动;含均载机构的行星轮系中齿轮与轴的连接

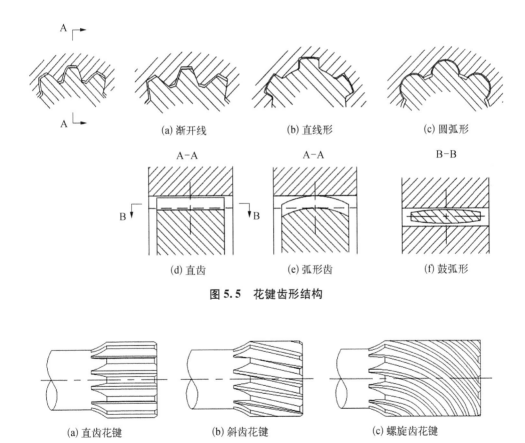

(a) 渐开线　　(b) 直线形　　(c) 圆弧形

(d) 直齿　　(e) 弧形齿　　(f) 鼓弧形

图 5.5　花键齿形结构

(a) 直齿花键　　(b) 斜齿花键　　(c) 螺旋齿花键

图 5.6　典型花键结构

5.2.2　渐开线花键基本参数确定

GB/T 3478.1~3478.9《圆柱直齿渐开线花键》规定了圆柱直齿渐开线花键的概论、尺寸、检验等内容。按 GB/T 3478.1 的规定，圆柱直齿渐开线花键有 2 个系列，共 15 种模数，见表 5.7；按三种齿形角和两种齿根规定了四种基本齿廓。按标准中的花键尺寸计算公式可进行详细花键几何参数设计。

表 5.7　渐开线花键模数系列

	模数 m/mm								
第 1 系列	0.25	0.5	1	1.5	2	2.5	3	5	10
第 2 系列	0.75	1.25	1.75	4	6	8	—	—	—

1. 模数

按 GB/T 3478 标准，渐开线花键按"模数-齿数"排列，模数 m 分为两个系列，优先采用第 1 系列。模数 m 从 0.25~10 mm，可划分为小模数、中模数、大模数，其特点和应用见表 5.8。选择模数时，主要从空间尺寸、载荷、所选公差等级等方面考虑。航空发动机附件传动中主要选用中、小模数花键。

表 5.8　渐开线花键模数选择

模数/mm	特　点	应　用
0.25~1.75	小模数，结构紧凑，传递载荷不大	大部分航空发动机附件传动
2~4	中模数，结构紧凑、传递大载荷和高速重载	航空减速器、螺旋桨轴、旋翼轴，以及部分中央传动装置
5~10	大模数，结构尺寸要求不高的重载荷	航空应用较少，主要是工程机械、矿山机械等传动装置

2. 压力角

国家标准规定渐开线花键压力角有三种：30°、37.5°、45°，其特点和应用见表 5.9。压力角越大，键齿矮粗，弯曲强度越大。压力角选择主要从工作特点、配合性质及加工工艺等方面考虑。航空发动机附件传动中，渐开线花键一般采用 30° 压力角。

表 5.9　渐开线花键压力角选择

压力角/(°)	特　点	应　用
30	适用于花键各种连接	大部分航空发动机附件传动，应用最广泛
37.5	适用于传递较大载荷，便于采用冷轧、冷挤等无屑加工工艺	航空应用较少
45	用于传动精度不高，适用于空间有限的薄壁结构、固定连接，也适用于冷成形工艺	工程机械、矿山机械等传动装置

3. 齿廓

渐开线花键有四种基本齿廓：30°平齿根、30°圆齿根、37.5°圆齿根、45°圆齿根，其特点和应用见表 5.10。基本齿廓的选择主要是基于花键的用途。航空发动机附件传动中，渐开线内花键一般用平齿根，传扭较大的外花键采用圆齿根，附件传动齿轮上的外花键也可采用平齿根。

表 5.10 渐开线花键压力角选择

齿　廓	特　点	应　用
30°平齿根	适用于壁厚较薄、不能采用圆齿根的花键；强度裕度高的花键；加工简单、经济性好	大部分航空发动机附件传动，应用最广泛
30°圆齿根	较平齿根弯曲强度更高，承载能力高，一般用于大载荷的传动轴	航空发动机桨轴、减速器主传动轴、中央传动装置等
37.5°圆齿根	适用于冷轧、冷挤等无屑冷成形加工工艺	常用于联轴器
45°圆齿根	适用于空间有限的薄壁结构，适用于过渡配合和较小间隙的花键连接	工程机械、矿山机械等传动装置

4. 公差与配合

圆柱直齿渐开线花键规定 4、5、6、7 共四个公差等级，航空发动机附件传动系统一般采用 5、6 级。齿槽宽和齿厚的总公差($T+\lambda$)、综合公差 λ、齿距累积公差 F_p、齿形公差 F_f、齿向公差 F_β 的数值，可以通过公式计算或标准中相关表格直接查找。

渐开线花键有 6 种齿侧配合类别：H/k、H/js、H/h、H/f、H/e、H/d。对 45°标准压力角的花键连接，应优先选用 H/k、H/h、H/f。对于 30°压力角，一般选用 H/h、H/f、H/e。

内花键齿槽宽和外花键齿厚，基于作用尺寸和实际尺寸，分别有四个极限尺寸。通过作用尺寸有效地控制花键的最小作用侧隙和最大作用侧隙，从而控制花键的配合质量。

5. 检验

渐开线花键的检验方法按 GB/T 3478.5，规定了三种综合检验法和一种单项检验法共四种检验方法，用来检验齿槽宽和齿厚的四个极限尺寸，以及渐开线终止圆直径最小值 $D_{Fi\,min}$ 和起始圆直径最大值 $D_{Fe\,max}$。

5.2.3 花键强度计算

套齿花键连接主要存在键齿折断、压损、套齿轴套的扭断、胀破等失效形式，应对花键进行各项应力计算。航空发动机附件传动套齿花键连接，主要计算外花键静强度[42]。

（1）外花键齿侧表面的挤压应力：

$$\sigma_{jy} = \frac{2M_{nz}}{D_j Z L_e h_e} \frac{K_m K_a}{K_T K_L} \times 10^3 \tag{5.26}$$

式中，σ_{jy} 为齿侧表面所受的挤压应力，MPa；M_{nz} 为扭矩，N·m；D_j 为节圆直径，mm；Z 为齿数；L_e 为有效齿长，mm；h_e 为有效齿高，mm；K_m 为考虑轴线交叉造成的载荷分布不均的修正系数；K_a 为考虑载荷冲击性的修正系数；K_L 为考虑寿命转数的磨损寿命系数；K_T 为考虑加工误差造成的载荷分布不均的修正系数。

（2）外花键节圆处的最大剪切应力：

$$\tau_{j.\,max} = \frac{2K_{\tau j} M_{nz}}{D_j Z L_e S_j} \frac{K_m K_a}{K_T K_f} \times 10^3 \tag{5.27}$$

式中，$\tau_{j.\,max}$ 为花键节圆处的最大剪切应力，MPa；S_j 为节圆齿厚，mm；K_f 为考虑扭矩循环次数的疲劳寿命系数；$K_{\tau j}$ 为节圆处最大的剪应力的修正系数。

（3）外花键齿根圆处的最大剪切应力：

$$\tau_{g.\,max} = \frac{2K_{\tau g} M_{nz}}{D_j Z L_e S_{g.\,w}} \frac{K_m K_a}{K_T K_f} \times 10^3 \tag{5.28}$$

式中，$\tau_{g.\,max}$ 为齿根圆处的最大剪切应力，MPa；$K_{\tau g}$ 为齿根圆处最大剪切应力的修正系数；$S_{g.\,w}$ 为齿根圆处齿厚，mm，其值按下式计算：

$$S_{g.\,w} = \frac{R_{g.\,w} S_j}{R_j} - 2R_{g.\,w}(\mathrm{inv}\,\alpha_{g.\,w} - \mathrm{inv}\,\alpha_j) \tag{5.28a}$$

式中，$R_{g.\,w}$ 为齿根圆半径，mm；R_j 为节圆半径，mm；α_j 为节圆处压力角，(°)；inv 为渐开线函数；$\alpha_{g.\,w}$ 为齿根圆处压力角，(°)，计算如下：

$$\alpha_{g.\,w} = \cos^{-1}\left(\frac{R_j}{R_{g.\,w}} \cos \alpha_j\right) \tag{5.28b}$$

（4）外花键齿根圆处的弯曲应力：

$$(\sigma_{Wq})_{g.\,w} = \frac{2M_{nz}}{D_j Z L_e S_{g.\,w}^2} \frac{K_m K_a}{K_T} \left[6h_2 - (1.5t - S_{g.\,w})\tan a_j\right] \times 10^3 \tag{5.29}$$

式中，$(\sigma_{wq})_{g.\,w}$ 为齿根圆处的弯曲压应力，MPa；h_2 为齿根高，mm；t 为花键齿距，mm。

（5）外花键齿根圆处的当量应力：

$$(\sigma_{xd})_{g.\,w} = \sqrt{(\sigma_{wq})_{g.\,w}^2 + 3\tau_{g.\,max}^2} \tag{5.30}$$

式中,$(\sigma_{xd})_{g.w}$ 为外花键根圆边缘处的当量应力,MPa。

对工作在偏斜条件下的动配合套齿花键连接,一般还需要通过相对滑动速度、比功值计算作进一步工作能力评估。

（6）相对滑动速度:

$$v = \frac{(\pi D_m N)\Delta}{60} \leqslant v_{per} \tag{5.31}$$

式中,v 为套齿连接的相对滑动速度,mm/s;v_{per} 为许用相对滑动速度,mm/s;D_m 为套齿平均直径,mm;N 为套齿所在转子的转速,r/min;Δ 为套齿所在转子的偏斜角度,rad。

（7）比功:

$$P = \sigma_{jy} v \leqslant P_{per} \tag{5.32}$$

式中,P 为套齿连接的比功,N/(mm·s);P_{per} 为许用比功值,N/(mm·s)。

5.2.4　花键强度设计考虑

航空发动机附件传动中,中央传动杆、起动机输出轴等主要采用活动式套齿花键,进行相关强度计算时需要注意以下几点。

（1）套齿花键强度计算的输入扭矩载荷,应取发动机工作包线范围内的最大工作状态点,一般为发动机最大气动力工作状态所对应的载荷。考虑键齿所受载荷情况复杂,准确确定较困难,此外,花键的材料选择、加工、工况条件等因素对其强度都有影响。因此,花键强度计算只能是近似。

（2）对于浮动式套齿花键,则要求齿面硬度高、耐磨性好,一般要求滑油强制润滑。

（3）花键长度应尽量短,花键长度与分度圆直径比一般不大于 1.2;最小花键啮合长度一般不应小于分度圆直径的 75%。

（4）为改善承载花键齿面载荷分布,类似圆柱齿轮齿面修形,也可进行外花键齿向修形。对于修形外花键强度计算,建议考虑公差精度并结合实际修形齿面特征,补充开展有限元分析。

第6章
传动机匣壳体

传动机匣壳体是航空发动机附件传动系统中的重要零件之一,在传动机匣中要安装传动齿轮、轴、轴承、供油管路及密封装置等,在传动机匣壳体外要安装各种类型的传动附件,如航空发动机附件和飞机附件。

通常航空发动机附件传动系统包含三个主要传动机匣:

(1)从发动机提取功率的中央传动机匣壳体;

(2)从低压轴提取功率的低压传动机匣壳体;

(3)传动各附件的附件传动机匣壳体,单独传动发动机附件的为发动机附件机匣壳体,单独传动飞机附件的为飞机附件机匣壳体。有的发动机附件机匣把传动机匣中的中心锥齿轮单置,增加一个角向传动机匣壳体。

附件传动机匣迎风面积主要由传动附件的外廓尺寸确定,有些发动机充分利用附件机匣的空间,装入滑油泵及通往主支点的内部油管、滑油滤等,甚至隔离出一个漏油箱或滑油箱,有的中小发动机把压气机机匣与附件机匣集成在一起。

6.1 传动机匣壳体设计要求

(1)外廓尺寸必须在飞机所限制的轮廓尺寸内,并充分利用结构空间。

(2)附件传动机匣应设计成小的迎风面积,轻重量、足够的强度及良好的刚性。

(3)传动机匣一般选用密度低、比强度高、铸造性好、易于加工、防腐性好的轻合金铸件材料,在最轻的重量前提下得到合适的强度和刚度,主要选用铸造铝合金、铸造镁合金等材料,特殊的也可采用铸造钛合金。

(4)传动机匣应有满足齿轮、轴承润滑冷却要求的油路。

(5)为满足维护性要求和缩小尺寸及简化管路连接,燃油、滑油连接管路宜采用内部铸造管路连接。

(6)传动机匣应有较好的铸造及加工工艺性,设计基准与工艺装夹基准应一致。设计时应考虑齿轮、轴和壳体之间的膨胀量,以避免轴承、齿轮卡死。

(7)传动机匣上应有润滑油供回油口及放油口,回油口应在机匣的最低位置。回油口设置需考虑发动机姿态要求,主要考虑发动机飞行中侧翻滚、俯冲、爬升时倾斜角度对回油的影响,在下方有磁性屑末检测器。

（8）为避免机匣孔磨损,也可采用在机匣轴承孔内压入耐磨衬套的方式,组合加工以保证位置精度,并保证在最高工作温度下衬套与壳体仍有过盈,同时应考虑在最低工作温度下,壳体的应力在允许的范围内。

（9）增加机匣壳体刚度、强度,在空间许可下,设计加强筋。

（10）机匣安装边、凸耳承受交变载荷,机匣应有足够的强度和刚度,并确保足够的高循环疲劳寿命。

6.2　传动机匣壳体材料

1. 中央传动机匣壳体

中央传动机匣置于发动机内部,结构空间有限且承受较大的载荷。机匣壳体材料一般选用 ZGCr17Ni3、ZG0Cr17Ni4Cu3Nb 等铸造结构钢和 ZTiA16V4、ZTi15、ZTC4 等铸造钛合金。

2. 附件机匣壳体

附件机匣壳体材料一般选用 ZL105、ZL114A 等铸造铝合金和 ZM5、ZM6 等铸造镁合金。但镁合金防海水腐蚀性差,且飞机要求附件传动机匣应具备耐火能力,推荐选用铸造铝合金。

6.3　传动机匣壳体结构

6.3.1　中央传动机匣壳体

中央传动机匣壳体一般采用铸造结构,以图 6.1 所示的典型单元体式中央传动机匣壳体为例介绍。滑油经由管接嘴进入机匣壳体上的环形油路 1 中,再通过安装在油路 2 和 3 上的喷嘴来润滑发动机主轴承,铸在壳体上的喷嘴 4 润滑齿轮副,通过安装在壳体上油路 5、7 上的 3 个喷嘴润滑支撑从动锥齿轮的轴承。

6.3.2　附件传动机匣壳体

常用的附件机匣壳体一般分为剖分式和整体式两大类。

1. 剖分式

一般由两个以上的机匣壳体组成,这种结构

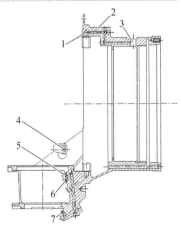

图 6.1　发动机单元体结构
中央传动机匣壳体

1. 环形油路;2、3. 主轴承润滑油路;
4. 齿轮副润滑喷嘴;
5、6、7. 从动锥齿轮支撑轴承的润滑油路的传动机匣内传动轴的两端采用球轴承支撑,或一球一棒轴承支撑,为便于装拆,轴承内圈与轴之间为过盈配合,外圈与壳体之间采用间隙或过渡配合。为避免壳体孔磨损,常在壳体孔加铝合金衬套、钛合金衬套、钢衬套,或用外圈带安装边的轴承。剖分式附件机匣壳体铸造和加工工艺相对简便些,可在机匣上直接铸造和机械加工出油路,在壳体直接加工出喷嘴以润滑轴承和齿轮。也便于整个附件机匣的装配与分解。图 6.2 为某型发动机附件机匣壳体,由中壳体、前壳体、后壳体组成。润滑油经由供油管接头进入壳体内的油路,通过中壳体与前壳体和后壳体之间导油套使滑油流至前后壳体中的油路,通过喷嘴为附件机匣内的齿轮、轴承、花键润滑冷却。附件传动机匣壳体上的安装齿轮轴的孔均通过组合加工保证尺寸精度,不组合加工的机匣,以机匣安装边的平面为基准,在安装边上选取 3~5 处定位销,通过定位销来保证尺寸精度。

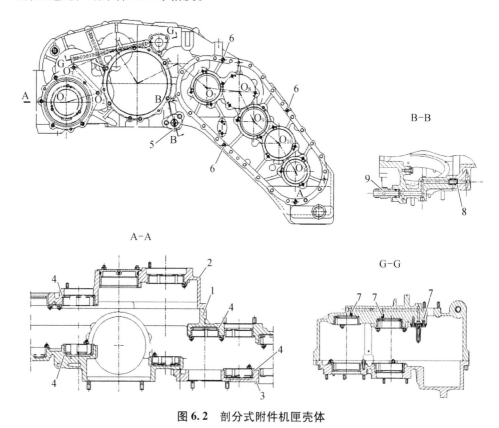

图 6.2   剖分式附件机匣壳体

1. 中壳体;2. 前壳体;3. 后壳体;4. 壳体孔内安装的轴承衬套;5. 安装供油管接头及限流嘴的孔;
6. 定位销孔;7. 喷嘴;8. 导油套;9. 供油管接头

2. 整体式

附件传动机匣壳体只有一个,采用整体铸造,如图 6.3 所示。在这种结构中,齿轮轴组件及附件安装座以组件形式装配与分解,装拆较为方便。一般齿轮轴组件插入端的轴承均采用带安装边的滚子轴承,另一端采用带安装边的球轴承。整体式机匣壳体的铸造、机加及安装较为复杂。

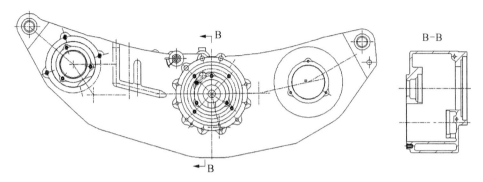

图 6.3　整体式附件机匣壳体

6.4　机匣强度及振动

1. 附件机匣壳体的强度和刚度问题

附件传动机匣壳体在工作过程中承受齿轮啮合产生的轴承支点载荷作用力、机动飞行惯性力(壳体本体、齿轮轴、离心通风器、轴承、轴承安装座、密封结构、各类泵组以及相关的成附件等惯性载荷)以及温差导致的温度应力、壳体内外压差造成的气动压力、滑油等载荷的影响,通常支点载荷作用力、机动飞行产生的惯性力对附件机匣壳体影响较大。同时,附件传动机匣壳体通常采用铸造结构,存在结构残余应力,使用中产生残余变形,不利于齿轮高精度啮合,可能会加速轴承、齿轮等零部件在发动机寿命期内的提前失效。附件机匣壳体局部集中部位(如螺纹孔区域,受到过盈装配和螺栓预紧力等的影响)可能会产生塑性变形。附件传动机匣在设计过程中要充分考虑强度、刚度问题,需保证具有一定的强度、刚度储备。

2. 附件机匣壳体的振动问题

在工作过程中,附件机匣壳体受到齿轮、轴承以及发动机主机带来的激振力的影响,虽然附件传动机匣壳体通常较厚,刚性较大,但附件机匣壳体也可能产生一定的振动问题。附件传动机匣在设计过程中要保证结构在工作过程中不应出现有害振动,要保证有一定的动强度储备,最终要通过试验考核来验证结构的可靠性问题。在验证考核过程中,要注意是否与工作状态的边界条件相似或一致,以达到考核的目的。

6.5 传动机匣安装

通常情况下,附件机匣安装在刚性较好的发动机中介机匣或风扇机匣上。安装方式主要有直接固定、吊耳固定、拉杆固定。直接固定就是将附件机匣通过螺栓等固定到发动机上,自由度为0;吊耳固定就是由吊耳支板及两端的关节轴承组成的吊耳结构进行固定,见图6.4。2孔吊耳,自由度为5;3孔吊耳,自由度为4。拉杆固定就是通过细长拉杆及两端关节轴承组成的结构进行固定,见图6.5。拉杆长度可调节,自由度为5。

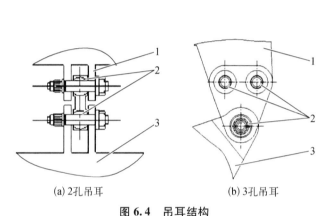

(a) 2孔吊耳   (b) 3孔吊耳

图 6.4 吊耳结构

1. 发动机机匣;2. 关节轴承;3. 附件机匣

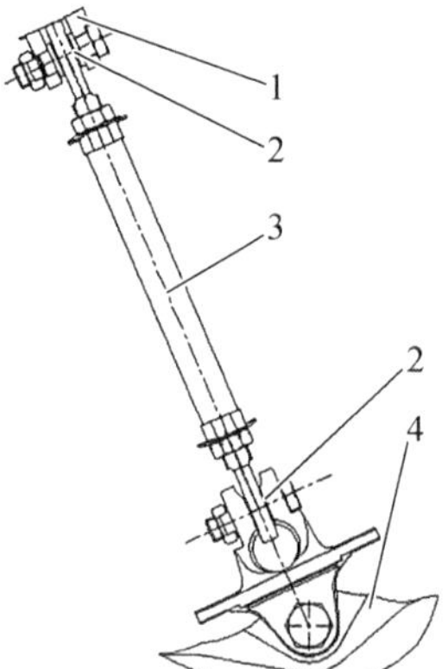

图 6.5 拉杆结构

1. 发动机机匣;2. 关节轴承;
3. 拉杆;4. 附件机匣

从航空发动机的特点及附件机匣的功能等方面考虑,现在的航空发动机附件机匣的安装主要有以下3种形式。

1. 单个附件传动机匣的安装结构

当发动机附件和飞机附件都安装在同一个附件机匣上,即为单个附件传动机匣结构。图6.6为单个附件传动机匣安装结构图。附件传动机匣用6个螺栓固定到机匣支架4上。机匣支架是一个铸造的承力件,其左端用5个螺钉固定在中介机匣的安装边上,锁片锁紧螺钉;右端用5个销钉固定到燃烧室机匣的安装边上,止动螺钉使销钉止动。水平方向移动靠燃烧室机匣安装边与机匣支架的安装槽之间的间隙达到,垂直方向的移动靠销钉与燃烧室机匣安装边孔的间隙达到。6个长螺栓同时固紧在机匣支架上,即实现了附件机匣的定位。

2. 带附件中间传动装置的附件传动机匣的安装结构

大风扇民用发动机常把中心传动锥齿轮单独放置在一个角向传动机匣内,通

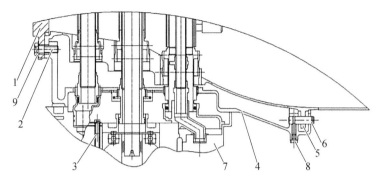

图 6.6　单个附件传动机匣的安装结构

1. 中介机匣；2. 螺钉；3. 螺栓；4. 机匣支架；5. 燃烧室机匣；
6. 销钉；7. 附件传动机匣；8. 止动螺钉；9. 锁片

过水平传动杆与单附件传动机匣连接。如图 6.7 所示,附件传动机匣及角向传动机匣用水平传动杆壳体连接成一体,角传动机匣通过角传动机匣上的吊耳固定到中介机匣上。附件传动机匣的左右吊耳将附件传动机匣连接固定到风扇机匣上。水平传动杆壳体的左端设置波纹管结构,通过波纹管及角向吊耳和附件传动机匣的左右吊耳上的关节轴承来保证附件传动机匣和角向传动机匣沿水平方向移动。

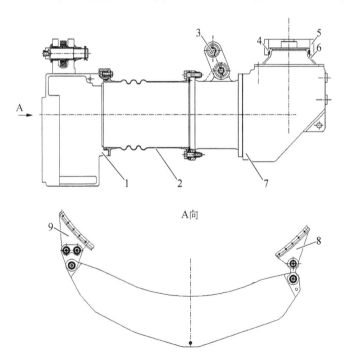

图 6.7　带角向传动机匣的附件传动机匣安装结构示意图

1. 附件传动机匣；2. 水平传动杆壳体；3. 角向传动机匣吊耳；4. 密封胶圈；5. 中介机匣；
6. 角向传动机匣支撑座；7. 角向传动机匣；8. 附件传动机匣右吊耳；9. 附件传动机匣左吊耳

通过中介机匣上的支撑孔与角向传动机匣支撑座,可以达到角向传动机匣和附件传动机匣沿垂直方向移动。

3. 分离式附件传动机匣的安装结构

现代先进战斗机发动机多采用分离式附件传动机匣,发动机附件置于发动机附件传动机匣上,飞机附件则远距离安装在置于飞机上的飞机附件传动机匣上,两个附件机匣用联轴器连接。图6.8为分离式附件传动机匣的安装结构示意图。飞机附件传动机匣和发动机附件传动机匣通过联轴器连接成一体。发动机附件传动机匣通过其上的左右吊耳连接固定在中介机匣上。飞机附件传动机匣通过其上的支撑座及吊耳连接固定到飞机的支架上。通过发动机附件机匣上的左右吊耳及飞机附件传动机匣吊耳和联轴器达到机匣沿水平方向移动。

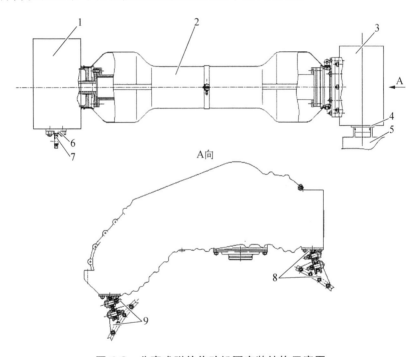

图6.8　分离式附件传动机匣安装结构示意图

1. 飞机附件传动机匣;2. 联轴器;3. 发动机附件传动机匣;4. 发动机附件传动机匣支撑座;
5. 中介机匣;6. 飞机附件机匣支撑座;7. 飞机附件传动机匣吊耳;
8. 发动机附件传动机匣右吊耳;9. 发动机附件传动机匣左吊耳

第7章
联轴器

航空发动机附件传动系统联轴器主要用于飞机附件机匣和发动机附件机匣之间传输功率,并通过柔性连接来适应连接端位置变化,补偿因制造、安装、承载等导致的不对中,解决连接端大变形不协调问题。根据功能特点,联轴器又称为功率分出轴(power take-off shaft,PTO)或柔性轴(flexible shaft)。

7.1 联轴器类型和特点

根据使用情况,航空发动机附件传动系统联轴器主要有无弹性元件联轴器和金属弹性元件联轴器。

7.1.1 无弹性元件

无弹性元件联轴器主要是球笼式同步万向联轴器,如图 7.1 所示,球笼式同步万向联轴器通过外星轮分别与主、从动轴相联,由钢球传递扭矩,两端均可偏转实现角向补偿,左端能直线运动实现轴向补偿。钢球装于外星轮和内星轮球面凹槽组成的滚道中,外星轮和内星轮球面凹槽的中心与万向联轴器的中心重合。保持

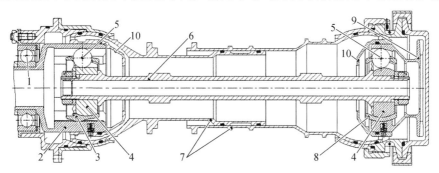

图 7.1 球笼式同步万向联轴器

1. 轴承;2. 外星轮;3. 星形保持架;4. 内星轮;5. 钢球;6. 传动轴;
7. 球头套管;8. 保持架;9. 端齿外星轮;10. 罩盖

架将所有钢球中心都保持在两轴线夹角的平分面上,当主、从动轴之间的夹角变化时,传力点能始终位于夹角的平分线上,从而保证万向联轴器主、从动轴等速传动[43]。

球笼式同步万向联轴器具有轴向尺寸小、结构紧凑、连接可靠、轴向和角向不对中补偿能力大等优点。缺点是结构复杂,滚道和保持架加工困难,加工精度要求高,需要设计专用油路对滚道和保持架进行润滑和冷却。

7.1.2 金属弹性元件

金属弹性元件联轴器主要有膜片联轴器、波纹管型联轴器和膜盘联轴器。除补偿不对中和传递功率之外,金属弹性元件联轴器还可以起到吸收轴系振动、降低噪声及调频作用。

膜片联轴器也称叠片联轴器,典型结构如图 7.2 所示,主动法兰盘一侧的法兰盘用主动螺栓组与膜片组连接,从动法兰盘一侧的法兰盘通过从动螺栓组与膜片组连接,每组螺栓组由周向相互错开的主动螺栓组和从动螺栓组构成。工作时主动法兰盘通过主动螺栓组将扭矩传递给膜片组,通过膜片组传递给从动螺栓组,然后传递给传动轴,再依次传递给另一侧的主动螺栓组、膜片组、从动螺栓组和从动法兰盘。膜片组由一组很薄的弹性金属片(0.2~0.3 mm)叠合而成。

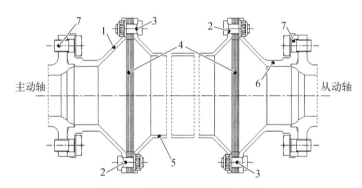

图 7.2 膜片联轴器结构示意图

1. 主动法兰盘;2. 主动螺栓组;3. 从动螺栓组;4. 膜片组;5. 传动轴;6. 从动法兰盘;7. 螺栓组

波纹管型联轴器通过弹性元件波纹管来传递主、从动轴扭矩,并补偿两轴线不对中,如图 7.3 所示,波纹管截面一般为梯形。为获得较高的补偿性能,适应高速要求,一般对波纹管截面进行减薄设计,以获得较低的角向刚度,降低应力水平。关节轴承可提高联轴器抗轴向冲击载荷能力,协调各段波纹管变形,保护罩用于转子件防护。

膜盘联轴器通过极薄(0.2~0.8 mm)的变厚度曲线膜盘(膜盘组)来传递扭矩,并补偿角向不对中和轴向偏移[44],典型结构如图 7.4 所示,其中,防飞套用于

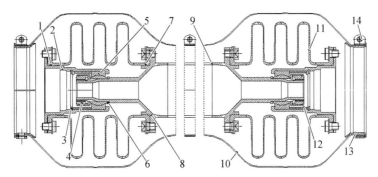

图 7.3　波纹管型联轴器结构示意图

1. 法兰；2. 轴承座；3. 卡圈；4. 螺母；5. 关节轴承；6. 调整垫；7. 转接段；8. 安装轴；
9. 传动轴；10. 保护罩；11. 波纹管组件；12. 定距套；13. 支承环；14. 卡箍组

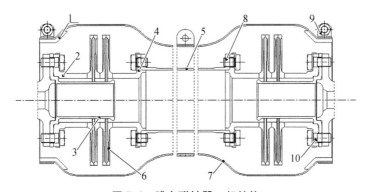

图 7.4　膜盘联轴器一般结构

1. 支承环；2. 法兰；3. 防飞套；4. 转接段；5. 传动轴；6. 膜盘组；
7. 保护罩；8. 螺钉组；9. 卡箍组；10. 螺钉组

限制膜盘组承受超出规定的角向不对中，防止膜盘破裂后转子失位。

　　膜盘联轴器具有承载能力强、高速性好、补偿能力优、结构简单重量轻、振动小噪声低、无需润滑、维护便捷、可靠性高等综合优点，是当前航空附件传动系统挠性联轴器应用中的典型结构类型，后续仅介绍膜盘联轴器。

7.2　联轴器设计要求

　　膜盘联轴器的设计要求一般包括以下几个方面。

　　（1）满足额定功率和过载功率承载要求。

　　（2）满足所有工况转速下稳定运转要求，自身不产生超出规定范围的振动，不对传动系统的稳定运转产生扰动。

　　（3）满足规定次数的最大静扭矩加载而正常工作要求。

（4）满足发动机附件机匣和飞机附件机匣之间的不对中补偿要求，即具有规定的径向（或角向）补偿能力。如图 7.5 所示，对中定义为输入轴和输出轴的相对位置关系完全处于理想状态，不对中状态包含平行、角向以及综合不对中。

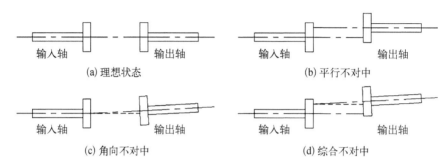

图 7.5　不对中示意图

实际输入轴和输出轴的中心往往不在一个平面上，而是呈空间不相交的状态。如图 7.6 所示，不对中补偿要求是指将输入轴和输出轴的轴心不对中折合到联轴器上的角向补偿和径向补偿。

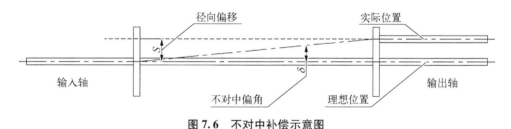

图 7.6　不对中补偿示意图

（5）满足规定的轴向位移补偿要求。

（6）设计寿命要求，应满足发动机规定的翻修间隔期要求和总寿命要求。

（7）外廓尺寸和安装要求，包括联轴器转静子最大外径、长度和接口尺寸要求。为维护方便，一般还要求能够原位换装，即在飞机安装条件下，联轴器具备单独更换的能力。

（8）试验要求，包括临界转速试验、静强度试验、运转试验以及国军标中规定的关于功率分出装置持久试验要求。

（9）满足发动机研制规定的其他一般性要求，包括机动过载、重量、"三防"、通用质量特性、适航等要求。

7.3　联轴器设计

膜盘是整个联轴器转子中的最薄弱环节，一般还是联轴器转子中截面尺寸最大零件,联轴器设计时首先是根据其承载补偿性能要求和安装结构空间尺寸要求,确定膜盘的型面参数和结构尺寸,完成膜盘强度分析评估,然后开展联轴器转子组件结构设计,完成转子动力学分析、强度校核、刚度分析以及连接强度校核。当有关节轴承结构时,还应进行关节轴承强度和寿命评估[45]。此外,联轴器保护罩还应进行变形分析和包容性强度评估。

7.3.1 膜盘型面参数设计

膜盘型面有直线型、锥形、双曲线型三种,其中直线简单,适于载荷和补偿要求不高的场合,锥形是针对离心力的等强度设计,双曲线型是针对扭矩的等强度设计[46]。双曲线型膜盘因具有承扭能力强、相对重量轻、转动惯量小、弹性率低、系统临界转速高等优点,当前航空附件传动联轴器普遍采用双曲线型膜盘。

图 7.7 为膜盘的型面结构,主要由斜面、圆角、过渡段和型面构成一复合曲线型面。其中的型面段曲线方程表示为

$$t = \frac{t_a}{(r/a)^n} \qquad (7.1)$$

式中,t 为任意半径对应型面厚度,mm;t_a 为型面最薄处厚度,mm;r 为任意半径,mm;a 为型面最薄处半径,mm;n 为型面指数,当 $n = 0$ 时为直线型,$n = 1$ 时为锥型,$n = 2$ 时为双曲线型。

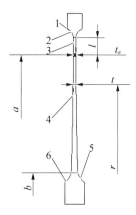

图 7.7 膜盘型面结构

1. 圆角;2. 斜面;3. 过渡段;
4. 型面;5. 圆角;6. 斜面

影响膜盘型面性能的关键参数是:

(1)型面最薄处厚度 t_a;

(2)型面比 $\lambda = b/a$($a \sim b$ 区间内为型面段双曲线,a、b 为极限点);

(3)型面最薄处半径 a;

(4)过渡段长度系数 $l_a = (a + l)/a$,其中,$a+l$ 为过渡段外半径,mm;l 为过渡段长度,mm。

型面最薄处厚度和型面比越小越好,型面最薄处半径和过渡段系数越大越好,即膜盘型面在半径方向延伸越长,壁厚越薄,其自身柔度就越大,应力水平也就越低。但因受到膜盘工作失稳和盘面起皱制约,型面最薄处厚度和型面比不可能很小,过渡段也不可能很长。此外,型面比还受膜盘外廓尺寸的约束,也无法太小,一般推荐在 0.5~0.55 范围内取值[47]。型面参数初定后,以质量最小为原则,体积最小为目标,建立约束函数,通过迭代优化,确定最优型面参数。

7.3.2 膜盘强度计算

膜盘工作时载荷复杂,型面内应力状态也很复杂,膜盘强度根据航空发动机设计手册[47]中的理论式进行计算,主要包括剪切应力、弯曲应力、离心应力、热应力、交变应力以及疲劳寿命安全系数。

(1)膜盘承扭时剪切应力 τ 为

$$\tau = \frac{T}{2\pi a^2 t_a} \tag{7.2}$$

式中,T 为承载扭矩,N·m;t_a 为型面最薄处厚度,m;a 为型面最薄厚度对应半径,m。

(2)不对中引起膜盘角向弯曲变形,型面内产生弯曲应力,可分为径向应力 σ_{br} 及切向应力 σ_{bt},则

$$\sigma_{br} = \frac{\kappa\pi}{360} \big[K_{b1}(\alpha_1 - 1)(\alpha_1 + \nu)\psi^{\alpha_1} + K_{b2}(\alpha_2 - 1)(\alpha_2 + \nu)\psi^{\alpha_2}$$
$$+ K_{b3}(\alpha_3 - 1)(\alpha_3 + \nu)\psi^{\alpha_3} \big] \frac{\delta}{\psi^{2+n}} \tag{7.3}$$

$$\sigma_{bt} = \frac{\kappa\pi}{360} \big[K_{b1}(\alpha_1 - 1)(1 + \nu\alpha_1)\psi^{\alpha_1} + K_{b2}(\alpha_2 - 1)(1 + \nu\alpha_2)\psi^{\alpha_2}$$
$$+ K_{b3}(\alpha_3 - 1)(1 + \nu\alpha_3)\psi^{\alpha_3} \big] \frac{\delta}{\psi^{2+n}} \tag{7.4}$$

式中,E 为材料弹性模量,N/m^2;ν 为泊松比;$\psi = r/a$;δ 为偏斜角,(°);$\alpha_1 = 1 + 3n\alpha_{2,3} = \frac{1}{2} \big[2 + 3n \pm \sqrt{9n^2 + 12(1 + \nu)n + 16} \big]$;$\kappa = \frac{Et_a}{(1 - \nu^2)a}$;$K_{b1}$、$K_{b2}$、$K_{b3}$ 为系数。

(3)轴向位移引起膜盘伞状拉伸变形时,型面内产生弯曲应力,可分为径向应力 σ_{ar} 及切向应力 σ_{at},则

$$\sigma_{ar} = \frac{\kappa}{2a} \big[K_{a1}\rho_1(\rho_1 + \nu - 1)\psi^{\rho_1} + K_{a2}\rho_2(\rho_2 + \nu - 1)\psi^{\rho_2}$$
$$+ K_{a3}\rho_3(\rho_3 + \nu - 1)\psi^{\rho_3} \big] \frac{x}{\psi^{2+n}} \tag{7.5}$$

$$\sigma_{at} = \frac{\kappa}{2a} \begin{Bmatrix} K_{a1}\rho_1 \big[(\rho_1 - 1)\nu + 1 \big]\psi^{\rho_1} + K_{a2}\rho_2 \big[(\rho_2 - 1)\nu + 1 \big]\psi^{\rho_2} \\ + K_{a3}\rho_3 \big[(\rho_3 - 1)\nu + 1 \big]\psi^{\rho_3} \end{Bmatrix} \frac{x}{\psi^{2+n}}$$
$$\tag{7.6}$$

式中,x 为轴向位移量,m;$\rho_1 = 2 + 3n$;$\rho_{2,3} = \dfrac{1}{2}\left[2 + 3n \pm \sqrt{9n^2 + 4(1 + 3\nu n)}\right]$;$K_{a1}$、$K_{a2}$、$K_{a3}$ 为系数。

(4)高速旋转时,膜盘型面内产生离心应力,可分为径向应力 σ_{cr} 和切向应力 σ_{ct},则

$$\sigma_{cr} = \frac{-(3 + \nu)\rho\omega^2\gamma^2}{10^2[8 - (3 + \nu)n]} + C_1(S_1 + \nu)r^{S_1 - 1} + C_2(S_2 + \nu)r^{S_2 - 1} \tag{7.7}$$

$$\sigma_{ct} = \frac{-(3 + \nu)\rho\omega^2\gamma^2}{10^2[8 - (3 + \nu)n]} + C_1(1 + \nu S_1)r^{S_1 - 1} + C_2(1 + \nu S_2)r^{S_2 - 1} \tag{7.8}$$

式中,ρ 为材料密度,kg/m³;ω 为角速度,rad/s;$S_{1,2} = \dfrac{n}{2} \pm \sqrt{\left(\dfrac{n}{2}\right)^2 + \nu n + 1}$;$C_1$、$C_2$ 为应力系数。

(5)当工作温度超过 150℃ 时,需考虑膜盘型面因径向受热不均而产生的热应力,其可分为径向应力 σ_{Tr} 和切向应力 σ_{Tt},则

$$\sigma_{Tr} = \frac{\eta E(T_2 - T_1)}{1 - \nu}\left(\frac{r^n}{r_n^2 - r_1^n}\right) + C_1(S_1 + \nu)r^{S_1 - 1} + C_2(S_2 + \nu)r^{S_2 - 1} \tag{7.9}$$

$$\sigma_{Tt} = \frac{\eta E(T_2 - T_1)}{1 - \nu}\left(\frac{r^n}{r_n^2 - r_1^n}\right) + C_1(1 + \nu S_1)r^{S_1 - 1} + C_2(1 + \nu S_2)r^{S_2 - 1}$$

$$\tag{7.10}$$

式中,$\eta = \dfrac{\varepsilon - n}{(1 + \varepsilon)(1 + \varepsilon - n) - (1 + \nu n)}$;$\varepsilon$ 为与盘冷却条件有关的指数,当有空气冷却时 ε 取 2,无冷却时 ε 取 3;T_1、T_2 为型面内、外半径处的温度,℃。

(6)当工作中存在循环变化工况,且变化次数不小于 $10^3 \sim 10^4$ 时,需考虑循环波动扭矩引起的交变应力,该交变应力幅值 τ_a 为

$$\tau_a = f\tau \tag{7.11}$$

式中,f 为扭矩波动系数,它的普遍式可用循环折合来考虑[47],也可根据发动机强度设计的扭矩波动系数取值。

(7)工作中,膜盘型面内的应力由交变应力和稳态应力两部分组成。

交变应力 σ_x 由角向不对中时的弯曲应力 σ_{br}、σ_{bt} 和循环波动扭矩引起的交变应力幅 τ_a 组成。

$$\sigma_x = \sqrt{(\sigma_{br}^2 + \sigma_{bt}^2)\tau_a} \tag{7.12}$$

稳态应力 σ_{eq} 由承扭时应力 τ、轴向位移时弯曲应力 σ_{ar}、σ_{at}、离心应力 σ_{cr}、σ_{ct} 及热应力 σ_{Tr}、σ_{Tt} 组成,按平面应力关系考虑,其主应力 $\sigma_{1,2}$ 为

$$\sigma_{1,2} = \frac{\sigma_{r\Sigma} + \sigma_{t\Sigma}}{2} \pm \sqrt{\left(\frac{\sigma_{r\Sigma} - \sigma_{t\Sigma}}{2}\right)^2} \qquad (7.13)$$

式中,$\sigma_{r\Sigma} = \sigma_{ar} + \sigma_{cr} + \sigma_{Tr}$; $\sigma_{t\Sigma} = \sigma_{at} + \sigma_{ct} + \sigma_{Tt}$。

再按第四强度理论进行合成:

$$\sigma_{eq4} = \frac{1}{\sqrt{2}} \sqrt{(\sigma_1 - \sigma_2)^2 + (\sigma_2 - \sigma_3)^2 + (\sigma_3 - \sigma_1)^2} \qquad (7.14)$$

膜盘型面上的交变应力和稳态应力可用材料修正的古德曼曲线来作强度校核评定,若修正的古德曼曲线用直线代替,其安全系数 n_0 可表示为

$$n_0 = \frac{\sigma_{-1}\sigma_b}{\sigma_{-1}\sigma_{eq4} + \sigma_x\sigma_b} \qquad (7.15)$$

式中,σ_{-1} 为对称循环作用下膜盘材料的疲劳极限,N/m^2;σ_b 为膜盘材料的抗拉强度,N/m^2。

以上计算基于"轴对称、薄圆盘、小挠曲"理论假设,同时假定膜盘轮缘和轮毂较厚,型面部分与轮缘、轮毂为一体,使膜盘型面厚度为半径的函数,从变刚度圆盘的弯曲微分方程及其解导出,主要用于膜盘型面参数优化设计。实际膜盘应力是大挠度非线性问题,要考虑中面层的应变和应力,挠度和应力、载荷不再服从胡克定律的线形关系,而是挠度与应力成二次项关系[47]。

理论公式计算往往无法准确反映型面圆角处的应力水平,还应对整个联轴器转子补充有限元法强度校核,包含静强度校核和疲劳强度校核。静强度校核时分别选取 3.33 倍发动机最大起动扭矩和最大静扭矩,对联轴器转子和连接螺栓进行强度评估。疲劳强度校核是指对膜盘开展高循环疲劳强度进行计算评估,满足高循环疲劳强度储备系数不得小于 1.5 的强度设计准则[48]。

7.3.3　膜盘刚度计算

应尽量降低联轴器的转子刚度,以减少不对中补偿时施加到连接端的附加弯矩,并降低轴承载荷。对于采用浮动花键和轴孔配合的转子连接件,还可以减小花键和轴孔配合表面工作中的微动磨损。单个膜盘的刚度可由以下理论解析式计算求出[47],多盘刚度由刚度换算得出,此外,还可通过有限元法计算和试验测量得到更准确的刚度值。

膜盘扭转刚度计算式为

$$K_t = \frac{2\pi Ga^2 t_a}{\ln(1/\lambda)} \tag{7.16}$$

式中, G 为材料剪切模量, N/m^2。

盘面起皱扭矩为

$$T_b = \frac{\pi E t_a^3 Z}{12(1-\nu^2)} \tag{7.17}$$

式中, Z 根据图 7.8 中 Z 与 b/a 的曲线关系取值, 如 $\lambda = b/a = 0.5$, 则取 $Z = 2\,275$。

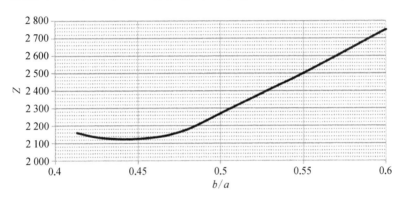

图 7.8 Z 与 b/a 的关系

膜盘的角向刚度计算式为

$$K_b = \frac{-\pi}{(1-\nu^2)}\left[1 + \frac{3}{4}n(1+\nu)\right]nK_{b1}Et_a^3 \tag{7.18}$$

膜盘的轴向刚度计算式为

$$K_a = K_{a1}n(2+3n)G\frac{t_a^3}{a} \tag{7.19}$$

7.3.4 联轴器振动分析

联轴器振动分析主要是指转子动力学分析, 包括模态分析和临界转速计算。

模态是联轴器转子的固有特性, 包括固有频率、模态振型和阻尼比。参照美国石油学会标准 API 671《石油、化工和气体工业设施的专业联轴节》规定, 轴向固有频率不得在规定运行转速的 10% 的范围之内出现, 无限刚度支承下的横向固有频率至少应高于最高规定转频的 150%。

临界转速计算应选取整个转子轴系作为基础模型, 支承形式与工作实际保持一致。各支点支承刚度取值时, 应综合考虑联轴器转子轴系轴承支承刚度、轴系各部件连接方式以及飞机附件机匣与发动机附件机匣吊装结构形式,评估连接刚度弱化和系统支承刚度的影响,选取等效的支承刚度。

7.4　联轴器选材及工艺

联轴器选材一般围绕其中的重要件膜盘选材开展,综合考虑强度、变形和三防设计要求确定其他结构件材料。联轴器工艺主要包括膜盘制备、多膜盘焊接、联轴器动平衡等。

7.4.1　联轴器选材

1. 膜盘选材

膜盘选材遵循以下原则:优良的机械性能、较高的疲劳强度、较好的韧性、良好锻造性、焊接性和切削加工性能,能适应高温、腐蚀等特定工作环境,较低的弹性模量。膜盘常用材料有 40CrNiMoA、00Ni18Co8Mo5TiAl、GH4169 和钛合金。其中,40CrNiMoA 是一种优良的调质钢,工作温度在 315℃ 以下,能在大截面上获得均匀的强度和韧性,且具有低的缺口敏感性,缺点是多膜盘焊接性能差。00Ni18Co8Mo5TiAl 是一种超高强度马氏体钢,焊接性能好,抗拉强度可达1 700 MPa,适用于 500℃ 以下工作环境。为满足耐腐蚀要求,40CrNiMoA 材质膜盘一般喷涂灰色或绿色的 HTY－80－5SW 高温耐腐蚀涂层,00Ni18Co8Mo5TiAl 材料膜盘可选择喷涂氧化物弥散强化铝基多元银白色涂层。GH4169 材料膜盘在高达650℃ 的环境温度下仍具有良好的抗疲劳、抗氧化和耐腐蚀性能,适用于工作环境温度较高的场合。

钛合金具有焊接性能优异、韧性好、弹性模量低等优点,相同工况下,钛合金膜盘的型面应力远小于钢制膜盘的型面应力,补偿不对中产生的附加弯矩以及轴向位移产生的轴向力也远低于钢制膜盘,同时,钛合金还有比强度高、耐腐蚀性能好的优点。缺点有切削性能差、缺口敏感性高、价格较贵等,常用钛合金材料有 TC4、TC11、TC17、TA15 等。

2. 其他结构件选材

联轴器其他结构件主要包括转子件、静子件、连接件等,选材时主要考虑强度要求和三防设计要求。

对于法兰、膜盘、转接段和传动轴一体焊接的联轴器转子件,法兰、转接段和传动轴材料应尽量与膜盘选材保持一致,如选用不同材料,应保证焊接接头的强度要求。对于非一体焊接的联轴器转子件(图 7.4),传动轴可选择防腐蚀性能好的钛合金材料。联轴器转子件中的连接件螺钉、螺栓等通常选用高强度不锈钢0Cr17Ni4Cu4Nb,该材料具有良好的抗盐雾腐蚀能力,对于工作环境在 400℃ 以上的连接件,可选用 GH4169。

静子件选材主要是确定保护罩的材料,为补偿工作中两连接端不对中,保护罩应具有弹性变形的能力,因此应尽量选用弹性模量低的材料,还应考虑到三防、重量和成本要求,常用材料有 0Cr18Ni9 和 TC4。

7.4.2　联轴器工艺

膜盘制备常选用锻件加超精密加工方式,工艺要求包括毛坯、型面尺寸、形位公差、表面质量、表面处理要求等。毛坯晶粒度等级应不低于 7 级,流线型呈半径方向致密分布。型面以曲线方程或坐标点的形式给出,最薄处厚度公差范围一般不超过 ±0.02 mm。形位公差主要指型面对称度、外圆对中心孔同轴度、端面平行度、端面对中心孔基准垂直度,分别不大于 9 级、7 级和 6 级(GB 1184)。型面采用光滑表面超精密加工技术,如图 7.9 所示,通常钛合金膜盘型面表面粗糙度 Ra 不大于 0.8 μm,钢制膜盘型面表面粗糙度 Ra 不大于 0.4 μm。为了提高疲劳强度,可对钢制膜盘型面进行喷丸强化处理[47]。

图 7.9　超精密加工膜盘型面

多膜盘焊接通常选择电子束焊接,工艺要求主要包括焊缝等级、焊接接头强度、焊接强度试验、焊缝无损检测以及焊后尺寸检测要求。焊缝等级一般为 1 级,焊接接头强度不低于 90% 基材强度,焊接强度试验选用热处理随炉试件。焊缝无损检测方法有荧光检测、磁力探伤和 X 射线检查,分别用于表面、次表面和内部缺陷检测。焊后尺寸检测主要是检测焊后膜盘焊接定位中心孔同轴度和外圆对中心孔的跳动,一般不大于 10 级(GB 1184)。

联轴器动平衡以转子组件整体动平衡方式进行,轮缘线速度在 40~100 m/s 时为中速联轴器,平衡精度不低于 G4,轮缘线速度大于 100 m/s 时为高速联轴器,平衡精度在 G1~G2.5 中选取或不低于轴系动平衡等级要求[47]。

第8章
离合器

离合器是实现动力输入元件与输出传动元件闭合或脱开的装置。超越离合器是离合器的一种,靠主、从动部分的相对运动速度变化或旋转方向的变换能自动结合或脱开,仅在一个方向上输入传递扭矩,而当输入方向相反或者在传动方向上输出端转速超过输入端转速时就会自动脱开。航空发动机附件传动系统普遍采用的是超越离合器,如某些发动机的起动-发电机附件的双速传动装置,以及辅助动力装置中的起动机附件传动。本章论述主要涉及超越离合器。

8.1　离合器类型及其特点

离合器按工作原理可分为棘爪式和摩擦式两类,其动力输入元件既可以是内环也可以是外环。棘爪式离合器结构简单,但接合时存在冲击,常用于低转速的场合,目前在航空产品中应用较少,逐渐趋于淘汰。摩擦式离合器接合平稳,无冲击,可用于高转速的场合,按楔块元件结构的不同可分为滚柱离合器、弹簧离合器和斜撑离合器。滚柱离合器的工作转速一般不高于 12 000 r/min,斜撑离合器和弹簧离合器的工作转速能达到 20 000 r/min 以上,目前直升机传动系统和辅助动力装置中普遍采用斜撑离合器,弹簧离合器应用较少。

斜撑离合器按离心力作用的不同又可分为离心接合型和离心脱开型,如图 8.1 所示。其中,F_c 为偏心滚子的离心力;a、b 为滚子重心相对接触线的偏移量。离心接合型离合器偏心滚子的重心位于接触线"m"的右侧,当外环旋转时,形成 $F_c \times b$ 的力矩,增大了偏心滚子在内环上的接触压力,如果弹簧力和摩擦力的合成力矩过大的话,可能会导致偏心滚子或内环滚道面出现严重磨损。离心脱开型离合器偏心滚子的重心位于接触线"m"的左侧,当外环旋转时,形成 $F_c \times a$ 的力矩,减小了偏心滚子在内环上的接触压力,当外环转速增大使偏心滚子的离心力矩超过弹簧力和摩擦力所产生的反向力矩时,偏心滚子将会与内环脱开,直至力矩平衡。因此在进行离合器设计时应着重考虑离合器脱开转速影响。

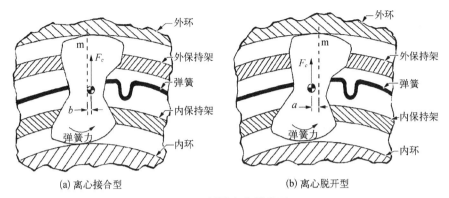

(a) 离心接合型　　　　　　　　　　　(b) 离心脱开型

图 8.1　斜撑离合器类型

8.2　辅助动力装置中的离合器

辅助动力装置的起动装置大都采用直流电起动机,也有的为了提高野外作战能力而采用液压马达。当采用直流电起动机起动辅助动力装置时,由于直流电起动机的最优功率点对应转速一般较高,一般在 15 000 r/min 以上,因此辅助动力装置中常采用工作转速较高的斜撑离合器。同时,由于辅助动力装置中的离合器绝大多数时间处于超越状态下工作,为了降低偏心滚子与内环之间的磨损,主要采用离心脱开型斜撑离合器。

8.3　离合器组成和原理

8.3.1　离合器组成

离合器一般由外环、内环、偏心滚子、保持架、弹簧和轴承等组成,图 8.2 为某辅助动力装置采用内环为输入元件的离心脱开型离合器。

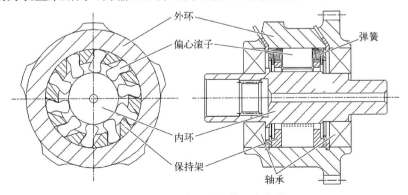

图 8.2　某辅助动力装置离合器

8.3.2　离合器工作原理

辅助动力装置起动时,内环在起动扭矩作用下带动内环顺时针旋转,在弹簧力的作用下产生的摩擦力,偏心滚子绕自身逆时针旋转,受偏心滚子凸轮升程的影响,使内外楔角均小于摩擦角,偏心滚子锁紧内环与外环,完成起动扭矩的传递,见图 8.2。

辅助动力装置起动成功后,起动装置停止工作,外环转速高于内环转速,偏心滚子在自身离心力的作用下克服离合器弹簧的弹力,使偏心滚子脱离内环,实现起动装置脱开传动齿轮系。

8.4　离合器设计

8.4.1　离合器设计要求

(1)斜撑离合器应尽可能设计得结构紧凑、体积小,以减轻重量,减少离心力和圆周速度的影响。

(2)内环、外环与偏心滚子应有足够的接触强度和疲劳寿命。

(3)超越状态下,确保零件磨损最小。

(4)辅助动力装置中的斜撑离合器工作转速较高,必须考虑离心力的影响,并保证离合器脱开转速大于辅助动力装置切断起动扭矩时对应离合器处的转速,即辅助动力装置切断起动扭矩前,确保起动装置能一直带载。

(5)附件传动离合器的扭矩承受能力,至少应为海平面静止状态下 15℃ 及在飞机最大允许引气状态下按型号规范规定飞机系统功率提取的条件下,在 15 s 内辅助动力装置从静止状态起动加速到起动机最小脱开转速为止所需起动扭矩的3.33 倍。

8.4.2　离合器参数设计

1. 自锁条件分析

斜撑离合器偏心滚子位于两个同心环的环形空间内,同心环圆心为 O。偏心滚子的外、内弧面圆心为 A 点和 B 点,偏心滚子内外弧面与内外环分别在 Q 点和 C 点接触,由于任意两个圆的接触点或切点位于通过两圆心的直线上,因此 O、A 和 C 三点在一条直线上,O、Q 和 B 三点也在一条直线上。设 ψ 为直线 AO 和 BO 之间的夹角,如图 8.3 所示。

当扭矩施加到内环时,在 Q 点传给偏心滚子,再由 C 点传到外环,QC 线为作用线。内环上的扭矩等于外环上的扭矩,扭矩又为切向力和它的作用半径的乘积,即

$$T = KF_iR_iN = KF_oR_oN \quad (8.1)$$

式中，T 为离合器传递扭矩，N·m；F_i 为偏心滚子与内环切向力，N；F_o 为偏心滚子与外环切向力，N。R_i 为内环外半径，mm；R_o 为外环内半径，mm；N 为每排偏心滚子数量，个；K 为偏心滚子排数。

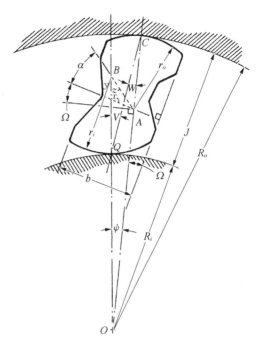

根据式（8.1）可知，偏心滚子与外环切向力 F_o 小于偏心滚子与内环切向力 F_i。

在平衡状态下，内外环接触点法向力分别沿直线 BO 和 AO 作用，且分别垂直于内外环接触点切向力，法向力和切向力的矢量和通过作用线 QC。在内环接触点上，由直线 BO 和 QC 形成的夹角称为内楔角 V。在外环接触点上，由直线 AO 和 QC 形成的夹角称为外楔角 W，根据几何关系可得

图 8.3　偏心滚子几何关系图

$$V = W + \psi \quad (8.2)$$

偏心滚子与内环、外环法向力：

$$N_i = F_i \cot V = \frac{T\cot V}{R_iN} \quad (8.3)$$

$$N_o = F_o \cot W = \frac{T\cot W}{R_oN} \quad (8.4)$$

偏心滚子与内环、外环摩擦力：

$$f_i = \mu N_i = \frac{\mu T\cot V}{R_iN} \quad (8.5)$$

$$f_o = \mu N_o = \frac{\mu T\cot W}{R_oN} \quad (8.6)$$

式中，N_i 为偏心滚子与内环法向力，N；N_o 为偏心滚子与外环法向力，N；μ 为静摩擦系数；f_i 为偏心滚子与内环摩擦力，N；f_o 为偏心滚子与外环摩擦力，N。

离合器自锁条件为偏心滚子与内外环切向力小于偏心滚子与内外环摩擦力，

即内外楔角均小于摩擦角：

$$V < \arctan\mu \ (在内环上) \tag{8.7}$$

$$W < \arctan\mu \ (在外环上) \tag{8.8}$$

根据式(8.2)可知，内楔角 V 大于外楔角 W，因此离合器自锁条件仅需考虑内楔角 V 的条件。

2. 设计过程

在进行斜撑离合器设计之前，必须知道功率、转速和安全裕度。离合器基本参数有：① J 为偏心滚子规格，mm(in)；② N 为每排偏心滚子数目，个；③ D_i 为内环外径，mm；④ D_o 为外环内径，mm；⑤ l 为偏心滚子长度，mm。

偏心滚子规格 J 是一个超过偏心滚子高度且必须大于内、外跑道形成的环形空间的一个公称尺寸。目前，偏心滚子有四种通用规格：$J = 6.3 \text{ mm}(0.248 \text{ in})$、$J = 8.331 \text{ mm}(0.328 \text{ in})$、$J = 9.5 \text{ mm}(0.374 \text{ in})$、$J = 12.7 \text{ mm}(0.500 \text{ in})$。各规格的特性见表 8.1，表中给出的偏心滚子最小和最大长度与热处理性能有关，如果偏心滚子长度超过表中推荐的最大长度，则沿偏心滚子长度载荷分布可能不均匀[48]。

表 8.1 偏心滚子几何参数

参　　数	代号	偏心滚子规格 J/mm(in)			
		6.3(0.248)	8.331(0.328)	9.5(0.374)	12.7(0.500)
最小圆周间距/mm	P_{cmin}	6.731(0.265)	7.874(0.310)	8.636(0.340)	11.176(0.440)
内环直径最小值/mm	D_{imin}	12.700(0.500)	25.400(1.000)	63.50(2.500)	114.30(4.500)
内环直径最大值/mm	D_{imax}	25.400(1.000)	63.500(2.500)	114.30(4.500)	228.60(9.00)
偏心滚子最小长度/mm	l_{min}	6.350(0.250)	7.620(0.300)	10.16(0.400)	12.70(0.500)
偏心滚子最大长度/mm	l_{max}	19.05(0.750)	25.146(0.990)	27.94(1.100)	38.10(1.500)

给定离合器直径时，每排最多可以采用的偏心滚子数量取决于其规格尺寸。在已知跑道尺寸，偏心滚子规格和最小圆周间距时，可以利用下式求出偏心滚子数量：

$$N_{max} = \frac{(D_i + J)\pi}{P_c} \tag{8.9}$$

式中，N_{max} 为偏心滚子极限数量，个；P_{cmin} 为最小圆周间距，mm。

偏心滚子和外环间由于曲率半径方向一致，偏心滚子与外环的接触应力相对内环更小，最大接触应力主要由内环直径决定。斜撑离合器传递扭矩的计算式如下：

$$T = [\sigma_c]^2 \frac{(1 - \nu^2)}{E} \pi l N \frac{D_i}{2} \tan V \left(\frac{d_i D_i}{d_i + D_i} \right) \times 10^{-3} \qquad (8.10)$$

式中,$[\sigma_c]$ 为许用接触应力,MPa;ν 为柏松比;E 为偏心滚子和内环的弹性模量,MPa;$d_i = 2r_i$ 为 2 倍偏心滚子内圆弧半径,mm。

辅助动力装置中的斜撑离合器可用单排或者双排偏心滚子,单排或双排设计的过程相同的,具体的设计步骤如下。

1) 初步确定偏心滚子规格 J 和内环外径 D_i

在假定偏心滚子和内环的接触许用应力为 3.1 GPa、最大偏心滚子数量 N_{max}、最大偏心滚子长度 l_{max}、偏心滚子为单排和内楔角 V 为 4.5° 的情况下,可以根据图 8.4 所示的曲线图结合离合器传递扭矩 T 来初步确定偏心滚子规格 J 和内环外径 D_i。

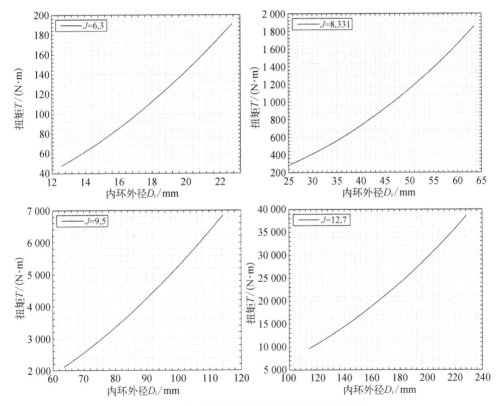

图 8.4 偏心滚子规格和内环外径选择曲线图

2) 偏心滚子数量确定

根据表 8.1 和式(8.9),可以计算出 N_{max},最好将 N_{max} 圆整到相近的最大偶数,以便能够采用拉削加工保持架。

3）反求内环直径 D_i，并重新确定圆周间距 P_c

$$D_i = \frac{N_{max} P_c}{\pi} - J \tag{8.11}$$

4）确定偏心滚子长度 l

$$l = \frac{2E(d_i + D_i)T}{[\sigma_c]^2(1 - \nu^2)ND_i^2\tan Vd_i} \tag{8.12}$$

对于钢，$V = 4.5°$ 时：

$$l = \frac{590.69(d_i + D_i)T}{Nd_iD_i^2} \tag{8.13}$$

5）偏心滚子、内环和外环的变形计算

除了内环在离心力作用下产生的位移很小，可以忽略不计外，外环因离心力产生的位移、外环因偏心滚子法向力产生的位移、内环因偏心滚子法向力产生的位移、偏心滚子作为圆柱或承压元件产生的位移、偏心滚子与外环之间的压缩位移和偏心滚子与内环之间的压缩位移可按如下式子进行计算[48]：

$$\Delta_{ce} = \frac{R_o\rho}{E} \frac{(3 + \nu)}{4}\left(\frac{\pi n_o}{30}\right)^2\left[R_{od}^2 + R_o^2\left(\frac{1 - \nu}{3 + \nu}\right)\right] \times 10^{-9} \tag{8.14}$$

$$\Delta_o = C_0 N_o \tag{8.15}$$

$$\Delta_i = C_i N_i \tag{8.16}$$

$$\Delta_s = C_s N_i = C_s N_o \tag{8.17}$$

$$\Delta_{Ho} = N_o\left(C_2 - C_1\ln\frac{N_o}{4.44822}\right) \tag{8.18}$$

$$\Delta_{Hi} = N_i\left(C_3 - C_1\ln\frac{N_i}{4.44822}\right) \tag{8.19}$$

式中各影响系数：

$$C_0 = \frac{N}{2\pi lE}\left(\frac{R_{od}^2 + R_o^2}{R_{od}^2 - R_o^2} + \nu\right) \tag{8.20}$$

$$C_i = \frac{N}{2\pi lE}\left(\frac{R_i^2 + R_{id}^2}{R_i^2 - R_{id}^2} - \nu\right) \tag{8.21}$$

$$C_s = \frac{R_o - R_i}{blE} \tag{8.22}$$

$$C_1 = \frac{2(1 - \nu^2)}{\pi l E} \tag{8.23}$$

$$C_2 = C_1 \left[\frac{2}{3} + \ln \frac{\pi l E (R_o - r_o)}{2(1 - \nu^2) \times 4.448\,22} \right] \tag{8.24}$$

$$C_3 = C_1 \left[\frac{2}{3} + \ln \frac{\pi l E (R_i + r_i)}{2(1 - \nu^2) \times 4.448\,22} \right] \tag{8.25}$$

式中,Δ_{ce} 为外环因离心力产生的位移,mm;Δ_o 为外环因偏心滚子法向力产生的位移,mm;Δ_i 为内环因偏心滚子法向力产生的位移,mm;Δ_s 为偏心滚子作为圆柱或承压元件产生的位移,mm;Δ_{Ho} 为偏心滚子与外环之间的压缩位移,mm;Δ_{Hi} 为偏心滚子与内环之间的压缩位移,mm;R_{od} 为外环外半径,mm;R_{id} 为内环内半径,mm;n_o 为外环转速,r/min;ρ 为外环材料密度,kg/mm³;b 为偏心滚子宽度,mm;r_o 为偏心滚子外圆弧半径,mm;r_i 为偏心滚子内圆弧半径,mm。

总的径向变形之和为

$$\Delta_{ta} = \Delta_{ce} + \Delta_o + \Delta_i + \Delta_s + \Delta_{Ho} + \Delta_{Hi} \tag{8.26}$$

有效的凸轮升程必须大于总径向变形量 Δ_{ta},否则将会产生"离合器翻转",导致传扭失效。总径向变形量推荐为有效偏心滚子升程 S_R 的 50%。

6) 楔角迭代计算

偏心滚子楔角计算所需的数据如表 8.2 所示[49]。

表 8.2 楔角计算所必需的偏心滚子几何尺寸

参数名称	代号	基本偏心滚子规格 J/mm(in)			
		6.3 (0.248)	8.331 (0.328)	9.5 (0.374)	12.7 (0.5)
偏心滚子宽度/mm(in)	b	3.733 4 (0.147)	4.927 6 (0.194)	5.435 6 (0.214)	7.315 2 (0.288)
内侧型面半径/mm(in)	r_i	3.251 2 (0.128)	4.495 8 (0.177)	5.029 2 (0.198)	6.731 0 (0.265)
外侧型面半径/mm(in)	r_o	3.352 8 (0.132)	4.521 2 (0.178)	4.953 0 (0.195)	7.061 2 (0.278)
中心距/mm(in)	Z	0.416 6 (0.016 4)	0.746 8 (0.029 4)	0.899 2 (0.035 4)	1.206 5 (0.047 5)
中心角向位置/(°)	α	31.264	49.821	49.574	49.268
有效的凸轮升程/mm(in)	S_R	0.228 6 (0.009)	0.330 2 (0.013)	0.381 (0.015)	0.558 8 (0.022)

然后依次按下列步骤计算楔角。

步骤 1：

$$\Omega = \arcsin \frac{(\overline{R_i} + \overline{r_i})^2 - Z^2 - (\overline{R_o} - \overline{r_o})^2}{2Z(\overline{R_o} - \overline{r_o})} - \alpha \qquad (8.27)$$

步骤 2：

$$\psi = \arcsin \frac{Z\cos(\alpha + \Omega)}{\overline{R_i} + \overline{r_i}} \qquad (8.28)$$

步骤 3：

$$W = \arctan \frac{\overline{R_i}\sin\psi}{\overline{R_o} - \overline{R_i}\cos\psi} \qquad (8.29)$$

步骤 4：

$$V = W + \psi \qquad (8.30)$$

步骤 5：

$$N_i = \frac{T\cot V}{\overline{R_i}N} \qquad (8.31)$$

步骤 6：

$$N_o = \frac{T\cot W}{\overline{R_o}N} \qquad (8.32)$$

步骤 7：

$$\overline{R_i} = R_i - C_i N_i - \frac{N_i}{2}\left(C_3 - C_1\ln\frac{N_i}{4.448\,22}\right) \qquad (8.33)$$

步骤 8：

$$\overline{r_i} = r_i - \frac{C_s N_i}{2} - \frac{N_i}{2}\left(C_3 - C_1\ln\frac{N_i}{4.448\,22}\right) \qquad (8.34)$$

步骤 9：

$$\overline{R_o} = R_o + \Delta_{ce} + C_o N_o + \frac{N_o}{2}\left(C_2 - C_1\ln\frac{N_o}{4.448\,22}\right) \qquad (8.35)$$

步骤 10：

$$\overline{r_o} = r_o - \frac{C_s N_o}{2} - \frac{N_o}{2}\left(C_2 - C_1 \ln \frac{N_o}{4.448\,22}\right) \tag{8.36}$$

反复进行以上从步骤 1 至步骤 10 的运算,直到接连的 Ω 角度值在预期的精度内。式子中,$\overline{R_i}$、$\overline{r_i}$、$\overline{R_o}$ 和 $\overline{r_o}$ 分别代表 R_i、r_i、R_o 和 r_o 变形后的值。在式(8.27)~式(8.30)四个式子中,用未变形的半径值计算可以得出无载楔角。最初的过程中,变形后的值 R_i、r_i、R_o 和 r_o 均应用未变形的值代替。若为双排偏心滚子离合器,步骤 5 和步骤 6 中的扭矩应减小一半再进行计算,一般经过 6~10 次迭代就可获得 N_i 或 N_o 的精度在 ±2 N 范围内。

8.4.3　离合器结构设计

1. 外环设计

外环(图 8.1)通常选用 AISI 9310、16Cr3NiWMoVNbE 等材料,其他材料只要具有同样的硬度和强度性能亦可使用。为避免离合器因高接触应力而发生局部剥落,外环跑道面最小硬度应不低于 60 HRC,为防止跑道在载荷下过度塑性变形,其心部硬度应为 35~45 HRC。外环跑道面的表面粗糙度 Ra 值应为 0.5~0.75 μm,圆柱度在每 10 mm 长度上不得超过 0.003 mm,内径上下偏差应保持在 ±0.012 5 mm 范围内。偏心滚子所处空间的最大允许径向变化量取决于所选择的偏心滚子规格,如表 8.3 所示[49]。

表 8.3　偏心滚子环形跑道公差

偏心滚子规格/mm(in)	环形空间径向尺寸 J 的 最大允许变化量/mm(in)
6.3(0.248)	±0.05(±0.002)
8.33(0.328)	±0.075(±0.003)
9.5(0.374)	±0.075(±0.003)
12.7(0.500)	±0.10(±0.004)

2. 内环设计

内环(图 8.1)的材料、直径公差和硬度与外环的要求基本一样,但内环跑道面的直径公差和表面粗糙度应更小。内环跑道面直径在 12.5~64 mm 范围的公差通常为 0.013 mm,大于 64 mm 时,通常取 ±0.013 mm。绝大多数斜撑离合器是内环超越,为降低偏心滚子的磨损,内环跑道面的表面粗糙度 Ra 应在 0.25~0.5 μm 之间。

内环与偏心滚子之间的摩擦系数至关重要,内环不应采用磷化处理,以免降低摩擦系数。为了增大摩擦系数,可以采用表面氧化处理。

3. 偏心滚子设计

离合器偏心滚子一般选用 GCr15、Cr4Mo4V、W18Cr4V 等材料,硬度一般不小于 62 HRC。偏心滚子设计的核心是合理选择初始接合位置的楔角和确定重心位置,在一定的油膜厚度下,楔角必须小于摩擦角,另外还应保证离合器在超越工作状态的磨损在一定限度内。

偏心滚子的凸轮型面一般由模具挤压或者线切割加工而成,凸轮表面长度方向上的直线度不应大于 0.005。为了保证偏心滚子的均载,每个偏心滚子均需单独测量,高度尺寸差在 0.008 mm 内编为同一组使用。

4. 保持架设计

保持架一般选用 40CrNiMoA、1Cr11Ni2W2MoV 等材料,需进行热处理,硬度应为 35~45 HRC。保持架的主要作用是在周向和轴向均匀地隔开各偏心滚子,以便保证离合器传递载荷的均匀性。保持架与外环之间应至少保持 0.01~0.05 mm 的径向间隙,保持架偏心滚子槽口与偏心滚子宽度方向上应有 0.18 mm 的间隙,与偏心滚子长度方向上应有 0.075~0.20 mm 的间隙,一般通过铣削、拉削或电火花等工艺加工成型,其中采用拉削加工时,必须为偶数且在一条通道上。

5. 弹簧设计

弹簧作为离合器结构的一部分,具有限位、导向与复位偏心滚子的作用,应具有一定的刚性和耐磨性,一般选用不锈钢 1Cr18Ni9 等材质,成型后必须进行回火处理以消除残余应力。通过调整弹簧圈数、直径或厚度,以及总长等办法来改变弹簧刚度,保证离合器在静态和动态阻力矩、离合器脱开转速等方面满足设计要求。

8.4.4　离合器润滑冷却

离合器在工作过程中,受摩擦力的作用,会产生大量的热,需要对离合器进行润滑冷却。离合器的润滑方式主要有喷油润滑、重力供给和离心力供给等。如果离合器内环作为输出元件,则对于润滑是有利的,因为在超越状态下,其输出元件(内环)一直在运转,润滑油就可以通过离心力供给整个离合器零部件,而且结构简单。如果输入元件是离合器内环,因内环在超越状态下停止运转,润滑油则不能通过离心力供给,仅可通过重力供给或者通过喷油润滑,图 8.5 为某型辅助动力装置离合器内环为输入元件,通过两个喷嘴进行喷射润滑冷却的示意图。

目前,离合器已经能够在-54~180℃良好地工作。在极端低温的情况下,滑油黏度显著增加,会引起离合器运动大幅滞缓,影响离合器的工作,特别是影响离合器的接合,因此在离合器中应该提供通畅的回油路,以便在停车时,大部分滑油从离合器中流走。在高温条件下,除了温度升高带来滑油黏度降低使润滑油膜厚度减薄外,其余影响较小。

滑油系统应带过滤设备的循环供油系统,以提高滑油的清洁度,避免因滑油中

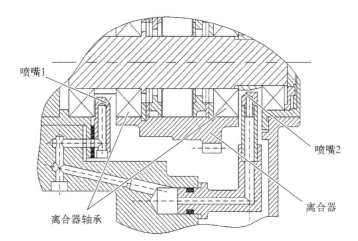

喷嘴1

喷嘴2

离合器轴承

离合器

图 8.5 某型辅助动力装置离合器喷射润滑示意图

的屑末被带入摩擦副表面间,引起擦伤和磨粒磨损,降低可靠性和寿命。

8.4.5 离合器强度、振动和应力分析

1. 强度和振动

离合器强度设计主要考虑的是所要承受的最大扭矩,通常该扭矩是起动装置的最大输出扭矩。离合器的输入、输出零件,在最大状态下所受的应力不应超过其材料在最大预定起动次数下的许用应力。对于存在静态极限应力的情况,极限载荷的安全系数取 1.5,而存在静态屈服的情况,极限载荷的安全系数取 1.15,即

$$S_y = \frac{\sigma_{0.2}}{1.15\sigma} - 1 \tag{8.37}$$

$$S_u = \frac{\sigma_b}{1.5\sigma} - 1 \tag{8.38}$$

式中,S_y 为静态屈服安全裕度;S_u 为静态极限安全裕度;$\sigma_{0.2}$ 为屈服强度,MPa;σ_b 为拉伸强度,MPa;σ 为零件中的组合应力,MPa。

在离合器设计中,应着重考虑振动的影响。一方面将离合器当作振动源来看,就应对离合器平衡提出严格要求,特别是工作转速超过 6 000 r/min 的离合器;另一方面考虑外界对离合器振动的影响,引起离合器振动的因素很多,传动装置和机匣都能不同程度地引起离合器的振动,在高速离合器中过大的不平衡力可能导致离合器零件的加速磨损,建议离合器振动频率裕度应大于 15%。

根据离合器输入和输出构件平衡的成功经验,应使其平衡到由不平衡量 I_o 在工作转速下所产生的不平衡力 F 不大于 45 N 为平衡准则,即

$$F = 0.011 I_o n^2 \tag{8.39}$$

式中，F 为不平衡力，N；I_o 为不平衡量，kg·m；n 为工作转速，r/min。

2. 偏心滚子接触应力

偏心滚子的接触应力为

$$\sigma_{ci} = \sqrt{\frac{N_i E}{2\pi l (1 - v^2)} \left(\frac{R_i + r_i}{R_i r_i} \right)} \tag{8.40}$$

$$\sigma_{co} = \sqrt{\frac{N_o E}{2\pi l (1 - v^2)} \left(\frac{R_o - r_o}{R_o r_o} \right)} \tag{8.41}$$

式中，σ_{ci} 为偏心滚子与内环接触应力，MPa；σ_{co} 为偏心滚子与外环接触应力，MPa。

3. 内环周向应力

偏心滚子作用于内环的法向当量压力 P_i 为

$$P_i = \frac{-NN_i}{2\pi l R_i} \text{（负号表示压应力）} \tag{8.42}$$

将式(8.3)中 N_i 代入式(8.42)中，并化简得

$$P_i = \frac{-T\cot V}{2\pi l R_i^2} \tag{8.43}$$

内环周向应力 σ_i 可按下式计算：

$$\sigma_i = P_i \left(\frac{2R_i^2}{R_i^2 - R_{id}^2} \right) \tag{8.44}$$

在 P_i 的作用下，内环径向变形可由下式计算：

$$\Delta_i = P_i \frac{R_i}{E} \left(\frac{R_i^2 + R_{id}^2}{R_i^2 - R_{id}^2} - v \right) \tag{8.45}$$

4. 外环周向应力

偏心滚子作用于外环的法向当量压力 P_o 为

$$P_o = \frac{NN_o}{2\pi l R_o} \tag{8.46}$$

将式(8.4)中的 N_o 代入式(8.46)中，并化简得

$$P_o = \frac{T\cot W}{2\pi l R_o^2} \tag{8.47}$$

外环周向应力 σ_o 可按下式计算:

$$\sigma_o = P_o\left(\frac{R_{od}^2 + R_o^2}{R_{od}^2 - R_o^2}\right) \tag{8.48}$$

在 P_o 的作用下,外环径向变形可由下式计算:

$$\Delta_o = P_o\frac{R_o}{E}\left(\frac{R_{od}^2 + R_o^2}{R_{od}^2 - R_o^2} + \nu\right) \tag{8.49}$$

5. 偏心滚子离心力

偏心滚子离心力为

$$F_c = m_s\overline{R}\left(\frac{\pi n_o}{30}\right)^2 \tag{8.50}$$

式中,F_c 为单个偏心滚子离心力,N;m_s 为偏心滚子质量,kg; $\overline{R}$ 为旋转中心到偏心滚子重心的距离,mm。

偏心距取决于偏心滚子跑道直径 D_i 和 D_o、偏心滚子规格 J 和重心位置。因此需考虑磨损后的影响,磨损将导致 D_i 减小,D_o 增大,直接导致偏心滚子楔角增大,对于离心接合型离合器,偏心距减小;对于离心脱开型离合器,偏心距增大[49]。

第9章
附件传动系统试验验证

附件传动试验是考核附件传动新材料、新结构、新工艺、新技术的有效途径,是验证附件传动系统性能、强度、寿命、可靠性的必要手段,是附件传动系统研制过程中的重要环节。附件传动系统试验按目的可分为基础研究试验、型号规定常规性试验及国军标规定试验。

9.1   基础研究试验

附件传动基础研究试验主要包括齿轮弯曲疲劳强度试验、齿轮接触疲劳强度试验、齿轮胶合承载能力试验、齿轮动应力测量试验、齿轮传动误差测量试验、联轴器静态试验和联轴器动力学试验等科目。

1. 齿轮弯曲疲劳强度试验

通常将试验齿轮副安装在齿轮副试验器上进行带负载运转试验,或将试验齿轮安装在齿轮弯曲疲劳试验机上对轮齿施加脉动载荷,直至轮齿出现弯曲疲劳失效或达到规定的循环次数,获得轮齿在试验应力下的寿命数据,确定齿轮的弯曲疲劳特性曲线及弯曲疲劳极限应力。

2. 齿轮接触疲劳强度试验

通常将试验齿轮副安装在齿轮副试验器上进行带负载运转试验,直至齿面出现接触疲劳失效或达到规定的循环次数,获得齿面在试验应力下的寿命数据,确定齿轮的接触疲劳特性曲线及接触疲劳极限应力。

3. 齿轮胶合承载能力试验

通常将试验齿轮副安装在齿轮副试验器上,模拟齿轮的初始油温、润滑方法、旋转速度等实际工况,逐级施加载荷,对齿轮齿面进行检查和判定,同时记录齿面的磨损形貌,确定试验齿轮齿面的胶合承载能力。

4. 齿轮动应力测量试验

动应力测量主要指齿轮辐板动应力测量或齿根弯曲应力测量,通常采用应变片电测法,将高速齿轮辐板或齿根上的应变信号输出至分析仪器,得到齿轮动应力数据,分析最大动应力所对应的频率,检验是否存在激振频率。

5. 齿轮传动误差测量试验

通常采用角度编码器测得主、从齿轮实时转角位移,得到齿轮传动误差,检验齿轮的啮合性能,为齿轮动力学性能分析、齿轮参数修正和优化设计提供依据。

6. 联轴器静态试验

静态试验包括轴向变形试验、角向变形试验和扭转变形试验,目的是测取联轴器转子的角向刚度、垂直刚度、轴向刚度、扭转刚度,以及膜盘型面应力分布变化规律等。

7. 联轴器动力学试验

动力学试验旨在测取各种载荷条件下膜盘的动应力水平和转子动力学特性,以验证设计分析的正确性。试验时主要测取各种转速、扭矩、角向及轴向补偿下膜盘型面上的动态应力分布情况、横向和轴向固有频率、振动特性、临界转速以及阻尼特性等。

9.2　型号规定常规性试验

在附件传动研制中,型号规定的常规性试验主要有锥齿轮接触印痕试验、齿轮模态试验、机匣模态试验、传动轴超扭试验、传动轴临界转速试验、联轴器性能试验、离合器性能试验、离合器静扭试验及离合器疲劳寿命试验等科目。

1. 锥齿轮接触印痕试验

通常通过在规定转速和扭矩下的运转试验,得到锥齿轮的工作接触印痕区域,考核锥齿轮的啮合印痕是否符合要求,验证锥齿轮的设计参数,并为齿轮参数修正提供依据。

2. 齿轮和机匣模态试验

模态试验包括机匣、齿轮和轴的模态试验,通常在振动模态试验器上进行,试验时试验件处于自由状态或固定安装状态,将加速度传感器粘贴在试验件适当部位,用脉冲力锤作为激励装置锤击激振,再用动态信号分析仪对信号进行采集、分析,得到相应的模态频率和振型等振动特性参数。

3. 传动轴超扭试验

通常在转子试验器进行,通过调速系统调节试验转速,由扭矩加载器及其控制系统对试验件施加所需的扭矩载荷,从而保证试验件在要求的转速和扭矩下运行试验,考核传动轴的结构完整性和耐久性,验证承受规定扭矩的能力。

4. 传动轴临界转速试验

通常在转子试验器进行,施加规定扭矩的条件下,在 0~120%额定转速范围内运转,测试传动轴的振动位移、振动相位,验证传动轴在工作转速内是否存在临界转速。

5. 联轴器性能试验

性能试验包括静强度试验、临界转速试验和运转试验。静强度试验是指完成规定次数的最大静扭矩加载试验和按国军标要求规定的 3.33 倍最大起动扭矩试验。临界转速试验旨在验证联轴器在工作转速范围内是否存在临界转速、临界转速裕度以及通过临界转速(如存在)时的振动特性。运转试验是指在不对中和扭矩加载条件下,完成规定的循环次数,验证联轴器的补偿承载性能和可靠性。

6. 离合器性能试验

离合器性能试验包括静态接合试验、动态接合试验、低油压试验、脱开转速试验、超越试验和阻力矩试验,需要在专门的离合器试验器上进行。

1) 静态接合试验

验证离合器静态接合过程中(主要指输出元件从静止到接合)的平稳性和滞后性。

2) 动态接合试验

验证离合器动态接合过程中(主要指输出元件从运动到接合)的平稳性和滞后性。

3) 低油压试验

验证离合器在低油压情况下的接合和脱开可靠性。

4) 脱开转速试验

验证离合器偏心滚子在离心力作用下,脱离内环滚道时对应的转速。

5) 超越试验

试验时离合器输入元件静止,输出元件在从额定转速下降至零,验证离合器在该过程中的抗磨损能力。

6) 阻力矩试验

阻力矩试验包括静态阻力矩试验和动态阻力矩试验,验证离合器在不同进油温度、不同输出轴转速下的阻力矩。

7. 离合器静扭试验

试验时离合器输入轴保持静止,在输出端逐步加载到规定扭矩值,验证离合器承受瞬时过载的能力。

8. 离合器疲劳寿命试验

在规定的转速、载荷、滑油状态等条件下按型号规范规定的试验谱持续运转,验证离合器的寿命及工作可靠性。

9.3　国军标规定试验

国内的附件传动试验主要参考两个军用航空发动机通用规范《航空涡轮喷气

和涡轮风扇发动机通用规范》(GJB 241A - 2010)和《航空涡轮轴发动机和涡轮螺旋桨发动机通用规范》(GJB 242A - 2018)以及民用航空发动机适航文件《航空发动机适航规定》(CCAR - 33),规定的试验主要有机匣压力试验、机匣静力试验、联轴器持久试验、附件传动静扭试验、附件传动悬臂力矩试验、附件传动振动扫描试验、附件传动持久试验及防火试验等科目。

1. 机匣压力试验

该试验要求适用于带滑油箱的附件传动系统,其目的是考核附件机匣的耐压能力,属于初始飞行前规定试验,滑油箱应承受两倍最大工作压差 30 min,不发生可见漏油或永久变形。

2. 机匣静力试验

该试验属于初始飞行前规定试验和设计定型试验,若在初始飞行前规定试验阶段已完成静力试验,设计定型阶段可不进行。目的在于考核附件机匣的静强度,验证附件传动机匣承受规定外部载荷的能力。在试验过程中,附件机匣及相关静子构件按规定的最大外力进行试验,任何构件不产生有害变形;在 1.5 倍上述外力作用下任何构件不失效。

3. 联轴器持久试验

该试验属于初始飞行前规定试验和设计定型试验,持久试验主要是高循环疲劳试验和超转试验,目的是检验联轴器综合性能和可靠性,一般随附件传动持久试验进行,循环载荷参照国军标规定要求和飞附机匣功率载荷谱共同确定,超转试验转速为 115% 设计转速。持久试验也可转换为加速等效试验,在开式或闭式的轴类运转试验台上,以持久运转试验或者加速寿命试验的方式完成。

4. 附件传动静扭试验

该试验属于设计定型试验,是附件传动 300 h 持久试验的前置试验科目。目的是验证附件传动齿轮、传动轴承受规定扭矩的能力,即输入轴保持静止条件下,对所有附件传动端加载到规定扭矩值,考核传动轴、齿轮等是否产生永久变形或破坏。

5. 附件传动悬臂力矩试验

该试验在附件传动部件试验器上进行,在规定的转速、负载、滑油温度和压力等条件下,在附件传动机匣各附件安装座上加载规定的最大悬臂力矩,并进行运转,考核附件传动机匣、齿轮、花键等构件承受极限载荷的能力,验证花键在承受最大偏斜情况下的工作能力。

6. 附件传动振动扫描试验

该试验属于设计定型试验,是附件传动 300 h 持久试验的前置试验科目。在整个转速范围内进行振动扫描和谐振探测,借助振动频谱分析仪来寻找附件传动机匣存在最大振动值的转速。

7. 附件传动持久试验

该试验属于设计定型试验,试验前需完成静扭试验及振动扫描试验。目的是在规定的转速、载荷、滑油状态等条件下持续运转,考核附件传动部件的承载能力和密封性能等。振动扫描试验、附件传动悬臂力矩试验、300 h 持久试验均装上所有飞机和发动机附件进行试验。

8. 防火试验

该试验要求适用于带滑油箱的附件传动系统,属于初始飞行前规定试验和设计定型试验。若在初始飞行前规定试验中已通过防火试验,且技术状态相同,设计定型阶段可不进行。试验要求附件传动系统中输送可燃液体的导管、接头和附件应是耐火的,须在最低流速、最高系统压力、最高流体温度输送液体的条件下进行防火试验予以验证。

第10章
传动系统常见的故障及解决措施

从发动机研制过程和服役情况来看,由于传动系统的结构复杂、使用条件苛刻,使传动系统故障呈现多发性、易发性的态势。常见有传动齿轮的轮体掉块、辐板裂纹、齿面胶合,传动系统中花键连接处花键异常磨损,附件机匣内传动轴支撑轴承保持架断裂、滚子磨损严重等故障。

10.1　齿　轮　故　障

10.1.1　弧齿锥齿轮轮体掉块故障

1. 故障现象

某型发动机附件机匣中心传动从动锥齿轮有 7 个齿的齿块从轮体上断裂(图10.1),与其相啮合的中心传动主动锥齿轮轮齿存在啃伤现象。中心传动从动锥齿轮与轴焊接在一起,见图10.2。裂纹在齿轮上的分布见图10.3。

图 10.1　中心传动从动锥齿轮轴
组件故障形貌

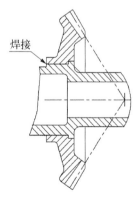

图 10.2　中心传动从动锥
齿轮结构示意

由图10.1可见,故障件具有如下主要特征:

(1) 轮体破坏形式为块状断裂,断块为 7 个齿的齿块;

（2）断块的两侧均存在疲劳源区；

（3）主裂纹起始于齿轮小端齿槽靠近凸面一侧的倒角处；

（4）主裂纹从轮缘沿径向扩展至轮缘与辐板的交界处，继而沿轮盘切向扩展，最后瞬间断裂；

（5）弧齿锥齿轮与轴之间的焊缝全部脱焊，并且轴颈有 1/3 左右的凸肩被撕断。

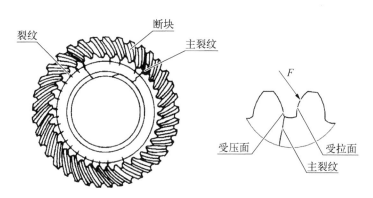

图 10.3　裂纹在齿轮上的分布情况

2. 故障原因

（1）齿轮接触印痕不理想，啮合质量较差，工作过程中形成了较大冲击载荷及较大周期性轴向激振力。

（2）工作转速范围内该齿轮存在三节径型前、后行波共振，且存在较大振动应力。

（3）电子束焊缝存在焊接缺陷，成为疲劳源区，且焊接深度不足，降低了承载面积及承载能力。

3. 解决措施

改进锥齿轮结构设计，调整齿轮固有振动频率；将电子束焊连接结构改为花键连接结构，保证齿轮加工和装配质量。

10.1.2　圆柱齿轮辐板裂纹故障

1. 故障现象

某型发动机附件机匣内离心通风器齿轮轴组件辐板焊接区域出现裂纹。故障齿轮轴宏观形貌如图 10.4 所示。可见裂纹区域位于电子束焊内侧，裂纹基本沿焊缝周向延伸，最终止于两减重孔的边缘。从减重孔边缘可见一侧裂纹已穿透辐板（图 10.5）。

图 10.4　故障离心通风器齿轮轴宏观形貌　　　　图 10.5　辐板裂纹形貌

2. 故障原因

（1）齿轮轴工艺定位挡板与大齿轮轮毂之间存在焊缝尖端,导致该处存在较高的应力集中,是发生大齿轮裂纹故障的主要原因。

（2）工作状态下,离心通风器与齿轮轴配合处存在较大间隙、离心通风器动不平衡量过高,一定程度上增大了齿轮振动应力。

（3）在发动机起动-慢车过程中,离心通风器齿轮轴组件的大齿轮存在零节圆、二节径的前后行波共振,振动应力导致焊接部位疲劳强度下降,最终形成高周疲劳裂纹。

3. 解决措施

离心通风器齿轮轴组焊后进一步加工大齿轮两端焊缝及挡边,并检查焊缝质量,避免焊接缺陷;改进离心通风器在离心通风器齿轮轴组件上的固定方式,增加螺母锁片固定。

10.1.3　转接齿轮箱圆柱齿轮胶合故障

1. 故障现象

某型发动机地面台架试车后检查转接齿轮箱内起动链上三根齿轮轴(起动机附件机匣传动轴、起动机传动轴及与其相啮合的中间传动齿轮轴)的轮齿均高温变色、齿面损伤,故障件形貌见图 10.6~图 10.8。

图 10.6　附件机匣传动轴齿轮故障形貌　　　图 10.7　中间传动齿轮轴齿轮故障形貌

图 10.8 起动机传动轴齿轮故障形貌

2. 故障原因

故障的主要原因是转接齿轮箱在起动阶段冷却润滑不足,长时间缺油工作,齿轮产生高温过热,轮齿发生胶合破坏。

3. 解决措施

转接齿轮箱进行方案改进设计,即通过增加供油喷嘴,加大喷嘴喷油孔直径,改进喷射润滑方式。

10.2 花 键 故 障

10.2.1 中央传动杆花键磨损故障

1. 故障现象

某型发动机中央传动杆花键磨损故障,中央传动杆一端外花键(A 端)及与其相配的中心传动主动锥齿轮内花键出现严重磨损(图 10.9),而中央传动杆的另一端外花键(B 端)及与其相配的中央传动从动锥齿轮内花键则未出现磨损。出现磨损的花键齿厚已明显变薄,齿的一侧几乎磨秃,齿顶明显变尖(图 10.10)。

图 10.9 故障传动杆及其相配锥齿轮外观图

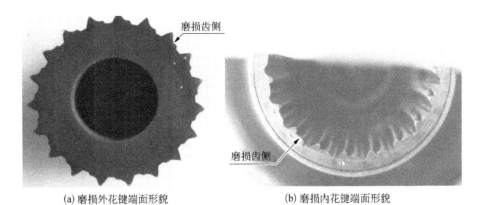

(a) 磨损外花键端面形貌　　　　　　(b) 磨损内花键端面形貌

图 10.10　故障传动杆磨损花键端面形貌

2. 故障原因

(1) 传动杆花键在一个近似封闭的内腔工作,使花键润滑条件恶化;在高速、重载条件下,工作区温度升高而又得不到冷却散热,啮合齿面挤压作用下,花键微观凸起点黏在一起。工作时花键间出现微幅振荡,相配件中强度较差(或硬度低)的一方表面被撕裂或出现材料迁移现象,齿牙表面形成凹坑,而较硬的一方,齿牙表面由于金属黏附,使其沿受力方向变形硬化从而出现材料堆积。随着磨损过程的进行,不断产生磨屑,磨屑进入齿面间的空隙,使磨损进一步加剧,形成恶性循环。

(2) 中介机匣支板内孔与附件机匣止口外径的配合间隙过大,附件机匣定位止口与左、右吊耳轴向距离过短,3 点组成的定位面过小,且止口配合段过短,导致花键角偏斜量过大,加剧花键磨损。

3. 解决措施

取消传动杆内的堵头和齿轮轴内花键的堵盖,使花键配合间有良好的润滑;减小附件机匣止口外径与中介机匣支板内径的配合间隙,在附件机匣前端盖与中介机匣前安装边上增加中间支架,从而降低花键偏斜量。

10.2.2　附件传动轴花键磨损故障

1. 故障现象

某型外置飞机附件传动机匣燃油增压泵花键轴及其传动齿轮轴间的连接花键磨损严重,其内、外花键键齿均已磨平,见图 10.11、图 10.12。燃油增压泵花键轴挡边及齿轮轴组件端面均挤压变形,而燃油增压泵花键轴与燃油增压泵

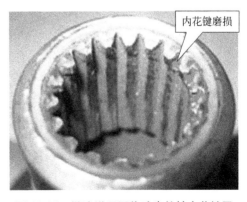

图 10.11　燃油增压泵传动齿轮轴内花键图

外花键磨损

图 10.12 燃油增压泵花键轴

相连一端的外花键仅存在轻微磨损。

2. 故障原因

(1) 齿轮轴内花键表面缺少渗碳处理技术要求,导致齿面硬度低、耐磨性差,是造成花键磨损的主要原因。

(2) 花键轴的轴向窜动过大及无轴向定位装置也是导致花键提前磨损的重要原因。

3. 解决措施

(1) 齿轮轴图纸上增加内花键表面渗碳技术要求,使其表面硬度略高于外花键的表面硬度。

(2) 严格控制燃油增压泵花键轴的轴向窜动量,以增加内、外花键的啮合长度,并加严尺寸公差的控制要求。

10.3 轴 承 故 障

10.3.1 附件传动轴承保持架断裂故障

1. 故障现象

某型发动机附件机匣的齿轮轴(图 10.13)的轴承 D306NQ 损坏严重,保持架已断裂成 9 块(图 10.14),在机匣内部发现断裂的铆钉,轴承内环滚道存在较为明显的划伤。

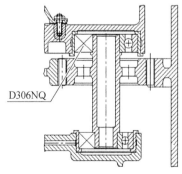

图 10.13 传动轴在附件机匣内的结构示意图

图 10.14 轴承 D306NQ 故障件形貌

2. 故障原因

故障是保持架振动引起的疲劳破坏,振动的产生是多种原因综合作用的结果:工作中 D306NQ 轴承载荷大,高空台试验中承受异常载荷,使轴承异常受力;轴承外环与衬套工作间隙较大,使啮合齿轮轴偏斜,齿轮非正常啮合,引起啮合振动,支承轴承承受附加动载荷,导致保持架和铆钉断裂。同时,铆钉脱碳和保持架硬度不合格,对保持架和铆钉断裂都起到了促进作用。

3. 解决措施

保持架材料铝青铜改为 40CrNiMoA,提高强度、减轻重量、改变保持架的固有频率;增大铆钉尺寸,提高强度。

10.3.2 中央传动杆中间轴承磨损故障

1. 故障现象

某型发动机中央传动杆中间轴承磨损故障(图 10.15)。中央传动杆中间轴承部位磨损严重,滚动体及保持架已经脱落,轴承内圈有擦伤及银层黏连,锁紧螺母出现材料堆积,见图 10.16。

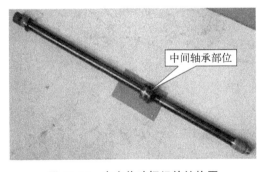

图 10.15　中央传动杆组件结构图

图 10.16　中间轴承安装部位形貌

2. 故障原因

(1) 中央传动杆工作转速范围内存在一阶临界转速,当传动杆处于临界转速范围内工作时,中间轴承承受异常载荷,是轴承损坏的主要原因。

(2) 供油喷嘴角度偏出,导致传动杆中间轴承冷却状态不良;极限状态下,中央传动杆存在轴向干涉并弯曲变形的可能,中间轴承承受异常轴向载荷,加剧了轴承的破坏。

(3) 中央传动杆未进行动平衡,存在较大的不平衡量,导致传动杆工作不稳定,中间轴承承受异常径向载荷,加剧了轴承的破坏。

3. 解决措施

中央传动杆组件结构改进,满足临界转速要求;调整滑油喷嘴喷射方向;传动杆增加动平衡要求。

第 11 章
附件传动系统未来发展趋势

附件传动系统要求轻重量(高功质比,零件数少),小尺寸(减小迎风阻力),长寿命,高可靠性,向"少附件、少齿轮轴、集成化、电气化、智能化"方向发展。

11.1 集 成 化 设 计

当前,航空发动机需驱动的燃滑油附件较多,附件体积大,附件传动系统的体积、重量很难优化,需要从系统的角度优化整个传动链,使各附件以合适的转速、转向、功率运转。各附件趋向于高速化、小型化,同时采用组合泵技术减少燃滑油附件数量和传动轴的数量,或者一轴驱动多个附件,简化传动链达到减重的目的。

中央传动装置通常采用整体式结构,即中央传动锥齿轮直接安装在转子上,锥齿轮与转子共同支撑在主轴承上,主轴承外环与弹性支撑集成设计,以简化结构和减重。

附件机匣广泛采用集成化设计思想,如附件机匣与滑油箱集成[50],在附件机匣壳体内部布局油路,减少外部管路数量,通过集成化减少零件数和减轻重量。

飞机和发动机附件机匣共用齿轮箱,无需联轴器等;飞机燃油附件与齿轮箱集成,进一步提高集成程度。

11.2 材 料 及 工 艺

附件传动系统齿轮趋向于采用更先进的材料及工艺(如第三代齿轮钢、齿轮激光冲击强化、齿面硬涂层等),以提高承载能力、寿命及可靠性,满足高温、高速、重载的使用要求,并减轻重量。

第三代齿轮材料使用温度达到 350℃,表层超高硬度,心部高韧性,国外典型钢种为 CSS-42L[16],国内典型钢种为 BG801,主要应用于工作温度较高或传动功率较大的特定部位传动齿轮,也应用于齿轮和轴承构件的一体化设计,以简化结构和减重。

　　激光冲击强化通过在金属表面引入残余压应力增强金属零件的抗疲劳性能，与常规喷丸方法相比，激光冲击强化产生的残余压应力层相对较深，对表面粗糙度影响小，可达性好且精确可控[51]。

　　齿面硬涂层可降低磨损、提高承载能力、延长寿命、减小齿面摩擦、降低啮合温度和传动损失[52]。

　　传动机匣壳体趋向于采用 3D 打印技术实现复杂结构的加工或缩短加工周期、提高毛坯合格率，也应用于尺寸超差时的返修和工作磨损后的再制造。

11.3　设计分析及试验验证

　　附件传动系统设计向"精细化分析，系统级优化，齿轮修形设计"等方向发展，系统动态分析从完全避振设计向容振设计发展。

　　锥齿轮趋向于采用齿面修形技术适应支撑变形和轮齿变形对啮合的影响，采用传动系统分析软件 MASTA、ROMAX 等计算系统变形，进行齿高、齿向或综合修形，采用啮合仿真工具软件 CAGE、GEMS、KIMOS 等开展齿面接触分析，得到机床参数及齿面理论点坐标，采用数控磨齿机及齿面测量机的加工闭环系统实现齿面高精度；修形技术趋向于从抛物线运动误差设计发展到高阶运动误差设计，由 GEMS 中的 UMC 程序实现，通常对应于多齿啮合、大倾斜接触痕迹的设计，以达到提高齿轮强度和降低传动噪声的目的。

　　在附件传动系统精细化强度分析方面，将各个部件的受力、变形等对其自身和相关联部件产生的影响综合考虑到强度计算中，进行系统级建模分析，以提高计算精度；基于系统级模型开展系统级优化，调整齿形参数、轴结构、轴承、壳体等；开展多物理场耦合分析，并将电机等的振动噪声与传动齿轮振动噪声一体化分析，适应电气化发展。

　　进行齿轮动态设计，若不能完全避开工作范围内的共振转速，控制齿轮轮体行波共振应力在容许的范围内；为减小齿轮轮体行波共振应力，采用阻尼减振技术，如采用螺旋圈等结构增加摩擦耗能，并补偿界面磨损。

　　齿轮润滑设计趋向于优选供油方式和优化供油参数，提高冷却效果以减小供油量，并针对高速旋转工况增加挡油板等结构减小风阻的影响。采用基于光顺粒子法的流体动力学仿真工具（nanoFluidX 等）分析齿轮箱内部的油量空间分布，光顺粒子法采用拉格朗日法求解，传统 CFD 软件多采用欧拉法求解，光顺粒子法具有相对高的稳健性和求解精度。

　　在试验验证方面，将向综合试验方向发展，将中央传动装置和附件机匣组合起来在模拟试验台上进行性能试验，模拟发动机的真实工作条件进行运转，综合考核齿轮箱最优润滑、最优印痕、应力、变形、温度、振动、耐久性等。

11.4 电 传 动

未来飞机具有兆瓦级的功率提取需求,以满足激光武器、先进雷达等使用要求,发动机将采用内置式起动发电机,分别从高、低压转子上提取功率。

取消传动系统,保留润滑系统,由电机驱动燃滑油附件,可实现进一步减重;或采用电磁轴承,取消传动齿轮箱和滑油系统,达到大幅减重的目标。

11.5 在线健康管理及故障诊断

附件传动系统从目前的简单在线监测和离线故障诊断,向实时在线健康管理及故障诊断方向发展,进一步智能化。

美国 Impact 公司开发了一种 PHM 软件应用程序,包含提供给 PHM 技术的一组部件(从传感器到算法、融合与模型、推理机)的故障模式使用数据和真实健康信息,可进行包含附件传动系统的发动机零组件 PHM 分析[53]。国内附件传动系统故障诊断方法趋于高效、精确、智能化,智能诊断技术具有独立存储知识、并行处理、自适应性强、自学习能力快等特点,可广泛应用于复杂情况下系统故障的诊断与判定,采用多种诊断方法(小波分析与神经网络等)综合,实现优势互补,提高精确度和诊断速度。

附件传动系统趋向于采用静电传感技术监测磨损等状态,目前的附件传动系统状态监测只在振动诊断和滑油系统监视方面具有有限能力,采用静电技术探测齿轮和轴承损伤是一种新的方式,该方式是利用被探测齿轮和轴承在大量磨损屑末产生之前静电荷会增加的现象进行工作的,采用直接测量故障状态产生的屑末,而不是其二次影响,如振动或温度的超限,这意味着静电式监视对齿轮和轴承损伤的最初症状是敏感的,并且能够提供实时信息。

参考文献

[1] 中华人民共和国航空行业标准.航空涡轮螺桨和涡轮轴发动机附件传动系统设计要求[S].HB20061-2011.北京：中国航空综合技术研究所,2011.

[2] Rolls-Royce PLC. The jet engine[M]. Derby England：Renault Press Co Ltd. , 1996.

[3] Coy J J, Townsend D P, Zaretsky E V. Gearing[R]. NASA-RP-1152, 1985.

[4] 齿轮手册编委会.齿轮手册[M].北京：机械工业出版社,1990.

[5] American National Standard. Design manual for bevel gears[S]. ANSI/AGMA 2005-D03, 2003.

[6] 中华人民共和国航空行业标准.锥齿轮传动精度[S].HB 0-92-98.北京：中国航空工业总公司,1998.

[7] 李刘汉.关于弧齿锥齿轮齿制的几个问题——兼介绍 AGMA 锥齿轮齿制新标准[J].航空标准化与质量,1998(4)：23-28.

[8] American Gear Manufacturers Association. Design guidelines for aerospace gearing[S]. AGMA911-A94, 1994.

[9] 天津齿轮机床研究所,西安交通大学编译.格利森锥齿轮技术资料译文集第一分册锥齿轮啮合及加工原理[M].北京：机械工业出版社,1986：7-10.

[10] 国营红旗机械厂.斯贝 MK202 发动机设计、试验资料选编：第三分册[Z].1982.

[11] Litvin F L, Zhang Y. Local synthesis and tooth contact analysis of face-milled spiral bevel gears[R]. NASA-CR-4342, 1991.

[12] 樊奇,让德福.格里森专家制造系统(GEMS)开创弧齿锥齿轮及双曲面齿轮数字化制造新纪元[J].世界制造技术与装备市场,2005(4)：87-93.

[13] 曹雪梅,方宗德,张金良,等.弧齿锥齿轮的齿面主动设计[J].机械工程学报,2007, 43(8)：155-158.

[14] 吴序堂.齿轮啮合原理[M].西安：西安交通大学出版社,2009.

[15] 闻邦椿. 机械设计手册第2卷机械零部件设计(连接、紧固与传动)[M]. 北京：机械工业出版社,2010：8-43.

[16] 赵振业. 航空高性能齿轮钢的研究与发展[J]. 航空材料学报,2000,20(3)：148-157.

[17] 高玉魁,赵振业. 齿轮的表面完整性与抗疲劳制造技术的发展趋势[J]. 金属热处理,2014,39(4)：1-6.

[18] Zhang J S. Back-to-back gear testing[Z]. 2008.

[19] 朱孝录,鄂中凯. 齿轮承载能力分析[M]. 北京：高等教育出版社,1992：1-3.

[20] 中华人民共和国航空工业部部标准. 航空渐开线圆柱齿轮承载能力一般系数计算[S]. HB/Z84.1-84. 北京：中国航空工业部,1985.

[21] 中华人民共和国航空工业部部标准. 航空渐开线圆柱齿轮齿面接触疲劳强度计算[S]. HB/Z84.2-84. 北京：中国航空工业部,1985.

[22] 中华人民共和国航空工业部部标准. 航空渐开线圆柱齿轮轮齿弯曲疲劳强度计算[S]. HB/Z84.3-84. 北京：中国航空工业部,1985.

[23] 中华人民共和国航空工业部部标准. 航空渐开线圆柱齿轮轮齿胶合承载能力计算[S]. HB/Z84.4-84. 北京：中国航空工业部,1985.

[24] 中华人民共和国航空工业部部标准. 航空锥齿轮承载能力一般系数计算[S]. HB/Z89.1-84. 北京：中国航空工业部,1989.

[25] 中华人民共和国航空工业部部标准. 航空锥齿轮接触疲劳强度计算[S]. HB/Z89.2-84. 北京：中国航空工业部,1989.

[26] 中华人民共和国航空工业部部标准. 航空锥齿轮轮齿弯曲疲劳强度计算[S]. HB/Z89.3-84. 北京：中国航空工业部,1989.

[27] 中华人民共和国航空工业部部标准. 航空锥齿轮胶合承载能力计算[S]. HB/Z89.4-84. 北京：中国航空工业部,1989.

[28] 伊阿毕尔盖尔,等. 燃气涡轮发动机材料和零件的结构强度[M]. 陈石卿,焦明山,译. 北京：航空工业出版社,1990：270-271.

[29] 赵少汴. 抗疲劳设计手册[M]. 北京：机械工业出版社,2015：109-178、186-190.

[30] 布尔加科夫,等. 航空齿轮传动和减速器手册[M]. 常春江,等译. 北京：航空工业出版社,1988：196-199.

[31] 师汉民. 机械振动系统：分析测试建模对策(上册)[M]. 第二版. 武汉：华中科技大学出版社,2004：43-47.

[32] 李润方,王建军. 齿轮系统动力学——振动冲击噪声[M]. 北京：科学出版社,1997：156-158.

[33] 郭星辉. 弧齿锥齿轮波动共振条件分析[J]. 航空动力学报, 1995, 10(1): 13-16.

[34] 晏砺堂, 朱梓根, 李其汉, 等. 高速旋转机械振动[M]. 北京: 国防工业出版社, 1994: 27-49, 86-112.

[35] de Silva C W. Vibration damping, control, and design[M]. Boca Raton: CRC Press, Taylor & Francis Group, 2007: 20-1-7.

[36] 黄宏亮. 航空锥齿轮减振阻尼环设计与分析[J]. 航空发动机, 2013, 39(2): 25-30.

[37] International Standard Organization. Calculation of scuffing load capacity of cylindrical, bevel and hypoid gears-Part 1: Flash temperature method[S]. ISO/TR 13989-1, 2000: 35-36.

[38] International Standard Organization. Gears — Cylindrical involute gears and gear pairs — Concepts and geometry[S]. ISO 21771, 2007: 45-52.

[39] 航空发动机设计手册总编委会. 航空发动机设计手册第十八册[M]. 北京: 航空工业出版社, 2002.

[40] 刘敦惠, 唐正宇. 航空发动机强度设计、试验手册第二篇第四章轴的强度、刚度与疲劳试验[Z]. 1982.

[41] 航空发动机设计手册总编委会. 航空发动机设计手册第十三册[M]. 北京: 航空工业出版社, 2001.

[42] 张遒光. 航空发动机强度设计、试验手册第一篇第一章发动机总体结构强度[Z]. 1981.

[43] 潘权, 陈坚兴. 环面槽球笼式同步万向联轴器共轭曲面原理[J]. 重型机械, 2006(增刊): 89-93.

[44] 林基恕. 航空燃气涡轮发动机机械系统设计[M]. 北京: 航空工业出版社, 2005.

[45] 刘国平, 方建敏. 金属膜盘联轴器用关节轴承磨损特性研究[J]. 航空发动机, 2017, 43(2): 1-5.

[46] 岳彭, 赵宇, 刘欣欣. 不同型面膜盘特性分析[J]. 舰船科学技术, 2013, 35(12): 83-87.

[47] 航空发动机设计手册总编委会. 航空发动机设计手册第十二册[M]. 北京: 航空工业出版社, 2002.

[48] Kish J G. Helicopter freewheel unit design guide[R]. U. S: Army Reasearch and Technology Laboratory, 1977.

[49] 朱自冰. 高速超越斜撑离合器设计技术研究[D]. 南京: 南京航空航天大学, 2004.

［50］ The Precision Gear Specialists［EB/OL］. www. arrowgear. com［2021 - 6 - 30］.

［51］ 李杰.增强飞机和航空发动机零件抗疲劳性能的激光喷丸工艺［Z］.中国航空学会 2007 年学术年会动力专题 65.

［52］ Jörg V, Cyndi A, Frederic M, et al. High performance hard carbon coatings (diamond-like coatings)［J］. Vakuum in Forschung und Praxis, 2012, 24 (2): 18.

［53］ Mohammad A. Prognostics and health management (PHM) of electromechanical actuation (EMA) systems for next-generation aircraft［C］. AIAA 2013 - 5138, 2013.

第二篇
轴承应用设计

第 12 章
航空发动机滚动轴承类型与特点

轴承分为滚动轴承和滑动轴承两大类,用于航空发动机转子支承的多为滚动轴承,滑动轴承仅在行星齿轮减速器等有少量应用。本章简要介绍了滚动轴承的组成与分类、航空发动机常用轴承的特性,并对在研在役航空发动机轴承代号现状进行了说明。

12.1　滚动轴承组成与分类

滚动轴承一般由内圈、外圈、滚动体和保持架四种基本零件组成[1],如图 12.1 所示,在部分轴承中还有铆钉等零件。

滚动轴承种类繁多、结构各异,航空发动机转子支承所用的轴承多为径向接触或角接触形式的向心轴承。按轴承的滚动体形状,向心轴承主要分为球轴承和滚子轴承,其中球轴承又可分为深沟球轴承、角接触球轴承和调心球轴承等[2]。角接触球轴承包含单列角接触球轴承、三点/四点接触球轴承和双列角接触球轴承等。滚子轴承可分为圆柱滚子轴承、滚针轴承、圆锥滚子轴承和调心滚子轴承等。向心轴承分类见图 12.2。

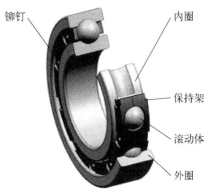

铆钉　　内圈　　保持架　　滚动体　　外圈

图 12.1　滚动轴承组成

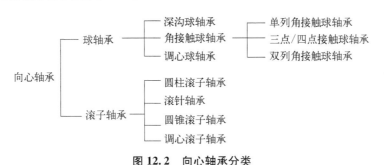

图 12.2　向心轴承分类

早期航空发动机用的轴承多为标准轴承,其整体外形表现为一个圆环,接口尺寸主要有内径、外径、宽度和装配倒角等;随着航空发动机技术的发展,为减少零件数量、减轻重量,常将轴承套圈与相邻零件集成为一体,轴承的外形不再是标准的圆环(如鼠笼弹支一体化轴承),轴承接口尺寸也因发动机结构设计需求而异,此类轴承称为非标轴承。

根据轴承在发动机中的安装位置,一般将支承压气机和涡轮转子、功率输出轴的轴承称为主轴轴承;将附件传动系统中的轴承称为附件传动轴承;将发动机减速器中的轴承称为减速器轴承。

12.2　滚动轴承特性

深沟球轴承、角接触球轴承和圆柱滚子轴承是航空发动机较为常见的滚动轴承类型,因此,下面重点对这三种轴承的特性加以介绍。

12.2.1　深沟球轴承

深沟球轴承是滚动轴承的基本类型[3],其摩擦系数小,结构简单,适用于高速运转,易于达到较高制造精度,主要承受径向载荷,也可同时承受一定轴向载荷[4]。深沟球轴承结构形式如图12.3 所示,图中 F_a 代表轴向载荷,F_r 代表径向载荷。

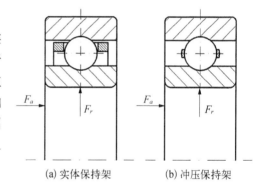

(a) 实体保持架　　　　(b) 冲压保持架

图 12.3　深沟球轴承结构形式

12.2.2　角接触球轴承

1. 单列角接触球轴承及主要组配形式

单列角接触球轴承可以承受径向载荷和单方向的轴向载荷,常见的接触角 α 有 15°、25°和 40°三种,见图 12.4(a),轴承的轴向承载能力随着接触角的增大而增大。航空发动机用角接触球轴承的接触角一般由轴承承研单位根据实际需要进行优化调整。

实际应用中,角接触球轴承常以背靠背或面对面等成对配置形式[图12.4(b)、图 12.4(c)]使用。成对配置的角接触球轴承适用于同时承受轴向载荷和径向载荷的情况,也可以承受纯径向载荷和任意方向的轴向载荷,其中背靠背配置比面对面配置具有更好的承受倾覆力矩的能力[2]。当工作轴向载荷超出单列轴承承载能力时,还可以用串联组配轴承[图12.4(d)]代替单列角接触球轴承。

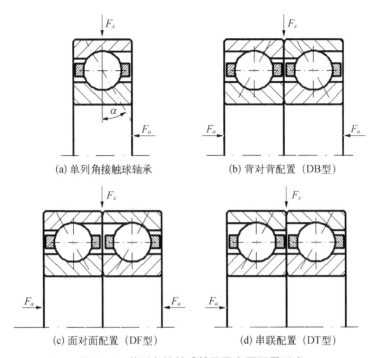

(a) 单列角接触球轴承

(b) 背对背配置（DB型）

(c) 面对面配置（DF型）

(d) 串联配置（DT型）

图 12.4　单列角接触球轴承及主要配置形式

在航空发动机轴承应用中,对于背靠背配置的成对轴承,常将两列轴承的外圈设计成一体,称为双列角接触球轴承。

2. 三点/四点接触球轴承

三点/四点接触球轴承是单列角接触球轴承的一种特殊形式,可以承受双向轴向载荷及径向和轴向联合载荷,具有轴向尺寸小、适用转速高等优点,是航空发动机常用轴承类型之一。

结构上,根据轴承受纯径向载荷时,受载钢球与内外沟道的接触点数量来区分三点接触球轴承或四点接触球轴承(图 12.5)。与三点接触球轴承相比,四点接触

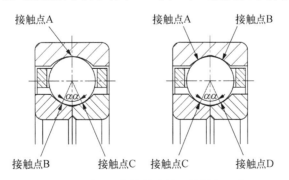

图 12.5　三点/四点接触球轴承接触点示意图

球轴承轴向游隙较小、轴向限位能力更好。三点/四点接触球轴承主要包括双半内圈三点接触球轴承、双半外圈三点接触球轴承、双半内圈四点接触球轴承和双半外圈四点接触球轴承等四种形式[4],如图 12.6 所示。

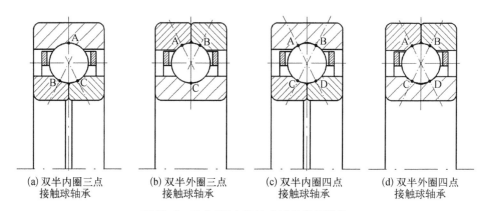

(a) 双半内圈三点　　　(b) 双半外圈三点　　　(c) 双半内圈四点　　　(d) 双半外圈四点
　接触球轴承　　　　　接触球轴承　　　　　接触球轴承　　　　　接触球轴承

图 12.6　三点/四点接触球轴承常见结构

在高速运转时,三点/四点接触球轴承必须受一定的轴向载荷,以保证单个钢球与内外滚道之间都只有一个接触点,形成瞬时转动轴线,且与套圈沟道的另一边脱开,并保证一定的安全间隙(图 12.7),否则,轴承内部将发生严重的滑动摩擦,在产生热量的同时,还可能造成沟道和钢球表面擦伤。

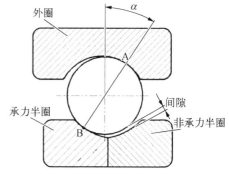

图 12.7　三点/四点接触球轴承工作过程中的接触点情况示意图

12.2.3　圆柱滚子轴承

圆柱滚子轴承的内圈和外圈之间可以分离,安装与拆卸非常方便。滚子与滚道的接触形式为线接触,轴承的径向承载能力及径向刚度都比较高,能承受较大的径向载荷,一般不能承受轴向载荷[4]。

圆柱滚子轴承的常见结构是一个套圈带双挡边,另一个套圈无挡边或单挡边,常见结构形式如图 12.8 所示。滚动体与套圈挡边摩擦系数小,适用于高速运转[4]。

圆柱滚子轴承在径向载荷较小的高速工况下容易发生打滑,造成轴承早期失效。该类轴承对内外圈轴线的偏斜较敏感,偏斜时会造成滚子与滚道应力集中,降低轴承疲劳寿命。一般情况下,圆柱滚子轴承允许的内外圈最大偏斜角为 $3'\sim4'$[5]。

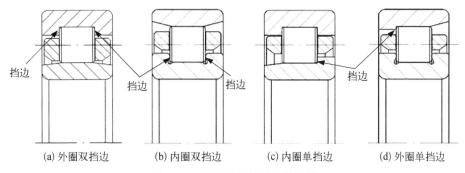

(a) 外圈双挡边   (b) 内圈双挡边   (c) 内圈单挡边   (d) 外圈单挡边

图 12.8 圆柱滚子轴承常见结构

12.3 滚动轴承代号

多年来,航空发动机轴承多以轴承代号作为产品型号,轴承代号的编写方法基本遵循国家标准,即《滚动轴承代号方法》(GB 272 - 1988)和《滚动轴承代号方法》(GB/T 272 - 1993),分别简称为"旧代号"和"新代号"。近年来,也有直接采用发动机图号、轴承承制厂专用编号等对轴承进行命名和管理的情况。

虽然旧代号标准(GB 272 - 1988)已废止,但由于航空发动机研制过程复杂、耗时长,轴承代号代表了产品的技术状态,所以已通过鉴定的发动机轴承代号一般不作更改、沿用至今,所以造成了航空发动机轴承新、旧代号和发动机图号、轴承专用编号等并存的局面。

第 13 章
航空发动机轴承类型选择

航空发动机同一个转子和传动轴上的所有轴承组成轴承配置。合理的轴承配置应考虑转子或传动轴在发动机中有正确的位置、防止轴向窜动以及转子(传动轴)受热膨胀后不导致轴承卡死等因素。对于支点间距较大的转子和传动轴,通常将用于转子轴向定位的支点称为止推支点,其余支点称为游动支点。

本章主要介绍航空发动机转子和传动轴常见的支点布局及其对支点轴承的要求,提出常见的轴承配置方案及选用的轴承类型。

13.1 主 轴 轴 承

13.1.1 涡喷、涡扇发动机

1. 转子支承方案

涡喷、涡扇发动机转子系统由风扇(低压压气机)、高压压气机、高压涡轮和低压涡轮等部件以及连接上述部件的转子零件组成。国外涡喷、涡扇发动机多采用双转子支承结构,部分采用三转子支承结构,而国内多采用双转子支承结构,连接高压压气机和高压涡轮的转子称为高压转子,连接风扇(低压压气机)和低压涡轮的转子称为低压转子。在国内外大量服役的发动机中,很多双转子系统发动机的高压涡轮后支点采用了中介轴承的形式,即将高压转子后支点通过中介轴承支承于低压轴上。在发动机总体方案设计时,首先确定转子支承方案,然后在转子支承方案基础上开展轴承设计工作。大多数情况下,主轴承采用外圈固定、内圈旋转的形式,也有少部分采用内圈固定、外圈旋转的形式。而中介轴承的特点是内外圈同时旋转,根据发动机需要,存在同向旋转和反向旋转两种形式。

滚动轴承具有低温下易于起动,起动与停车过程的性能较好,摩擦损失小、工作适应范围宽、抗断油能力强等特点,因此涡喷、涡扇发动机主轴轴承一般采用滚动轴承,其功能是支撑发动机转子,传递转子载荷,能够满足发动机提出的寿命和可靠性要求。

常见的发动机双转子支承方案见图 13.1、图 13.2。

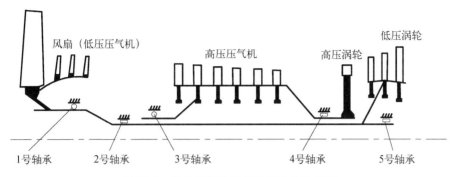

图 13.1　常见涡喷发动机双转子支承方案

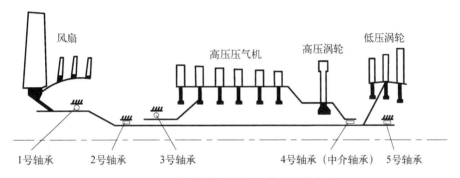

图 13.2　常见涡扇发动机双转子支承方案

2. 止推支点位置确定

根据发动机总体支点布局,对每个支点进行轴承选型。发动机每个转子至少有一个止推支点,其余为游动支点。止推轴承以承受轴向载荷为主,同时可以承受一部分径向载荷,而游动支点轴承只承受径向载荷。

止推支点轴承用来控制转子轴向窜动量,保证转静子留有足够的轴向间隙,防止转、静子碰磨。为减少温度影响,止推轴承一般应布置在发动机冷端部位。由于发动机转子支点上的轴向载荷要远远大于径向载荷,止推轴承应尽量集中,可以使多个止推轴承通过一个承力机匣传递载荷,以缩短转子传力路线,使结构紧凑,重量减轻。

3. 轴承工况

涡喷、涡扇发动机主轴轴承的工况一般包括转速、载荷、润滑条件、温度以及其他特殊要求。

1) 转速、载荷及其时间比例

涡喷、涡扇发动机的使用状态循环谱一般包括起飞、爬升、巡航、空中慢车、地面慢车等,这些状态往往占据了大部分的工作时间,直接影响到轴承的使用寿命。除此之外,还应该对一些时间占比虽小,但工况超出上述常用工况范围的状态(例如超转)进行极限工况分析。

　　轴承转速即为轴承所安装的发动机转子的转速,通常在 5 000～15 000 r/min。轴承应能在所有要求转速内可靠工作,并在发动机出现超转状态时留有一定的安全裕度,超转状态一般为转子最高稳态物理转速的 115%。

　　载荷一般分为轴向载荷和径向载荷。轴向载荷由气动轴向力、机动飞行带来的附加轴向载荷和锥齿轮传递功率产生的附加载荷等组成。径向载荷由转子不平衡力、转子质量、机动飞行带来的附加径向载荷、齿轮传递功率、转子不对中产生的附加载荷等组成。

　　轴承载荷还应考虑飞机弹射起飞、着陆拦阻引起的载荷以及叶片飞失等因素引起的异常载荷。

　　2) 润滑

　　轴承的润滑条件包括润滑方式、供油压力和温度、润滑油种类、油滤过滤精度和滑油污染度等级等。

　　涡喷、涡扇发动机主轴轴承采用强迫润滑方式进行润滑冷却,润滑方式主要包含两种形式,即喷射润滑和环下润滑。对于高 dn 值轴承来说,为了达到良好的润滑冷却效果,优先选用环下润滑形式。

　　3) 环境

　　随着发动机转速和涡轮前燃气温度的增高,主轴轴承的环境温度也不断提高,目前主轴轴承在高温环境下的工作温度已达到 250℃ 以上。

　　主轴轴承既要保证在低温下易于起动,又要在高温下正常工作。在涡喷、涡扇发动机中,安装在涡轮附近的轴承,由于其距离高温部件很近,因此工作温度相对较高。而且,由于发动机停车后,滑油系统停止工作,发动机内部高温部件如涡轮叶片、轮盘及轴的残余热量会逐渐传递到轴承上,温度可高出正常工作温度 100～150℃[6]。

　　4) 其他

　　飞机在机动飞行时,会造成供给轴承的滑油发生流量中断的情况,出现滑油流量中断的时间极短,随后即恢复正常供油。根据相关标准(GJB 241A)要求,涡喷、涡扇发动机主轴轴承应可以在滑油中断的条件下,在发动机中间推力状态下工作 30 s,在此滑油中断期间及以后的工作期间,对发动机无有害影响;并能在无润滑油情况下,在 30% 中间推力状态附加工作 5～30 min,而没有抱轴现象[7]。为了满足断油要求,轴承研制时应注意材料选择、轴承内部结构设计等,轴承的耐断油能力应通过试验进行验证。

　　另外,在发动机进行风车状态时,由于转子转速较低,对主轴轴承的供油量相应减少,主轴轴承应具备满足发动机连续进行风车运转的能力。

　　4. 轴承类型选择

　　1) 止推支点轴承类型选择

　　涡喷、涡扇发动机主轴轴承中的止推轴承通常选用三点或四点接触球轴承,以承受轴向载荷,控制转、静子轴向间隙。

为了使结构紧凑,重量减轻,固定可靠,一些轴承也采用了安装边、弹支一体化等集成结构。在一些具有长寿命需求的应用上,也常常采用球轴承和滚子轴承并列结构,让球轴承只承受轴向力,径向力由滚子轴承承受,以提高轴承的使用寿命。

由于三点或四点角接触球轴承的结构特点,在轻载工况下,可能出现打滑损伤,造成滚道的摩擦磨损,出现表面早期疲劳等情况,进而扩展成为剥落的起源;在重载工况下,可能会出现接触应力过大,或接触椭圆超出轴承滚道的情况,导致轴承提前失效。而涡喷、涡扇发动机上的止推轴承所承受的轴向载荷受气动轴向力影响,变化范围较大,在设计时应给予充分考虑。

2) 游动支点轴承类型选择

游动支点轴承只承受径向载荷,通常采用外圈无挡边或者内圈无挡边的圆柱滚子轴承。发动机正常运转时,转子会在温度等因素的影响下发生轴向相对位移,一般安装在热端的滚子轴承无挡边套圈宽度会适当增大,以适应轴向窜动的需要。作用在滚子轴承上的载荷一般较小,因此可以获得很长的疲劳寿命。但较小的工作载荷可能给轴承带来轻载打滑损伤,需要在滚子轴承设计时重点考虑。

中介轴承较为特殊,由于其安装于两个转子之间,内、外圈同时旋转,需要在设计时关注径向游隙的控制,以避免轴承出现抱死或打滑损伤。对于内、外圈反转的中介轴承,由于其滚子自转转速非常高,需要注意控制滚子的加工精度,避免工作时滚子发生严重的扭摆。

13.1.2 涡轴、涡桨发动机

1. 转子支承方案

涡轴、涡桨发动机转子系统由压气机、燃气涡轮、动力涡轮(或自由涡轮)、功率输出轴及连接这些转子的零件组成,其中常将压气机和驱动压气机的燃气涡轮组成的转子称为燃气发生器转子,在双转子或三转子涡轮发动机上,则称为高压转子、低压转子。发动机转子工作时产生的各种载荷,如气动力和扭矩、重力、惯性力和惯性力矩等,均通过支点轴承及其支承构件传递到发动机承力壳体上。

发动机转子支点布局指转子的支点数、支点位置安排及支点形式。转子支点布局没有固定模式,新机设计时参考和借鉴已有的经验和结构设计特色,在发动机总体结构方案设计中通过综合比较与分析后确定。转子支承方案的设计与各部件的结构形式有关,支点的配置方案也取决于转子的刚性。

目前常用的涡轴、涡桨发动机转子支承方案主要有以下类型(图 13.3~图 13.6):

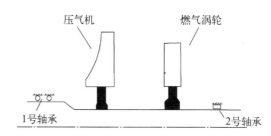

(a) 止推支点为双列球轴承的支承形式

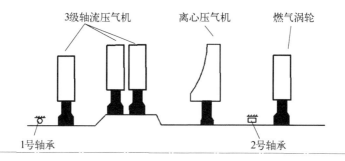

(b) 止推支点为单列球轴承的支承形式一（单级燃气涡轮）

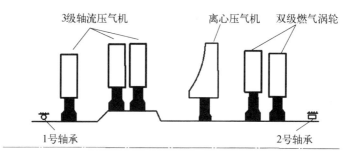

(c) 止推支点为单列球轴承的支承形式二（双级燃气涡轮）

图 13.3　燃气发生器转子典型支承结构

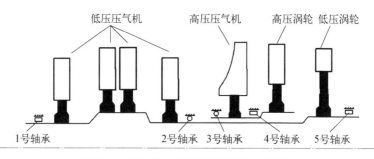

图 13.4　高压转子、低压转子典型支承结构

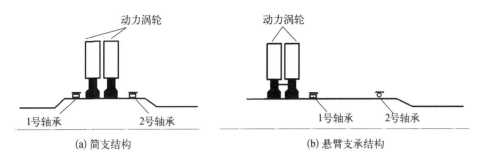

图 13.5　动力涡轮转子典型支承结构

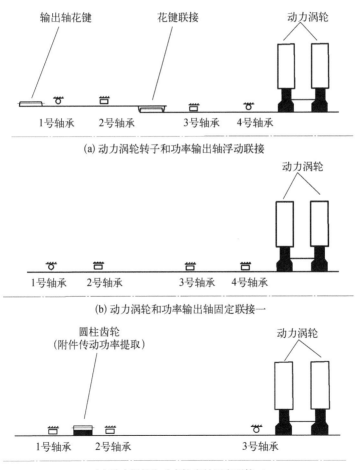

图 13.6　动力涡轮和功率输出轴组合转子典型支承结构

2. 止推支点位置确定

发动机转子支点间距大,每个单独的转子必须有且只能有一个止推支点,作为转子的固定端,以确定转子相对于机匣的轴向位置。考虑到热膨胀时转静子轴向伸长量不同等因素,其余支点全部为游动支点,允许转子与机匣存在一定的相对移动。

转子的轴向载荷全部由止推支点承担,径向载荷由转子的所有支点分担。

止推轴承负荷较大,一般应布置在环境温度较低的位置。在确定止推轴承位置时,还应考虑以下因素:

(1) 止推支点距离主安装节的距离要近,使传力路线短。

(2) 热膨胀影响下,各游动支点处转、静子的轴向相对位移量应满足控制要求。

(3) 止推支点距离锥齿轮的距离要近,减少热膨胀引起的轴向位移对锥齿轮啮合的影响。

3. 轴承工况

涡轴、涡桨发动机主轴轴承的工况一般包括转速、载荷、润滑条件、环境温度以及其他特殊要求。

1) 转速、载荷及其时间比例

涡轴、涡桨发动机的典型工况一般分为起飞、最大连续、巡航、空中慢车、地面慢车等,这些状态往往占据了大部分的工作时间,直接影响到轴承的使用寿命。除此之外,还应该对一些时间占比虽小,但工况超出上述常用工况范围的状态(例如超转)进行极限工况分析。

轴承转速即为轴承所安装的发动机转子的转速,通常在 10 000~50 000 r/min。轴承应能在所有要求转速内可靠工作,并在发动机出现超转状态时留有一定的安全裕度,超转状态一般为转子最高稳态物理转速的115%。

转子载荷一般分为轴向载荷和径向载荷。轴向载荷由气动轴向力、机动飞行带来的附加轴向载荷和锥齿轮传递功率产生的附加载荷等组成。径向载荷由转子不平衡力、转子质量、机动飞行带来的附加径向载荷、齿轮传递功率、转子花键连接不对中产生的附加载荷等组成。

轴承载荷还应考虑飞机硬着陆、叶片丢失等因素引起的异常载荷。

2) 润滑

涡轴、涡桨发动机主轴轴承的润滑条件与涡喷、涡扇发动机类似,详见 13.1.1 节。

3) 环境

主轴轴承既要保证在低温下易于起动,又要能够在高温下工作。

在涡轴、涡桨发动机中,安装在燃气涡轮后、动力涡轮前后的轴承,由于其轴承座靠近高温部件,一般具有较高的环境温度,特别是在发动机停车后,滑油系统停止工作,发动机内部高温部件的残余热量逐渐传递到轴承上。

4)其他

在发动机做大姿态飞行或滑油系统发生故障时,可能会造成轴承滑油流量中断。根据相关标准(GJB 242A)要求,涡轴、涡桨发动机的主轴轴承应可以在不向滑油泵进口供油的条件下,在发动机中间功率状态工作 30 s,并且在滑油中断期间及以后的工作期间,对发动机无有害影响。在最新的国军标中,新增了主轴轴承在无润滑油情况下,涡桨发动机在 30% 中间功率状态附加工作 5~30 min,没有抱轴现象,涡轴发动机在 75% 最大连续状态工作至少 6 min,且随后恢复润滑工作 30 min,而没有抱轴现象[8]。因此,为了满足断油要求,轴承研制时应注意材料选择、轴承内部结构设计等,轴承的耐断油能力应通过试验进行验证。

4. 轴承类型选择

1)止推支点轴承选型及配置

止推支点轴承工作时,承受的载荷包括气动轴向力、转子不平衡力、机动飞行过载产生的径向和轴向附加载荷、锥齿轮传递功率产生的载荷等。

通常情况下,涡轴、涡桨发动机止推支点轴承采用内圈分半的三点或四点接触球轴承,当转速不高(如 20 000 r/min 左右)时,也有采用双列角接触球轴承的案例。当轴向载荷超过一个轴承的承载能力时,可以采用两套轴承配对使用,见图 13.7。

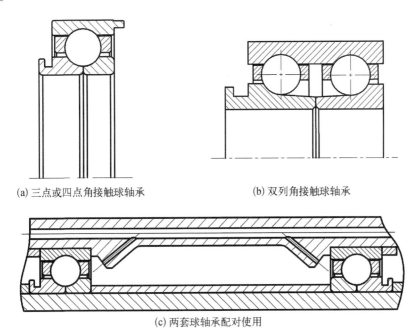

(a) 三点或四点角接触球轴承   (b) 双列角接触球轴承

(c) 两套球轴承配对使用

图 13.7 止推轴承类型及安装结构

在发动机某些状态下,有可能发生转子轴向力过小或反向状况,对于内圈分半的三点或四点角接触球轴承,易发生轴承打滑和蹭伤。因此在高速轴承设计时应分析打滑风险并采取防打滑措施。

2)游动支点轴承选型

游动支点轴承只承受径向载荷,通常采用圆柱滚子轴承。

轴承有可能发生轻载甚至"零载荷"状况,造成轴承打滑和蹭伤。因此在轴承设计时应分析打滑风险并采取防打滑措施。

13.1.3　辅助动力装置

1. 转子支承方案

辅助动力装置(auxiliary power unit, APU)一般从结构上分为单轴和双轴两种结构型式,单轴时仅有燃气发生器转子一根轴,双轴时除燃气发生器转子外,还有自由涡轮转子。同时根据功能和结构设计的需求,又分为带负载压气机和不带负载压气机两种压缩空气输出形式,负载压气机可以与燃气发生器转子组合,也可与自由涡轮组合,一同构成形式多样的 APU 转子系统。

APU 具有结构紧凑、尺寸小、空气流量小、转速高(通常在 50 000 r/min 以上)等特点,在结构设计时为避免临界转速问题,通常用缩小轴向尺寸(如采用离心压气机)、减少支点跨距的方式,解决临界转速问题。

目前常用的辅助动力装置转子支承方案主要类型见图 13.8~图 13.11。

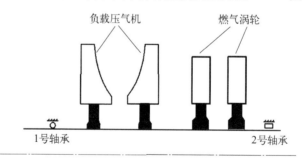

图 13.8　带负载压气机单转子结构简图

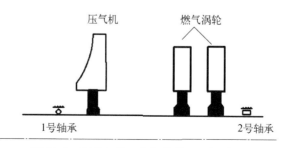

图 13.9　不带负载压气机单转子结构简图

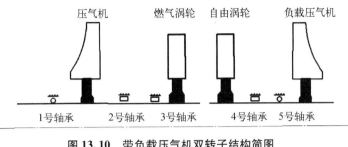

图 13.10　带负载压气机双转子结构简图

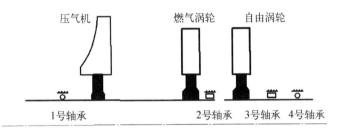

图 13.11　不带负载压气机双转子结构简图

2. 止推支点位置确定

转子上的止推支点一般承受来自转子的轴向力和径向力,有时也承受来自机械传动部件带来的齿轮载荷。另外止推支点的位置也决定了转子冷热态下的轴向位置,因此为保证转子在冷热态下有一定的错移量,大多数转子只能有一个止推支点。

由于 APU 具有结构紧凑、转速高、快速起动的特点,因此一般将止推支点布置在发动机的冷端,这样既有利于轴承工作,同时也有利于控制压气机和涡轮的冷热态轴向位置,另外转子上的两个支点尽可能布置近一些,有利于提高 APU 转子临界转速。

3. 轴承工况

1)转速、载荷及其时间比例

APU 主要的功能是起动主发动机,主要有起动和正常工作两种状态。根据飞机对 APU 的不同需求,正常工作状态又分为输出轴功率、电功率、压缩空气、液压能等多个工况。

根据 APU 的工作状态(功能)的不同,APU 的工作时间也有较大差异,通常情况下 APU 的起动状态的单次运转时间较短,一般为 5~36 s;环控引气状态下 APU 则需连续工作,一般 APU 的环控引气工作时间大于主发动机工作时间。

绝大部分 APU 采用恒物理转速控制,轴承工作转速一般在 95%~105%额定转速,超转保护值一般在 115%~125%额定转速。

APU 具有轴功率、电功率、压缩空气、液压能等多种输出形式,各形式下转子的气动轴向力不同;由于 APU 采用恒转速控制,同时 APU 在空中具有较小的机动载荷,因此在 APU 正常工作时,轴承径向载荷一般不随发动机的功率输出形式变化而变化,或变化较小。

2) 润滑

一方面,APU 主轴轴承润滑方式一般可分为喷射、环下、油雾三种形式。

润滑油的清洁度对轴承的寿命会产生较大的影响。由于 APU 的功能多样、功率较主发动机小很多,考虑到 APU 的工作特点、寿命要求和效率问题,因此 APU 的润滑油滤精度选择范围较宽,一般取 10~40 μm,仅用于起动功能的 APU 可以选择精度较低的润滑油滤,对用于长时间环控引气的 APU,推荐使用高精度的油滤。

3) 环境

一方面,APU 具有快速起动、转速高等特点,起动时轴承的工作温度变化较快。另一方面,APU 重量轻、空气流量小、结构紧凑,轴承发热量比主发动机小,但其隔热和冷却方面不如主发动机。总的来说,APU 轴承的工作温度一般与主发动机相当。随着 APU 转速和涡轮前燃气温度的增高,轴承的环境温度也不断提高,目前 APU 轴承在高温环境下的工作温度已达到 250℃。

4) 其他

根据 APU 的工作形式和特点,轴承承受的转子机动载荷应根据飞机的使用特点、要求进行综合考虑,对于仅用于起动的 APU,主轴轴承一般不考虑过载,对于环控引气的 APU 一般需考虑起飞、爬升、转弯、降落、着陆等情况下的机动载荷。

4. 轴承类型选择

1) 止推支点轴承选型及配置

APU 止推支点轴承选型及配置与涡喷、涡扇、涡轴、涡桨发动机类似,特别强调的是,APU 有时可根据转子布局情况选择两套角接触球轴承代替"一套球轴承+一套滚子轴承"的布局。在轴承设计时还需根据 APU 快速起动的特点,考虑快速温升对轴承工作游隙产生的影响,合理选择轴承游隙,确保轴承不发生卡滞或打滑现象。止推支点轴承结构见图 13.12。

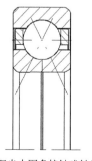
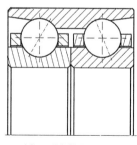
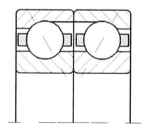

(a) 双半内圈角接触球轴承   (b) 双列角接触球轴承   (c) 配对用角接触球轴承

图 13.12　止推支点轴承结构示意图

2）游动支点轴承选型

游动支点轴承一般仅承受径向载荷,考虑到转子冷热态下轴向尺寸的补偿问题,通常选择圆柱滚子轴承(轴承结构见图 13.13),其内圈宽度较标准轴承要宽。同时为减轻 APU 重量、提高 APU 效率,也有将轴承内圈与轴进行一体化设计,即支点轴承选择无内圈圆柱滚子轴承。由于 APU 转速高,因此在设计轴承时,应考虑轻载打滑和滚子高速平衡问题。

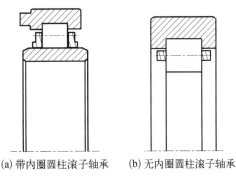

(a) 带内圈圆柱滚子轴承　　(b) 无内圈圆柱滚子轴承

图 13.13　游动支点结构示意图

13.2　附件传动系统轴承

13.2.1　涡喷、涡扇发动机

1. 附件传动轴承概述

航空涡喷、涡扇发动机的附件传动系统主要包括中央传动装置、传动杆、附件传动齿轮箱,安装在上述装置内的轴承统称为附件传动轴承,用于支撑齿轮轴,承受齿轮啮合带来的载荷。与主轴承相比,附件轴承具有尺寸小、转速高等特点。

附件轴承的类型选择取决于附件传动装置的支承设计、空间结构尺寸、转速、载荷等条件。常用的轴承类型包括深沟球轴承、双半内圈角接触球轴承和圆柱滚子轴承。考虑到空间尺寸、安装配合以及对维护性越来越高的要求,目前也多采取定制轴承以及带有安装边结构的轴承。

2. 支点布局方案

图 13.14 为常见的涡喷、涡扇发动机附件传动支点布局形式之一。

3. 轴承类型选择

附件传动系统中齿轮轴支承形式一般包括两端固定、一端固定一端游动两种形式。后者适用于对分解维护需求更大的应用环境。常用支承形式及轴承类型选择见表 13.1。

对于支撑圆柱直齿轮的附件轴承,由于直齿轮传递给轴承的主要是径向载荷和较小的轴向载荷,因此一般选择一对深沟球轴承或深沟球轴承与圆柱滚子轴承的组合(见表 13.1 序号 1、序号 2)。而空间结构有限,径向载荷较大的时候,可以选择一对套圈带单挡边结构的圆柱滚子轴承(见表 13.1 序号 3),可以减小轴承的接触应力,提高轴承寿命,结构也更为紧凑。但由于这种类型的轴承只允许承受较小的轴向载荷,为了避免产生端面异常磨损,需要注意控制轴承所承受的附加轴向载荷。

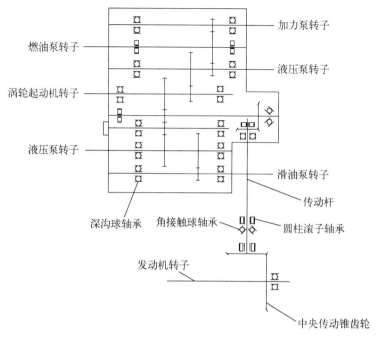

图 13.14 附件传动支点布局

对于支撑锥齿轮的附件轴承,由于锥齿轮会给轴承传递较大的轴向力,一般选择角接触球轴承和圆柱滚子轴承(见表 13.1 序号 4)。如果计算得到的寿命裕度足够大,接触应力不大于轴承疲劳极限时,也可以采取深沟球轴承与圆柱滚子轴承的组合(见表 13.1 序号 5)。对于长寿命发动机的附件轴承来说,为了获得更长的轴承寿命,可以采取角接触球轴承和圆柱滚子轴承并列作为一个支撑点的形式(见表 13.1 序号 6),由圆柱滚子轴承承受径向载荷,而角接触球轴承主要承受轴向载荷。在悬臂支承结构中,靠近齿轮的轴承承受的载荷相对会比较大,通常选用圆柱滚子轴承。

表 13.1 附件轴承常用支承形式及类型选择

序号	简 图	轴承配置	可承受载荷
1		两端均为深沟球轴承	承受径向载荷和较小的轴向载荷
2		一端为深沟球轴承,一端为圆柱滚子轴承	承受径向载荷和较小的轴向载荷

续　表

序号	简　图	轴承配置	可承受载荷
3		两端均为单挡边圆柱滚子轴承	承受较大的径向载荷和较小的轴向载荷
4		一端为角接触球轴承,一端为圆柱滚子轴承	承受径向载荷和较大的轴向载荷
5		一端为深沟球轴承,一端为圆柱滚子轴承	承受径向载荷和轴向载荷
6		一端为圆柱滚子轴承,一端为角接触球轴承和圆柱滚子轴承组合结构	承受较大的轴向载荷和径向载荷,球轴承主要承受轴向载荷

4. 附件轴承工况

附件轴承载荷主要来源于齿轮的啮合力。支撑直齿轮轴的轴承主要承受径向载荷,支撑锥齿轮的轴承除了承受径向力,还会承受较大的轴向力。

为确定轴承类型及结构尺寸,需要根据附件轴承载荷谱进行轴承的性能以及寿命计算。载荷谱包括用于轴承设计的典型状态的转速、载荷工况及其工作时间占比,一般由发动机各典型状态下的附件提取功率计算得到,通常包括起飞、爬升、巡航、慢车、起动以及极限状态。其中前 5 种状态一般用于计算评估轴承在整个飞行包线内的寿命;极限状态用于评估轴承在整个飞行包线内的极限情况,如超转、附件提取功率突增等特殊工况。

5. 润滑

附件传动用轴承一般采用喷射、飞溅两种润滑形式,个别情况也有用环下润滑。考虑到具体的结构形式、油量分配以及轴承载荷、转速等条件,转速较高、载荷较大的附件传动轴承一般选择喷射/环下润滑,其余轴承采用飞溅润滑。润滑油的牌号选择等与发动机主轴轴承相同。

13.2.2　涡轴、涡桨发动机

由于发动机空间结构限制,涡轴、涡桨发动机附件传动系统具有尺寸小、转速高的特点,当发动机采用功率前输出结构时,中央传动从动锥齿轮支承轴承往往需要立式安装,传递功率大、安装空间狭小、润滑困难,给轴承及其安装结构的设计带来很大困难。

1. 支点布局方案

涡轴、涡桨发动机附件传动系统中,齿轮箱内部齿轮轴的支点布局形式与涡喷、涡扇发动机类似(详见13.2.1节)。

由于涡轴、涡桨发动机附件传动功率提取部位的转速高(通常为 30 000 ~ 50 000 r/min)、空间狭小,所以中央传动齿轮和传动轴的支承轴承则具有尺寸小、转速高的特点。图 13.15(a)为中央传动锥齿轮浮动轴连接结构,图 13.15(b)为中央传动锥齿轮固定连接结构,图 13.15(c)为圆柱齿轮传动直接驱动附件传动齿轮箱的结构。

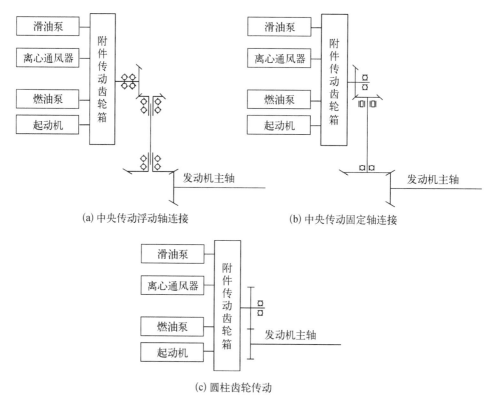

(a) 中央传动浮动轴连接   (b) 中央传动固定轴连接

(c) 圆柱齿轮传动

图 13.15 涡轴、涡桨发动机中央传动常见支点布局

2. 中央传动支撑轴承选型及配置

涡轴、涡桨发动机中央传动从动齿轮支撑轴承类型和配置形式主要有以下几种:

(1)圆柱直齿轮传动时常用简支结构,轴承多采用深沟球轴承[图 13.16(a)]。

（2）锥齿轮传动时,传递功率较大时多采用简支结构,浮动轴连接时常用配对的角接触球轴承或"一端固定、一端游动"配置形式［图 13.16(b)、图 13.16(c)］,固定轴连接时常用"一端固定、一端游动"配置形式［图 13.16(d)］;传递功率较小以及从动锥齿轮需要避开传动轴(如发动机功率前输出)时,只能采用悬臂支撑结构,轴承多采用配对的角接触球轴承或深沟球轴承［图 13.16(e)］、双列角接触球轴承［图 13.16(f)］。

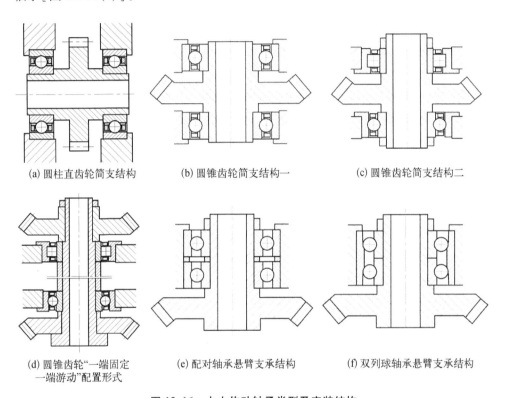

(a) 圆柱直齿轮简支结构　　　(b) 圆锥齿轮简支结构一　　　(c) 圆锥齿轮简支结构二

(d) 圆锥齿轮"一端固定
一端游动"配置形式　　(e) 配对轴承悬臂支承结构　　(f) 双列球轴承悬臂支承结构

图 13.16　中央传动轴承类型及安装结构

3. 附件传动齿轮箱轴承选型及配置

涡轴、涡桨发动机附件传动系统中,齿轮箱内部齿轮轴的支承轴承类型选择与涡喷、涡扇发动机相同(详见 13.2.1 节)。

4. 附件轴承工况

附件轴承载荷主要来源于齿轮的啮合力。支撑直齿轮轴的轴承主要承受径向载荷,支撑锥齿轮的轴承除了承受径向力,还会承受较大的轴向力。

附件传动轴承的工况条件一般取附件传动的起动、100%转速两个工作状态和附件卡滞引起的保护轴扭断状态(通常称为卡滞状态)。轴承设计时,轴承寿命应满足 100%转速和起动工作需求,轴承的极限承载能力应满足卡滞状态需求。此外,轴承的转速能力还应满足发动机主轴超转引起的各转子极限转速要求。

5. 润滑

涡轴、涡桨发动机附件传动系统中,轴承的润滑条件与涡喷、涡扇发动机相同(详见 13.2.1 节)。

13.2.3　辅助动力装置

在 APU 起动过程中,附件传动通过起动装置(电机、空气涡轮起动机、液压马达等)将扭矩传递给 APU 燃气发生器转子,使 APU 起动;工作时,APU 燃气发生器转子带动附件传动齿轮系,传递扭矩,驱动各个附件进行工作。考虑到附件传动的维护性、寿命、附件布局等要求,单级齿轮传动比一般小于 4。因此,附件传动用轴承一般情况下转速较高,同时也具有快速起动、结构紧凑的特点,目前附件传动轴承最高转速已超过 50 000 r/min,但由于附件传动齿轮质量轻,轴承的载荷一般不需要考虑机动飞行引起的载荷变化。

1. 支点布局方案

为确保齿轮的支承具有足够的刚度,锥齿轮一般采用悬臂和简支两种支承方案,直齿轮一般采用简支支承形式。支点布局与涡轴、涡桨发动机相似。

2. 支点轴承选型及配置

为保证锥齿轮工作过程中接触良好,减小轴承游隙及轴弯曲变形对锥齿轮啮合产生的不良影响,在结构允许的条件下,建议采用简支结构,支点轴承宜采用配对角接触球轴承,较小轴向载荷时可采用深沟球轴承;受结构限制时,需采用悬臂支承结构,支点轴承应选择双列角接触球轴承或配对用角接触球轴承。对于采用简支结构的直齿轮,一般采用"深沟球轴承+深沟球轴承"或"深沟球轴承+圆柱滚子轴承"的支承方案,同时附件传动机匣一般采用铝制或镁制机匣,在轴承设计时还可以根据需要增加安装边防转,圆柱滚子轴承可以采用套圈单挡边或无挡边结构。

3. 附件轴承工况

附件轴承载荷主要来源于齿轮的啮合力。支撑直齿轮轴的轴承主要承受径向载荷,支撑锥齿轮的轴承除了承受径向力,还会承受较大的轴向力。

附件传动轴承的工况条件一般取附件传动的起动、100%转速两个工作状态和附件卡滞引起的保护轴扭断状态(通常称为卡滞状态)。轴承设计时,轴承寿命应满足 100%转速和起动工作需求,轴承的极限承载能力应满足卡滞状态需求。此外,轴承的转速能力还应满足发动机主轴超转引起的各转子极限转速要求。

4. 润滑

APU 附件传动用轴承一般采用喷射、飞溅两种润滑形式,个别情况也有用环下和脂润滑。考虑到附件传动结构与部件、APU 润滑油量分配以及轴承载荷、转速等条件,附件传动系统用轴承一般选择转速较高、载荷较大、有一定预紧力的轴承进行喷射/环下润滑,其余轴承采用飞溅润滑。润滑油的牌号选择与 APU 主轴轴承相同。

13.3 减速器轴承

某些发动机为了调整输出转速,还设置了减速器,支撑减速器内各转子的轴承统称为减速器轴承。

减速器轴承具有转速高、载荷大、环境温度高等特点。

13.3.1 减速器支点布局方案

航空发动机减速器常用的传动形式有简单偏置传动、多路分流传动、星形传动、行星传动等。图 13.17 为 3 种常见的发动机减速器传动链示意图。

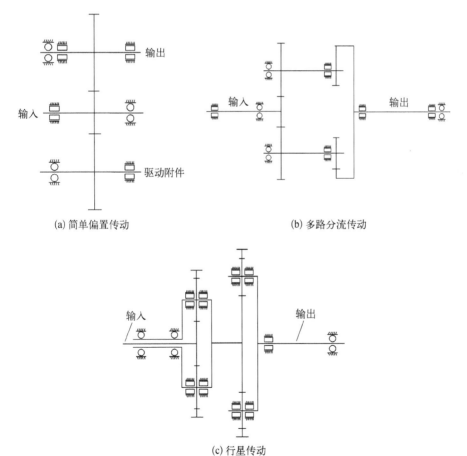

(a) 简单偏置传动   (b) 多路分流传动

(c) 行星传动

图 13.17 减速器常用传动链

13.3.2　减速器轴承选型及配置

航空发动机减速器中大多数采用滚动轴承,但少数行星传动中采用滑动轴承支承行星轮,滑动轴承将在本篇第 22 章介绍。

简单偏置传动、多路分流传动、行星齿轮传动减速器中,各齿轮通过轴承支承在机匣中,轴承载荷类型由齿轮传动形式决定。其中,直齿和人字齿圆柱齿轮传动时,轴承主要承受径向载荷,斜齿圆柱齿轮传动时,轴承既有径向载荷又有轴向载荷,且轴向载荷方向由齿轮转向、轮齿旋向决定。常用的轴承配置形式见表 13.2。

表 13.2　减速器轴承配置

齿轮形式	固定端轴承类型	游动端轴承类型	应 用 范 围
直齿轮传动	深沟球轴承	深沟球轴承	用于径向载荷不大的场合
	深沟球轴承	圆柱滚子轴承	用于径向载荷较大的场合
斜齿圆柱齿轮传动	深沟球轴承	深沟球轴承	用于轴向载荷不大的场合
	深沟球轴承	圆柱滚子轴承	
	双半内圈角接触球轴承+圆柱滚子轴承	圆柱滚子轴承	用于轴向载荷较大的场合
	双列角接触球轴承	圆柱滚子轴承	
人字齿圆柱齿轮传动	深沟球轴承	圆柱滚子轴承	用于固定端径向载荷不大的场合
	圆柱滚子轴承	圆柱滚子轴承	用于径向载荷较大的场合,主动轮或从动轮之一须有轴向限位结构

行星传动减速器中,行星轮既绕自身轴线回转,又随行星架绕固定轴线回转,行星轮支承轴承主要承受径向载荷。在高速行星齿轮传动中,行星轮轴承常用一对带单挡边的圆柱滚子轴承[图 13.18(a)];当转速较低、行星轮尺寸受限时,行星轮轴承多使用滚针轴承[图 13.18(b)];在低速大功率行星齿轮减速器中,行星轮轴承常用调心滚子轴承[图 13.18(c)]。

13.3.3　减速器轴承工况

减速器轴承载荷主要来源于齿轮的啮合力。支撑直齿传动、人字齿传动等齿轮轴的轴承主要承受径向载荷,支撑斜齿轮传动、锥齿轮传动等齿轮轴的轴承除了承受径向力外,还需承受较大的轴向力。

为确定轴承类型及结构尺寸,需要根据减速器轴承载荷谱进行轴承的性能以及寿命计算。载荷谱包括用于轴承设计的典型状态的转速、载荷工况及其工作时间占比,一般由发动机各典型状态下的输出功率计算得到,通常包括起飞、最大连

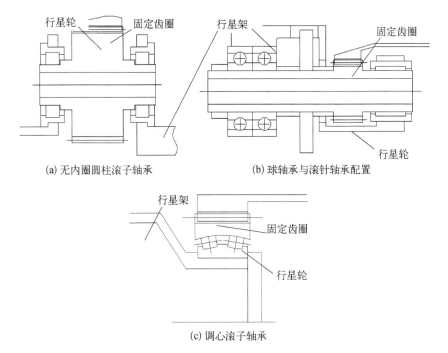

(a) 无内圈圆柱滚子轴承　　　　　(b) 球轴承与滚针轴承配置

(c) 调心滚子轴承

图 13.18　常用行星轮轴承配置形式

续、巡航、空中慢车、地面慢车以及极限转速、极限扭矩状态。其中前 5 种状态一般用于计算评估轴承在整个飞行包线内的寿命;极限状态用于评估轴承在整个飞行包线内的极限情况。

13.3.4　减速器轴承润滑

涡轴、涡桨发动机减速器轴承一般采用喷射和环下润滑,部分减速器里的附件轴承(用于驱动附件的齿轮轴轴承)转速低、载荷较小,也可采用飞溅润滑。润滑油的牌号选择等与发动机主轴轴承相同(详见 13.1.2 节)。

第 14 章
滚动轴承设计

本章简要介绍了滚动轴承的几何学计算基础、轴承滚道接触应力及变形、轴承额定载荷及寿命计算方法等基本理论和航空发动机轴承常用材料,以及滚动轴承主参数的常用设计方法。

14.1　滚动轴承计算基础

14.1.1　轴承主要几何关系

1. 滚动轴承主要结构参数

轴承主要的结构参数包括内径 d、内圈挡边径 d_2、外径 D、外圈挡边径 D_2、轴承宽度 B、滚动体直径 D_w、滚动体长度 L_w、径向游隙 G_r、轴向游隙 G_a 等,航空发动机常见轴承的主要尺寸如表 14.1~表 14.3 所示。

表 14.1　深沟球轴承主要尺寸

模　型	二维简图	主要尺寸
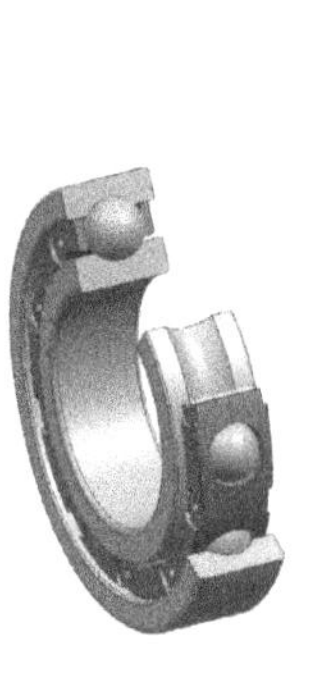	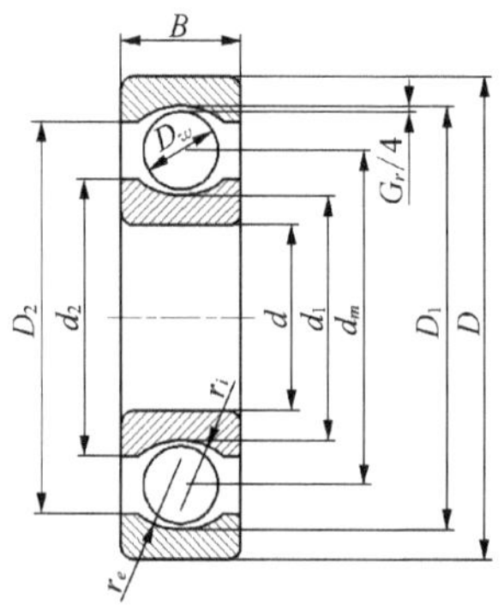	d: 内径 d_1: 球轴承内沟底径/滚子轴承内滚道直径 d_2: 内圈挡边径 r_i: 内沟曲率半径 r_e: 外沟曲率半径 D: 外径 D_1: 球轴承外沟底径/滚子轴承外滚道径 D_2: 外圈挡边径 B: 轴承宽度 D_w: 球直径 G_r: 径向游隙 d_m: 节圆直径

表 14.2　双半内圈三点接触球轴承主要尺寸

模　型	二维简图	主要尺寸
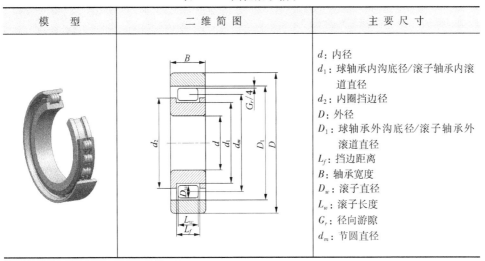		d：内径 d_1：球轴承内沟底径/滚子轴承内滚道直径 d_2：内圈挡边径 r_i：内沟曲率半径 r_e：外沟曲率半径 D：外径 D_1：球轴承外沟底径/滚子轴承外滚道直径 D_2：外圈挡边径 B：轴承宽度 D_w：球直径 G_r：径向游隙 d_m：节圆直径 d_3：压力点直径 h：垫片厚度 α_D：垫片角

表 14.3　圆柱滚子轴承

模　型	二维简图	主要尺寸
		d：内径 d_1：球轴承内沟底径/滚子轴承内滚道直径 d_2：内圈挡边径 D：外径 D_1：球轴承外沟底径/滚子轴承外滚道直径 L_f：挡边距离 B：轴承宽度 D_w：滚子直径 L_w：滚子长度 G_r：径向游隙 d_m：节圆直径

2. 球轴承相关定义

1）节圆直径

轴承节圆直径是指内、外套圈滚道接触直径的平均值,如式(14.1)所示,近似等于轴承内径和轴承外径的平均直径[3]。

$$d_m = (d_1 + D_1)/2 \qquad (14.1)$$

2）游隙

游隙为一个套圈固定,另一个套圈在规定载荷下沿径向或轴向从一个极限位置到另一个极限位置的移动量,按照其移动方向不同,游隙可分为径向游隙或轴向游隙。此时定义的游隙为原始游隙[3]。原始径向游隙 G_r 为

$$G_r = D_1 - d_1 - 2D_w \tag{14.2}$$

轴承在安装后的游隙称为装配游隙,在工作状态下称为工作游隙,工作游隙受高速离心效应、配合关系、工作温度等因素影响[1],一般情况下,工作游隙小于装配游隙和原始游隙。

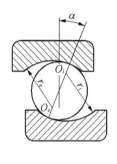 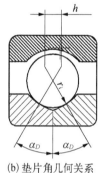

(a) 接触角几何关系　　(b) 垫片角几何关系

图 14.1　接触角和垫片角的几何关系

3）接触角

接触角是滚动体与滚道接触区中点的法向载荷向量与垂直于轴承轴线的径向平面间的夹角[3],如图 14.1(a)所示,在高速球轴承中,由于离心力的影响,同一球与内圈的接触角大于与其外圈的接触角。在同时承受轴向和径向载荷时,同一轴承内部的球在不同的圆周位置时的接触角是变化的[4]。

按照轴承设计、制造、工作状态等一般还可将接触角划分为名义接触角、垫片角、制造接触角等几类[3]。

名义接触角是轴承设计人员根据轴承实际轴向/径向载荷比例设计的接触角。

垫片角是指在三/四点接触球轴承中,将公称尺寸的钢球置于双半套圈沟道上自然形成的接触角,它与两半套圈之间的垫片厚度 h 有关,为保证非承载半圈不发生三点接触,垫片厚度一般在 $0.08 \sim 0.20$ mm 选取[3],如图 14.1(b)所示。

4）内部几何关系

（1）接触角、游隙相互关系[9]

轴承的径向游隙、轴向游隙与接触角,根据几何关系可以互相推导向心球轴承接触角 α 与径向游隙 G_r 的关系为

$$\alpha = \arccos\left(1 - \frac{G_r}{2(r_i + r_e - D_w)}\right) \tag{14.3}$$

轴向游隙 G_a 与向心球轴承接触角 α 的关系为

$$G_a = 2(r_i + r_e - D_w)\sin\alpha \tag{14.4}$$

垫片角是双半内圈角接触球轴承在工作过程中是否发生多点接触的重要设计参数,其计算公式如式(14.5)所示,其中 h 为垫片厚度,双半内圈角接触球轴承接

触角 α 与垫片角 α_D 及径向游隙 G_r 的关系式如式(14.6)所示。

$$\alpha_D = \arcsin \frac{h}{2r_i - D_w} \qquad (14.5)$$

$$\alpha = \arccos \left[1 - \frac{G_r}{2(r_i + r_e - D_w)} - \frac{(2r_i - D_w)(1 - \cos \alpha_D)}{2(r_i + r_e - D_w)} \right] \qquad (14.6)$$

（2）极限倾斜角

向心球轴承由于存在径向游隙,即使在没有施加载荷的条件下也可以轻微偏斜产生倾斜角。一般将轴承零件产生应力前,内、外套圈轴线相对倾斜的最大偏转角称为极限倾斜角,如图 14.2 所示[4]。

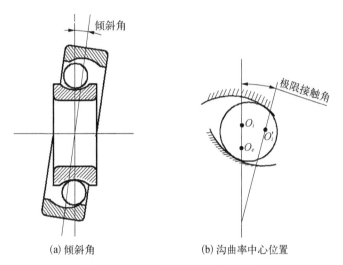

(a) 倾斜角　　　　(b) 沟曲率中心位置

图 14.2　向心球轴承倾斜角示意图

由余弦定理可以得到极限倾斜角的表达式为

$$\cos \theta = \frac{\left(\dfrac{D}{2} + r_i - D_w - \dfrac{G_r}{2} \right)^2 + \left(\dfrac{D}{2} - r_e \right)^2 - (r_i + r_e - D_w)^2}{2 \left(\dfrac{D}{2} + r_i - D_w - \dfrac{G_r}{2} \right) \left(\dfrac{D}{2} - r_e \right)} \qquad (14.7)$$

3. 滚子轴承相关定义

1）节圆直径与游隙、接触角

圆柱滚子轴承的节圆直径、游隙的定义与计算方法与球轴承一致。圆柱滚子轴承的接触角不受径向游隙的影响,其接触角为零。

2）圆柱滚子轴承滚子的修形方式

滚道与直母线圆柱滚子接触时,由于滚子端部突变的倒角,在端部附近会产生奇异的接触应力分布,这种现象称为边缘应力效应,应力集中数值可以高达中部应力的 3~7 倍[1],容易造成早期疲劳剥落。为此,为了减轻边缘应力效应,使载荷沿滚子长度方向分布相对均匀,常采用带凸度滚子,减小或消除边缘应力集中。图 14.3 为直母线圆柱滚子和几种典型的滚子凸度修形方式[4]。

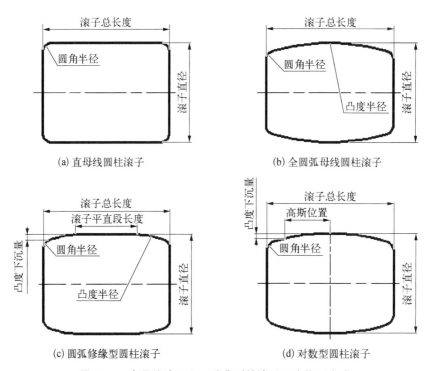

(a) 直母线圆柱滚子   (b) 全圆弧母线圆柱滚子

(c) 圆弧修缘型圆柱滚子   (d) 对数型圆柱滚子

图 14.3   直母线滚子和几种典型的滚子凸度修形方式

图 14.3(c)为圆弧修缘型圆柱滚子,其母线两端是两段修缘圆弧,中部为直线,圆弧与直线圆滑过渡。圆弧修缘型圆柱滚子的工作长度随载荷变化,当滚子全长进入接触区时边缘效应大幅度减小,且稳定性比全圆弧母线圆柱滚子好,因此,这种修形方式在航空发动机主轴圆柱滚子轴承中应用较多。

14.1.2   滚道接触应力与变形

为了确定轴承的承载能力,常需计算轴承中的接触应力和变形,此外,在承受重载荷或短期超载荷的工作条件下,也必须校核轴承承载能力。经验证明 Hertz 理论可以用于滚动轴承中接触应力和变形的计算,理论计算结果与试验结果相符合。

1. 向心轴承接触状态

在无载荷条件下,向心球轴承套圈沟道与球接触表现形式为点,在承受载荷的条件下,表现形式由点扩展为一个椭圆,如图 14.4(a)所示,其中 Q 为单个滚动体载荷,a 为接触椭圆长半轴,b 为接触椭圆短半轴;在无载荷条件下,无修形圆柱滚子轴承套圈滚道与滚子接触表现形式为线,在承受载荷的条件下,表现形式由线扩展为一个矩形,如图 14.4(b)所示,其中 b 为接触半宽,L_w 为滚动体公称长度[1]。

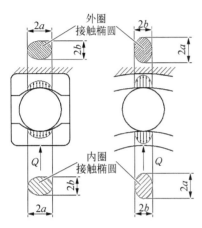

(a) 向心球轴承接触状态示意图　　　　(b) 向心滚子轴承接触状态示意图

图 14.4　向心轴承接触状态示意图

2. 向心球轴承接触应力与变形计算[9]

球轴承点接触状态,椭圆接触区域的最大接触应力 S_{max} 为

$$S_{max} = \frac{3Q}{2\pi ab} \tag{14.8}$$

式中,Q 为单个滚动体载荷;a 为椭圆接触区长半轴;b 为椭圆接触区短半轴。

球轴承点接触椭圆长半轴 a 为

$$a = a^* \left\{ \frac{3Q}{2\sum\rho} \left[\frac{(1-\mu_1^2)}{E_1} + \frac{(1-\mu_2^2)}{E_2} \right] \right\}^{\frac{1}{3}} \tag{14.9}$$

式中,a^* 为量纲为 1 的接触长半轴;E_1、E_2 为两接触体弹性模量;μ_1、μ_2 为两接触体泊松比;$\sum\rho$ 为曲率和。

球轴承点接触椭圆长半轴 b 为

$$b = b^* \left\{ \frac{3Q}{2\sum\rho} \left[\frac{(1-\mu_1^2)}{E_1} + \frac{(1-\mu_2^2)}{E_2} \right] \right\}^{\frac{1}{3}} \tag{14.10}$$

式中,b^* 为量纲为 1 的接触短半轴。

球轴承点接触法向变形量为

$$\delta = \delta^* \left\{ \frac{3Q}{2} \left[\frac{(1 - \mu_1^2)}{E_1} \right] + \frac{(1 - \mu_2^2)}{E_2} \right\}^{\frac{2}{3}} \frac{\sum \rho^{\frac{1}{3}}}{2} \tag{14.11}$$

式中,δ^* 为接触变形参数。

3. 圆柱滚子轴承接触应力与变形计算[9]

对于圆柱滚子轴承,矩形接触区域的最大接触应力 S_{max} 为

$$S_{max} = \frac{2Q}{\pi L_{we} b} \tag{14.12}$$

式中,L_{we} 为滚子有效接触长度,b 为接触半宽。

滚子轴承线接触半宽 b 为

$$b = \left\{ \frac{4Q}{\pi L_{we} \sum \rho} \left[\frac{(1 - \mu_1^2)}{E_1} + \frac{(1 - \mu_2^2)}{E_2} \right] \right\}^{\frac{1}{2}} \tag{14.13}$$

滚子轴承线接触法向变形量 δ 为

$$\delta = 3.84 \times 10^{-5} \frac{Q^{0.9}}{L_{we}^{0.8}} \tag{14.14}$$

14.1.3　滚动轴承额定动、静载荷

1. 额定动载荷与当量动载荷

额定动载荷定义为轴承在内圈旋转外圈静止的条件下,额定寿命为 10^6 转时轴承所能承受的单一方向的额定载荷[1]。需要注意的是,对于使用条件和(或)内部结构造成滚动体与套圈滚道的接触区出现明显截断的轴承,计算得到的额定动载荷需要进行修正[10]。

当量动载荷是一个假定的单一方向的恒定载荷,在此载荷条件下轴承的疲劳寿命与实际载荷作用下相同[1]。

径向基本额定动载荷是指一套滚动轴承理论上所能承受的恒定不变的径向载荷。

径向当量动载荷是指一恒定不变的径向载荷,在该载荷作用下,滚动轴承具有与实际载荷条件下相同的寿命[10]。计算参照表 14.4。

表 14.4　径向基本额定动载荷和当量动载荷计算

轴承类型	基本额定动载荷	当量动载荷
单列角接触球轴承或单列深沟球轴承	$D_w \leqslant 25.4$ mm 时，$C_r = b_m f_c (i\cos\alpha)^{0.7} Z^{2/3} D_w^{1.8}$ $D_w > 25.4$ mm 时，$C_r = 3.647 b_m f_c (i\cos\alpha)^{0.7} Z^{2/3} D_w^{1.4}$	$P_r = XF_r + YF_a$
圆柱滚子轴承	$C_r = b_m f_c (i L_{we} \cos\alpha)^{7/9} Z^{3/4} D_{we}^{29/27}$	$P_r = F_r$

其中，C_r 为径向基本额定动载荷；b_m 为材料的额定载荷系数；f_c 为基本额定动载荷的计算系数；i 为滚动体列数；Z 为滚动体个数；P_r 为径向当量动载荷；X 为动载荷的径向载荷系数；Y 为动载荷的轴向载荷系数。

2. 额定静载荷

额定静载荷是指滚动轴承承受静载荷的能力，定义为轴承中接触应力最大滚动体和滚道接触总的塑性变形量为滚动体直径的万分之一时轴承所受的恒定静载荷[1]。

径向基本额定静载荷是在最大载荷滚动体和滚道接触中心处产生与下列计算接触应力相当的径向静载荷。对于调心球轴承为 4 600 MPa，所有其他类型的向心球轴承为 4 200 MPa，向心滚子轴承为 4 000 MPa[11]。

径向当量静载荷是指在最大载荷滚动体与滚道接触中心处产生与实际载荷条件下相同接触应力的径向静载荷[7]。计算参照表 14.5。

表 14.5　径向基本额定静载荷和当量静载荷计算

轴承类型	基本额定静载荷	当量静载荷
向心球轴承	$C_{0r} = f_0 i Z D_w^2 \cos\alpha$	$P_{0r} = X_0 F_r + Y_0 F_a$ $P_{0r} = F_r$　两者取最大值
向心滚子轴承	$C_{0r} = 44\left(1 - \dfrac{D_{we}\cos\alpha}{d_m}\right) i Z L_{we} D_{we} \cos\alpha$	$P_{0r} = X_0 F_r + Y_0 F_a$ $P_{0r} = F_r$　两者取最大值

表 14.5 中，C_{0r} 为径向基本额定静载荷；D_{we} 为适用于计算额定载荷的滚子直径；f_0 为基本额定静载荷的计算系数；i 为滚动体列数；Z 为滚动体个数；P_{0r} 为径向当量静载荷；X_0 为静载荷的径向载荷系数；Y_0 为静载荷的轴向载荷系数。

14.1.4　轴承寿命计算

1. 寿命的相关概念

轴承寿命一般指的是疲劳寿命，疲劳寿命是指轴承中套圈或任一滚动体出现疲劳剥落前总的转数或工作小时数，寿命的单位常用百万转或小时表示[1]。

GB/T 6930 - 2002 中明确了额定寿命、基本额定寿命以及修正额定寿命的概念，额定寿命是以径向基本额定动载荷或轴向基本额定动载荷为基础的寿命的预测值;基本额定寿命是与90%可靠度关联的额定寿命;修正额定寿命是考虑到90%除外的可靠度和(或)非惯用材料特性和非常规运转条件而对基本额定寿命进行修正所得到的额定寿命[12]。

2. 基本额定寿命与修正额定寿命的计算

基本额定寿命计算一般有两种方法,一种方法是根据每个滚动体与滚道的接触载荷,先计算轴承内、外套圈的寿命,再计算整套轴承的寿命,该方法是 Lundberg 和 Palmgren 提出的基于次表层应力的寿命预测模型,适用于高速轴承和柔性支承轴承等载荷分布较特殊的情况,计算复杂;另一种方法是 ISO 国际标准组织基于 L－P 理论提出的简化算法,直接计算整套轴承的当量动载荷、额定动载荷和疲劳寿命,适用于大多数轴承应用场合[10],以下着重介绍应用后一种方法计算向心轴承寿命的过程[1,4]。

GB/T 6391－2010 采用的基本额定寿命计算公式为

$$L_{10} = \left(\frac{C_r}{P_r}\right)^p \tag{14.15}$$

式中,C_r 与 P_r 分别为径向基本额定动载荷与径向当量动载荷。p 为指数,对于球轴承 $p = 3$,对于滚子轴承 $p = 10/3$。式(14.15)中 L_{10} 寿命单位为 10^6 转。

在实际计算中,习惯用工作小时数表示轴承寿命,此时式(14.15)改写为

$$L_h = \frac{10^6}{60n}\left(\frac{C_r}{P_r}\right)^p \tag{14.16}$$

式中,L_h 为以小时数计算的轴承基本额定寿命;n 为轴承转速,单位 r/min。

由于在实际工程应用过程中,当轴承采用不同的轴承钢材,在不同的运转环境条件下,轴承的实际寿命与 L_{10} 计算数值相差较大,因此,在寿命计算标准中引入了可靠度寿命修正系数和基于系统方法的修正系数,修正额定寿命公式如下[10]:

$$L_{nm} = a_1 a_{ISO} L_{10} \tag{14.17}$$

式中,L_{nm} 为修正额定寿命;a_1 为可靠度寿命修正系数;a_{ISO} 为基于系统方法的修正系数。L_{10} 为基本额定寿命,根据 GB/T 6391－2010 给出了 95%~99%可靠度寿命修正系数,如表 14.6 所示。

表 14.6   不同可靠度寿命修正系数

可靠度/%	L_{nm}	a_1
90	L_{10m}	1
95	L_{5m}	0.64

续　表

可靠度/%	L_{nm}	a_1
96	L_{4m}	0.55
97	L_{3m}	0.47
98	L_{2m}	0.37
99	L_{1m}	0.25

a_{ISO} 修正系数除了考虑轴承类型、疲劳载荷和轴承载荷以外,还考虑了润滑、环境、污染物颗粒以及安装方面的影响。

$$a_{ISO} = f\left(\frac{e_c C_u}{P_r},\ \kappa\right) \qquad (14.18)$$

式中,C_u 为疲劳载荷极限;e_c、κ 系数考虑了污染和润滑条件;P_r 为径向当量动载荷,具体的选取和计算详见标准 GB/T 6391 – 2010,在此不再赘述。

很多轴承制造商的样本也有将寿命影响系数串起来使用的情况,分别考虑可靠性增加、非标准材料、润滑和污染等因素的影响来计算修正额定寿命[5],如下所示:

$$L_{nm} = a_1 a_2 a_3 a_4 \left(\frac{C_r}{P_r}\right)^p \qquad (14.19)$$

式中,a_1 为可靠度-寿命修正系数;a_2 为材料-寿命修正系数;a_3 为润滑-寿命修正系数;a_4 为污染-寿命修正系数。

美国 STLE 归纳出材料对滚动轴承疲劳寿命的影响,推荐采用材料-寿命修正系数如下[5]:

$$a_2 = A_{chem} A_{heattrest} A_{process} \qquad (14.20)$$

式中,A_{chem} 为与轴承材料成分有关的系数;$A_{heattrest}$ 为与轴承钢熔炼方法有关的系数;$A_{process}$ 为不同金属制造工艺有关的系数,取值方法见表 14.7。

表 14.7　STLE 推荐的材料修正系数[9]

成　分	A_{chem}	熔　炼　方　法	$A_{heattrest}$	制　造　工　艺	$A_{process}$
AIS52100	3	真空脱气(CVD)	1.5	深沟球轴承滚道	1.2
M50	2	真空电弧重熔(VAR)	3	角接触球轴承滚道	1
M50NiL	4	双 VAR	4.5	锻造成形角接触球轴承滚道	1.2
		真空感应熔炼与真空电弧重熔(VIM – VAR)	6	圆柱滚子轴承	1

a_3、a_4 的选取方法可以参考文献[5]。

14.1.5　轴承所需最小载荷

1. 球轴承

根据单列角接触球轴承和三点/四点接触球轴承的特点,轴承必须在承受合适的轴向载荷前提下,才能具有较好的承受径向载荷的能力,降低打滑风险、避免发生三点接触。因此,单列角接触球轴承和三点/四点接触球轴承应用时,必须施加一定轴向载荷。

决定轴承所需最小轴向载荷的因素很多,主要包括轴向载荷与径向载荷的比值(F_a/F_r)、轴承接触角、轴承直径系列以及轴承内部设计等,根据经验,一般宜使最小当量动载荷与轴承的基本额定动载荷之比 $P_r/C_r \geqslant 0.03$。

施加最小轴向载荷的方法可以是轴承的轴向工作载荷,也可以通过轴向预紧结构施加。航空发动机止推支点选用三点/四点接触球轴承时,轴向工作载荷很大程度上取决于气动轴向力,应通过发动机仿真分析和优化设计以避免气动轴向力过小,并通过发动机压力平衡试验等进行验证;轴承的轴向预紧结构设计方法详见本篇17.4节。

2. 滚子轴承

圆柱滚子轴承工作时,只有部分滚子承受载荷、带动保持架运转,其余滚子在黏性阻力的作用下对保持架起阻力作用。轴承高速运转时,当滚子在离心力作用下与内圈滚道的接触载荷降低至一定程度、内圈滚道不足以拖动滚子滚动时就会发生滑动摩擦,严重时出现蹭伤。因此,高转速滚动轴承设计时应分析轻载打滑风险。当滚子轴承的工作载荷低于式(14.21)的最小径向力 F_{rm} 时,应采取防打滑措施。

关于防打滑最小径向力的计算推荐如下方法:

$$F_{rm} = K_r \left(6 + \frac{4n}{n_r} \right) \left(\frac{d_m}{100} \right)^2 \left(\frac{C_r}{C_{ref}} \right) \left(\frac{C_{0r}}{C_{0ref}} \right) \tag{14.21}$$

式中,K_r 为计算系数;n_r 为参考转速;n 为轴承转速;C_{ref} 和 C_{0ref} 为参考的标准轴承的额定动载荷和额定静载荷。但需注意,式(14.21)未考虑轴承径向游隙的影响。

14.2　航空发动机轴承常用材料

航空发动机轴承套圈和滚动体材料可分为高碳铬轴承钢、渗碳轴承钢、不锈轴承钢、高温轴承钢等,常用的套圈和滚动体材料见表14.8。

表 14.8 航空发动机轴承套圈和滚动体常用材料

材料名称	材料牌号	技术标准	材 料 性 能
甲组轴承钢	ZGCr15	军甲-61	ZGCr15 是一种合金含量较少,退火状态下有良好的切削加工性能,具有良好抗疲劳性能,热处理后具有很高硬度,应用最广泛的高碳铬轴承钢。工作温度不能超过 150℃ [10]
高温轴承钢	Cr4Mo4V	YB 688	Cr4Mo4V 是一种含钼的高速钢,也是应用较广泛的高温轴承钢,该轴承钢具有较高的尺寸稳定性、高温硬度,接触疲劳寿命长,可长期在低于 315℃ 的工作温度使用,该轴承钢主要应用于航空发动机轴承和其他耐高温轴承
	8Cr4Mo4V M50(国外牌号)	YB 4105 AMS 6491	8Cr4Mo4V 与 Cr4Mo4V 材料性能相同,只是 8Cr4Mo4V 采用真空感应+真空自耗熔炼的双真空冶炼方式,与 Cr4Mo4V 相比钢材杂质含量少、纯度高,具有非常好的抗疲劳性能,是目前发动机主轴轴承普遍采用的材料。8Cr4Mo4V 与进口 M50 钢成分基本一致
	S8Cr4Mo4V	YZ 2A	S8Cr4Mo4V 与 8Cr4Mo4V、Cr4Mo4V 性能相同,该材料与 8Cr4Mo4V 冶炼方式相同,只是增加了一些 Ti、Ca、As、Sn、Sb、Pb 残余元素,O 含量降为 $8×10^{-6}$
	W9Cr4V2Mo		W9Cr4V2Mo 属于钨系高速钢,可以在 400℃ 以下长期使用
不锈钢	9Cr18	GB 3086	高碳铬不锈钢具有良好的综合性能,在不锈钢轴承中得到广泛应用,可满足腐蚀环境和低温环境的需求
	9Cr18Mo		
渗碳钢	G13Cr4Mo4Ni4V M50NiL (国外牌号)	YB 4160	G13Cr4Mo4Ni4V 钢是专为工作条件在 316℃ 以下的轴承和齿轮设计的渗碳轴承钢,制成的轴承零件既可以承受较大的冲击载荷,又具有较高的耐磨性和抗接触疲劳强度。渗碳钢具有良好的机械性能,适宜制造较大冲击载荷条件下工作的轴承和尺寸较大的轴承

轴承保持架常用材料按种类划分为金属材料保持架和非金属材料保持架,具体见表 14.9。

表 14.9 常用保持架材料

材料名称	牌 号	标准号	材 料 性 能
航空用结构钢	40CrNiMoA	GJB 1951	40CrNiMoA 钢镀银处理,高温强度好、低摩擦,能够大大地延长发动机在贫油和断油时的运转时间
硅青铜	QSi3.5-3-1.5	Q/LT 019	铜合金具有导热性能好、摩擦系数小、成形性好、使用温度高等特点
铝青铜	QAL10-3-1.5	YS/T 662	

14.3　轴承初步设计

14.3.1　输入条件

轴承设计输入条件包括给定的轴承类型、轴承尺寸限制值(最小内径、最大外径、最大宽度)、允许采用的润滑方式、相配的轴和座的壁厚及材料、内外径配合、转速载荷谱、滑油温度、环境温度等。

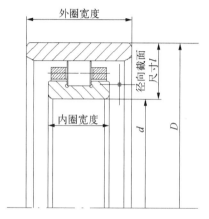

图 14.5　轴承截面尺寸示意图

14.3.2　内部参数设计

1. 滚动体尺寸及数量确定

(1) 如图 14.5 所示,径向截面尺寸 l 的表达式见式(14.22),轴向截面尺寸选取内外圈宽度的最小值。

$$l = 0.5(D - d) \qquad (14.22)$$

(2) 滚动体尺寸一般按轴承截面尺寸的 55% ~ 65% 确定(截面尺寸按照径向截面尺寸和轴向截面尺寸最小值选取),选择最大标准尺寸滚动体,钢球尺寸应符合 GB/T 308.1,滚子尺寸应符合 GB/T 4661。

(3) 滚动体数量 Z 根据轴承行业经验一般为

$$Z = \frac{\pi d_m}{K D_w} \qquad (14.23)$$

计算出的 Z 取较小的整数。球轴承 K 值一般按如下方法选取:

$D_w \leq 9.525$ 时, $K = 1.01 + 2.3/D_w$; $D_w > 9.525$ 时, $K = 1.23$, 可减小至 1.15。

对于深沟球轴承,还应考虑填球角:

$$\phi = 2(Z - 1)\arcsin\left(\frac{D_w}{d_m}\right) \qquad (14.24)$$

填球角在 186° ~ 190° 范围内最佳,但钢球数量 Z 应大于或等于 7。

为提高轴承承载能力,增加滚动体数量,必要时可以将中心圆直径增加 0.5 ~ 1 mm。

(4) 根据 GB/T 6391 中额定动载荷计算公式,计算轴承额定动载荷。

(5) 根据轴承转速、载荷,评估初步设计的轴承寿命,轴承寿命应满足主机要求。

2. 沟曲率半径确定

一般情况下曲率半径越大,轴承的承载能力越小;反之,承载能力越高。深沟球轴承的沟曲率半径一般取钢球直径的 0.515~0.530。

3. 滚道直径确定

外滚道直径尺寸按式(14.25)计算:

$$D_1 = d_m + D_w + \frac{G_{rmax+}\ G_{rmin}}{2} \qquad (14.25)$$

其中, G_{rmax} 为原始游隙最大值; G_{rmin} 为原始游隙最小值。

内滚道直径尺寸按式(14.26)计算:

$$d_1 = d_m - D_w \qquad (14.26)$$

4. 挡边直径确定

挡边系数 KH 一般取 0.35,根据载荷性质,挡边系数可适当增大到 0.5 左右。

外圈挡边直径:

$$D_2 = D_1 - KH \times D_w \qquad (14.27)$$

内圈挡边直径:

$$d_2 = d_1 + KH \times D_w \qquad (14.28)$$

5. 保持架引导方式选取

轴承保持架主要有滚动体引导、内圈引导和外圈引导等三种引导方式,如图 14.6 所示。航空发动机轴承多采用后两种引导方式。

保持架外圈引导时,静止的外圈对保持架起稳定作用;在外圈和保持架之间,易于积存少量滑油,在润滑不良时能起到一定的补偿作用,缺点是易引起轴承打滑。

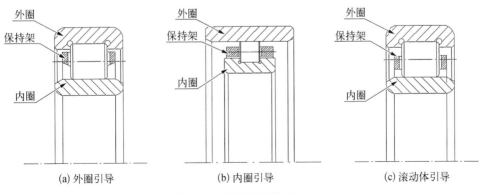

(a) 外圈引导   (b) 内圈引导   (c) 滚动体引导

图 14.6 保持架引导方式

保持架内圈引导时,存在工作不稳定风险,易发生磨损失效;但是内圈运转对保持架有拖动作用,可降低打滑风险。

一般情况下,喷射润滑时宜选用外引导方式,有利于滑油进入滚动工作区;内引导方式则常与环下润滑搭配使用。轴承保持架引导方式除了与润滑方式选取有关外,还要考虑发动机部件结构设计方案,便于装配。

14.3.3 设计结果评价

1. 轴承 dn 值

轴承 dn 值即轴承内径与工作转速的乘积,单位为 mm·r/min,表述时一般省略单位。轴承设计时,轴承 dn 值与轴承类型、尺寸系列、接触角大小、轴承材料、润滑方式、工作温度等都有关,过高的 dn 值会增加轴承的故障率,在发动机结构允许的情况下,dn 值尽可能小一些。目前,有资料显示航空发动机主轴轴承的 dn 值最高可以达到 3.0×10^6。

2. 轴承寿命

轴承寿命应至少大于发动机一个翻修期寿命。

3. 接触应力

对于圆柱滚子轴承和球轴承,一般情况下,滚动体与套圈间的接触应力小于等于 2 000 MPa 时,不会引起材料组织的变化,可视为无限寿命。接触应力可以通过数值或者有限元方法计算,接触应力限制值随着温度的升高,普遍具有降低的趋势,对于不同的材料各有取值。

4. 轻载打滑风险

为防止轴承在高速工况下发生打滑蹭伤,轴承的最小工作载荷或轴向预紧载荷应大于轴承所需最小载荷。

第 15 章
滚动轴承的润滑与冷却

航空发动机轴承的润滑与冷却是确保轴承长寿命和高可靠性工作的重要条件。本章对轴承的润滑方式及其特点进行了介绍,阐述了航空轴承润滑方式选取原则,介绍了轴承工程应用中最小润滑流量的经验公式。

15.1　滚动轴承润滑方式及其特点

为了使航空轴承能正常地运转,避免滚动体与滚道的直接接触,减少轴承内部的摩擦和磨损,控制轴承温度,延长轴承使用寿命,必须对航空轴承进行充分地润滑和冷却。根据润滑介质的不同,航空轴承润滑方式一般分为脂润滑和油润滑。

脂润滑是通过填充润滑脂到轴承内部起润滑作用,靠润滑脂来减小摩擦和形成一定的油膜。其优点是润滑方式简单,不需要附加润滑装置,维护、保养方便。但不适用于转速较高、承载较大的工况环境。目前,在航空发动机中使用脂润滑的轴承较少,部分附件(如鼓风机)使用了脂润滑轴承。

油润滑可分为飞溅润滑、油雾润滑、喷射润滑和环下润滑。

(1) 飞溅润滑是利用发动机工作时运动件溅泼起来的油滴或油雾润滑轴承。

(2) 油雾润滑是采取雾化装置使油液雾化,油雾包裹轴承形成油膜,实现润滑轴承的目的。

(3) 喷射润滑是航空轴承常用的润滑方式,采用高压喷射的方法将润滑油喷射至轴承内,对轴承实施润滑。

(4) 环下润滑是航空发动机高速轴承常用的润滑方式。通过收集喷嘴喷射出的高速润滑油,滑油经输油通道直接供至轴承内环,并在离心作用下进入轴承内部实现润滑。

各种油润滑特点及适用范围见表 15.1。

表 15.1 各种油润滑情况表

润滑方式	特　　点	适 用 范 围
飞溅润滑	结构简单,消耗功率少,润滑效果较差	附件传动轴承
油雾润滑	滑油消耗量小,润滑范围广,但结构相对复杂,需配备专用油雾发生装置,且润滑效率不高	载荷较小、dn 值较小轴承
喷射润滑	结构较简单,可根据需求布置不同数量和不同位置的喷嘴,润滑效率较优	多用于中 dn 值轴承
环下润滑	结构相对复杂,润滑效果好	多用于高 dn 值主轴轴承

15.2　轴承润滑方式的选取

　　根据不同航空轴承的工况选择合适的润滑方式是保证轴承能高可靠和长寿命使用的基础,因此需针对不同的应用工况选择合适的润滑方式。

　　轴承润滑方式的确定需同时考虑安装环境、喷嘴布局和使用工况的综合影响。对于转速较低且载荷较小的轴承,可选用脂润滑;对于 dn 值较小的附件传动轴承一般可选择飞溅润滑或油雾润滑;对于航空发动机主轴轴承,一般选用喷射润滑或环下润滑。随着主轴轴承性能要求越来越高,目前高速主轴轴承润滑的发展方向为环下润滑。

15.3　轴承润滑结构设计

　　对于油润滑轴承,大多数情况下需要设计对应的润滑结构,以保证润滑油能够有效地进入轴承滚道工作区并通畅排出。

15.3.1　喷射润滑

　　典型的喷射润滑就是在轴承附近设置喷嘴,喷嘴也可以集成在机匣、轴承座上。喷嘴的喷射目标应为轴承套圈与保持架的较大间隙处,必要时,可以通过更改轴承保持架引导方式、套圈或保持架增设倒角等,以利于滑油喷入轴承滚道。典型的喷射润滑结构见图 15.1。

　　喷射润滑结构设计要点在于喷嘴布置,要求喷嘴喷出的滑油能有效进入轴承内圈挡边与保持架内径(或轴承外圈挡边与保持架外径)之间的缝隙中。

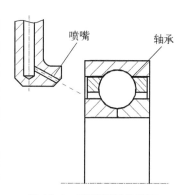

图 15.1　喷射润滑示意图

15.3.2 环下润滑

按照集油形式,环下润滑结构一般可分为轴心直接供油、轴向集油输油和径向集油等,见图 15.2。环下润滑结构通常由喷嘴、集油结构、输油结构和环下油孔等组成,常见的输油结构见图 15.3。实际应用中,常将输油结构(如输油槽)集成在轴承内圈上(图 15.4)。

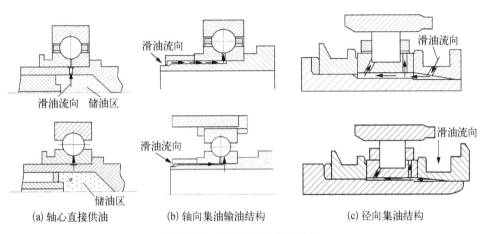

图 15.2 典型的环下润滑结构

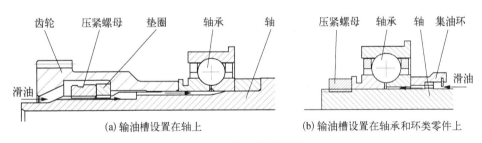

图 15.3 常见输油结构

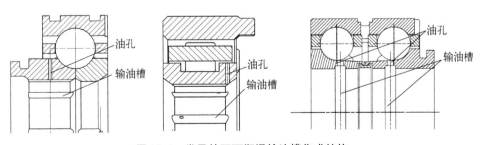

图 15.4 常见的环下润滑输油槽集成结构

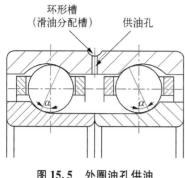

环形槽
(滑油分配槽)　供油孔

图 15.5　外圈油孔供油

环下润滑设计时,除了需保证喷嘴的喷射目标外,还应保证滑油收集效率和滑油传输效果。

15.3.3　其他

对于双列角接触球轴承或成对球轴承,为了减少喷嘴数量、简化油路,可以在两列钢球之间设置供油孔,滑油通过设置在轴承座上的油路供至轴承(或轴承座)的滑油分配槽,再从供油孔进入轴承,实现供油(图 15.5)。

15.4　滚动轴承最小润滑流量计算

轴承油润滑的目的是保证轴承的有效润滑并带走摩擦产生的热量,所以轴承所需的最小润滑油流量由两部分组成,一部分是轴承润滑所需的最小滑油流量,另一部分是轴承冷却所需的最小滑油流量。

轴承润滑所需的最小滑油流量是保证轴承内部滚动体与滚道之间形成弹流润滑所需的油量,通常远小于轴承冷却所需的流量。因此在计算轴承所需的最小滑油流量时一般只考虑轴承冷却的需求。

轴承冷却所需的流量由轴承周边部件的温度场确定,还取决于轴承腔的复杂传热、换热效应,因此在轴承应用设计过程中,常通过式(15.1)和式(15.2)来估算最小滑油流量[13]:

$$H = Q_w c_p \Delta T \tag{15.1}$$

$$H = 747 dn \times 10^{-6} \left[0.225 C_r n \times 10^{-3} + 0.94 \times \eta^{0.25} Q_w^{0.4} + 6.43 P_r \times 10^{-5} \right] \tag{15.2}$$

式中,H 为轴承发热量,W;c_p 为滑油定压热容,J/(kg・℃);ΔT 为供回油温差,℃;η 为滑油动力黏度,Pa・s;Q_w 为滑油润滑流量,L/min;P_r 为轴承当量动负荷,N。

计算时,先假定一个滑油流量 Q_w 代入式(15.1)和式(15.2)中,润滑油供回油温差一般以 20~50℃为宜,如果计算结果两式相差太大,重新选值,反复迭代,直至两式基本相等,即为轴承冷却所需的最小流量。

轴承所需滑油流量的准确计算涉及轴承的发热量、外界热源对轴承的影响、轴承腔和轴承座的热交换、热传导等,计算方法极为复杂,目前常与轴承腔热分析等工作结合进行,轴承腔热分析方法详见本书第三篇第 27 章。

第16章

滚动轴承的配合

　　航空发动机轴承的配合设计是确保轴承正常工作必不可少的环节,需综合考虑轴承套圈防转、轴承过盈配合引起的游隙变化和轴承套圈的周向剪切应力等。本章介绍了轴承配合对轴承游隙的影响,阐述了轴承相配件的设计要求,并论述了轴承配合量的选取原则。

16.1　轴承配合与游隙的关系

　　内圈与轴之间的过盈配合会造成内圈的轻微膨胀,外圈与安装座之间的过盈配合会导致外圈的轻微压缩,这些膨胀量或压缩量会导致轴承游隙的减小,因此在轴承配合设计上需考虑合适的配合关系,使轴承的安装游隙在合理范围内。轴承安装引起的尺寸变化示意图见图 16.1、图 16.2。

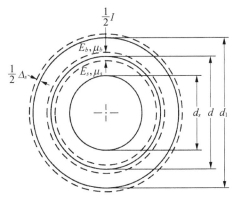

图 16.1　安装在轴上的轴承内圈示意图

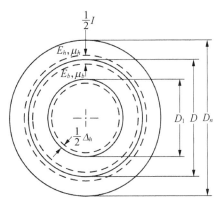

图 16.2　安装在轴承座内的轴承外圈示意图

　　在研究轴承配合效应时,用弹性壁厚圆环理论解决问题[9]。

　　图 16.1 为轴承内圈与轴过盈配合时示意图,内圈过盈产生的膨胀量如下:

$$\Delta_s = \cfrac{2I\left(\cfrac{d_1}{d}\right)}{\left[\left(\cfrac{d_1}{d}\right)^2 - 1\right]\left\{\left[\cfrac{\left(\cfrac{d_1}{d}\right)^2 + 1}{\left(\cfrac{d_1}{d}\right)^2 - 1} + \mu_b\right] + \cfrac{E_b}{E_s}\left[\cfrac{\left(\cfrac{d}{d_s}\right)^2 + 1}{\left(\cfrac{d}{d_s}\right)^2 - 1} - \mu_s\right]\right\}}$$

(16.1)

图 16.2 为轴承外圈与轴承座过盈配合时示意图,外圈过盈产生的压缩量如下:

$$\Delta_h = \cfrac{2I\left(\cfrac{D}{D_1}\right)}{\left[\left(\cfrac{D}{D_1}\right)^2 - 1\right]\left\{\left[\cfrac{\left(\cfrac{D}{D_1}\right)^2 + 1}{\left(\cfrac{D}{D_1}\right)^2 - 1} + \mu_b\right] + \cfrac{E_b}{E_h}\left[\cfrac{\left(\cfrac{D_h}{D}\right)^2 + 1}{\left(\cfrac{D_h}{D}\right)^2 - 1} - \mu_h\right]\right\}}$$

(16.2)

式中,I 为过盈量,mm;d 为轴承内径,d_1 为轴承滚道直径,d_s 为轴的内径,mm;D 为轴承外径,D_1 为轴承外滚道直径,D_h 为轴承座的外径,mm;Δ_s 为内圈过盈产生的膨胀量,mm;Δ_h 为外圈过盈产生的压缩量,mm;E_b 为轴承材料弹性模量,MPa;E_s 为轴材料弹性模量,MPa;E_h 为轴承座材料弹性模量,MPa;μ_b 为轴承材料泊松比;μ_s 为轴材料泊松比;μ_h 为轴承座材料泊松比。

在未考虑温差膨胀影响下,轴承最终的安装游隙变化量为 ΔG_r,由下式可以给出:

$$\Delta G_r = -\Delta_s - \Delta_h \tag{16.3}$$

配合表面由于加工精度的不同,在微观下存在明显的波峰和波谷,这就使得实际过盈量比设计过盈量要小一点,减小量必须适当考虑在轴承安装游隙变化中。表 16.1 为不同加工形式的实际表面产生的过盈量减小值。

表 16.1　过盈量减小值

加 工 形 式	过盈量减小值/mm
精磨表面	0.002~0.005
精车表面	0.006~0.014
机铰孔	0.010~0.024
普通精车表面	0.024~0.048

16.2　相配轴颈和轴承座孔设计要求

与轴承内圈相配合的轴和与轴承外圈相配合的安装座直接影响了轴承安装游隙和对中情况,因此相配轴颈和轴承座的设计需特殊对待,设计时需充分考虑粗糙度要求、形位公差要求和硬度要求等。

(1) 粗糙度要求:对于轴颈面,一般要求粗糙度 Ra 小于 0.8 μm;对于特殊的轴颈面如与无内圈圆柱滚子轴承相配的轴颈,其粗糙度要求更高,一般要求粗糙度 Ra 小于 0.2 μm,甚至更高精度。对于轴承座圆柱面,一般要求粗糙度 Ra 小于 0.8 μm,对于特殊的无外圈轴承相配的轴承座圆柱面,其粗糙度精度较高,一般要求粗糙度 Ra 小于 0.2 μm。

(2) 形状公差要求:轴颈面或轴承座圆柱面在设计时应确保形状公差设计在合适的范围,航空发动机轴承座孔、轴颈的形状公差等级一般选用 GB/T 1801 中的 IT4 到 IT7,过大的形状公差会引起轴承滚道变形,影响轴承性能甚至导致轴承提前失效。

(3) 位置公差要求:对于相同转子上两个及以上安装轴承的轴颈、轴承座孔之间的位置公差(如同轴度等),公差等级一般选用 GB/T 1801 中的 IT5 到 IT7,过大的位置公差会引起轴承内外圈轴线夹角过大,影响轴承性能甚至导致轴承提前失效。

(4) 硬度要求:安装轴或安装座表面硬度设计时需考虑两方面因素,一是材料热处理能实现的硬度范围,二是与轴承内外圈硬度的匹配性。对于特殊结构,如与无内圈轴承相配轴和与无外圈轴承相配的轴承座,其表面硬度需与轴承硬度设计相匹配,轴承内圈或外圈硬度一般在 HRC 58~64,相配轴或相配安装座孔的表面硬度也确保设计在合适的范围内。

16.3　轴承配合量的选取

16.3.1　轴承配合量选取原则

轴承设计时配合量的选取要考虑以下几方面的影响。

(1) 相对运动情况:应防止轴承内圈与轴、外圈与轴承座发生相对转动;

(2) 安装游隙的影响:根据轴承的工况选取合适的配合量,确保轴承的安装游隙在合理区间;

(3) 轴承套圈的周向剪切应力影响:轴承套圈与轴或安装座采用过盈配合时,不同的过盈量会对轴承套圈产生一定的周向剪切应力,周向剪切应力的大小不应超过许用值;

(4) 拆装情况:配合量的选取应充分考虑拆装次数及合理性。

16.3.2　公差等级和公差带的选取

轴承内径、外径公差的选取一般按照国标或国军标进行设计,具体可查阅相关标准。相配的轴颈或安装座直径公差等级的选取需与轴承内外、径相匹配,同时还应考虑粗糙度的影响。

为了确定轴承内圈与轴以及轴承外圈与轴承座在装配过程中的配合量大小,需同时考虑轴、轴承座和轴承的公差等级,同时还应考虑轴承承受载荷的轻重程度(参考表 16.2[14])。一般航空发动机轴承的配合量大小和公差等级按国家标准推荐选取,图 16.3 是国家标准推荐的公差带大小[9]。

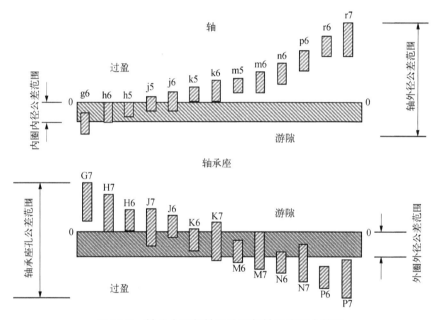

图 16.3　轴承内圈与轴及外圈与轴承座配合等级

与轴承配合的轴和轴承座的公差等级与轴承精度等级有关。与 P0 级、P6 级公差轴承配合的轴和轴承座,轴公差等级一般为 IT6,轴承座公差等级为 IT7。与 P4 级、P5 级公差轴承配合的轴和轴承座,轴公差等级一般为 IT4~IT5,轴承座公差等级为 IT5~IT6。表 16.3 和表 16.4 为轴承根据不同载荷工况、不同轴承类型的常用公差带选取表。

表 16.2　向心轴承载荷大小

载 荷 大 小	P_r/C_r
轻载荷	$P_r/C_r \leqslant 0.06$
正常载荷	$0.06 < P_r/C_r < 0.12$
重载荷	$0.12 \leqslant P_r/C_r$

表 16.3　向心轴承和轴的配合[13]

载荷状态	深沟球轴承和角接触球轴承内径/mm	圆柱滚子轴承内径/mm	公差带
轻载荷	≤18	—	h5
	18~100	≤40	j5
	100~200	40~140	k5
		140~240	m5
正常载荷	≤18	—	j5
	18~100	≤40	k5
	100~140	40~140	m5
	140~200	140~240	n5
重载荷		50~140	n5
		140~200	p5
		>200	r5

表 16.4　向心轴承和轴承座的配合[14]

载　荷　状　态	深沟球轴承和角接触球轴承	圆柱滚子轴承
轻载荷	H6、G6	H6、G6
正常载荷	J6、JS6	J6、JS6
重载荷	K6、M6	K6、M6

考虑航空轴承的特殊性,大多数轴承的配合量需根据轴承的安装结构和工况单独设计。图 16.4(a)为某发动机主轴轴承,因其外圈安装在一弹性支承内,该弹性支承外圈设计了油膜阻尼结构,为间隙配合设计。在对该轴承配合量设计时,内圈与轴的配合量、外圈与轴承座的配合量均设计为过盈。内圈过盈设计是确保轴承内圈与轴不相对旋转,外圈过盈设计是确保轴承外圈安装后内外圈同轴度处于合适范围,同时确保轴承装配游隙也处于合适的范围。

图 16.4(b)为某双列轴承外圈与轴承座不同配合量设计。该轴承由一列向心球轴承和一列圆柱滚子轴承组成,因该支点需同时承受较大的轴向载荷和径向载荷,在设计该轴承外圈配合量时,圆柱滚子轴承外圈设计为过盈配合,向心球轴承外圈设计为间隙配合,保证在工作时圆柱滚子轴承承受大部分径向载荷,向心球轴承承受轴向载荷和少量的径向载荷。

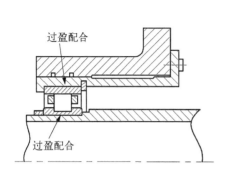 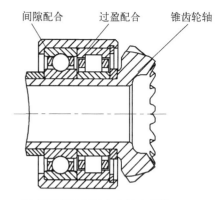

(a) 某主轴轴承内外圈配合设计（标注大间隙位置）　　　(b) 某双列轴承外圈不同配合设计

图 16.4　航空轴承特殊配合量设计示意图

16.3.3　过盈套圈拔卸力计算

过盈配合会造成轴承套圈安装和拆卸困难,特别是对于安装/拆卸时施加的作用力不得不通过钢球,以及对轴承拉拔工装、集成在轴承套圈上的拉拔槽等结构设计时,需进行强度分析,应确保安装/拆卸力不会引起钢球损伤,或者轴承拉拔工装、轴承拉拔槽结构具有足够的强度。

安装/拔卸力的计算公式[14]为

$$K_a = f_k f_E \frac{d}{d+3} \Delta d_r \tag{16.4}$$

$$f_E = B[1 - (d/D_m)^2] \tag{16.5}$$

式中,K_a 为安装或拆卸力,kgf*;f_k 为拆卸因数(表 16.5);f_E 为尺寸因数;B 轴承宽度,mm;Δd_r 为套圈配合面的有效过盈量,mm;D_m 为套圈的平均直径,mm;d 轴承内径或外径,mm。

表 16.5　拆卸因数 f_k 值

压入及拆卸条件	f_k
轴承压入圆柱形轴颈或轴承座	4
轴承从圆柱形轴颈或轴承座拆卸	6

---

* 1 kgf = 9.806 65 N。

第 17 章
滚动轴承安装结构及相关零部件设计

要保证轴承正常工作,除了正确选择轴承类型和尺寸外,还必须设计合理的轴承安装结构。轴承的安装结构包括轴承套圈的轴向定位与紧固、装配与拆卸结构、倒角等,在某些球轴承配置及高速轴承应用中,还应对轴承施加有效的预紧。

17.1 轴承的轴向定位与紧固

为了使轴承在工作时具有确定的位置,并能承受一定的轴向载荷,需要将轴承内圈和轴、轴承外圈和座之间进行轴向固定。

17.1.1 主轴轴承的轴向定位与紧固

主轴轴承的内圈必须在轴上可靠固定。通常将轴承内圈的一侧靠在轴肩挡肩上,另一侧利用压紧螺母进行压紧,由于发动机结构的限制,往往用一个螺母压紧安装在轴承附近的多个零件,如齿轮、密封环等。对于止推轴承,压紧力的大小应保证压紧螺母或压板在承受轴向载荷时,轴承的半内圈不会发生轴向窜动。常见的主轴轴承内圈固定结构见图 17.1。

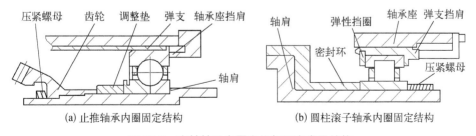

(a) 止推轴承内圈固定结构　　　　(b) 圆柱滚子轴承内圈固定结构

图 17.1　主轴轴承内圈定位与固定常见结构

非旋转的主轴轴承外圈可以根据需要选择压紧或限位。轴承外圈的一侧靠在轴承座的挡肩上,另一侧用压紧螺母、弹簧压紧或利用弹性挡圈、相邻零件结构进行限位。对于止推轴承,应关注轴向力方向,应保证挡肩或限位件具有足够的强度以承受转子的轴向载荷。常见的主轴轴承外圈固定结构见图 17.2。

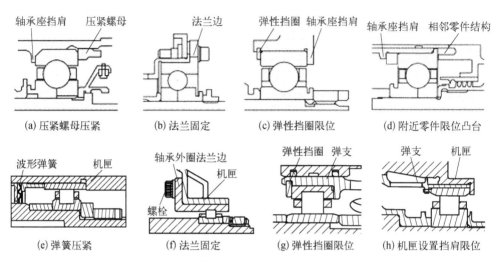

图 17.2 主轴轴承外圈定位与固定常见结构

17.1.2 附件传动轴承的轴向定位与紧固

附件传动轴承的内圈和外圈应根据轴承配置结果,按需选择是否压紧。对于"一端固定、一端游动"结构,轴承的内外圈需要采取压紧措施,常用压紧螺母、压板等,为了简化结构,游动端常采用无内圈圆柱滚子轴承或带单挡边的圆柱滚子轴承;对于 2 套轴承交叉定位结构,只需在轴上设置轴肩为轴承提供定位,轴承另一侧不需压紧或设置限位结构。常见的附件传动轴承轴向定位结构见图 17.3。

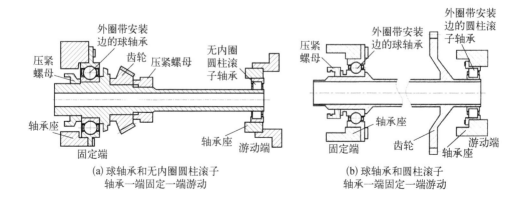

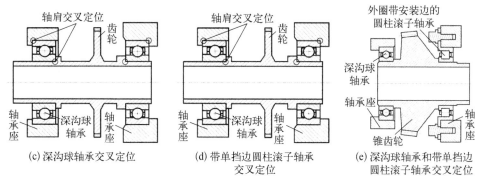

图 17.3　附件传动轴承轴向定位与固定常见结构

17.1.3　减速器轴承的轴向定位与紧固

减速器轴承的内圈和外圈根据轴承配置结果,按需选择是否压紧,输入和输出轴轴承常按主轴轴承进行设计,其他轴承则按附件传动轴承设计。但需要注意,对于人字齿轮传动的齿轮轴,其支撑轴承的套圈应进行固定或压紧。常见的减速器轴承固定结构见图 17.4。

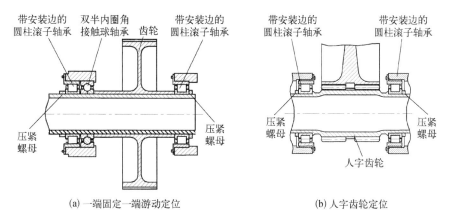

图 17.4　减速器轴承内圈定位与固定常见结构

17.2　轴承安装与拆卸

航空发动机全寿命期内需要多次装拆轴承,为了防止装拆过程对轴承、轴或轴承座造成损伤,设计时就应考虑到轴承的装拆问题。

滚动轴承装配和拆卸力施加原则:禁止使用榔头等物直接敲击轴承套圈;对于不可分离轴承,安装或拆卸力应施加在过盈配合的套圈上。图 17.5 表示轴承过盈配合的位置及装配过程中错误和正确的作用力传递方向。

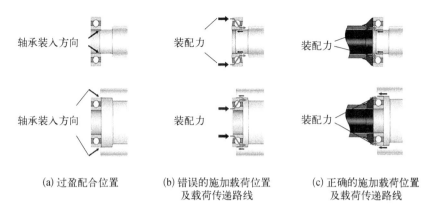

(a) 过盈配合位置   (b) 错误的施加载荷位置   (c) 正确的施加载荷位置
                          及载荷传递路线   及载荷传递路线

图 17.5   轴承装配力施加位置示意图

由于航空发动机结构紧凑,往往无法在合适部位放入装拆工装,所以为了保证在合适位置施加装配或拆卸力,常在轴承上设置特殊结构,详见本篇第 18 章 18.5 节。

17.3   轴肩和倒角设计

与轴承相邻的轴肩、轴承座挡肩、隔环、隔套以及其他零件的尺寸,必须对轴承套圈具有足够的支撑,且应保证转动件与静止件之间、轴承保持架与转子和静子之间在任何情况下都不发生接触,所以应对轴肩和倒角尺寸进行控制。

轴肩、轴承座挡肩及其他零件的设计要求主要包括:

(1)轴肩、轴承座挡肩、隔环、隔套以及其他零件的直径尺寸及公差设计,应保证与轴承套圈端面有一定的有效支承面,但不能高于轴承套圈挡边;

(2)轴肩、轴承座挡肩以及其他零件的过渡圆角不能与轴承倒角发生干涉。

滚动轴承倒角尺寸及公差原则上参照 GB/T 273.3 和 GB/T 274 设计,但由于 GB/T 273.3 和 GB/T 274 规定的尺寸及公差过大,在航空发动机中大多数情况下需减小公差,具体值需发动机设计方与轴承研制方协商确定。

17.4   轴承预紧设计

17.4.1   轴承预紧的作用

一般轴承在工作状态下都具有一定的游隙,为了达到提高转子旋转精度、防止轴承高速运转时轻载打滑等目的,需对轴承另外施加一定的附加载荷。轴承的预紧方式,按预载荷的方向可分为轴向预紧和径向预紧[13]。

轴向预紧用于 2 个或多个球轴承配置中,目的是通过调整轴承的相对轴向位置,减小工作游隙,提高转子系统刚度和旋转精度,并防止球轴承在外部轴向载荷较小的高速应用中发生打滑蹭伤。

径向预紧主要用于圆柱滚子轴承,目的是增加受载滚动体数量,防止轴承在外部径向载荷较小的高速应用中发生打滑蹭伤。

17.4.2　轴承预紧方法

1. 轴向预紧

轴承的轴向预紧方法主要有两种,即定位预紧和定压预紧。

1) 定位预紧

对于配对使用的 2 套向心球轴承,通过调整一套轴承套圈相对另一套轴承套圈的相对位移,使两套轴承都受到预紧,产生一个作用在两套轴承上的预负荷的方法称为定位预紧,见图 17.6。定位预紧结构简单,但是预负荷的大小由轴承套圈的轴向位移量决定,与轴承温升引起的尺寸变化相关,当两套轴承之间间距较大时不适用。

定位预紧中,轴承套圈的相对位移量通过套圈的端面凸出量控制,凸出量取值随轴承设计进行、轴承加工保证。

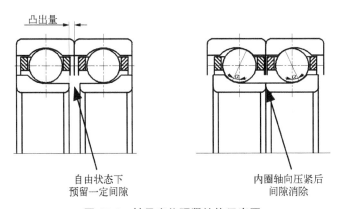

图 17.6　轴承定位预紧结构示意图

2) 定压预紧

通过弹簧为 2 个球轴承施加预负荷的方法称为定压预紧,见图 17.7。预负荷的大小取决于弹簧的压缩量,预紧力在所有运转条件下基本保持恒定。

设计时,应将弹簧对轴承形成的预负荷与轴承轴向载荷叠加,保证轴承在此载荷下具有承载能力裕度,且寿命满足要求。

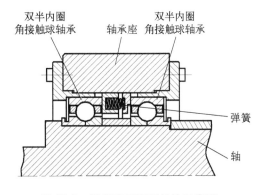

图 17.7　轴承定压预紧结构示意图

2. 径向预紧

航空发动机主轴用圆柱滚子轴承由于转速高、载荷小,经常发生打滑蹭伤故障。为防止滚子轴承打滑,常采用非圆滚道(一般为双凸起和三凸起滚道)对轴承实施径向预紧。圆形滚道和非圆滚道轴承中载荷分布情况见图17.8。

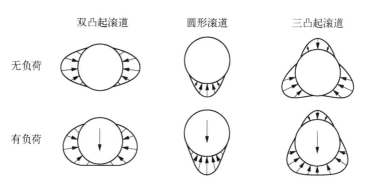

图 17.8　圆形滚道和非圆滚道轴承的载荷分布

第 18 章
滚动轴承集成结构设计

随着航空发动机推重比/功重比的提升,轴承的结构形式从早期的标准外形不断地向高度集成的方向发展。

本章介绍了航空发动机中几种常见的轴承集成结构及其特点和用途。

18.1 常见滚动轴承集成结构及特点

随着航空发动机推重比/功重比的提升,在保持发动机重量不变的前提下提高发动机的推力/功率,对轴承的承载能力提出了更高的要求。

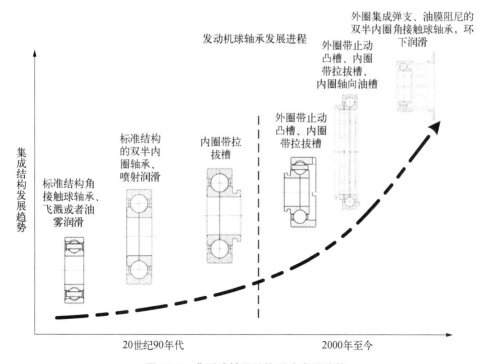

图 18.1 典型球轴承结构型式发展趋势

增加滚动体尺寸和数量是提高轴承的承载能力的主要措施,为了在有限的发动机空间前提下达到这个目的,有效的解决方法就是将轴承套圈与相邻零件集成为一体。轴承集成设计后,还能达到减少发动机零件数量、减轻重量、方便安装/拆卸等目的。

常见的轴承外圈集成结构有止动凸台或止动槽、安装边、鼠笼弹性支承、齿轮、油膜阻尼等,内圈集成结构有轴向输油槽与径向输油孔、齿轮轴等。发动机中典型球轴承集成结构的发展趋势见图 18.1,典型滚子轴承集成结构的发展趋势见图 18.2。

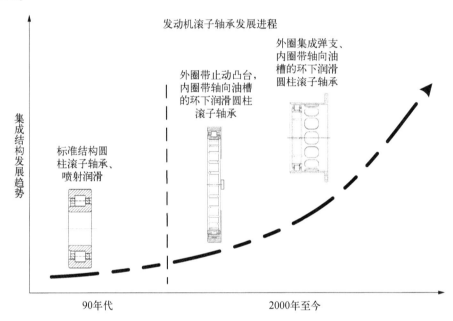

图 18.2　典型圆柱滚子轴承结构型式发展趋势

18.2　轴承套圈固定和/或防转结构集成设计

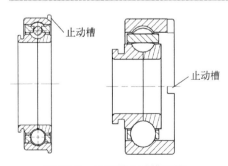

图 18.3　外圈带止动槽结构

在航空发动机中,有相当一部分轴承的外圈配合须设计为间隙配合(如航空发动机主轴轴承),且大多数轴承的外圈需进行固定。对于只需要防转的套圈,通常在轴承套圈上增加止动槽、止动凸台等结构(图18.3、图 18.4);对于既要防止套圈转动,又须固定的,常设计为带安装边等结构(图18.5)。

图 18.4 轴承外圈带止动凸台

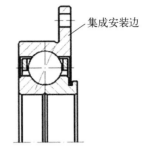

图 18.5 轴承外圈集成安装边

外圈设计止动槽或止动凸台时,止动槽或者止动凸台可设计为一个或者两个;外圈设计安装边时,安装孔的位置应根据周边零件结构特点进行设计,还可预留拆卸轴承用的顶丝孔,安装边的厚度应与外径尺寸相协调,同时保证具有一定的强度,一般不小于 2.5 mm。

18.3 外圈集成鼠笼弹支、油膜阻尼设计

鼠笼弹支是航空发动机转子支承结构中用来调整支承刚性、改变和控制转子临界转速的构件,为在有限的径向空间内增加滚动体尺寸、提高轴承的承载能力,轴承外圈常与鼠笼弹支集成为一体,同时,还会直接在外径处增设凹槽,用于安装油膜阻尼器的封严涨圈。

轴承外圈与鼠笼弹性支承集成设计时,弹支的刚度要求一般通过转子动力特性分析和计算确定。弹支肋条结构应结合发动机支承结构开展设计,弹支刚度应满足刚度设计要求,弹支刚度计算方法见参考文献[15]。集成了鼠笼弹支结构的

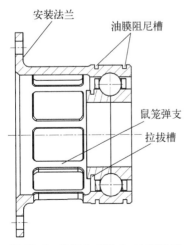

图 18.6 外圈集成弹支、油膜阻尼结构的双半内圈球轴承

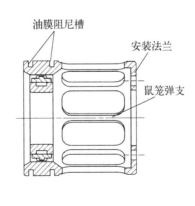

图 18.7 外圈集成弹支结构的滚子轴承

轴承外圈一般选用渗碳钢材料（如 M50NiL、G13Cr4Mo4Ni4V 等）。轴承外圈集成鼠笼弹支设计时，还应进行强度分析，防止鼠笼弹支肋条断裂。常用的外圈集成鼠笼弹支结构见图 18.6、图 18.7。

18.4　滚子轴承无内圈/无外圈设计

对于圆柱滚子轴承，采取无内圈/无外圈设计也能达到增加滚动体尺寸、提高轴承承载能力的目的，无内圈轴承还能降低 dn 值。发动机中常用的无内圈/外圈圆柱滚子轴承结构见图 18.8 与图 18.9。

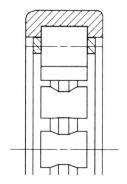 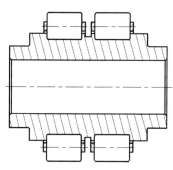

图 18.8　无内圈圆柱滚子轴承示意图　　　　图 18.9　无外圈圆柱滚子轴承示意图

与无内圈/外圈圆柱滚子轴承相配的轴颈/轴承座实际上就是轴承的内圈/外圈滚道，因此轴颈/轴承座表面设计和加工精度直接影响轴承的性能和使用寿命。

轴颈/轴承座设计主要包括轴颈/轴承座直径和轴颈/轴承座表面硬度、表面形状、表面粗糙度设计等。

（1）轴颈/轴承座直径：用作轴承滚道的轴颈/轴承座孔处的直径值，直接决定了轴承的游隙，装上轴承后，应保证其安装游隙符合轴承设计要求；

（2）轴颈/轴承座表面硬度：决定了轴承的耐磨性，对轴承使用寿命有较大影响，一般取 HRC 58~64；

（3）轴颈/轴承座表面形状：是保证轴承稳定工作的基本条件，决定了轴承的旋转精度；

（4）轴颈/轴承座表面粗糙度：是保证轴承稳定工作的基本条件，决定了轴承的旋转精度，并对轴承的润滑情况有较大影响，Ra 一般应小于 0.2 mm。

18.5　拉拔结构集成设计

轴承内圈与轴一般为过盈配合，为满足轴承内圈装配的工艺性需求，常在三点/四点接触球轴承的内圈或外圈上集成拉拔结构。拆卸过盈配合套圈时所需的拔卸力计算方法见 16.3.3 节。常用的内圈集成拉拔结构见图 18.10。

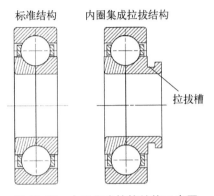

图 18.10　内圈集成拉拔结构示意图

第 19 章
滚动轴承应用设计实例

不同于一般机械设备中的轴承,航空发动机中轴承的应用有极大的特殊性,而且即便是同样的燃气涡轮热力循环机械中,也还有各自的特点,因此本章针对涡喷涡扇、涡轴涡桨及辅助动力装置分别给出了应用设计的实例,供读者参考。

19.1　涡喷、涡扇发动机

案例选取:某涡扇发动机风扇后支点球轴承。

19.1.1　设计要求梳理
轴承设计要求包含轴承内外径尺寸限制要求、转速、工作环境、寿命等。发动机支点支承结构见图 19.1。

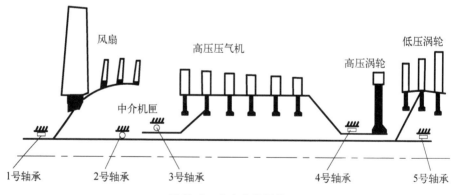

图 19.1　支点支承结构

根据发动机总体结构方案,对轴承设计提出要求如下:
(1) 设计点工作转速: 9 000 r/min;
(2) 轴承外形尺寸限制要求见表 19.1;

表 19.1　轴承外形尺寸限制要求　　　　　　　单位：mm

支点编号	2 号轴承
内径最小值	140
外径最大值	210
内圈宽度最大值	33
外圈宽度最大值	33

（3）轴向载荷：15 000 N；

（4）径向载荷：2 000 N；

（5）供油温度：90℃；

（6）滑油回油温升：30℃；

（7）滑油牌号：航空合成润滑油 4106；

（8）工作环境温度：130℃；

（9）轴承寿命要求：不低于 2 000 h。

19.1.2　轴承配置形式及轴承类型选择

遵循"止推轴承一般应布置在发动机冷端部位，且尽量布置在一个承力机匣"的原则，2 号轴承确定为球轴承，通过中介机匣传递载荷。参考图 19.1 结构，2 号止推轴承选用双半内圈三点接触球轴承，承受低压转子全部的轴向载荷和部分径向载荷。

19.1.3　轴承初步设计

根据第 14 章设计方法，初步确定该轴承选材、滚动体尺寸及数量，设计结果见表 19.2。

表 19.2　轴承初步设计结果

名称/单位	轴承参数
内径/mm	140
外径/mm	200
基础宽度/mm	33
滚动体直径/mm	19.05
滚动体长度/mm	—
滚动体数量/个	22
接触角/(°)	30

续　表

名称/单位	轴承参数
内圈材料	8Cr4Mo4V
外圈材料	8Cr4Mo4V
滚动体材料	8Cr4Mo4V
保持架材料	40CrNiMoA

根据第 14 章所述方法,计算轴承的 dn 值和最大载荷下的滚道接触应力和计算寿命,根据计算结果,对轴承的分析评价结果如下:

(1) 轴承的 dn 值小于 2.0×10^6,可以满足转速要求;

(2) 在最大轴向载荷和最大径向载荷叠加作用下,内圈滚道接触应力约为 1 500 MPa,外圈滚道接触应力约为 1 400 MPa,轴承的承载能力能够满足要求;

(3) 按照 14.1.4 节计算方法,轴承的计算寿命大于 2 000 h,可以满足寿命要求。

因此,轴承选材和基本外形尺寸(内径、外径、基础宽度)可以按表 19.2 确定。

19.1.4　轴承润滑设计

2 号轴承的 dn 值虽不高于 2.0×10^6,但为得到更好的润滑冷却效果,涡扇发动机主轴承一般优先选用环下润滑。在 2 号轴承旁布置一处喷嘴,滑油通过轴承内圈内侧的分油套为轴承提供滑油。环下供油结构见图 19.2。

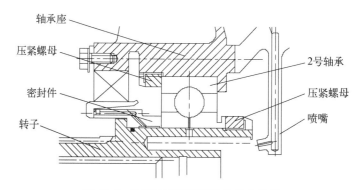

图 19.2　2 号轴承环下润滑结构方案图

根据第 15 章的设计方法,滑油温升按经验取 30℃ 时,计算 2 号轴承的润滑油需求量为 3 L/min。

19.1.5　轴承配合设计

根据第 17 章的方法,确定轴承的配合关系见表 19.3。

表 19.3　轴承配合关系表

名称/单位	2 号轴承
轴颈直径/mm	$140^{+0.037}_{+0.017}$
轴承内径/mm	$140^{0}_{-0.013}$
内径配合关系	过盈
轴承外径/mm	$200^{0}_{-0.015}$
轴承座内径/mm	$200^{+0.014\,5}_{-0.014\,5}$
外径配合关系	过渡

19.1.6　轴承安装与拆卸设计

根据发动机总体结构方案,2 号轴承的内、外圈均通过压紧螺母进行压紧,以限制轴承套圈发生轴向窜动。轴承内圈与轴采用过盈配合,外圈与座采用过渡配合,安装时通过加热方式进行安装。内圈集成拉拔槽结构,用于内圈的拆卸。

19.1.7　轴承接口设计

根据上述设计方案,完成轴承接口设计,轴承接口图见图 19.3。

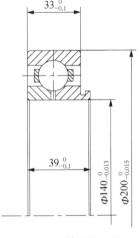

图 19.3　轴承接口图

19.1.8　相邻件设计要求

根据第 17 章 17.3 节设计要求,与轴承倒圆相配处设置了越程槽和相配的倒角,确保不发生装配干涉。根据轴承设计结果,轴承相邻件挡肩、压紧螺母等零件的直径确保不超出轴承挡边。

19.2　涡轴、涡桨发动机

案例选取:某涡轴发动机动力涡轮及输出轴组件的轴承。

19.2.1　设计要求梳理

轴承设计要求包含轴承内外径尺寸限制要求、转速、工作环境、寿命等。
某涡轴发动机动力涡轮及输出轴通过止口对中、中心拉杆连接等方法组合在一起,共布置 4 个支点,支点布局见图 19.4。

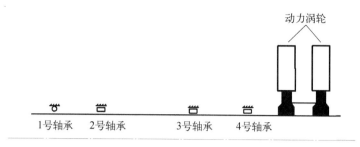

图 19.4　支点布局结构

根据发动机总体结构方案,对轴承设计提出要求如下:

(1) 设计点工作转速:20 000 r/min;

(2) 轴承外形尺寸限制要求见表 19.4;

表 19.4　轴承外形尺寸限制要求　　　　　　　　单位: mm

支 点 编 号	1 号	2 号	3 号	4 号
内径最小值	50	35	50	50
外径最大值	105	55	85	85
内圈宽度最大值	30	12	25	25
外圈宽度最大值	25	15	25	25

(3) 转子最大轴向载荷:8 000 N;

(4) 各支点最大径向载荷分别为 500 N、500 N、1 000 N、1 200 N;

(5) 供油温度:100℃;

(6) 滑油回油温升:20℃;

(7) 滑油牌号:航空合成润滑油 4106;

(8) 工作环境:1 号、2 号支点位于发动机冷端,3 号、4 号支点位于发动机热端;

(9) 轴承寿命要求:不低于 2 000 h。

19.2.2　轴承配置形式及轴承类型选择

参考图 19.4 结构,确定选用 1 个止推轴承和 3 个圆柱滚子轴承。其中止推轴承选用双半内圈角接触球轴承,承受转子全部的轴向载荷,遵循"止推轴承应布置在环境温度较低位置"的原则,止推轴承布置在 1 号支点位置,3 号和 4 号轴承因距离 1 号支点较远,采取加宽滚道以适应转静子轴向位置的变化。

19.2.3　轴承初步设计

根据第 14 章设计方法,初步确定 4 个轴承的滚动体尺寸及数量,设计结果见表 19.5。

表 19.5　轴承初步设计结果

名称/单位	1 号	2 号	3 号	4 号
内径/mm	60	35	50	50
外径/mm	100	55	75	75
基础宽度/mm	22	12	15	15
滚动体直径/mm	12.7	5	8	8
滚动体长度/mm	—	5	8	8
滚动体数量/个	16	20	16	16
接触角/(°)	30	—	—	—
内圈材料	8Cr4Mo4V	8Cr4Mo4V	8Cr4Mo4V	8Cr4Mo4V
外圈材料	8Cr4Mo4V	G13Cr4Mo4Ni4V	8Cr4Mo4V	8Cr4Mo4V
滚动体材料	8Cr4Mo4V	8Cr4Mo4V	8Cr4Mo4V	8Cr4Mo4V
保持架材料	40CrNiMoA	40CrNiMoA	40CrNiMoA	40CrNiMoA

根据第 14 章所述方法,计算轴承的 dn 值和最大载荷下的滚道接触应力和计算寿命,根据计算结果,对轴承的分析评价结果如下:

(1) 轴承的 dn 值均小于 $1.6×10^6$,轴承的转速能力都可以满足设计要求;

(2) 1 号轴承滚道最大接触应力约为 1 800 MPa,轴承的承载能力满足要求;2 号、3 号、4 号轴承的滚道接触应力较小,轴承的承载能力满足要求,且因 dn 值不高,轻载打滑风险不大,不需采用非圆滚道等特殊的防打滑措施;

(3) 轴承的计算寿命均大于 2 000 h,可以满足设计要求。

因此,轴承的基本外形尺寸(内径、外径、基础宽度)可以按表 19.5 确定。

19.2.4　轴承润滑设计

因轴承 dn 值低于 $1.6×10^6$,应优先选用喷射润滑。其中 1 号、2 号轴承附近方便设计滑油喷嘴,可采用喷射润滑;3 号、4 号轴承附近只能布置 1 个喷嘴,所以采用环下润滑更适合,润滑结构见图 19.5。

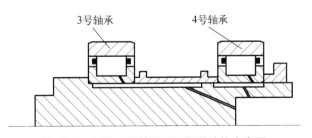

图 19.5　3 号、4 号轴承环下润滑结构方案图

根据第 15 章的设计方法,滑油温升按经验取 20℃时,初步估算 4 个轴承的润滑油需求量分别为 1.6 L/min、0.7 L/min、0.65 L/min、0.7 L/min。

19.2.5　轴承配合设计

考虑到 4 号轴承装配时内圈需通过 3 号轴承的轴颈,为提高装配工艺性,将 4 号轴承内径调整为 $\Phi50.5$。根据第 16 章的方法,确定轴承的配合关系见表 19.6。

表 19.6　轴承配合关系表

名称/单位	1 号轴承	2 号轴承	3 号轴承	4 号轴承
轴颈直径/mm	$60^{+0.024}_{+0.011}$	$35^{+0.013}_{+0.002}$	$50^{+0.020}_{+0.009}$	$50.5^{+0.020}_{+0.009}$
轴承内径/mm	$60^{0}_{-0.009}$	$35^{0}_{-0.006}$	$50^{0}_{-0.007}$	$50.5^{0}_{-0.007}$
内径配合关系	过盈 $-0.033 \sim -0.011$	过盈 $-0.019 \sim -0.002$	过盈 $-0.027 \sim -0.009$	过盈 $-0.027 \sim -0.009$
轴承外径/mm	$100^{0}_{-0.010}$	$55^{0}_{-0.007}$	$75^{0}_{-0.009}$	$75^{0}_{-0.009}$
轴承座内径/mm	$100^{+0.022}_{0}$	$55^{+0.019}_{0}$	$75^{+0.019}_{0}$	$75^{+0.019}_{0}$
外径配合关系	间隙 $0 \sim +0.032$	间隙 $0 \sim +0.026$	间隙 $0 \sim +0.028$	间隙 $0 \sim +0.028$

19.2.6　轴承安装与拆卸设计

根据发动机总体结构方案,可以设置轴肩、挡肩和压紧螺母对 1 号轴承内外圈以及 3 个圆柱滚子轴承内圈进行轴向定位和压紧;2 号轴承外圈因空间限制与鼠笼弹支进行集成,采取挡肩和挡圈对 3 号、4 号轴承外圈进行轴向限位。

1 号、3 号、4 号轴承外圈与轴承座孔均为间隙配合,拆卸方便,轴承外圈端面均设计防转凸台进行防转。轴承内圈与轴均为过盈配合,1 号轴承内圈需设置拔卸槽以利于拆卸,2 号、3 号、4 号轴承为滚子轴承,轴承内外圈分离后,可以直接拆卸内圈。

19.2.7　轴承接口设计

根据上述设计方案,完成轴承接口设计,轴承接口结构见图 19.6,轴承接口图略。

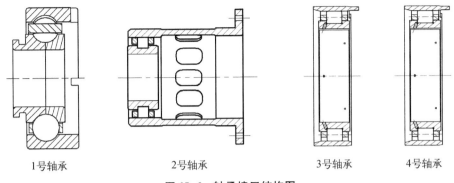

| 1号轴承 | 2号轴承 | 3号轴承 | 4号轴承 |

图 19.6　轴承接口结构图

19.2.8　相邻件设计要求

根据第 17 章 17.3 节设计要求,与轴承倒角相配处全部设置了退刀槽,确保不发生装配干涉。根据轴承设计结果,轴承相邻件挡肩、挡圈等零件的直径未超出轴承挡边。

19.3　辅助动力装置

案例选取:某型带负载压气机单转子辅助动力装置前后支点轴承。

19.3.1　设计要求梳理

轴承设计要求包含轴承内外径尺寸限制要求、转速、工作环境、寿命等。

某型带负载压气机单转子 APU 采用 1 - 0 - 1 支承形式,前支点(以下简称"1号")布置在负载压气机前,后支点(以下简称"2 号")布置在涡轮后,支点部件见图 19.7。

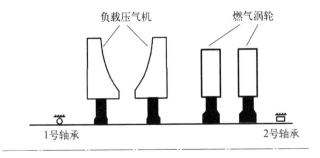

图 19.7　支点布局结构

根据发动机总体结构方案,对轴承设计提出要求如下:

(1) 设计点工作转速: 50 000 r/min(恒转速工作);

（2）轴承外形尺寸限制要求见表 19.7；

表 19.7　轴承外形尺寸限制要求

支 点 编 号	1 号	2 号
内径最小值/mm	20	20
外径最大值/mm	55	55
内圈宽度最大值/mm	40	30
外圈宽度最大值/mm	35	20

（3）最大轴向载荷：空载状态 2 000 N(向前)；环控引气状态 700 N(向后)；

（4）最大径向载荷：

1 号支点：巡航 700 N，最大限制载荷 1 100 N，极限载荷 1 400 N；

2 号支点：巡航 800 N，最大限制载荷 1 600 N，极限载荷 2 000 N；

（5）回油温升：20℃；

（6）工作环境：1 号支点位于发动机冷端，2 号支点位于发动机热端；

（7）轴承寿命要求：不低于 2 000 h。

19.3.2　轴承配置形式及轴承类型选择

参考图 19.7(带负载压气机单转子)结构，确定选用 1 个止推轴承和 1 个圆柱滚子轴承。其中考虑到 APU 工作状态发生变化时轴向力反向，且轴向力在额定工作转速 50 000 r/min 时轴向力较小，因此选用双列角接触球轴承，承受双向轴向力，遵循"止推轴承应布置在环境温度较低位置"的原则，将 1 号支点布置在负载压气机前；2 号支点选用圆柱滚子轴承，但考虑到 APU 的转子冷热态变形协调问题，2 号圆柱滚子轴承内圈适当加宽。

19.3.3　轴承初步设计

根据第 14 章设计方法，初步确定 2 个轴承的滚动体尺寸及数量，设计结果见表 19.8。

表 19.8　轴承初步设计结果

支 点 编 号	1 号	2 号
内径/mm	25	25
外径/mm	55	55
基础宽度/mm	35	30

支 点 编 号	1 号	2 号
滚动体直径/mm	9.525	7
滚动体长度/mm	—	7
滚动体数量/个	2×9	6
接触角/(°)	22	—

根据第 14 章所述方法,计算轴承的 dn 值和最大载荷下的滚道接触应力和计算寿命,根据计算结果,对轴承的分析评价结果如下:

(1) 轴承的 dn 值均为 $1.25×10^6$,轴承的转速能力都可以满足设计要求;

(2) 1 号轴承滚道最大接触应力巡航状态约为 1 850 MPa,极限载荷状态约为 2 180 MPa,轴承的承载能力满足要求,在轴承详细设计时应对内部参数进行优化,进一步降低轴承接触应力;

(3) 2 号轴承滚道最大接触应力巡航状态约为 1 600 MPa,极限载荷状态约为 2 150 MPa,满足轴承承载能力要求;

(4) 轴承的计算寿命均大于 2 000 h,可以满足设计要求。

因此,轴承的基本外形尺寸(内径、外径、基础宽度)可以按表 19.8 确定。

19.3.4　轴承润滑设计

由于 2 个轴承的 dn 值均大于飞溅润滑方式限制 $0.8×10^6$,所以润滑方式应选用喷射润滑或环下润滑。其中,1 号轴承拟采用环下润滑,2 号轴承附近只能布置 1 个喷嘴,拟采用喷射润滑,润滑结构见图 19.8。

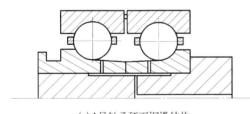 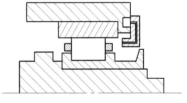

(a) 1号轴承环下润滑结构　　　　　　　　(b) 2号轴承喷射润滑结构

图 19.8　润滑结构方案图

根据第 15 章的设计方法,滑油温升按经验取 20℃时,初步估算 2 个轴承的润滑油需求量分别为 1.1 L/min、0.9 L/min。

19.3.5　轴承配合设计

根据第 16 章的方法,确定轴承的配合关系见表 19.9。

表 19.9　轴承配合关系表

名称/单位	1 号轴承	2 号轴承
轴颈直径/mm	$25^{+0.024}_{+0.015}$	$25^{+0.024}_{+0.015}$
轴承内径/mm	$25^{0}_{-0.006}$	$25^{0}_{-0.006}$
内径配合	过盈 $-0.030\sim-0.015$	过盈 $-0.030\sim-0.015$
轴承外径/mm	$55^{0}_{-0.007}$	$55^{0}_{-0.007}$
轴承座内径/mm	$55^{+0.013}_{0}$	$55^{+0.008}_{0}$
外径配合	间隙 $0\sim0.020$	间隙 $0\sim0.015$

19.3.6　轴承安装与拆卸设计

根据 APU 总体结构方案,为方便轴承拆卸,1 号轴承内圈集成拉拔结构,并且在外圈采用止动槽防转,2 号轴承考虑到 APU 周边结构,集成挡油环;同时两个轴承均采取轴肩轴向限位,用锁紧螺母进行锁紧。

19.3.7　轴承接口设计

根据上述设计方案,完成轴承接口设计,轴承接口结构见图 19.9、图 19.10。

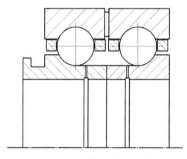 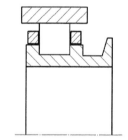

图 19.9　1 号轴承接口结构图　　　图 19.10　2 号轴承接口结构

19.3.8　相邻件设计要求

根据第 17 章 17.3 节设计要求,与轴承倒角相配处全部设置了退刀槽,确保不发生装配干涉。根据轴承设计结果,轴承相邻件挡肩、挡圈等零件的直径未超出轴承挡边。

第 20 章
轴承试验与验证

航空发动机轴承试验是考核新研制轴承产品性能、寿命和可靠性的必要手段，是轴承研制过程的重要环节，按试验目的分为考核性试验和研究性试验。

20.1 考核性试验

考核性试验主要包括轴承试验器试验、发动机地面台架试验和飞行试验。

20.1.1 轴承试验器试验

轴承试验器试验指在轴承试验器等设备上开展的轴承试验，主要包括性能试验、轴承耐久性试验等。

轴承试验器试验应模拟轴承在发动机上的安装和润滑条件。轴承的安装条件包括安装固定结构、压紧螺母的压紧力、与轴承相配的轴、轴承座的配合关系等；轴承的润滑条件包括润滑方式、滑油种类、滑油温度、滑油流量以及轴承在发动机上的润滑结构等。

1. 轴承性能试验

轴承性能试验的目的是验证轴承结构和设计参数的合理性，轴承性能试验应包含轴承在发动机上的主要工作状态及飞行包线内的各种极限转速和载荷工况，以及其他可能发生的工况（如滑油中断等）。

试验的最高转速应不低于其所在发动机转子的最大瞬态转速，轴承的最大载荷应不低于发动机飞行包线内的最大边界载荷。

滑油中断试验时，轴承先在发动机中间功率状态下工作一段时间（一般为30 min），当轴承温度基本稳定后，切断轴承供油，使轴承在断油状态工作30 s，随后恢复正常供油。

2. 轴承耐久性试验

轴承耐久性试验的目的是考核轴承的使用寿命。轴承耐久性试验工况及应包含发动机主要工作状态的主要工作参数，各工况的试验时间占比一般按发动机各主要工作状态的时间占比。

20.1.2　发动机地面台架试验

考核轴承在发动机上的使用性能和使用寿命,主要包括发动机持久试车和滑油中断试车。

20.1.3　飞行试验

用于考核轴承在发动机飞行状态的使用性能。

20.2　研究性试验

轴承的研究性试验是为了研究轴承适应异常工况的能力以及特定工况条件对轴承的影响,为轴承以及轴承安装、润滑等结构的改进设计提供依据。研究性试验项目主要有异常工况下的轴承性能摸底试验、轴承打滑度测试试验、轴承温度场测量试验等。

20.2.1　异常工况下的轴承性能摸底试验

在发动机试验中,特别是发动机研制初期的状态调整试车过程中,往往会发生轴承载荷超限、供油温度超限、供油压力偏低等超出预期等异常情况。为了保证发动机试车安全,可视情安排异常工况下的轴承性能摸底试验,以检验轴承是否能安全工作。

常见的异常工况有过大或过小的轴向载荷、过高的供油温度、过小的供油压力(或供油流量)等。

20.2.2　轴承打滑度测试试验

打滑度测试试验的目的是研究轴承打滑程度与轴承工况条件的关系,为修正发动机工作参数及优化轴承设计提供依据。试验时,在给定的试验转速和试验载荷下,通过测量试验轴承的打滑度和轴承温度、轴承座振动等,研究轴承打滑程度与转速、载荷等工况条件的关系。

20.2.3　轴承温度场测量试验

轴承温度场测量试验的目的是通过测量轴承及轴承腔在预定工作环境下的温度分布,为研究润滑结构优化、轴承设计优化等提供依据。

第 21 章
滚动轴承失效与预防

滚动轴承是航空发动机的关键基础零件,是发动机转子安全运转的重要保证。与发动机本体其他零部件相比,滚动轴承是较容易发生失效或损坏的零件,这是因为滚动轴承通常工作在高转速、高温度和大载荷条件下,并可能存在突然的冲击载荷或振动载荷。此外,装配不当、润滑不良、腐蚀生锈等原因也是导致轴承失效的常见因素。轴承失效如不及时发现和预防,很有可能发展成严重故障。

本章主要介绍航空发动机滚动轴承常见的失效形式及其产生的原因与预防措施、失效分析的一般程序和航空发动机常用的滚动轴承故障监测技术。

21.1　滚动轴承常见失效形式与预防

航空发动机滚动轴承实际使用过程中,常常因过早损坏或出现不能继续使用的缺陷而失效报废。航空发动机滚动轴承失效形式有很多,常见的失效形式有疲劳剥落、划伤、磨损、轻载打滑、锈蚀、断裂、碰伤和受热变色等。由于航空发动机滚动轴承的结构、安装位置以及工况条件的复杂性,有时同时出现多种失效形式。

导致轴承失效的原因与因素各式各样,主要包括润滑不良、过载、振动、异物进入、装配不当、轻载、游隙设计不当、材质缺陷和制造精度超差等。

21.1.1　疲劳剥落

疲劳剥落是指轴承工作表面在交变应力的反复作用下引起组织显微裂纹扩展,金属颗粒从表面剥落,形成凹坑,有疲劳裂纹发展线的痕迹存在。典型形貌特征如图 21.1 所示。

产生的原因一般有以下几种:

(1) 轴承设计的承载能力不足,转子的气动载荷过大,转子的不平衡量过大;

(2) 污染颗粒在工作表面的压痕、划伤,形成一定尺寸的凹坑,凹坑边缘的接触应力非常大,成为疲劳源;

(3) 润滑不良导致工作表面局部出现金属直接接触,工作表面微凸体相互挤

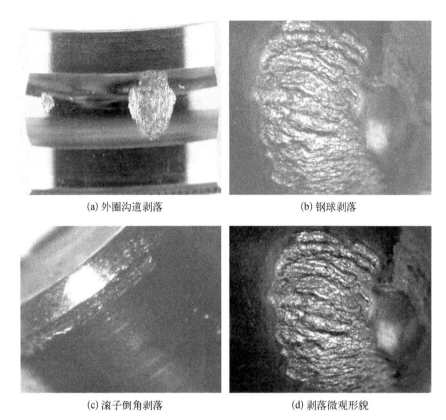

(a) 外圈沟道剥落   (b) 钢球剥落

(c) 滚子倒角剥落   (d) 剥落微观形貌

图 21.1　轴承疲劳剥落形貌

压,形成大量的微小裂纹,随后裂纹又扩张并连结起来,就能形成深度达到微米级的微小剥落,造成表面损伤;

　　(4) 装配不当导致的工作表面损伤;

　　(5) 滚道加工精度超差,如滚子凸度形状、滚道精度等;锻造不合理导致金属流线在滚道表面截断;磨削烧伤等;

　　(6) 材料缺陷,非金属夹杂物、粗大碳化物出现在次表面。

　　预防的措施一般有以下几种:

　　(1) 合理选择轴承尺寸,保证轴承疲劳寿命裕度充足;

　　(2) 将轴承承受的气动力作为重要参数进行控制,使其在合理范围内;

　　(3) 转子不平衡量控制在合理水平,减少转子不平衡或不对中带来的附加载荷;

　　(4) 控制滑油清洁度,包括选取合适的滑油滤过滤精度,控制机匣内部油路清洁度等;

　　(5) 选用合适的润滑介质和润滑方式;

　　(6) 加强轴承装配过程控制,使用合适的工具,制定详细的装配工艺;

（7）加强轴承制造过程质量控制,避免精度超差、热处理、磨削不合格零件流入用户手中;

（8）使用优质轴承钢,加强原材料的入厂检验。

21.1.2　划伤

轴承零件表面出现具有一定深度、宽度和长度的沟槽称为划伤。形貌特征如图 21.2 所示,使用划针能检测到划伤处存在材料去除,有时在沟槽内能发现残留的外来颗粒物。

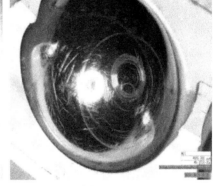

(a) 滚子划伤　　　　　　　　　　　(b) 钢球划伤

图 21.2　滚动体划伤

产生的原因一般是润滑剂中的硬质颗粒夹在接触表面之间,破坏油膜和划伤工作表面。划伤并不直接导致轴承止转失效或丧失精度,但划伤可能会显著降低轴承的疲劳寿命。硬质颗粒可能有以下几种来源:

（1）轴承清洗不干净,包括轴承出厂时清洗和装配前清洗;

（2）机匣内部未清除干净的铸造残留砂粒,这些砂粒不经滑油滤而直接进入轴承;

（3）焊接轴承腔残留的焊渣,不能冲洗掉,工作时因振动和高温作用脱落,焊接机匣零件焊前未清理干净,焊后无法有效清理;

（4）轴承周围密封件使用了含硬质颗粒物涂层,这些硬质颗粒物工作时磨损而进入轴承内。

预防的措施一般有以下几种:

（1）加强过程控制,轴承在转工、装配等各个环节都应做好防护和清洗工作;

（2）对复杂铸造机匣内腔和内部油路,进行振动抛磨、柔性铣刀清理或采用喷涂工艺;

（3）焊接机匣焊接前应控制零件清洁度,焊后采取措施清除腔内焊渣。

21.1.3　磨损

磨损指轴承工作表面之间相对滑动导致金属不断磨损而产生失效。持续的磨损将引起轴承零件逐渐损坏,并最终导致轴承尺寸精度丧失及其他问题。常见的磨损有细微磨损和黏附磨损。

图 21.3 所示形貌特征为细微磨损。细微磨损是轴承工作过程中在微观几何拉伸力的作用下,材料表面表现的细微颗粒缺失现象,无材料转移。细微磨损的表现特征为外观粗糙无光或呈侵蚀状,加工印痕局部或全部消失。

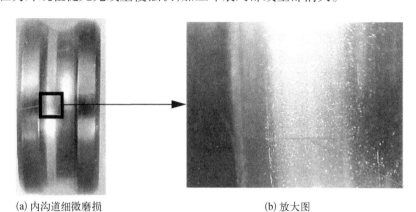

(a) 内沟道细微磨损　　　　　　　　　　　(b) 放大图

图 21.3　滚道接触区细微磨损形貌

图 21.4 所示形貌特征为黏附磨损。黏附磨损是剧烈的滑动摩擦导致,通常由于润滑不良,在较高应力作用下摩擦产生大量的热,使接触区局部熔化、焊合,在强烈的拉伸力下随之又被撕裂,两接触面之间出现金属迁移现象。

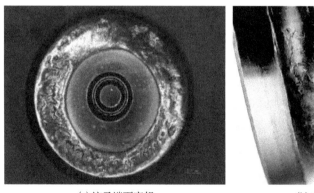

(a) 滚子端面磨损　　　　　　　　　　　(b) 内沟道磨损

图 21.4　黏附磨损形貌

一般细微磨损产生的原因有以下几种:

(1) 表面太粗糙;

（2）载荷不足,引起接触区域存在滑动;

（3）润滑油膜太薄;

（4）材料硬度低或组织结构不良从而抗磨损强度不足;

（5）磨蚀微粒污染。

而黏附磨损作为一种严重的磨损现象,产生的原因主要有以下几种:

（1）轴承载荷过大,或轴承零件制造不合格导致非正常载荷过大;

（2）润滑剂不足或不合适,润滑油膜显著破坏;

（3）轴承温度升高导致轴承卡死。

预防的措施主要有以下几种:

（1）提高零件加工精度,包括提高轴承零件加工精度、相配件加工精度和装配精度;

（2）改善轴承润滑条件,如调整润滑方式、合理布置喷嘴数量和位置;

（3）降低轴承工作温度;

（4）优化轴承设计,减少滑动概率;

（5）设计合适的轴承预紧力,既不能太小引起细微磨损,也不能过大导致卡死。

21.1.4　轻载打滑

轻载打滑是一种特殊的磨损现象。轻载打滑是滚动体与套圈滚道接触时,由于接触应力极小,滚动体拖动力不足,导致滚动体相对套圈产生明显滑动,造成滑蹭损伤的一种现象。其典型特征是在滚道上形成火焰状灰白色蹭伤区,如图21.5、图21.6所示。

(a) 内滚道滑蹭损伤　　　　　　　　　　(b) 内沟道滑蹭损伤

图 21.5　轻载打滑引起的滚道磨损

产生的原因为拖动力不足,滚动体相对套圈产生明显滑动。主要有以下可能:

（1）三点角接触球轴承承受的轴向力不足,轴承运转时出现三点接触情况;

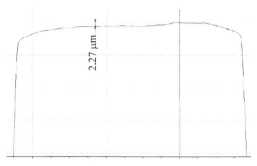

(a) 滚子滑蹭损伤   (b) 磨损滚子圆柱面的轮廓

图 21.6 轻载打滑引起的滚动体磨损

(2) 圆柱滚子轴承承受的径向力很小,而轴承无径向预紧设计;

(3) 圆柱滚子轴承设计的游隙偏大;

(4) 轴承装配时涂抹过多凡士林等脂类润滑剂,或者工作时供给过多的润滑剂,阻碍滚动体运转。

预防的措施主要有以下几种:

(1) 增大三点角接触球轴承轴向力,避免轴向力换向,或者快速换向避免在小载荷区长期停留;

(2) 适当减少圆柱滚子轴承径向游隙;

(3) 采用三瓣波外圈滚道适当增加圆柱滚子轴承径向预紧;

(4) 将外引导保持架改为内引导保持架,减小保持架对滚动体的阻力;

(5) 在保证滚子具有足够高的疲劳寿命的情况下,减小滚动体数量和尺寸,以便减小其惯性阻力;

(6) 改进轴承结构,使轴承内润滑油流畅性变好,以保证滚动体与滚道之间形成弹性流体润滑油膜。

21.1.5 腐蚀

腐蚀是发生在轴承零件表面的一种化学反应。腐蚀可分为锈蚀和摩擦腐蚀两大类。锈蚀是当钢制滚动轴承零件与湿气接触时,表面发生氧化,形成麻点,形貌特征如图 21.7 所示。摩擦腐蚀是在某些摩擦条件下,由配合表面之间相对微小运动引起的一种化学反应。这些微小运动导致表面和材料氧化,可看到红棕色或黑褐色锈蚀和配合表面材料的缺失,形貌特征如图 21.8 所示。

产生的原因主要有以下几种:

(1) 轴承未防护暴露在湿气大的环境中;

(2) 直接用手接触清洗干净的轴承,手上的汗渍黏附在轴承表面;

(3) 润滑剂中含有水分或润滑剂变质酸化;

(a) 滚子轴承外套圈锈蚀　　　　　　　(b) 球轴承外套圈锈蚀

图 21.7　轴承锈蚀

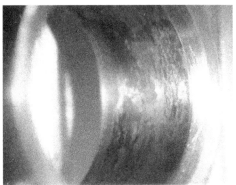

(a) 外径面微动腐蚀　　　　　　　　(b) 内径面微动腐蚀

图 21.8　轴承微动腐蚀

（4）由于不合适的配合,比如配合过盈量太小或表面太粗糙,轴承受到载荷或振动的影响会在配合界面产生微小往复摆动。

预防的措施主要有以下几种:

（1）轴承拆除防锈包装后应妥善保管;

（2）装配时应戴手套,不能直接用手接触轴承;

（3）使用过程中要定期监测滑油品质;

（4）选取合适的配合,要考虑工作时轴承温升导致过盈量可能变小。

21.1.6　零件断裂

零件断裂是指某个轴承零件上由于裂纹向应力区域外扩展而导致的材料分离现象。形貌特征如图 21.9 所示。

(a) 保持架断裂　　　　　　　　　　(b) 球轴承外套圈锈蚀

(c) 铆钉断裂　　　　　　　　　　　(d) 滚动体断裂

图 21.9　轴承零件断裂

产生的原因一般有以下几种：

（1）轴承受过大载荷，也可能是受到冲击导致局部应力过大，或者过盈配合过紧造成应力过大，应力集中超过了材料的拉伸强度，导致产生裂纹并迅速扩展，形成过载断裂；

（2）当滚动体运转不平稳导致保持架受到额外的冲击载荷，应力不断超过疲劳极限就会产生疲劳裂纹，裂纹先在应力较高处形成并逐步扩展到零件截面的某一部分，最终造成过载断裂；

（3）轴承座或轴对轴承套圈的支撑不足时，也会引起疲劳断裂。

预防的措施一般有以下几种：

（1）轴承在装配时应避免受到冲击载荷；

（2）轴承的过盈配合量应合适，限制套圈周向应力；

（3）要控制转子组件跳动、轴承安装孔的同轴度和转子不平衡量，装配时要进行检查；

（4）要控制轴承保持架的不平衡量和滚子的运转精度。

21.1.7　装配碰伤

装配碰伤是装配或拆卸过程中导致的轴承零件碰伤、塑性变形等缺陷。常见形貌如图 21.10 所示,其中(a)为装配时蛮力敲击导致滚子与内圈安装引导面倒角碰伤,(b)为装配时滚子受到冲击导致保持架兜孔变形。

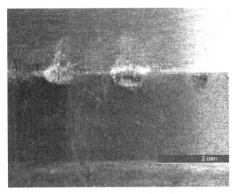

(a) 内圈安装引导面倒角碰伤　　　　(b) 保持架兜孔变形

图 21.10　轴承零件装配碰伤

常见的原因有以下几种:

(1) 装配工艺不合理,过盈量较大时套圈加热温度不够;

(2) 圆柱滚子轴承内圈随轴装入外圈时,强行敲击轴导致滚子和内圈碰伤,保持架被挤压变形;

(3) 将轴承组件从轴承座中拆下时,使用铜棒敲击保持架,导致保持架基体碰伤和变形;

(4) 拆装轴承时通过滚动体传力,导致滚动体和滚道损伤。

预防的措施包括:

(1) 细化轴承装配工艺,设计合适的拆卸装配工具,禁止蛮力敲击轴承;在干净整洁的环境中装配发动机;

(2) 结构设计时要考虑轴承的装配与拆卸方案,合理设计相关零件结构,便于轴承装配与拆卸。

21.1.8　过热变色

过热变色是指轴承受到高温影响,金属颜色局部或全部发生变化的一种现象,轴承的热变色要与轴承表面积碳和滑油氧化变质形成的胶质物附着区分。承受过高的温度会使轴承钢金属颜色从轻度的麦棕色变成紫色或蓝色,最后变成浅灰色。轴承热变色本身不导致轴承不可使用,但由于过热可能会导致硬度降低,使得轴承不能被接收。图 21.11 为典型热变色形貌。

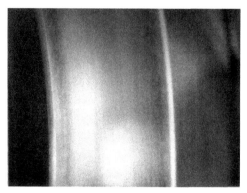

(a) 球轴承套圈热变色　　　　　　　　(b) 滚子轴承套圈热变色

图 21.11　轴承套圈热变色

产生的原因一般有以下几种:

(1) 润滑不良导致轴承局部温度偏高;

(2) 轴承处于高温部件附近,外界热量传递给轴承;

(3) 发动机紧急停车导致轴承缺乏冷却。

预防的措施主要有以下几种:

(1) 检查滑油压力和喷嘴角度是否合适;

(2) 轴承腔密封设计合理,防止高温气体进入;

(3) 轴承腔回油能力充足,避免油腔积油;

(4) 轴承座设计隔热屏障,对高温轴进行冷却。

21.2　失效分析的一般程序

航空发动机滚动轴承经常出现一些早期损伤,应及早进行失效分析,查找引起轴承失效的内在和外在因素,提出解决和预防措施。如果轴承早期损伤未及时被发现,任由发展成严重损坏,则导致损伤的主要原因可能被掩盖。轴承失效分析主要分为 4 个阶段:初步调查、目视检查、补充检查和失效机理分析。

21.2.1　初步调查

首先是现象调查,包括轴承及其他相关零件的损坏情况、故障发生的过程、故障发动机的运行条件、故障轴承的使用情况。

其次是调查同批次轴承使用情况,以前发生过的类似故障。复查轴承设计、制造情况。发动机中与轴承相关零部件的设计、制造情况。

最后是调查轴承的装配工艺、承受载荷、工作转速、润滑条件和工作温度等资料。

21.2.2　目视检查

使用肉眼、双目镜或光学显微镜进行目视检查,记录轴承失效形貌特征。主要工作内容包括:① 分解前标识、标记轴承;② 宏观拍照;③ 目视检查轴承损伤情况并记录,为后续补充检查指明方向;④ 目视检查轴承相关零件损伤情况。

21.2.3　补充检查

补充检查是根据可能导致轴承失效的原因开展有针对性的检查工作,比如:① 精密计量,包括尺寸精度、旋转精度以及滚道轮廓;② 无损探伤检查;③ 扫描电镜观察;④ 断口分析;⑤ 材料成分分析;⑥ 残余压应力分析;⑦ 硬度测试;⑧ 酸洗检查;⑨ 金相组织分析;⑩ 金属流线。

21.2.4　失效机理分析

根据前期调查与分析结果,对轴承失效的原因进行分析。对于原因复杂、影响因素多的故障,可采用故障树分析的方法进行分析,有时还需开展故障复现或失效机理模拟试验以佐证分析的准确性。

失效分析的目的是找到失效的真正原因,得出正确的结论,从而制定有效的改进和预防措施。因此失效分析忌带主观片面性,应该站在公正的立场给出符合实际情况的结论。

21.3　滚动轴承故障诊断技术

21.3.1　故障诊断技术分类

在航空发动机中,轴承早期微弱故障有可能快速发展,导致灾难性后果。轴承寿命离散性很大,按照设计寿命对轴承定期更换,既造成资源浪费,也限制了发动机的翻修期限。在发动机上对轴承进行故障诊断和状态监测,可以避免出现严重故障,又能延长轴承使用寿命,已越来越受到重视。

滚动轴承故障诊断技术较多,根据监测实时性可分为在线监测诊断和离线监测诊断。在线监测诊断是指对现场正在运行设备的自动实时监测;而离线监测诊断是指利用记录仪等将现场的状态信号记录后,或者采集样本带回实验室后再进行分析的诊断。目前常用的诊断技术主要有振动诊断技术、温度诊断技术、油液分析技术和智能轴承监测技术等。

21.3.2　振动诊断技术

轴承零件工作表面出现疲劳剥落、压痕或局部腐蚀时,轴承运行中会出现周期性的脉冲信号。在轴承座上安装传感器来接收这种周期性信号,通过对振动信号的分析可以判断轴承是否损坏以及损坏的部位。计算轴承的通过频率,有助于分析缺陷对振动的影响。假设外圈静止、内圈旋转,轴承通过频率包括:

（1）保持架相对内圈的旋转频率为

$$f_i = \frac{f_r}{2}\left(1 + \frac{D_w}{d_m}\cos \alpha\right) \tag{21.1}$$

式中,f_r 指内圈旋转频率,单位为 Hz。

（2）保持架相对外圈的旋转频率为

$$f_c = \frac{f_r}{2}\left(1 - \frac{D_w}{d_m}\cos \alpha\right) \tag{21.2}$$

（3）滚动体绕自身轴的旋转频率为

$$f_b = \frac{f_r}{2}\frac{d_m}{D_w}\left[1 - \left(\frac{D_w}{d_m}\cos \alpha\right)^2\right] \tag{21.3}$$

内圈滚道存在一个点状缺陷时,形成频率为 Zf_i 异常振动频率;外圈滚道存在一个点状缺陷时,形成频率为 Zf_c 的异常振动;滚动体表面存在一个点状缺陷时,形成频率为 $2f_b$ 的异常振动[9]。

振动诊断技术应用广泛,可实现在线监测诊断,特别适合旋转机械中轴承的故障监测和诊断,包括信号拾取、信号处理和故障识别三方面内容。

轴承产生的振动,既有一千赫兹以下的低频振动,又有几千赫兹以上的高频振动,故常选用加速度传感器,同时也要考虑传感器是否适应安装使用环境。传感器布置时应遵守一条基本的原则,即测点越靠近振源,振动反映故障越敏感,得到的信息越可靠,判断越准确。对于航空发动机轴承来说,只有将传感器小型化,以便将它直接装到发动机轴承座或轴承上,才是检测轴承故障的最佳途径。

传感器拾取的信号包括轴承振动波形,也带有各种各样的噪声。信号处理的作用就是过滤干扰信号和噪声,分离出所需轴承振动信号和曲线。振动信号处理主要有时域分析和频域分析,一般采用专门数据处理装置在线监测分析。

常用故障识别方法有振幅值诊断法、波形因素诊断法、波峰因素诊断法、概率密度诊断法、冲击脉冲诊断法和包络法等。

21.3.3　温度监测技术

滚动轴承如果产生了某种损伤,其温度就会发生变化,因此可通过监测轴承温度来诊断轴承故障。该方法简便实用,可在线监测,但其有个缺点就是当温度有明显的变化时,故障一般都达到了相当严重的程度,因此无法发现早期故障。同时对于滚动轴承温度测量虽然简单,误差一般较大,因此这种方法目前已逐步转变为对滚动轴承的辅助监测诊断手段。一般进行轴承试验器试验或发动机台架试验时,为了保护发动机和试验台,仍然在现场安装轴承温度显示仪表,有时还将轴承温度测量参数引入控制系统,增设报警功能和自动停机保护功能。

21.3.4　油液诊断技术

油液诊断技术是指对润滑油进行定期或连续监测,分析油液中各种成分,以此进行故障诊断一类技术,主要包括光谱分析、铁谱分析和磁性屑末监测技术等。

光谱分析是利用组成物质的原子在一定条件下能发射具有各自特征的光谱的性质,来分析润滑油中的各种金属含量。发动机长期工作时,磨损颗粒中的金属成分,如铬、铜、铁等逐渐增长,油中金属元素的种类和数量都会发生相应改变,根据变化趋势可以判断设备产生磨损的部位和状态。由此可见,定期测试润滑油中金属元素的含量,掌握其变化趋势可以监测设备中轴承等摩擦副运行状态。光谱分析是航空发动机最常用的一种定期监测诊断技术。

铁谱分析是将润滑油所含的磨屑通过磁场进行分离和分析的技术。发动机中的摩擦副,如轴承、齿轮和密封等,磨损过程中会形成磨屑,观察润滑油中磨屑的尺寸、形状、颜色、数量、分布状态和组成可以判断磨损的形式、磨损剧烈程度和磨损发生的部位。铁谱分析成本低廉,检测磨屑尺寸范围大,定性和定量分析相结合,提高了诊断的可靠性,可对磨损故障进行早期诊断,但对分析人员要求高。铁谱分析与光谱分析是定期取样,离线分析,对于突发性故障不能进行有效的监测和诊断。

磁性屑末监测技术是在循环润滑油路系统中设置磁性屑末检测信号器,吸附润滑油中的磁性金属屑末,使得电路导通或电阻低于一定值后报警的在线监测诊断技术。一般磁性屑末检测信号器吸附的金属屑末尺寸大于 100 μm,与光谱和铁谱分析相比,发现故障的时机更晚,对于非金属轴承元件的损坏不能监测。这项技术原理简单,容易实现,是在航空发动机上使用最广泛的在线监测技术。

21.3.5　智能轴承监测技术

智能轴承是指由经过改进的轴承本体及相关辅件、镶嵌在轴承体内或相关辅件内自供电微型传感器、处理传输电路、采集卡和信号处理与分析软件组成的可实现服役状态自感知和自诊断的轴承系统。通过传感器可监测轴承服役状态:旋转速度、振动、润滑状况、磨损程度等,通过分析软件可对即将发生的故障进行诊断和预警。

国内外轴承厂家已在汽车轮毂轴承、铁路火车轴承和发电机轴承等领域开发出商用产品,在航空发动机上进行了前沿性研究。

第22章
航空发动机轴承技术发展展望

虽然在当前以及今后相当长的时间内,传统发动机还将是主流,但随着航空发动机技术发展,结构要求更为紧凑,新型发动机等对轴承的设计也提出了新的需求。新概念发动机如多电发动机、全电发动机的深入研究,空气轴承、电磁轴承等技术也将逐步在航空发动机领域得到应用。

22.1 GTF 轴承

随着航空发动机技术的飞速发展,较好的经济性、较低的燃油消耗率、较好的环保特性和安全性已经成为大涵道比涡扇发动机必须达到的目标。齿轮驱动涡扇(geared turbofan, GTF)发动机就是为了满足这些需求而探索和研制的新型发动机。

GTF 发动机在双转子发动机的低压压气机与风扇间装有 1 个齿轮减速器,通过齿轮减速器将转速降低到风扇的最佳转速来驱动风扇工作,使低压涡轮、低压压气机和风扇均能在各自的最佳转速下工作。该技术使低压涡轮和增压压气机的级数减少,发动机重量相对减轻,从而达到发动机最优化设计的目的。

2008 年,PW 公司在此前的齿轮驱动风扇发动机基础上,发展了一型"清洁动力 PW1000G 发动机",是 GTF 发动机的典型代表。其转子支承方案见图 22.1,与

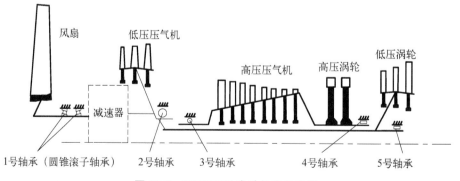

图 22.1 PW1000G 发动机支承方案

以往发动机的支承方案不同之处,在于其采用了齿轮减速器,风扇转子与低压转子没有刚性相连,而是通过柔性联接到低压涡轮上。风扇转子悬臂支承在 2 个并列的圆锥滚子轴承上。常规的大涵道比涡扇发动机的风扇转速较高,由于圆锥滚子轴承在高速状态下存在易发生异常磨损的特点,因此无法采用这种轴承。而 PW1000G 发动机的风扇转速较低,为圆锥滚子轴承的采用提供了可能[2]。由于没有涡轮的平衡,整个风扇工作时所产生的轴向力均由圆锥滚子轴承所承受,导致通过圆锥滚子轴承传递的轴向力比其他发动机相比要大很多。

减速齿轮箱为 GTF 发动机的核心技术,传动功率大,通常采用简单的星形传动系统,结构见图 22.2。其输入轴外的套齿与减速器中心的太阳齿轮相连,围绕太阳齿轮的是 5 个沿圆周均匀分布的行星齿轮,行星齿轮下端与太阳齿轮相啮合,上端与环形齿轮相啮合。太阳齿轮传递低压涡轮的动力,利用太阳齿轮周围的行星齿轮减速后再传递到环形齿轮,环形齿轮与输出轴相连,输出轴与风扇相连,驱动风扇旋转,输出轴与输入轴转向相反,即风扇转子与低压转子转向相反[16]。

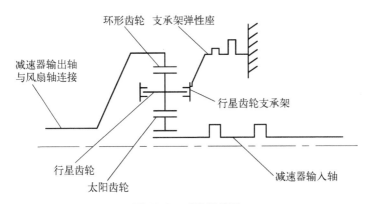

图 22.2 减速器简图

GTF 发动机的减速齿轮箱以极高的功率密度、高可靠性和长寿命为特点,要求所采用轴承具有重载长寿命的能力。该减速齿轮箱未采用常用的滚动轴承,而是采用了轴颈(滑动)轴承,以减轻重量,其具有占用空间小、结构紧凑、承载能力好且寿命长的特点,但在启停过程以及机动状态下的适应性较差。需要考虑减速齿轮箱在各种工作状态下的全功率、超速、超扭矩、超载荷、滑油中断和风车起动等条件,开展各种相关研究,并在试验器和整机台架上完成验证考核。另外,还需要开展多次起动-停车循环的磨损试验,以验证该轴承的工作可靠性。为满足 GTF 发动机的技术要求,未来需要突破大负荷圆锥滚子轴承、大功率减速器用高承载滑动轴承等关键技术。

22.2 滑动轴承

滑动轴承是指在滑动摩擦下工作的轴承。滑动轴承工作平稳、可靠、无噪声。在液体润滑条件下,滑动轴承工作时两表面被润滑油分开而不发生直接接触,可以大大减小工作表面磨损,但起停时会发生直接接触。滑动轴承由轴颈和轴瓦组成,转轴上被轴承支承的部分称为轴颈,安装在静止件中与轴颈相配的零件称为轴瓦。为了改善轴瓦表面的摩擦性质,通常在轴瓦表面浇铸一层减磨材料,减磨材料层称为轴承衬(图 22.3)。

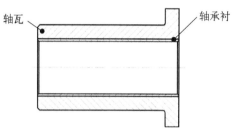

图 22.3 滑动轴承

滑动轴承在低速重载、较大冲击与振动、径向空间尺寸受限等场合广泛应用。目前,滑动轴承已广泛应用于汽轮机、内燃机、金属切削机床以及各种仪表仪器中。另外,许多航空发动机减速器使用行星传动系统,其中行星轮轴的支承已采用滑动轴承(图 22.4)。

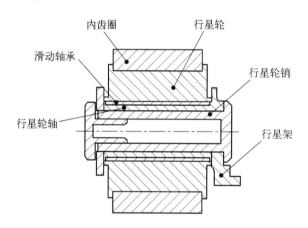

图 22.4 滑动轴承局部安装结构

与滚动轴承相比,滑动轴承具有径向尺寸小、承载能力大、拆装方便等优点,可有效解决航空发动机减速器对轴承承载能力尺寸要求苛刻的问题。但是,目前滑动轴承主要应用于比压 5 MPa 以下的轻载工况或线速度 1 m/s 以下的重载工况。航空发动机转子存在高温、高速、重载的特点,而在高比压、高转速条件下滑动轴承难以形成动压润滑;在高温下易造成润滑油黏度降低、轴和轴瓦膨胀等现象,致使滑动轴承在航空发动机中应用较少。

未来需攻克高许用比压轴承材料、高温耐磨涂层研制及滑动轴承润滑散热结构改进等关键技术。

22.3　空 气 轴 承

空气轴承是一种利用气体作为润滑剂,在轴与轴承套之间构成气膜,使活动面和静止面避免直接接触的支承元件。由于气体黏性极小,这种轴承可以认为是摩擦很小或无摩擦的,因此具有高转速工作能力。

空气轴承的类型很多,按其承受载荷的方向不同,可分为径向轴承(承受径向载荷)和止推轴承(承受轴向载荷)。根据润滑承载机理的不同,又可分为空气静压轴承、空气动压轴承和压膜型空气轴承。根据轴承结构的不同,可以分为刚性气体轴承和柔性气体轴承。其中,每种轴承根据其具体结构又可以细分为很多类型。

其中,箔片式动压气体轴承以其较好的刚度、阻尼特性以及良好的稳定性,得到了较为广泛的应用,近些年国外已将其逐步应用于航空航天等领域,主要包括小型航空发动机、燃气轮机、空气悬浮离心鼓风机等。

箔片式动压气体轴承是以周围环境中的气体作为润滑剂并采用箔片作为弹性支撑元件的一种动压轴承(以下简称箔片轴承)。箔片轴承在工作原理上与油润滑滑动轴承相似,通过动压原理形成动压气膜支承转子,转子轴颈与轴承表面没有机械摩擦。如图22.5所示,波箔型箔片轴承由顶箔片、波箔片、轴承壳三部分组成。顶箔片提供了一个与转轴接触的柔性光滑表面,同时也是动压气膜形成后支承气膜的表面。波箔片是箔片轴承的弹性支承结构,具有一定刚度

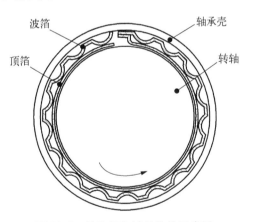

图 22.5　箔片气体轴承结构示意图

和阻尼,能够承受一定的负载力作用,高速工况时能够稳定动压气膜,使波箔型箔片轴承能够稳定工作。轴承壳为顶箔片和波箔片提供了固定和支承的基础。

研究表明[17]:采用箔片轴承可使小型航空发动机重量减轻15%,成本减少20%,维护费用减轻50%,提高功率密度20%。因此,箔片轴承的技术研究对小型航空发动机的进一步发展具有重要意义。

目前,箔片轴承主要应用于地面燃机、空气悬浮鼓风机等,未来在攻克了高温固体润滑涂层制备等技术后,有望应用于航空发动机领域。

22.4　电　磁　轴　承

随着航空发动机技术发展,特别是多电发动机、特殊环境应用的地面燃机等新型航空发动机设计中,轴承的需求有了更高的要求,如高速、高温或低温、特殊的运行环境等,传统的滚动轴承和滑动轴承已经不能满足要求。

利用电场力、磁场力使轴悬浮的滑动轴承统称为电磁轴承。用电场力悬浮的为静电轴承,用磁场力悬浮的为磁力轴承,用电场力和磁场力共同悬浮的为组合式轴承。静电轴承需要很大的电场强度,应用受到限制。磁力轴承具有较大的承载能力和刚度,已用于超高速列车、超高速离心机、水轮发电机等。

航空发动机领域中的磁轴承主要指主动磁悬浮轴承,通过受控的磁场力将转轴和轴承静子分开,是一种有源磁悬浮轴承。主动磁悬浮轴承属于机电一体化产品,是控制理论、电子电力、电磁学、转子动力学及计算机科学等学科交叉的结晶。

主动磁浮轴承一般由控制器、转子、电磁铁、传感器和功率放大器等五部分组成(图 22.6)。磁场力与磁场强度、磁感应强度和磁极面积成正比,适当选择磁场参数和几何尺寸,可得到一定的轴承承载能力和刚度,而与物体间距离的平方成反比,在磁轴承中,须利用传感器检测转子位置,采用伺服装置对磁场力进行控制,使磁轴承能稳定工作。

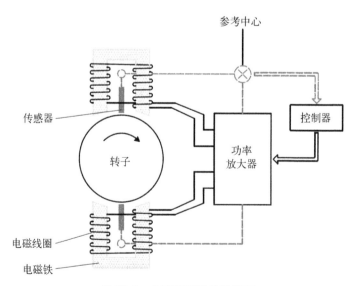

图 22.6　主动磁浮轴承示意图

实际使用的电磁轴承一般由径向轴承、推力轴承、伺服控制回路、阻尼器、位置传感器等组成。依靠电磁铁产生的磁场力使转子悬浮,传感器监视转子的位置,并将信息传送给控制系统。控制系统确定保持轴处于轴承静止件中心位置所需的控制信号,该控制信号被送到功率放大器,转换成电磁铁支承机械载荷所需的电流。

一个径向轴承往往分为两个不相关的轴线(如水平轴和垂直轴)进行控制。每个轴线有一套电子器件,大多数都由相对的一对作动器组成。推力磁浮轴承的工作原理与径向磁浮轴承相似,采用平面气隙,以类似的方式处理轴向载荷。磁浮轴承一般有多个电磁作动器,并且还有同极和异极之分。所有的磁浮轴承有备份轴承,以备电力故障时用。

与传统滚动轴承、滑动轴承相比,磁轴承不存在机械接触,转子可以达到很高的运转速度,具有机械磨损小、能耗低、噪声小、寿命长、无需润滑、无油污染等优点,特别适用于高速、真空、超净等特殊环境。然而,电磁轴承在航空发动机上的应用尚存在以下诸多难点:

(1) 磁浮轴承载荷能力较低,因此承受同样的载荷所需体积较大,另外还需要传感器、保护轴承等零件,整套结构复杂,占用空间较大;

(2) 控制系统存在的难点:目前,高速电磁轴承的控制方面还有很多理论问题没有解决,适用于航空航天等领域的高速、高功率、高密度的工作的电磁轴承尚不多见;

(3) 转子系统动力特性的难点:用于支撑跨临界柔性转子的电磁轴承的设计问题。

参考文献

[1] 邓四二,贾群义,王燕霜.滚动轴承设计原理[M].北京:中国标准出版社,2008.

[2] 刘泽九.滚动轴承应用手册[M].北京:机械工业出版社,1996.

[3] 《航空发动机设计手册》总编委会.航空发动机设计手册第 12 册:传动与润滑系统[M].北京:航空工业出版社,2002.

[4] 王黎钦.滚动轴承的极限设计[M].哈尔滨:哈尔滨工业大学出版社,2013.

[5] 哈里斯·T. A,科兹拉斯·M. N. 滚动轴承分析:第二卷[M].罗继伟,等译.北京:机械工业出版社,2010.

[6] 陈光.航空发动机结构设计分析[M].北京:北京航空航天大学出版社,2006:460.

[7] 中国人民解放军总装备部.航空涡轮喷气和涡轮风扇发动机通用规范[S].GJB 241A－2010,2010.

[8] 中国人民解放军总装备部.航空涡轮螺桨和涡轮轴发动机通用规范[S].GJB 242A－2018,2018.

[9] 哈里斯·T. A,科兹拉斯·M. N. 滚动轴承分析:第一卷[M].罗继伟,等译.北京:机械工业出版社,2010.

[10] 中国国家标准化管理委员会.滚动轴承 额定动载荷和额定寿命(ISO281:2007, IDT)[S]. GB/T 6391－2010,2010.

[11] 中国国家标准化管理委员会.滚动轴承 额定静载荷(ISO76:2006, IDT)[S]. GB/T 4662－2012,2012.

[12] 中国国家标准化管理委员会.滚动轴承 词汇[S].GB/T 6930－2002,2002.

[13] 陈龙,颉潭成,夏新涛.滚动轴承应用技术[M].北京:机械工业出版社,2010:190－192.

[14] 中国国家标准化管理委员会.滚动轴承 配合[S].GB/T 275－2015,2015.

[15] 刘长福,邓明.航空发动机结构分析[M].西安:西北工业大学出版社,2006:239－257.

[16] 陈光.PW1000G 齿轮传动风扇发动机设计特点[J].国际航空,2009(12):71－74.

[17] 谢伟松,林鑫,王伟韬,等.航空发动机弹性箔片气体动压轴承技术研究及性能评价综述[J].润滑与密封,2018,43(7):136－147.

第三篇

航空发动机滑油系统

第23章
航空发动机滑油系统类型

伴随着航空发动机技术的进步,滑油系统已从早期简单的润滑结构单元逐渐发展为一个功能多元的完整系统。根据应用对象以及使用场合的不同,滑油系统可以划分为多种类型。虽然类型多样,但滑油系统设计均应满足航空发动机规范中规定的要求。

23.1 概　　述

滑油系统是航空发动机机械系统的重要组成部分,其功能一是向发动机供给滑油,保证齿轮、轴承、花键轴等传动零件的有效润滑,减少摩擦、磨损;二是带走摩擦产生的热量以及高温零件传给滑油的热量,达到冷却的目的;三是冲刷并带走零件工作表面的污物和磨粒;此外,具有压力的滑油可以作为各种液压调节器等操纵控制机构的工作液,为防冰系统提供热源,也可以通过燃-滑油散热器来预热燃油[1]。

对于目前仍以机械传动为基础的绝大多数航空发动机,高温、高转速、高负荷条件下,其主轴轴承、传动齿轮等零部件的工作环境十分恶劣,必须配备一套滑油系统,以保证发动机的可靠工作。滑油系涉及的部件种类繁多,安装分散,其外部管路及附件大多分布于发动机机匣外部,任一部件出现问题都可能会影响整个系统的正常运转。国内外因滑油系统问题导致的发动机故障和飞行事故层出不穷,触目惊心。1981年,英国罗·罗公司RB221-22B涡扇发动机先后发生了3次风扇盘甩出发动机的严重事故,调查后发现,低压转子前轴承供油量不足,造成轴承损伤,引起转子偏转、密封装置转静件磨损、封严间隙增大,进而导致轴承腔内滑油外泄,高温作用下外泄滑油着火,风扇轴遇高温变软,强度降低,最终折断、甩出;香港两家航空公司装有遄达700的A330客机,从1996年11月至1997年6月短短8个月内发生过5次空中停车,经调查分析得出,主要原因是附件机匣中与垂直传动轴啮合的锥齿轮的止推轴承供油量不足,轴承超温,导致轴承和传动轴先期疲劳而失效;1969年到1990年,JT8D发动机发生了28起涡轮轴或联轴器折断的重大事故,其主要原因是高温热气窜入轴承腔,使滑油温度上升,进而引起滑油着火,燃烧的滑油对转轴加热,强度降低,进而导致转轴或联轴器折断[2];2010 年 11 月,澳航装有遄达 900 的 A380 客机在起飞爬升阶段,2 号发动机中压涡轮轮盘突然爆裂,碎片击穿机匣和短舱后击中飞机多个部位,造成客机严重受损,事后分析原因发现是固定在轴承腔壳体上的滑油管发生疲劳失效,造成滑油泄漏并自燃,燃烧产生的高温气体使涡轮轮盘承力环失去强度并发生断裂,中压涡轮盘转速激增进入飞转状态,最终爆裂[3]。所以,西方航空发达国家先后将滑油系统作为其航空发动机技术中重点研究的方向,制定了一系列相关或专门的研究计划,并取得了许多突破性的成果,有些已经应用于实践。如美国综合高性能涡轮发动机技术研究计划[4,5](Integrated High Performance Turbine Engine Technology,IHPTET)、通用经济可承受的先进涡轮发动机研究计划[6](Versatile Affordable Advanced Turbine Engine,VAATE)、欧洲的先进传动与滑油系统计划[7](Advanced Transmission and Oil Systems, ATOS)和发动机滑油系统技术项目(Engine LUBrication SYStem technologies,ELUBSYS)。虽然我国航空发动机的研制长期处于仿制阶段,但随着发动机技术的发展以及观念的转变,对于包括滑油系统的机械系统在航空发动机技术发展中所处的重要地位逐渐达成共识,相应的人力和物力的投入也逐渐增加。

现代先进航空燃气涡轮发动机涡轮前温度、转速以及热负荷不断提高,使得滑油系统的设计面临巨大挑战。传统滑油系统结构笨重、故障多、维护难,为适应先进航空发动机的发展要求,滑油系统的设计逐步向紧凑型、轻量化、高安全性和高可靠性的方向发展。

23.2　滑油系统的类型

根据滑油在油路中是否循环使用,滑油系统主要分为非循环系统和循环系统两大类。

非循环系统中,滑油供入润滑点完成任务后品质下降明显,不具备循环使用的价值,会直接从发动机排出。这类系统结构简单、重量轻,主要用于一次性使用或者短时工作的发动机上,如助推发动机。

目前航空发动机滑油系统广泛采用的是循环系统,本篇主要针对循环系统进行介绍。

根据系统管路布置形式,循环系统可分为单回路循环系统、双回路循环系统和短循环系统等。单回路循环系统也叫常规循环系统,如图 23.1(a)所示。滑油泵(供油泵)从滑油箱抽油供至发动机,当油泵出口压力过高时,一部分滑油通过调压活门返回至油泵进口,发动机中工作后的滑油经各级滑油泵(回油泵)抽回,依次经过油气分离器分离、滑油散热器冷却,最终返回滑油箱。双回路循环系统[8]在单回路循环系统基础上增加了吸油泵、节流器,如图 23.1(b)所示,大部分热滑油不返回滑油箱而直接到达供油泵进口,剩余少部分回油进入滑油箱加热箱内滑油,有效缩短了发动机起动时间。短循环系统相比于双回路循环系统,没有节流器,滑油绕过滑油箱,散热器出口的回油直接返回至滑油泵(供油泵)进口,滑油在发动机-散热器-发动机回路内循环。

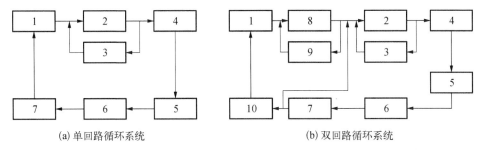

(a) 单回路循环系统　　　　　　　　(b) 双回路循环系统

图 23.1　循环系统管路布置方案

1. 滑油箱;2. 滑油泵(供油泵);3、9. 调压活门;4. 发动机;5. 滑油泵(回油泵);
6. 油气分离器;7. 滑油散热器;8. 吸油泵;10. 节流器

　　根据滑油散热器的安装位置,循环系统可分为正向循环系统和反向循环系统,见图 23.1(a)和图 23.2。正向循环系统中,滑油散热器通常放置在回油路,并且需要在散热器前安装油气分离器,以实现良好的换热效果,此时油箱中的滑油温度较低,称之为冷油箱。反向循环系统中,散热器安装在供油路上,通过回油路进入油箱的滑油温度较高,称之为热油箱。反向循环系统中散热器位于供油路,避免了回油路油气两相传热,换热效果良好且散热器尺寸小,同时热油箱有利于油气分离。

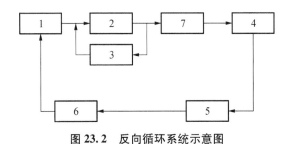

图 23.2　反向循环系统示意图

1. 滑油箱;2. 滑油泵(供油泵);3. 调压活门;4. 发动机;
5. 滑油泵(回油泵);6. 油气分离器;7. 滑油散热器

　　根据系统滑油流量控制方式,循环系统一般包括调压式、全流量式两种类型。调压式滑油系统,主要通过将供油压力限制在给定的设计值来实现滑油流量的调节。供油路安装弹簧加载的调压活门,当滑油压力超过设计值时,活门打开将多余的滑油送回到油箱。在发动机正常工作转速范围内,该系统均可以提供具有稳定压力的滑油。全流量式滑油系统中供油流量随滑油泵(供油泵)转速变化,不设置调压活门,而安装安全活门,防止系统滑油压力过高损坏油路部件。全流量式滑油系统可以满足较高轴承腔压力情况下的供油流量要求,并且系统流量随发动机工况而变化,有利于系统的优化设计(如滑油泵等部件减重),所以现代先进燃气涡轮发动机有逐渐向反向全流量式滑油系统的发展趋势。

表 23.1 列出了一些典型发动机的滑油系统类型。可以发现早期发动机较多采用调压式滑油系统,而全流量式滑油系统在现代航空发动机中应用广泛。

表 23.1　典型发动机滑油系统的类型

发动机型号	投入使用时间/年	滑油系统类型
JT8D	1964	单回路、反向调压式系统
涡喷 7	1968	单回路、正向调压式系统
斯贝 MK202	1968	单回路、反向调压式系统
JT9D	1970	单回路、反向调压式系统
F100	1974	单回路、反向全流量式系统
F404	1978	单回路、反向全流量式系统
CFM56	1983	单回路、正向全流量式系统
RB211	1983	单回路、正向全流量式系统
CF6	1985	单回路、正向全流量式系统
PW4000	1987	单回路、反向全流量式系统
V2500	1989	单回路、反向全流量式系统
遄达 500	2000	单回路、反向全流量式系统

除了上述几种分类方式,有些发动机采用循环系统与非循环系统结合的组合式滑油系统,如 Viper 600 系列发动机前轴承腔和附件机匣采用循环系统,而中、后轴承腔为带有柱塞限量微型泵的非循环全耗式系统[9];有的发动机则采用特殊方式对轴承进行润滑冷却,如 J402 发动机,对球轴承采用盛油器滴定润滑,对滚子轴承采用润滑脂填充润滑[10]。

虽然不同发动机的滑油系统类型、布局可能存在较大差异,但循环式滑油系统通常都包括供油系统、回油系统和通风系统三个子系统。供油系统主要为发动机各支点轴承、传动装置等需润滑的区域提供合适压力的洁净滑油;回油系统主要把供至轴承腔、齿轮箱等处工作后的滑油及时抽回到滑油箱,并分离回油中的空气;通风系统的作用是排出进入轴承腔的封严空气,平衡各滑油腔压力,保持滑油系统正常工作所需的滑油内腔压力,在封严腔和轴承腔之间建立正压差。本篇后续章节将从滑油系统三大子系统出发,对相关主要部件和系统流路的功能、设计要求、设计分析方法、验证试验等方面进行介绍。由于滑油系统中部件繁杂,且不同发动机存在一定差异,所以本篇主要介绍涉及的重要部件,未详述部件可查阅其他文献资料。

图23.3为遄达500发动机滑油系统的示意图[11]。可以看出,该滑油系统类型为干油池式、单回路、反向全流量式系统。供油系统管路(包括吸油路和供油路)为斜虚线和短虚线,滑油经过的部件依次为滑油箱→滑油泵(供油泵)和安全活门→供油滤→燃油-滑油散热器→轴承腔(包含低/中压压气机轴承、低/中/高压转子轴承、中/高压涡轮轴承和低压涡轮轴承)、传动齿轮箱。回油系统管路(包括各腔回油路和总回油路)为长虚线和粗实线,滑油腔(轴承腔、传动齿轮箱)内的滑油依次经过滑油泵(回油泵组)→回油滤→油气分离器→滑油箱。通风系统管路为带箭头实线,轴承腔和滑油箱中的油气混合物进入传动齿轮箱,经离心通风器后排入外界。

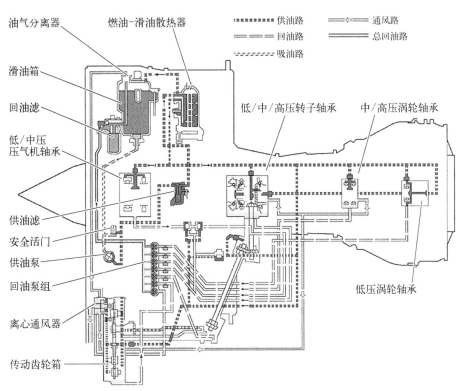

图23.3　遄达500发动机滑油系统示意图

第 24 章
供油系统设计分析

供油系统是航空发动机滑油系统重要的子系统之一,负责为发动机各润滑部位提供合适压力的洁净滑油。本章介绍了典型供油系统的工作过程,并从部件、系统两方面阐述了相关设计要求、部件性能分析方法以及系统管路设计分析方法,特别介绍了常见应急滑油系统的工作过程。

24.1 供油系统介绍

为满足发动机轴承、齿轮、密封的润滑冷却及部分轴承的腔壁冷却要求,需要供油系统提供适宜温度和压力的滑油。供油系统的边界一般是从滑油箱至各润滑点的油路,所以其油路主要包括两部分:第一部分为滑油箱至滑油泵(供油泵)之间的油路;第二部分为滑油泵(供油泵)至各润滑点之间的油路。图 24.1 为供油系统原理图,图 24.1(a)为正向全流量式系统,图 24.1(b)为反向全流量式系统。

图 24.1 中,虚线为滑油泵(供油泵)前的吸油路,实线为泵后增压油路。当发动机滑油系统工作时,滑油泵(供油泵)先从滑油箱中抽油,将油抽至供油泵进口,经过泵增压后,通过油滤从发动机外部管路或机匣内部流路供至轴承腔、齿轮箱中的各润滑点。一般会为滑油过滤器(也称油滤)设置旁通活门,当滑油中的污物堵塞滤芯时,由于流阻增大在滤芯前后会产生较大压差,当压差达到旁通活门的开启压差时,旁通活门打开,滑油经旁通活门直接供至发动机。另外,为防止系统滑油压力过高损坏油路部件,全流量式系统通常会在供油路中安装安全活门。

供油系统是滑油系统正常运转的基础,通常包括滑油箱、滑油过滤器、滑油泵(供油泵)、滑油喷嘴、管路等。系统设计过程中需要考虑部件性能是否满足要求,如滑油箱容积、供油泵容量、滑油滤过滤精度、滑油喷嘴压降、旁通活门开启压力等。

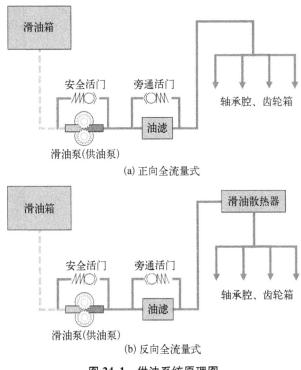

图 24.1　供油系统原理图

24.2　部件及设计要求

24.2.1　滑油箱

滑油箱主要用于存储发动机工作所需的滑油,并为滑油热膨胀和回油除气提供空间。燃气涡轮发动机通常都有一个独立的滑油箱,固定于发动机机匣上,采用铝合金板或钢板冲压后焊接而成。图 24.2 为 CFM56 发动机的滑油箱结构图。

滑油箱除了箱体一般还配备了其他部件,如滑油量传感器、重力加油口或压力加油口、油面观测计、供油管、通气装置(通气管)和回油管等。有些滑油箱内部还设置了油气分离器,将回油中的空气分离出去,以避免空气进入供油路影响供油路部件工作性能。滑

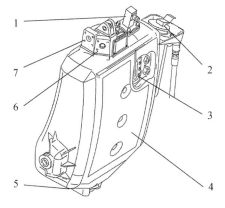

图 24.2　CFM56 发动机滑油箱

1. 滑油量传感器;2. 重力加油口;3. 油面观测计;
4. 箱体;5. 供油管;6. 通气管;7. 回油管

油箱可采用重力加油或压力加油两种方式进行滑油的加注和补充。通气装置与滑油通风系统相通,保证滑油箱压力维持在合适的范围内,防止油箱压力过高或过低,以有利于系统供油。

根据相关规范,对发动机滑油箱的设计提出了以下要求[1,8,12-14]。

(1) 在结构强度设计方面,滑油箱应由耐腐蚀材料制造,能承受油箱增压与发动机振动产生的应力,以及因油箱内、外压力变化产生的周期性交变应力而不发生永久变形。滑油箱应承受两倍于发动机工作包线内的油箱最大工作压差而无可见的漏油或变形。在发动机工作包线内油箱的最大工作压力下,承受 10 000 次周期性的压力变化而不发生漏油或永久变形。并满足安全性、滑油箱试验要求。

(2) 滑油箱容量设计。滑油箱容量 V 由可用滑油容积 V_k、吞入滑油容积 V_t、不可用滑油容积 V_b 和膨胀空间 V_p 四方面决定,并有

$$V = V_k + V_t + V_b + V_p \tag{24.1}$$

其中,可用滑油容积 V_k 至少为发动机型号规范中规定的每小时最大滑油消耗量的 12 倍,或者根据发动机滑油消耗量,以及重新加满滑油前发动机运转时间来确定。吞入滑油容积 V_t 指的是发动机工作时,各滑油腔和管路所能容纳的滑油容积,与发动机型号和结构有关。不可用滑油容积 V_b 指的是不能保证发动机滑油系统进口正常滑油压力的滑油量,当实际油量小于该油量时,滑油供油压力会下降。膨胀空间 V_p 至少应等于可用滑油和不可用滑油在含有 10% 空气,从 -18℃ 加热到最大工作温度所需要增加的空间,或不小于油箱总容积的 20%。

另外,滑油箱应有足够的容量,在整个发动机工作包线内,飞机的各种姿态和飞行力下,当可用滑油已消耗一半时,应保证不产生低油面告警信号。

(3) 滑油箱需配置的外部附件。① 带机外排油管和口盖的重力加油口;② 维护方便、容易观测的油面指示装置;如需要,可设有低油面告警装置,该装置在油箱剩油只能工作 1 h 时向座舱告警信号;③ 压力加油接头和溢流接头;④ 方便可达的自锁放油活门;⑤ 必要时,可装上连续油量检查系统,它包括与座舱指示仪表相连接的全部装置,系统的量程应大于可用油量,精度在可用滑油容积的 ±4.0% 之内。

(4) 滑油箱外廓设计。滑油箱的安装位置要适当,且滑油箱外廓设计时,需要与飞机方进行协调,保证油箱外形不超出飞机方的规定。

(5) 防火设计要求,需满足 GJB 241A 规定的防火要求。

24.2.2 滑油过滤器

根据滑油过滤方法,滑油过滤器可以分为格网式、缝隙式、铁磁性和离心式等,目前航空发动机滑油系统较多采用格网式滑油过滤器。

滑油系统中的污物来源很多,主要包括内部生成污物、外界引入污物两方面。内部污物包括零件相互摩擦产生的磨粒、滑油结焦物、零件表面腐蚀物等;外界引入污物有封严空气经密封装置带入的沙粒或尘埃等杂物、加注滑油时混入的异物等。

滑油过滤器(以下简称滑油滤)的基本原理是在压差作用下使滑油流过滤芯,滤芯中的过滤介质会滤除滑油中的杂质和污物,达到清洁的目的,防止污物进入滑油系统,损害系统部件或堵塞油路。此处以某发动机压力滑油滤(安装于增压油路上的滑油滤)为例,介绍滑油滤的结构和工作过程,如图 24.3 所示。该滑油滤主要包括单向活门、滑油滤壳体、滑油滤盖、滤芯和旁通活门等,工作时滑油从滤芯外侧进入,过滤后由滑油滤中心通道向下流动,一路供至轴承腔,一路经单向活门去往附件机匣。滑油中的杂质被阻隔在滤芯外,随着杂质不断聚集,滑油滤流阻逐渐增大,当滑油滤进出口

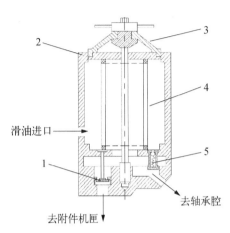

图 24.3　某发动机压力滑油滤结构示意图

1. 单向活门;2. 滑油滤壳体;
3. 滑油滤盖;4. 滤芯;5. 旁通活门

压差超过设定值时,旁通活门打开,未经过滤的滑油会直接供至润滑区域。

滤芯可以采用纸质、化纤、金属网丝等材料,为增加过滤面积,滤芯可以折叠成波纹形状安装在滤芯金属框架内。

滑油滤设计的特性参数包括绝对过滤精度、过滤效率和污物容量等。绝对过滤精度指的是过滤器允许通过的最大颗粒尺寸,单位为 μm;过滤效率指过滤器截留污物量与原滑油中污物总量的比值;污物容量为过滤器压降达到专用技术条件规定的滤芯所承受的压差值时,滤芯截留的污物质量。

根据绝对过滤度滑油滤可以分为粗滤、一般滤和细滤,如表 24.1 所示。

表 24.1　过滤器分类[1,8]

过　滤　器	能滤出的颗粒尺寸/mm
粗　滤	≥0.10
一般滤	0.01~0.10
细　滤	≤0.01

在发动机滑油系统的不同位置应设置合适的滑油滤,并在设计过程中要满足以下要求[1,8,12-14]。

（1）增压油路应装有带旁通活门的滑油滤，该油滤设置在供油泵后，能承受油路工作压力，也称为压力油滤，此油滤结构上应能防止滤出的污物通过旁通活门。此活门通常在油滤压降达到 0.05~0.1 MPa 时开启，应有防止已滤出的污物再通过旁通活门进入的结构。

（2）油滤应布置在容易接近的位置，并能在无专用工具的情况下拆卸滤芯。拆卸滤芯时应防止润滑油从系统中流失，或有为拆卸而设置的放油装置，其位置应保证溢出的滑油不污染其他构件，并能防止积聚的污物进入系统。需要时，油滤应装有压差作动告警装置。该装置在滤网前后的压差超过规定值时给出目视告警信号。

（3）为保护回油泵，回油路应设置粗滤网，必要时每个油池出口设置一个。滤网应具有足够的面积来收集可以预料的碎屑，无需增设旁路，不应因局部堵塞而限流。

（4）在供油系统的吸油路，即滑油箱出口或者靠近供油泵进口位置，安装粗油滤，防止污物或杂质损坏滑油泵。

（5）为防止细小颗粒堵塞滑油喷嘴，有时在滑油喷嘴前安装螺纹式油滤作为保护油滤。各主轴承滑油喷嘴的最后一道油滤或滤网，最理想的设计是不分解发动机就可以从发动机外部方便拆卸、检查和清洗。

（6）污染物容量决定了油滤的使用周期。在发动机上重复使用的油滤，可用诸如常规的溶剂、腐蚀剂及刷子进行清洗和检查。

（7）滑油应从滤网外部流入内部完成过滤过程，以使在目视检查油滤时，快速检查污染程度，进行清洗。

（8）油滤应有测量油滤元件两端压差的测压接头，在壳体上装有压差目视指示装置，它在压差超过规定值时做出指示，在拆卸油滤元件前指示器不能复位。

滑油系统滑油滤的设计布置，除了满足以上要求，通常会结合具体发动机结构特点和实际需要。CFM56 发动机在供油路、回油路均设置滑油滤，压力滑油滤采用了过滤精度为 44 μm 的细滤，带堵塞指示器和旁通活门，回油路中附件齿轮箱、前轴承腔和后轴承腔出口分别设置 3 个过滤精度为 800 μm 的粗油滤，回油泵抽回的三路滑油汇合，然后经过滤精度 32 μm 细回油滤，带有堵塞指示、压差电门和旁通活门。V2500 发动机在供油泵进口设置一粗滤网，压力油滤采用过滤精度为 125 μm 的粗油滤，而回油滤采用过滤精度为 30 μm 的一次性细油滤，带有压差电门和旁通活门，回油滤采用细油滤可以保持油箱内滑油的洁净。CF6 发动机供油路设置了细油滤，过滤精度为 74 μm，回油总管上安装有过滤精度为 15~30 μm 的细油滤，保证系统滑油的洁净。

24.2.3　滑油泵（供油泵）

航空发动机滑油系统常用的滑油泵主要有齿轮泵、旋板泵和柱塞泵等，其中齿轮泵的使用更多。这些泵均为容积式泵,其原理是通过改变工作容积的大小实现吸油和排油功能,并依靠工作部件的挤压来提高滑油压力。

齿轮泵分为外啮合和内啮合两类,如图 24.4 所示。

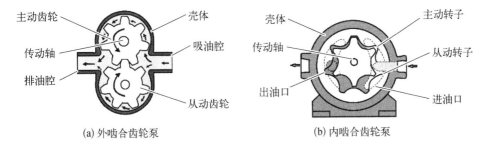

(a) 外啮合齿轮泵   (b) 内啮合齿轮泵

图 24.4 齿轮泵原理图

外啮合齿轮泵主要由一对相互啮合的齿轮(尺寸参数相同)、壳体和传动轴等组成。安装于壳体内的齿轮与壳体的间隙很小,在啮合点两侧形成不互通的两个油腔,即吸油腔和排油腔。发动机转子通过附件传动机构带动滑油泵传动轴旋转,使油泵开始工作,主动齿轮带动从动齿轮旋转,在吸油腔齿轮逐渐退出啮合,油腔容积增大,形成局部真空,滑油被吸入;随着齿轮转动,吸油腔的滑油通过齿间被带入排油腔,排油腔齿轮进入啮合,油腔容积减小,齿间滑油被挤出,同时滑油压力升高。由于外啮合齿轮泵结构简单、加工方便、工作可靠,广泛用于各型发动机滑油系统,如斯贝 MK202、M53 发动机均采用了外啮合齿轮泵作为滑油泵。

内啮合齿轮泵根据齿廓曲线一般分为渐开线和摆线内啮合齿轮泵。航空发动机滑油系统应用较多的是摆线内啮合齿轮泵,也称为转子泵,以下均称为转子泵,如 AE3007、CFM56 发动机。其具有结构紧凑、齿数少、没有从动轴等优点。转子泵主要由主动转子、从动转子、壳体和传动轴组成,通常主动转子比从动转子少一个齿,并且偏心啮合。由于转子间存在转速差,在旋转过程中转子间形成的容积会发生改变,进而实现吸油和排油功能。CFM56 发动机的滑油泵均采用摆线内啮合齿轮泵,滑油泵供油级和回油级均安装在同一油泵壳体内,构成滑油泵组件。

旋板泵结构如图 24.5 所示,主要由定子、偏心转子、旋板和转轴等组成。转子偏心安装于定子内,转子周向分布一定数目的安装槽,旋板则装在槽内,可以往复移动。当转子旋转时,在离心力的作用下,旋板外端面始终紧贴定子内表面,两旋板之间形成空腔,经过泵进口时空腔容积逐渐增大,并吸入滑油,偏心转子继续旋转,经过出口时空腔容积减小,将腔内滑油挤出。美国 J79 发动机就采用了旋板泵。

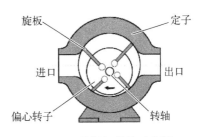

图 24.5 旋板泵结构示意图

根据发动机滑油系统通用规范[14],滑油泵(供油泵)应设计成能提供发动机工作包线内所需流量(或压力)的滑油。滑油泵(供油泵)应设置安全活门,当供油泵与回油泵组合在一起安装时,供油泵应尽可能安置在传动的远端,当任意一级回油泵轴发生故障时,都会同时造成供油泵停止工作,避免持续供油造成轴承腔封严漏油而引起滑油着火。

24.2.4　滑油喷嘴

喷嘴的作用是向滑油腔内需要润滑的区域喷射滑油。喷嘴安装于供油路末端,采用合适的喷嘴尺寸进行限流,以满足不同部位(轴承、密封装置等)的滑油流量需求。根据润滑方式的不同(如喷射润滑和环下润滑),滑油经喷嘴被直接喷至部件表面,或者先喷至集油结构然后经输油结构将滑油输送至润滑部位。图 24.6 为某发动机高压压气机转子支撑轴承的滑油喷嘴安装示意图,该轴承同时采用喷射润滑和环下润滑两种方式。滑油经供油管进入,一路通过喷嘴 1 直接将滑油喷至轴承进行润滑、冷却;另一路经过喷嘴 2 喷射滑油,滑油被轴向集油结构收集后,依次通过环形输油结构和环下油孔进入轴承。

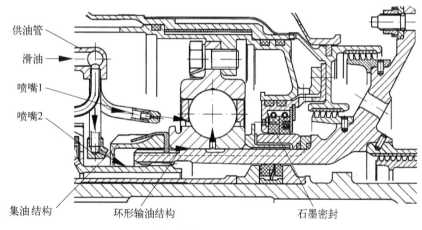

供油管
滑油
喷嘴1
喷嘴2
集油结构　　环形输油结构　　石墨密封

图 24.6　某型发动机滑油喷嘴安装示意图

喷嘴设计过程中需考虑以下问题:① 为防止滑油喷嘴孔被堵塞,其孔径一般不小于 0.5 mm,为实现喷嘴小流量供油,可以在其上游设置多个限流结构以降低喷嘴处的压降,而当需要大流量时,可设置多个喷嘴;② 为使滑油流能穿越旋转的缝隙(如轴承缝隙),喷嘴除了应保证安装正确,使滑油能喷到规定的部位外,还必须提供足够的滑油喷射速度,供油压力一般保持在 240~480 kPa 范围内;③ 对于进行轴承环下润滑的喷嘴,应尽可能降低喷射速度以利于集油;④ 为保证喷出的滑油有合适的圆柱段,油柱不发散,喷嘴喷孔长径比应不小于 3,且出口边缘保持锐边;⑤ 不同流量的滑油喷嘴应不能互换[12,13]。

24.3　部件性能分析方法

设计过程中,需要进行部件的校核计算和性能分析,进而指导其结构优化设计,使其工作性能满足发动机滑油系统的工作要求,并为供油系统的整体性能分析评估提供支撑。本节主要介绍滑油泵(供油泵)、滑油喷嘴的性能分析方法。

24.3.1　滑油泵(供油泵)

滑油流量、容积效率是反映滑油泵(供油泵)工作性能的重要参数,因此也是滑油泵(供油泵)特性分析关注的主要内容。容积效率 η_v 定义为滑油泵(供油泵)的实际供油量与理论供油量的比值,由于在实际工作过程中,滑油泵存在流量损失,导致其实际供油量小于理论流量。

$$\eta_v = \frac{V_s}{V_l} = \frac{\overline{m}_s}{\rho V_l \times 10^{-3}/60} \tag{24.2}$$

式中,V_s、V_l 分别为滑油泵(供油泵)的实际流量和理论流量,L/min;$\overline{m}_s$ 为时均质量流量,kg/s;ρ 为密度,kg/m³。

对于内啮合摆线泵,其理论流量计算为[15,16]

$$V_l = z_1 B(s_{max} - s_{min}) \tag{24.3}$$

式中,z_1 为内转子齿数;B 为齿轮宽度,mm;s_{max}、s_{min} 为封闭容腔的最大和最小面积,mm²。

对于外啮合齿轮泵,其理论流量为

$$V_l = 2\pi z m^2 B n \times 10^{-6} \tag{24.4}$$

式中,n 为转速,r/min;z 为齿轮的齿数;m 为齿轮的模数,mm。

滑油泵(供油泵)实际供油量的确定,通常采用三维数值模拟或者试验方法获得,CFD 商业软件如 Fluent、Pumplinx 等已广泛应用于齿轮泵的性能分析中。两相流模型可以采用混合模型来模拟泵内的油气两相流场,并引入油气混合物密度:

$$\rho_m = \rho_l \alpha_l + \rho_v \alpha_v \tag{24.5}$$

式中,ρ_m、ρ_l、ρ_v 分别为油气混合物、液相和气相的密度,kg/m³;α_l、α_v 分别为液相和气相的体积分数。

另外,滑油泵(供油泵)高空工作时可能会出现空化现象,使得析出的空气和油蒸汽挤占滑油泵(供油泵)工作容积,造成泵的性能快速下降,所以采用合适的空化模型对空化过程中气液两相间的质量交换进行描述。广泛应用的空化模型如Singhal 模型[17]、Schnerr - Sauer 模型和 Zwart 模型,三种模型均能较好地预测齿轮泵内的空化现象。其中,Singhal 全空化模型考虑了空化发生时的主要物理过程,如气泡的产生与消亡、湍流压力脉动和速度脉动。

当流场压力小于滑油的饱和蒸汽压时 $(p_f \leqslant p_v)$,液态滑油蒸发为气相油蒸汽,质量交换率为

$$R_e = F_{\text{vap}} \frac{\sqrt{k} \cdot (1 - f_v - f_g)}{\sigma} \rho_l \rho_v \sqrt{\frac{2}{3} \frac{p_v - p_f}{\rho_l}} \tag{24.6}$$

而当流场压力大于滑油的饱和蒸汽压时 $(p_f > p_v)$,气相油蒸汽凝结为液态滑油,质量交换率为

$$R_c = F_{\text{cond}} \frac{\sqrt{k} \cdot f_v}{\sigma} \rho_l \rho_v \sqrt{\frac{2}{3} \frac{p_f - p_v}{\rho_l}} \tag{24.7}$$

式中,R_e、R_c 分别代表蒸汽生成率、蒸汽凝结率,$\text{kg}/(\text{m}^3 \cdot \text{s})$;$F_{\text{vap}}$、$F_{\text{cond}}$ 分别为蒸发和凝结过程的经验系数;p_f、p_v 分别为流场压力和饱和蒸气压,Pa;σ 为表面张力,N/m;k 为湍动能,m^2/s^2;f_l、f_v、f_g 分别代表液、汽、气的质量分数。

24.3.2 滑油喷嘴

滑油喷嘴是供油系统中重要的阻力元件,流路中流动阻力很大一部分发生在滑油喷嘴上。对于滑油喷嘴流动特性的研究主要有一维计算分析、试验和数值模拟方法。数值模拟方法不但可以获得喷嘴流量特性,也可以捕捉喷嘴内部的流场细节,但是对不同结构的喷嘴需分别建模,工作量较大。一维计算分析方法是基于流体力学理论知识和试验结果的方法,计算高效快捷,通用性强,可以快速获得喷嘴的流量特性,也是目前供油系统网络分析中常用的方法。本节主要介绍滑油喷嘴几种常用一维计算分析方法。

1. Mian 模型[18]

Mian 和 Lichtarowicz 采用孔元件经验公式计算喷嘴的流量:

$$\dot{m} = \frac{C_d A_n}{(1 - c^2)^{1/2}} \sqrt{2\rho \Delta p} \tag{24.8}$$

$$c = d_n^2 / D^2 \tag{24.9}$$

式中,$\dot{m}$ 为质量流量,kg/s;d_n 为喷嘴孔径,m;D 为管径,m;A_n 为喷孔截面面积,

m^2；C_d 为喷嘴流量系数；Δp 为压差，Pa。喷嘴流量系数为

$$\frac{1}{C_d} = \frac{1}{C_{du}} + \frac{20}{Re}\left(1 + 2.25\frac{l_n}{d_n}\right) - \frac{0.005 l_n/d_n}{1 + 7.5[\lg(0.00015 Re)]^2} \quad (24.10)$$

$$Re = \frac{(2\rho\Delta p)^{1/2} d_n}{\mu} \quad (24.11)$$

式中，l_n 为喷嘴孔长，m；C_{du} 为雷诺数 20 000 时的喷嘴流量系数。

$$C_{du} = 0.827 - 0.0085\frac{l_n}{d_n} \quad (24.12)$$

该模型的适用范围为喷孔长径比 $2 \leqslant l_n/d_n \leqslant 10$，雷诺数 $10 \leqslant Re \leqslant 2 \times 10^4$。

2. Miller 模型[19]

孔元件滑油流量计算式为

$$\dot{m} = \sqrt{\frac{2\rho A_n^2 \cdot \Delta p}{K}} \quad (24.13)$$

式中，K 为孔元件的损失系数，与流动雷诺数、几何尺寸等参数有关。

Miller 给出了孔元件损失系数的计算关系式，为

$$K = C_{Re} \times K_o \quad (24.14)$$

式中，C_{Re} 为雷诺数修正系数；K_o 为基础损失系数。对于薄壁孔 $(l_n/d_n < 0.1)$，基础损失系数计算式为

$$K_o = \left[1 - \left(\frac{d_n}{D}\right)^2 \times C_c\right]^2 \frac{1}{\left(\frac{d_n}{D}\right)^4 \times C_c^2} \quad (24.15)$$

上式中，C_c 为修正系数，与孔管直径比、孔壁方位有关，对于标准薄壁孔 C_c 范围一般为 0.6~1.0。

对于长孔 $(l_n/d_n \geqslant 0.1)$，基础损失系数除了与孔管直径比有关，也与长径比有关。以上各式中的 C_{Re}、C_c 和长孔 K_o 的确定可以参考文献。

综上，Mian 模型和 Miller 模型均采用单一元件来模拟滑油喷嘴的流量特性，在实际应用中，对于孔管面积比 $A_n/A < 0.1$ 或长径比 $l_n/d_n > 3$ 的情况，可以采用组合元件代替孔元件进行计算分析，如突扩+直管+突扩的组合，会获得更佳的仿真效果。图 24.7 为采用不同方法得到的某滑油喷嘴流量，一维经验公式与数值模拟方法均具有良好的计算精度。

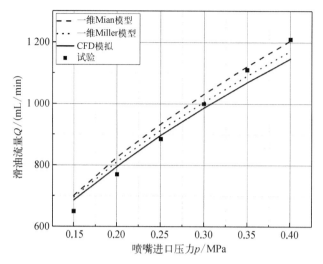

图 24.7　滑油喷嘴流量计算结果

工程上,对于滑油喷嘴流量特性的确定,在采用一维经验公式进行计算的同时,主要以喷嘴流量试验为准。

24.4　供油系统设计与分析

24.4.1　部件润滑冷却方式

航空发动机机械系统中需要润滑冷却的零部件包括齿轮、轴承、动密封、传动杆等。

1.　齿轮润滑冷却方式

航空齿轮通常采用喷射润滑,一方面在齿面形成润滑油膜,防止啮合齿面出现金属与金属的直接接触,另一方面带走两个啮合齿面间摩擦产生的热量,使齿面温度低于胶合温度。供油方向分为啮入侧和啮出侧,啮入侧供油润滑效果好,啮出侧供油冷却效果好,哪种方式效果更好目前没有确切结论。建议圆周速度较低的齿轮,采用啮入侧供油,圆周速度较高的齿轮,建议采用啮入和啮出侧同时供油,对于承受载荷大,齿面温度高的齿轮,采用双向喷油润滑。润滑油喷射位置为齿轮分度圆处。

2.　轴承润滑冷却方式

轴承润滑冷却方式包括喷射润滑、环下润滑、飞溅润滑、油雾润滑等。详见本书第二篇。

3.　传动杆润滑冷却方式

传动杆花键接触表面会发生微动磨损,产生金属磨屑。如果磨屑不能及时排出,随着工作时间的增加,磨损加剧。通过供油润滑,可以将初期工作时产生的磨料带走,磨屑及时排出,改善工作条件,减轻微动磨损程度,特别是机匣连接处和附件连接处的花键必须进行强制供油。传动杆典型润滑冷却方式如图 24.8~图 24.10 所示。

对于中央传动杆,可以在上部设计喷嘴对花键进行供油,如图 24.8 所示。飞附传动杆可以在一侧设计喷嘴对花键进行供油,如图 24.9 所示。对于附件传动杆

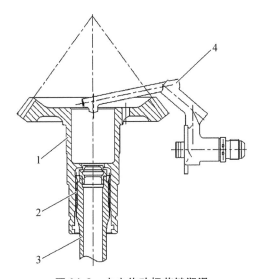

图 24.8　中央传动杆花键润滑

1. 从动锥齿轮;2. 花键;3. 中央传动杆;4. 喷嘴

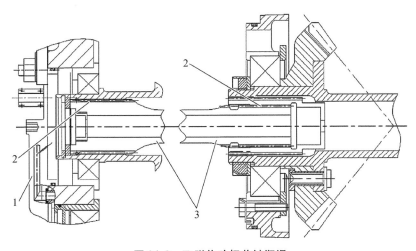

图 24.9　飞附传动杆花键润滑

1. 喷嘴;2. 花键;3. 传动杆

可以将滑油引入齿轮轴一侧,并在齿轮轴上安装轴心分油套,形成积油腔,实现花键润滑,结构示意见图 24.10。

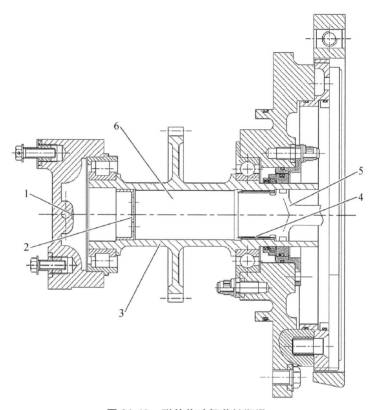

图 24.10　附件传动杆花键润滑

1. 喷嘴;2. 分油套;3. 齿轮轴;4. 花键;5. 传动杆;6. 积油腔

4. 动密封润滑冷却方式

对于发热量大的动密封,应对密封跑道供油进行冷却,详见本书第四篇。

24.4.2　系统流路设计

供油系统中,滑油由滑油泵(供油泵)增压后会经过发动机壳体内部油路或外部管道输送至各润滑点。系统流路设计时,要综合考虑性能、安装等方面因素,需满足的一般要求如下[8]。

(1) 管路管径、长度和走向应满足系统阻力要求,阻力损失不大于供油压力的5%,管路阻力损失的计算是供油系统校核分析的重要工作;

(2) 管路的壁厚耐压,还能抗冲击,并应留有余度,以便一旦在出现事故或擦伤、装卸损坏及腐蚀时,容许进行修理;

（3）全部管子应设计成允许用钢球进行流通检查,应尽量避免"T"型和"Y"型结构的焊接。如不可避免时,应用焊接加强板连接零件;

（4）除特殊规定外,管路接头不应直接拧进铝、镁机匣。

以上为供油系统流路设计中需要考虑的主要问题,对于装配更换、材质选择等方面的要求可以参见文献[8]。

系统管路直径的设计除了满足其阻力要求,也应保证管内流体流速不能过高。

通常吸油管路流速 1~2 m/s,压力管路流速不超过 5 m/s。管路管径可以根据所需滑油流量和流速进行初步估算。

根据设计管径,管道最小壁厚按照下式进行校核:

$$\delta \geqslant \frac{p_{\max} D}{2[\sigma]} \qquad (24.16)$$

式中,$p_{\max}$ 为允许最高压力,MPa;δ 为最小壁厚,m;$[\sigma]$ 为管道材料的许用抗拉强度,MPa。

图 24.11 为传动齿轮箱壳体内部油路的示意图。传动齿轮箱通常设置供油管接头与滑油泵管路相连,然后通过在壳体上铸造或机加的油路到达各润滑点。铸造油路内孔直径不小于 6 mm;加工后应通过钢球试验或通水试验检查油路贯通性,用气密性试验或油密封性试验检查油路密封性,通常打压试验压力为 2 倍供油压力。图 24.12 为齿轮箱外部管道形式的润滑流路示意图,通过焊接管子组件的形成润滑流路,这种形式减小了壳体铸造的加工难度。

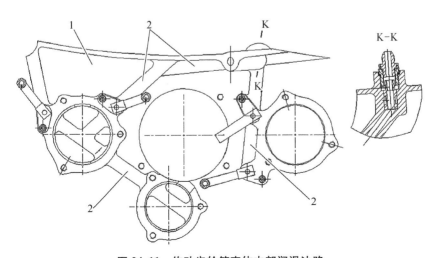

图 24.11　传动齿轮箱壳体内部润滑油路

1. 壳体;2. 铸造油路

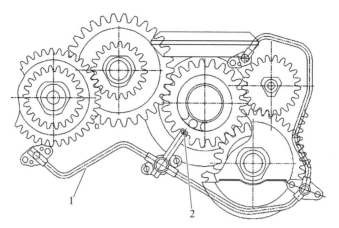

图 24.12 传动齿轮箱外部管道润滑油路

1. 管子；2. 喷嘴

24.4.3 供油系统网络计算

供油系统网络计算是系统初步设计阶段的重要环节,对系统初步流路设计方案具有重要的指导作用。通常采用流体网络算法将系统划分为一系列元件和节点,通过分析系统流路中不同类型元件的阻力损失,最终计算获得供油系统的压力分布、滑油流量分配。

1. 元件阻力损失计算

供油系统流路阻力损失主要包括沿程阻力损失、局部阻力损失。

管道沿程阻力损失:

$$\Delta p = f \frac{L_p}{D} \frac{\dot{m}^2}{2\rho A^2} \tag{24.17}$$

上式中,$\dot{m}$ 为质量流量,kg/s;f 为沿程损失系数;A 为管道横截面积,m²;L_p 表示管长,m。

沿程损失系数与管内流动状态有关,可按照下式进行确定[19]:

$$f = \begin{cases} C_f'/Re, & Re \leqslant 2\,000 \\ 0.25 \Big/ \left(\dfrac{\Delta_k}{D} + \dfrac{5.74}{Re^{0.9}} \right)^2, & Re > 4\,000 \\ x \cdot \dfrac{0.25}{\left(\dfrac{\Delta_k}{D} + \dfrac{5.74}{Re^{0.9}} \right)^2} + (1-x) \cdot \dfrac{C_f'}{Re}, & 2\,000 < Re \leqslant 4\,000 \end{cases}$$

$$\tag{24.18}$$

上式中,对于管道截面形状为圆形、正方形和正三角形,系数 C_f' 的取值分别为 64、56、53,其他截面形状的管道,换算为当量直径进行计算;Δ_k 为粗糙度,mm;系数 $x = (Re - 2\,000)/2\,000$。

局部阻力损失:

$$\Delta p = K\,\frac{\dot{m}^2}{2\rho A^2} \tag{24.19}$$

式中,K 为局部损失系数,不同类型局部损失元件损失系数经验关系式如表 24.2 所示,也可选用其他经验关系式确定局部损失系数[19]。

表 24.2 不同类型元件局部损失系数

元 件	损失系数 K
	突扩: $K = \begin{cases} 2\left[1-\left(\dfrac{D_1}{D_2}\right)^4\right], & Re \leqslant 4\,000 \\ (1+0.8f)\left[1-\left(\dfrac{D_1}{D_2}\right)^2\right]^2, & Re > 4\,000 \end{cases}$ 突缩: $K = \begin{cases} \left(1.2+\dfrac{160}{Re}\right)\left(\dfrac{D_2}{D_1}\right)\left[\left(\dfrac{D_2}{D_1}\right)^4-1\right], & Re \leqslant 2\,500 \\ (0.6+0.48f)\left(\dfrac{D_2}{D_1}\right)^2\left[\left(\dfrac{D_2}{D_1}\right)^2-1\right]^2, & Re > 2\,500 \end{cases}$
	渐扩: $K = \begin{cases} 5.2\sin\left(\dfrac{\theta}{2}\right)\left[1-\left(\dfrac{D_1}{D_2}\right)^4\right], & Re \leqslant 4\,000 \\ (2.6+2.08f)\left[1-\left(\dfrac{D_1}{D_2}\right)^2\right]^2\sin\left(\dfrac{\theta}{2}\right), & Re > 4\,000 \end{cases}$ 渐缩: 当上游 $Re \leqslant 2\,500$, $K = \begin{cases} \left(1.2+\dfrac{160}{Re}\right)\left[\left(\dfrac{D_2}{D_1}\right)^4-1\right]\sqrt{\sin\left(\dfrac{\theta}{2}\right)}, & 45° < \theta < 180° \\ \left(1.2+\dfrac{160}{Re}\right)\left[\left(\dfrac{D_2}{D_1}\right)^4-1\right]\left[1.6\sin\left(\dfrac{\theta}{2}\right)\right], & 0° < \theta \leqslant 45° \end{cases}$ 当上游 $Re > 2\,500$, $K = \begin{cases} (0.6+0.48f)\left(\dfrac{D_2}{D_1}\right)^2\left[\left(\dfrac{D_2}{D_1}\right)^2-1\right]^2\sqrt{\sin\left(\dfrac{\theta}{2}\right)}, & 45° < \theta < 180° \\ (0.6+0.48f)\left(\dfrac{D_2}{D_1}\right)^2\left[\left(\dfrac{D_2}{D_1}\right)^2-1\right]^2\left[1.6\sin\left(\dfrac{\theta}{2}\right)\right], & 0° < \theta \leqslant 45° \end{cases}$

元　件	损失系数 K
	$K = \left(\dfrac{\theta}{90°}\right)\left[0.131 + 0.159\left(\dfrac{D}{R}\right)^{3.5}\right]$
	$K = \begin{cases} \left[2.72 + \left(\dfrac{D_2}{D_1}\right)^2\left(\dfrac{120}{Re} - 1\right)\right]\left[1 - \left(\dfrac{D_2}{D_1}\right)^2\right]\left[\left(\dfrac{D_1}{D_2}\right)^4 - 1\right] \\ \qquad \cdot \left[0.584 + \dfrac{0.0936}{\left(\dfrac{L_o}{D_2}\right)^{1.5} + 0.225}\right], \qquad Re \leqslant 2\,500 \\[2em] \left[2.72 - \left(\dfrac{D_2}{D_1}\right)^2\left(\dfrac{4\,000}{Re}\right)\right]\left[1 - \left(\dfrac{D_2}{D_1}\right)^2\right]\left[\left(\dfrac{D_1}{D_2}\right)^4 - 1\right] \\ \qquad \cdot \left[0.584 + \dfrac{0.0936}{\left(\dfrac{L_o}{D_2}\right)^{1.5} + 0.225}\right], \qquad Re > 2\,500 \end{cases}$

2. 整体网络计算

供油系统是发动机滑油系统重要的功能子系统之一,属于典型的内流系统。对于内流系统的分析普遍采用流体网络算法,如国外 Chun[20]、Kutz[21] 以及国内刘振侠[22]、吴丁毅[23]、陶智[24] 等学者[25,26] 将流体网络算法应用于滑油系统、空气系统的计算分析中。流体网络算法是将系统分解为元件和节点组成的计算网络,系统中的真实零件模化为网络元件,如管、孔、弯头等,而节点代表系统的边界、腔室或者为分解零件产生的衔接点。通过特性分析建立元件的基本方程,在节点处建立质量和能量守恒方程,根据计算网络的连接关系,形成流体网络的非线性控制方程组,通过迭代计算求解获得系统压力、温度和流量等参数。

以基于节点压力残量修正的流体网络算法为例,对供油系统整体网络计算方法进行介绍。

为方便讨论,需要对元件和节点参数符号进行规范的定义,如图 24.13 所示。图中,i 为需要计算的内节点;l 为与内节点 i 相连的元件;j 为与元件 l 另一端相连的节点;L 为与节点 i 相连的元件总数。

可采用理论分析和试验方法得到通过某一元件的质量流量与进出口压力、流体温度、几何尺寸等参数的关系式。以内节点 $i(i = 1, 2, \cdots, I)$ 为中心,与内节点 i 相连的 l $(l =$

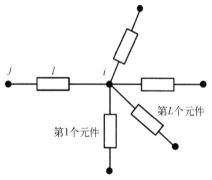

图 24.13　节点元件符号示意图

$1, 2, \cdots, L$) 元件的质量流量可以写为

$$\dot{m}_{l, i} = f_{l, i}(p_i, p_j, C_{l, i}) \tag{24.20}$$

式中,$\dot{m}_{l, i}$ 表示与节点 i 相连的第 l 个元件的质量流量;p_i、p_j 分别表示与第 l 个元件相连节点 i、j 处的压力;C 为包含非压力参数的其他量。另外,定义流入节点 i 时 $m_{l, i}$ 为负,反之为正。

进行网络计算时,内节点压力未知,赋予初值后,内部节点上将会出现流量残量,即

$$\sum_{l=1}^{n} \dot{m}_{l, i} = \Delta \dot{m}_i \neq 0; \quad i = 1, 2, \cdots, N \tag{24.21}$$

根据质量守恒,必须通过计算逐步消除节点流量残量,即可求得真实元件流量和节点压力。

采用节点残量修正算法进行迭代计算,对质量守恒方程求全微分,假定在每一次迭代期间,C 为定值,则有

$$d \sum_{l=1}^{L} \dot{m}_{l, i} = \left[\sum_{l=1}^{L} \frac{\partial f_{l, i}}{\partial p_i} \right] dp_i + \sum_{l=1}^{L} \left[\frac{\partial f_{l, j}}{\partial p_j} dp_j \right]; \quad i = 1, 2, \cdots, I \tag{24.22}$$

利用式(24.22)和式(24.23)可以得到内部节点压力残量计算方程组:

$$\left[\sum_{l=1}^{L} \frac{\partial f_{l, i}}{\partial P_i} \right] \Delta P_i + \sum_{l=1}^{L} \left[\frac{\partial f_{l, j}}{\partial P_j} \Delta P_j \right] = - \Delta \dot{m}_i; \quad i = 1, 2, \cdots, I \tag{24.23}$$

当 j 为边界节点时,$\Delta p_j = 0$。方程组(24.24)可写成矩阵形式:

$$\partial f / \partial p_{I \times I} \Delta p_I = - \Delta \dot{m}_I \tag{24.24}$$

网络中与内节点相连的元件通常为 2 个,少数情况下为 3~4 个,系数矩阵中每行的非零元素约为 3 个,非零元素总共 $3I$ 个左右,所以是一个稀疏矩阵。求解残量方程式(24.24),可得节点压力修正量 Δp_i,进而得到新的节点压力为

$$(p_i)'' = (p_i)' + \Delta p_i; \quad i = 1, 2, \cdots, I \tag{24.25}$$

采用新的压力重新计算各元件流量,不断重复迭代,直至每个内节点处的流量残量均满足误差要求,最终可以得到供油系统网络各节点压力和元件流量。

24.5 应急滑油系统

我国航空涡轮螺桨和涡轮轴发动机通用规范(GJB 242A)明确规定[13] "在无润滑油情况下,发动机应能具有以下能力:涡轴发动机在 75% 最大连续状态下工作至少 6 min,随后恢复润滑后在 75% 最大连续功率状态下工作 30 min,而没有抱轴现象。"先进的涡轴发动机通常会设置有一套应急滑油系统,以确保发动机在失

去主滑油系统供油之后,短时间内[8](如某发动机要求 6 min)发动机仍能继续工作,使直升机有时间到达安全区域,提高生存能力。

应急滑油系统中一般存在若干应急小油箱,可以贮存少量滑油,其滑油来自主滑油系统的增压供油,通常在应急油箱底部设置出油口,最后滑油从应急滑油喷嘴喷出。当主滑油管路发生故障时,依靠应急油箱中的滑油,可以维持轴承、齿轮等一段时间的润滑。在现有发动机中,应急滑油系统大多采用空气引射的方式来实现应急状态下滑油供给。在引射过程中,根据系统管道内是否存在油气混合现象可以把引射过程大致分为两类。第一类:高速空气气流在空气管道内形成低压,将应急油箱内滑油吸入管道混合形成油雾,然后经过应急喷嘴供至润滑部位,如图24.14(a)所示;第二类:空气喷嘴喷出高速气流,在滑油喷嘴出口形成低压,滑油被引射出以后,在气流作用下雾化,喷至润滑部位,如图24.14(b)所示。

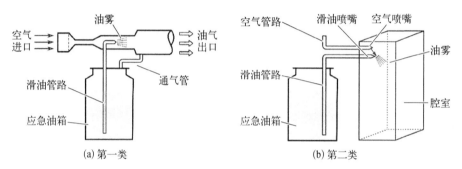

(a) 第一类　　　　　　　　(b) 第二类

图 24.14　空气引射式滑油系统原理图

图 24.15 为一空气引射式应急供油喷嘴的工作示意图。可以看出,滑油经上部管道进入应急小油箱后,一路从主滑油喷嘴供至轴承等润滑点,应急油路的油口设置于油箱底部,引自压气机的空气从空气喷嘴喷出,在应急滑油喷嘴前形成局部低压区,将小油箱内滑油引射出来,以油雾的形式喷至润滑点。

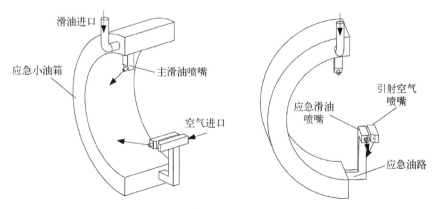

图 24.15　应急供油喷嘴工作示意图

第 25 章
回油系统设计分析

回油系统是发动机滑油系统循环可持续工作的保证,与供油系统边界相连构成一个完整的闭环回路,实现了系统内滑油润滑、冷却不间断运转。本章从回油系统的工作过程出发,介绍了回油系统中重要部件的设计要求、设计方法及性能分析方法,并从系统整体角度阐述回油系统设计的一般要求。

25.1 回油系统介绍

现代燃气涡轮发动机的轴承腔或附件机匣均为干油池设计,避免腔内出现积油或者使油气滞留时间过长。回油系统负责将发动机各部分工作后的高温滑油抽回,分离出回油中的空气,经过滑油散热器(系统为正向循环系统)冷却后送回滑油箱。回油系统的边界一般是从滑油腔回油口至滑油箱之间的油路。图25.1为回油系统原理图,图25.1(a)和(b)分别为正向循环和反向循环回油系统。

图25.1中,实线代表滑油流向。通常每个单独的油腔会设置一个滑油泵(回油泵),只抽取各自油腔内的回油。为保护滑油泵(回油泵),一般会在各轴承腔、齿轮箱等滑油腔出口(也是各级滑油泵的进口)设置粗油滤,过滤回油中的大颗粒杂质。各腔回油汇合后进入总回油路,有些发动机会在总回油路设置一个细油滤,进一步过滤回油中的杂质。由于滑油泵(回油泵)抽回的是滑油和封严空气的混合物,而油气两相的状态会降低滑油散热器的换热性能,所以过滤后的回油要先经过油气分离器除气,再进入滑油散热器进行冷却,最终回到油箱。

以正向循环系统为例,回油系统一般由回油滤、滑油散热器、油气分离器、滑油泵(回油泵)、磁屑检测器、管路等部件组成。回油滤已在本篇第24章24.2.2节介绍,本章不再赘述。系统设计过程中需要考虑部件性能是否满足要求,如回油泵能力、油气分离器分离效率、回油滤过滤精度、滑油散热器性能等。

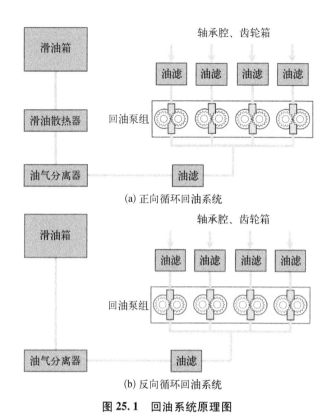

(a) 正向循环回油系统

(b) 反向循环回油系统

图 25.1　回油系统原理图

25.2　部件及设计要求

25.2.1　滑油散热器

滑油散热器的作用是冷却高温滑油,将滑油温度维持在允许的范围内。散热器既可以安装在供油路,也可以设置在回油路。

散热器的分类方式很多,根据换热方式可分为混合式、蓄热式和间壁式三种形式;根据所用材料分为金属材料和非金属材料两类;按传热面的形状和结构分为管式、板式和其他形式(如回转式换热器)。另外,根据冷却介质进行划分,航空发动机常用滑油散热器主要为燃油-滑油散热器和空气-滑油散热器,分别采用燃油和空气作为冷却介质。

管壳式燃油-滑油散热器在各类航空发动机上应用最广,涡轴或涡桨发动机多采用空气-滑油散热器,涡扇发动机有时在传热量大且冷端燃油有温升要求的情况,会同时采用燃油-滑油散热器和空气-滑油散热器(如斯贝发动机)。燃油-滑油散热器是将热滑油的热量传递给燃油,进行燃油预热,一定程度上可以提高发动机效率。图 25.2 为 V2500 发动机的燃油-滑油散热器结构示意图[27]。

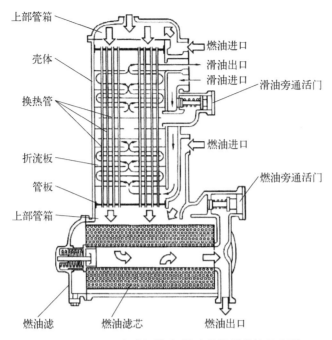

图 25.2　V2500 发动机燃油-滑油散热器结构示意图

该滑油散热器设置在滑油系统供油路上,为管壳式散热器,并且与燃油滤呈一体结构。散热器由壳体、换热管、折流板、滑油旁通活门、燃油滤芯、燃油旁通活门等组成。换热管束两端固定在管板上,然后封装于壳体内;燃油走管程(燃油从上部管箱流进管子里,经下部管箱流出,这条路径称为管程),从上部流进换热管,由底部流出,最后进入燃油滤;滑油走壳程(滑油进入散热器壳体,流经换热管束外,这条路径称为壳程),自下而上,在壳体与管子之间流动。换热管束垂直方向安装数个折流板,使滑油横掠换热管,来增强散热器换热。为避免散热器内滑油流阻过大(如滑油温度低或散热器堵塞),在滑油进、出口之间设置旁通活门,确保当活门达到设定压差时,滑油能通过散热器。

翅片管空气-滑油散热器在涡扇发动机中应用较多,早期的涡桨发动机也有采用管壳式空气-滑油散热器,图 25.3 为罗·罗公司 Dart 涡桨发动机的空气-滑油散热器结构示意图。散热器位于发动机顶部,散热器壳体与冷气通道为一体结构;滑油走壳程,在换热管束与壳体形成通道内流动,与换热管内的冷空气换热后,经滑油出口进入滑油箱;空气走管程,飞行过程中外部空气经冷气通道进入换热管束,最后从末端出口排出。

滑油散热器的选择要考虑飞行器和发动机类型、飞行高度和速度、发动机热负荷等因素。燃油-滑油散热器设计时需要考虑的问题有以下内容[8,14]。

1. 对于军用涡轮发动机,除了在发动机型号规范中另有规定外,冷却介质采

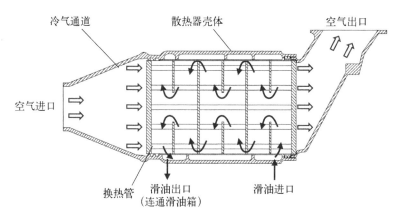

图 25.3   **Dart** 涡桨发动机空气-滑油散热器结构示意图

用在海平面上发动机主燃油泵进口处燃油温度为 43.3℃,以及高空状态下可能出现的最高温度为依据,对于冷却器的燃油进口温度,必须考虑燃油的温升和气动力加热。

(1) 当散热器出口燃油温度受到燃油调节器温度限制时,燃油-滑油散热器在燃油系统的位置要放置在主泵-调节器和加力泵-调节器之后,这时散热器燃油腔将承受高压,此种燃油-滑油散热器称为高压燃油-滑油散热器。置于主泵、加力泵之前的就称为低压燃油-滑油散热器。

(2) 选择燃油-滑油散热器要确定设计点。当燃油消耗量小而发动机热负荷大时,滑油温度就高,对于一些过渡态,如高马赫飞行后发动机急拉停一类状态,滑油温度往往最高,相应的燃油温度也最高。设计时必须检查这类状态点。

(3) 如果发动机的滑油散热量大,而有些状态的燃油量相对较小,仅靠燃滑油散热器不足以将热滑油冷却至要求的温度,可再添加一个空气-滑油散热器进行冷却。另外,当发动机超声速飞行时,空气-滑油散热器会对滑油额外地加热。

(4) 由于发动机热惯性,经过燃油-滑油散热器的燃油温度与冷开车时不同,通常发动机降低状态时,短时间内燃滑油温度会有所升高,在 3~5 min 后恢复到该状态的稳定值。

(5) 散热器燃油路和滑油路应设置旁通活门,在大流量及低温起动情况下,活门打开使一部分流体不参与换热,减少散热器流体阻力。如需要还可备有温度自动控制的活门,以便调节流经滑油散热器的滑油流量。用滑油或燃油出口温度控制滑油流量的调节,如冷天发动机起动时为了尽快加热滑油,温控活门打开,滑油不参与热交换,至某一规定温度后温控活门全关闭,滑油全部流过散热器。

2. 使用方要求时,为便于清洗检查滑油散热器应带有用于拆卸所必需的附件。

3. 散热器必须满足发动机工作包线内所遇到的振动、外力和工作流体压力、阻力和温度的要求。

4. 应避免燃油向滑油腔泄漏。

相比于燃油-滑油散热器,空气-滑油散热器的尺寸和重量较大,当发动机热负荷大而燃油量较小时,为满足滑油冷却要求,可同时采用空气-滑油散热器。空气-滑油散热器设计中需要考虑的问题如下。

(1)最严苛冷却情况下滑油温度应满足要求。如发动机地面起飞状态下,热负荷大而散热器吹风作用小,滑油有超温的危险,为增大空气量,可从发动机压气机后引气至安装于散热器涵道引射装置。另外,某些飞行状态下,可能出现滑油过分冷却,如发动机节流状态下而飞机长时间滑翔,此时热负荷很小而散热器吹风作用很强,可将散热器装在通道面积可调的涵道中,涵道进口采用扩压器形式,并装在飞行器有部分空气滞止或螺旋桨能吹到的地方,靠鱼鳞片进行通道面积调节的装置应配专门的调节器。

(2)当充入-54℃滑油时,为消除冻结,散热器应有预热管路或相应的措施。

(3)为保护滑油系统,可为空气-散热器配备压力波动的防护装置。

(4)为防止气流中混有的外界杂质或冰屑,散热器结构应坚固,不易被破坏,或采取适当的防护措施,保证不泄漏。

25.2.2 油气分离器

油气分离器的功能是将回油中的气体分离出来,保证滑油系统的正常循环工作。为进行轴承腔封严,通常引增压气从密封装置泄漏进入轴承腔,滑油在冷却轴承及齿轮时,与空气掺混形成空气-滑油的两相混合物,经滑油泵(回油泵)抽吸后进入回油系统,如果不进行滑油除气,会影响滑油散热器性能和系统供油特性。

动压式和离心式是航空发动机滑油系统中常用的两类油气分离器。动压式油气分离器具有结构简单、无转动件、分离效率高等优点,在航空发动机滑油系统中应用较多,通常设置于滑油箱内,如 V2500、CFM56 发动机滑油箱内均采用这种类型的油气分离装置。离心式油气分离器靠传动轴驱动转子旋转,离心作用下实现滑油中气体的分离,是发动机滑油系统中分离效果最好的油气分离装置,WJ5、P11、JT8D 发动机均采用了离心式油气分离器。另外,还存在一些其他形式的油气分离器,如平板式、吸管式等,WP7、斯贝发动机根据实际需要设计相应的分离装置以达到除气的目的。

动压式油气分离器是利用旋流分离原理,油气混合物沿切向进入分离器,并在分离器内部自上而下做螺旋形旋转运动,在离心力的作用下,密度大的滑油被甩至壁面,沿内壁面流下,而密度较小的空气向中心聚集,螺旋上升从出气管排出,在分离器内会形成空气腔和滑油腔,如图 25.4 所示,最佳分离表面为稳定状态下分离器内的油气交界面,通过受力分析可以推导交界面方程为二次抛物面方程。动压式油气分离器通常设置于回油路末端,并安装在滑油箱内,分离后的滑油直接流入油箱。图 25.5 为 CFM56 发动机的动压式油气分离器结构示意图,回油沿切向进入分离器,经过螺旋式旋流器,旋转过程中气泡从滑油中逸出,分离后的空气经旋流器中心管进入前轴承腔,油箱顶部的通风管也连通至前轴承腔,除气后的回油则沿回油管流入滑油箱。

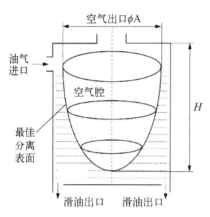

图 25.4　动压式油气分离器分离原理图

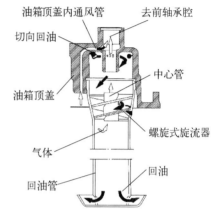

图 25.5　CFM56 动压式油气分离器

离心式油气分离器依靠转子带动油气混合物旋转,由于离心力作用,密度较大的滑油被甩到分离器内壁上,而密度小的空气则聚集在转子中心,从而实现空气和滑油的分离。离心式油气分离器是安装在附件机匣上一个独立的组件,通常设置在回油泵与滑油箱之间的管路上。图 25.6 为某发动机的离心式油气分离器结构示意图,该离心式油气分离器主要由分离器盖、分离器转子、壳体、支撑球轴承等组

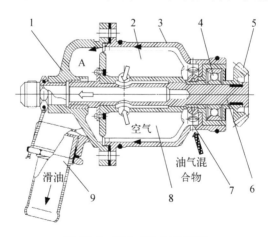

图 25.6　离心式油气分离器

1. 分离器盖;2. 分离器转子;3. 壳体;4. 支撑球轴承;5. 传动锥齿轮;
6. 中心轴;7. 进油孔;8. 分离器叶轮;9. 出油管

成,分离器叶轮固定在中心轴上组成分离器转子,分离器转子由附件机匣的传动锥齿轮带动旋转。滑油系统工作时,从发动机抽回的油气混合物经进油孔进入分离器,叶轮转动,在离心力的作用下,滑油甩到壳体内壁上,并从叶轮端面与壳体间的缝隙进入分离器盖的油腔 A 中,最后由出油管进入下游的散热器。由于空气所受离心力小,经叶轮和轴上的孔进入中心轴内通道,最终沿导管进入油箱。

平板式和吸管式油气分离器都是利用油气混合物通过孔缝或网眼时,气泡破裂逸出,实现油气分离。这两种形式的分离器不存在旋转件,结构比较简单。图 25.7 为斯贝发动机所采用的油气分离器结构示意图,分离器安装在滑油箱内,回油泵抽回的含气滑油先进入总回油管,然后流经回油管底部三排长条形油孔,分成三股滑油分别流向油气分离器三层油气分离盘,当滑油通过油孔或在盘上流动时,气泡破裂,滑油流入油箱,分离出的空气则上升进入油箱顶部的通气管。

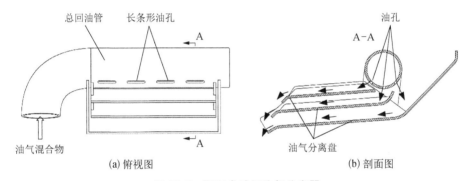

(a) 俯视图　　　　　　　　　　　　(b) 剖面图

图 25.7　斯贝发动机油气分离器

发动机滑油系统中的油气分离器,其能力应保证滑油箱中滑油的含气量不大于 5%。

对于动压式油气分离器,在结构设计上应考虑以下问题[8,14]。

(1) 分离器圆筒直径。应选取合适的圆筒直径,当回油入口速度一定时,圆筒直径越大,离心加速度越小,分离效果越差;圆筒直径越小,会破坏最佳分离表面,会导致油气未及时分离。因此,在给定入口流速下设计动压式分离器时,圆筒直径尽量接近最佳分离表面的最大直径 A。根据经验,初步设计阶段圆筒直径参考值为 90~120 mm。

(2) 分离器圆筒长度。圆筒长度应稍大于最佳油气分离面的高度 H,保证混合物的充分分离。分离器圆筒长度参考值为 150~200 mm。

(3) 油气进口直径。油气进口直径主要影响入口切向速度,当入口流量一定,直径越小,油气切向速度越大,离心作用越强,分离效果越好;但进口直径不能太小,否则造成回油泵后压力增大,油气不易分离。设计的分离器油气进口直径可以满足入口速度在 3.5~6 m/s 参考范围内。

（4）滑油出口截面积。滑油出口截面积过大,会使油气来不及分离就从出口流出;而滑油出口截面积太小,会破坏油气分离面,分离效果降低,另外,由于出口流阻增加,分离器内压力升高,油气由空气出口排出。滑油出口截面积的设计推荐满足滑油出口流速在 0.5~1 m/s 范围内。

（5）空气出口截面积。空气出口截面积过大会使分离器内腔压力降低,造成油气入口和滑油出口不协调,影响分离效率,另外空气出口应设计相应结构,防止滑油经空气出口流出。

（6）螺旋式旋流器的螺旋角。旋流器螺旋角应适当,设计上在圆筒高度上有 2~4 圈旋流最合适。

对于离心式油气分离器,其结构尺寸受空间位置的限制,应遵循的设计原则包括① 根据离心力要求综合考虑转速和直径;② 根据油气流量确定出口面积及转子轴向长度。设计过程中还需要考虑的问题如下[8,14]。

（1）油气进口位置一般设计在较小径向位置,滑油出口设计在较大径向位置,通气口设置在转子中心轴上;

（2）为使油气进入转子内腔后尽快获得周向速度,使油气快速分离以缩短转子轴向长度,转子多采用辐板结构,辐板数目一般取 4~8 片;

（3）挡板间隙决定分离器出口阻力,根据出口平均直径与出口面积确定合适的挡板间隙,以保证分离后的滑油能克服出口阻力排出分离器,出口平均直径应与转速综合考虑,出口面积由循环量、分离效果和选定的出口流速确定;

（4）为避免低转速下未分离的油气倒流回系统,通常在转子轴心通气路设置活门,在低转速处于关闭状态而达到一定转速后打开;

（5）分离器内滑油轴向速度应满足要求,使滑油在转子内有一定的停留时间,保证油气分离效果。

25.2.3　滑油泵(回油泵)

滑油泵(回油泵)的作用是将各油腔(轴承腔、附件传动机匣)内润滑冷却后的滑油及时抽回至滑油箱。

通常每个单独的滑油腔应设置一个滑油泵(回油泵),只抽各自油腔内的回油,特殊情况下一个油腔可设置两个滑油泵(回油泵)。对于供回油均采用齿轮油泵的滑油系统,为使结构紧凑,会将供各级滑油泵串联安装在同一壳体内,由一根轴驱动,泵之间相互独立,组成一个有 1 级供油和多级回油的滑油泵组。滑油泵组通常安装在发动机外部,由附件机匣输出轴传动。图 25.8 为一滑油泵组结构示意图,该泵组为外啮合齿轮泵,由 1 级供油和 3 级回油组成,供油泵从动齿轮与各级回油泵从动齿轮安装在同一根从动齿轮轴上,由相应的主动齿轮带动。

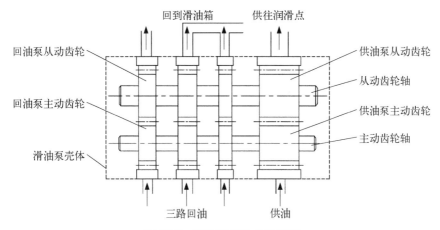

图 25.8　滑油泵组结构示意图

根据发动机滑油系统通用规范,滑油泵(回油泵)应设计成在发动机整个工作包线内能抽回发动机各部位的滑油。另外,由于滑油泵(回油泵)抽回的滑油中掺混了大量空气,因此滑油泵(回油泵)设计时的容量一般比供入油腔的滑油量大 3 倍以上。

25.2.4　磁性检屑器

磁性检屑器也叫磁堵,用于检测系统转动部件的磨损情况,检测头上吸附的磁性金属屑可供地面维修人员进行收集、分析、判断,通常安装在回油路、油箱或者减速齿轮箱,便于地面检查维护。

图 25.9 为磁性检屑器的结构示意图,该磁堵为插入式,主要由加载弹簧、自封活门、壳体、磁性塞和弹簧底座等组成。磁性塞设计两道封严圈封严,为防止磁堵检查时滑油外泄,配有自封活门,当磁性塞抽出后,加载弹簧推动自封活门关闭进油口,当磁性塞插入壳体后,活门被推回至正常位置,使滑油可以进入磁堵并流经磁性塞。当滑油流过磁堵时,其中混有的金属碎屑会被吸附在磁性塞上,通过定期检查,可以及时发现发动机轴承、齿轮、花键等零件的运转情况,保证滑油清洁和发动机安全工作。

根据滑油系统通用规范以及磁性检屑器通用规范,应在发动机各油池出口和磁性金属屑最易沉积的重要位置设置磁性屑末检测器或检测信号器。同时,磁性屑末检测器的设计安装也应考虑以下几方面问题[12,28]。

(1)为方便检查,磁性检屑器应设置在容易接近的位置,并且拆卸、安装和维护方便;

(2)设计时,应考虑检屑器在油路中对滑油的阻力最小;

(3)在性能上,除另有规定外,检屑器磁性塞应具有同时吸起两个直径为

13 mm 的 GCr15 轴承钢钢球的能力;在 1.25 倍工作压力的油压力作用下(不应低于 196.1 kPa),检屑器不应漏油;对于有自封活门的检屑器,壳体组合件在油压力为 117.7 kPa 作用下,从其孔向外的漏油量 5 min 不超过 5 mL;

(4) 检屑器的寿命不低于 1 000 h/10 a 或插拔次数不低于 200 次(期间允许更换封严圈),同型号检屑器的磁性塞和壳体组合件应能互换。

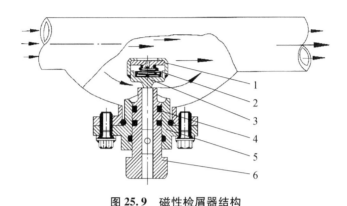

图 25.9 磁性检屑器结构

1. 弹簧底座;2. 加载弹簧;3. 自封活门;4. 封严圈;5. 壳体;6. 磁性塞

25.3 部件性能分析方法

25.3.1 滑油散热器

滑油散热器的热计算包括设计计算和校核计算两类。设计计算是根据发动机设计点的散热要求,选择合适的散热器类型,计算所需的散热面积,最后确定具体的结构尺寸。校核计算是对结构确定的散热器,在非设计点下核算能否满足规定的换热要求,属于散热器的性能分析问题。

1. 散热器设计方法

航空发动机滑油散热器多采用管壳式散热器,对于无相变管壳式散热器的设计已经形成一套较为完善的方法,并制定了相应标准,工程上主要有平均温差法和效率-传热单元(ε-NTU)法两种。平均温差法是利用散热器传热方程计算传热系数和传热面积;效率-传热单元法是基于传热方程,引入散热器效率和传热单元数进行散热器的设计计算。

下面以平均温差法为例,简要介绍燃滑油散热器的设计计算流程[29]。

(1) 确定散热器设计点。获得设计状态下的散热器热负荷、燃滑油的流量和进口压力、燃滑油的 4 个进出口温度、燃滑油允许压降等参数:

$$Q = \dot{m}_o c_{po} (T_{o1} - T_{o2}) = \dot{m}_f c_{pf} (T_{f2} - T_{f1}) \tag{25.1}$$

式中,Q 为散热率,W;$\dot{m}_o$、$\dot{m}_f$ 为滑油和燃油质量流量,kg/s;c_{po}、c_{pf} 为滑油和燃油定压比热容,J/(kg·s);T_{o1}、T_{f1} 为滑油和燃油进口温度,K;T_{o2}、T_{f2} 为滑油和燃油出口温度,K。

（2）计算燃、滑油的平均温度。为计算换热系数,涉及冷热流体的物性,采用流体的算术平均温度。

（3）计算对数平均温差。按照散热器的流动型式（顺流、逆流）计算对数平均温差 Δt_m。

顺流时:

$$\Delta t_m = \frac{(t_{o1} - t_{f1}) - (t_{o2} - t_{f2})}{\ln \dfrac{t_{o1} - t_{f1}}{t_{o2} - t_{f2}}} \tag{25.2}$$

逆流时:

$$\Delta t_m = \frac{(t_{o1} - t_{f2}) - (t_{o2} - t_{f1})}{\ln \dfrac{t_{o1} - t_{f2}}{t_{o2} - t_{f1}}} \tag{25.3}$$

式中,t_{o1}、t_{f1} 为滑油和燃油进口温度,℃;t_{o2}、t_{f2} 为滑油和燃油出口温度,℃。

逆流布置时的对数平均温差比顺流时大,相同传热量和传热系数条件下,逆流布置的散热器传热面积更小,因此通常计算逆流情况下的对数平均温差。

（4）初估总传热系数,估算传热面积:

$$Q = K_t A_h \Delta t_m \tag{25.4}$$

式中,K_t 为总传热系数,W/(m²·℃);A_h 为换热管有效外表面积,m²。

（5）确定燃、滑油流速,并根据估算传热面积初步确定散热器的结构参数,如壳体内径、总管数、折流板数、折流板间距等。

提高冷、热流体的流速,可以增大总传热系数,使散热器结构更紧凑,并且减轻结垢、降低热阻,利于换热;而流体流速过高,会增加流阻损失,增大管、壳程压降。燃、滑油速度的选择还需考虑几方面问题:① 所选流速下尽量使流体呈稳定的湍流状态或至少不稳定的过渡流状态;② 由于大密度流体阻力损失的能量相比于传热速率较小,可以适当提高流速,但不应高于散热器允许的压降值;③ 所选流速不应造成流体冲击、管子振动和冲蚀;④ 确定流速时,考虑清洗、拆装及其他结构要求,选择合适的管长或程数;⑤ 根据管程允许压降,可以计算管内流速,见式（25.5）:

$$V = \sqrt{\frac{\Delta p_t}{\rho Pr^{(1-m)}(t_2 - t_1)/(t_w - t)}} \tag{25.5}$$

式中，Δp_t 为管内允许压降，Pa；t_1、t_2 为管内流体进出口温度，℃；t_w、t 分别为管壁温度、管内流体的平均温度，℃；Pr 为普朗特数。

对于管壳式滑油散热器，管程流速通常为 $0.8 \sim 1.8$ m/s，壳程流速一般为 $0.3 \sim 0.8$ m/s，不同黏度液体的最大流速参考值见表 25.1。

表 25.1　管壳式散热器不同黏度液体的最大流速参考值

液体黏度/(Pa·s)	>1.5	0.50~1.0	0.10~0.5	0.035~0.10	0.001~0.035	<0.001
最大流速/(m/s)	0.6	0.75	1.1	1.5	1.8	2.4

（6）计算管程压降和壳程压降，与允许压降进行对比，若大于允许压降，重新调整散热器结构。散热器压降过大，会加剧磨蚀和振动破坏，并增加运行动力消耗。壳程压降和管程压降的计算方法可参见专门的散热器设计手册。表 25.2 为散热器最大允许压降范围。

表 25.2　允许压降范围 单位：MPa

操作压力	真空	0.1~0.17	>0.17
允许压降	0.01	0.004~0.034	≥0.034

（7）计算管程对流换热系数 α_i 和壳程对流换热系数 α_o，确定管内、外污垢热阻 r_i 和 r_o，计算总传热系数 K_t。

航空发动机滑油散热器管壁薄，可不考虑管壁热阻，因此总传热系数为

$$K_t = \cfrac{1}{\cfrac{1}{\alpha_o} + r_o + \cfrac{1}{\alpha_i} + r_i} \tag{25.6}$$

（8）计算散热器传热面积，并与初选传热面积比较，相差较大时重新选取总传热系数，若相差不大，按照计算的传热面积确定散热器具体结构尺寸，并对压降进行校核，确保满足发动机要求。

2. 散热器性能计算方法

滑油散热器性能计算是航空发动机滑油系统设计与热分析的重要内容。主要是以确定的散热器结构参数、冷热流体的流量和进口温度作为已知条件，计算散热器冷热流体的出口温度。工程上，除了平均温差法、效率-传热单元数法，还有基于大量试验数据的性能曲线簇法，如单位温差换热量-燃油流量性能曲线、换热效率-燃油流量性能曲线。平均温差法和效率-传热单元数法中，确定管程和壳程对流换热系数是进行散热器性能计算的关键，而管、壳程换热系数与换热管排布方式、折流板结构、管程和壳程数等有密切关系，壳程换热系数往往难以计算，因此相关研究也非常多。在试验条件允许的情况下，采用性能曲线簇法进行滑油散热器性能分析是工程上一种有效手段，并能保证一定的计算精度。

散热器单位温差换热量 Q_1' 定义为

$$Q_1' = \frac{Q}{T_{o1} - T_{f1}} \tag{25.7}$$

由于试验环境因素影响,滑油的散热量 Q_o 通常大于燃油的吸热量 Q_f,因此分别以滑油散热量 Q_o 和 Q_f 作为式(25.7)中的换热量,绘制单位温差-燃油流量性能曲线,进而获得更加接近实际的滑油和燃油温度。

当已知滑油散热器的性能时,根据滑油和燃油流量,可以从散热器的性能曲线图获得对应的单位温差换热量,由热平衡方程:

$$Q_o = \frac{Q_o}{(T_{o1} - T_{f1})}(T_{o1} - T_{f1}) = \dot{m}_o c_{po}(T_{o1} - T_{o2})$$

$$Q_f = \frac{Q_f}{(T_{o1} - T_{f1})}(T_{o1} - T_{f1}) = \dot{m}_f c_{pf}(T_{f2} - T_{f1}) \tag{25.8}$$

所以:

$$T_{o2} = T_{o1} - \frac{Q_o}{\dot{m}_o c_{po}}$$

$$T_{f2} = \frac{Q_f}{\dot{m}_f c_{pf}} + T_{f1} \tag{25.9}$$

可以看出,滑油散热器的换热性能主要由其单位温差换热量特性决定。

25.3.2　油气分离器

油气分离器内部为复杂的三维强旋湍流流场,且为滑油-空气两相流动,存在两相间的相互作用。目前,对于分离器性能(内部流场、分离性能、阻力特性等)的研究主要通过试验、理论分析和数值模拟三种方法。

试验手段可以通过测量切向和轴向速度、分离效率来分析分离器内部流场特征和分离效果,但受试验条件和测试方法的限制,只能通过测试的宏观量进行分离器特性的分析;理论分析方法建立的数学模型,进行了较多的简化处理,适用范围小;在试验研究的基础上结合数值模拟是工程上分析油气分离器性能常用的方法,不仅可以获得结构内部详细的两相流流场信息,了解油气分离过程,而且能深入认识油气分离机理和流动规律。

分离效率是反映油气分离器分离性能的重要参数,表征了油气分离能力,其定义为分离的空气质量流量与混合物中空气质量流量的比值。工程上,对于精度要求较低的情况,可以采用体积流量近似确定油气分离器的分离效率;对于试验难以直接测得空气质量流量的情况,需要进行体积流量与质量流量的换算,进而确定分离效率。

$$\eta = 1 - \frac{\dot{m}_{\text{outlet\_g}}}{\dot{m}_{\text{inlet\_g}}} \qquad (25.10)$$

上式中,η 为分离效率;$\dot{m}_{\text{inlet\_g}}$ 为进口油气混合物中空气质量流量,kg/s;$\dot{m}_{\text{outlet\_g}}$ 为出口空气质量流量,kg/s。

两相流数值模拟主要有两种方法,即欧拉-拉格朗日方法和欧拉-欧拉方法。欧拉-拉格朗日方法中,将空气看作连续相,滑油油滴看作离散相,分别建立控制方程,称为 DPM(discrete phase model)模型。在欧拉-欧拉方法中,认为空气和滑油均为连续相,两者共存且相互渗透,两相流模型包括 VOF(volume of fluid)模型、Mixture 模型和 Eulerian 模型,相关研究较多。

VOF 模型采用固定 Euler 网格,通过引入相体积分数来记录两相自由表面的变换,进行界面追踪,在每一个网格单元内,各相的体积分数之和始终为 1。假设第 q 相流体体积分数为 α_q,其连续性方程为

$$\frac{1}{\rho_q}\left[\frac{\partial}{\partial t}(\alpha_q \rho_q) + \nabla \cdot (\alpha_q \rho_q \vec{v_q})\right] = S_{aq} + \sum_{p=1}^{n}(\dot{m}_{pq} - \dot{m}_{qp}) \qquad (25.11)$$

式中,ρ_q 为第 q 相流体的密度;$\vec{v_q}$ 为第 q 相流体的速度;$\dot{m}_{qp}$ 表示 q 相向 p 相的质量输运;$\dot{m}_{pq}$ 表示 p 相向 q 相的质量输运;S_{aq} 为源项。

各相体积分数满足

$$\sum_{q=1}^{n}\alpha_q = 1 \qquad (25.12)$$

各相共用的动量方程为

$$\frac{\partial}{\partial t}(\rho \vec{v}) + \nabla \cdot (\rho \vec{v}\vec{v}) = -\nabla p + \nabla \cdot \left[\mu(\nabla \vec{v} + \nabla \vec{v}^T)\right] + \rho \vec{g} + \vec{F} \qquad (25.13)$$

各相共用的能量方程为

$$\frac{\partial}{\partial t}(\rho E) + \nabla \cdot \left[\vec{v}(\rho E + p)\right] = \nabla \cdot (k_{eff}\nabla T) + S_h \qquad (25.14)$$

上式中,能量 E 和温度 T 为各相的质量加权平均。

25.4　回油系统设计一般要求

相比于供油系统内的单相流动,航空发动机回油系统涉及油气两相流动,滑油泵(回油泵)、散热器、油气分离器等相关部件,以及回油管路内的流动非常复杂,

目前对于回油系统的设计主要是根据发动机结构要求以及设计传统和经验。

除了应满足系统部件设计要求,回油系统一般设计要求如下。

（1）在发动机飞行中的所有状态(除风车状态外)工作时,发动机滑油回油系统应抽回供给它的全部滑油;允许在过渡状态和飞机机动时发动机中的滑油偏离极限范围,但不应引起工作破坏或使滑油系统使用维护复杂;

（2）发动机上每个独立的油池都应至少设计有一级滑油泵(回油泵),不允许用同一滑油泵(回油泵)同时对两个油腔进行回油;

（3）在轴承腔或齿轮箱的回油出口至各级滑油泵(回油泵)的入口之间的流路上必须设置保护滤网,避免大颗粒金属杂质进入滑油泵内造成损坏;

（4）回油路上一般需设置屑末信号器或磁性检屑器,监控轴承及齿轮等滑油流过部件的工作状态;

（5）回油路上必须设置离心或动压式油气分离装置,在油气混合物回到滑油存储装置之前进行油气分离,以保证输油中的含气量尽可能低,油气分离装置在结构设计上可以与滑油存储装置集成设计也可以设置在回油管路上;

（6）对于正向循环的滑油系统,回油路上需设置滑油换热器,降低回油温度;

（7）位于滑油收集处上方的滑油泵(回油泵)应保证在起动时足够的初始吸入能力。

回油系统设计过程一般需开展流路阻力特性一维仿真分析,此外针对滑油泵(回油泵)和油气分离装置这样的重要部件需开展油气两相条件下的滑油泵(回油泵)性能和油气分离器流动三维仿真分析。对于正向循环的滑油系统,还需开展油气两相介质条件下的换热器性能分析。

回油系统一维仿真分析可以采用 FlowMaster、AMeSIM 等流动分析软件,其中比较关键的是流动介质的物性参数设置,由于回油泵容量通常是供油泵容量的几倍,从轴承腔及齿轮箱抽吸回来的滑油中一般含 30%～70% 体积比的空气,会大幅降低滑油的黏度、密度等物性,因此给予试验或仿真得到回油系统流动介质油气比随发动机工况的变化关系是回油系统开展准确计算分析的先决条件。

第 26 章
通风系统设计分析

通风系统是滑油系统中另一重要子系统,用于平衡系统各滑油腔的压力。本章介绍了通风系统的工作原理,阐述了系统中通风器、高空活门等部件的设计要求及性能分析方法,针对通风系统的流路设计与整体网络分析进行论述,并对滑油系统的高空性问题进行了详细介绍。

26.1   通风系统介绍

通风系统的作用是排出进入滑油腔的密封空气,并保持滑油系统正常工作所需的各滑油腔压力。航空发动机的轴承腔主要是通过引增压气,在封严腔和轴承腔之间建立正压差,在封严气体通过密封装置泄漏进轴承腔的同时,阻断滑油通过密封装置向外泄漏的路径,以起到有效封严滑油的作用。因此,为保证腔室的有效封严,需保持腔压始终小于密封空气压力。另外,由于密封空气漏入、腔内滑油蒸发、轴承生热和腔壁传热等因素,会造成腔压有升高的趋势,必须由通风系统进行各腔压力的平衡。此外,随着飞行高度的增大,外界环境压力下降会导致轴承腔压力下降从而影响滑油泵性能,需要通过合理的通风系统设计来维持高空条件下各轴承腔和滑油箱压力在合理的范围内,以保证滑油系统正常的供、回油。通风系统的边界一般是各轴承腔密封装置到外界环境之间的空气路,发动机中的滑油箱、轴承腔、附件机匣等滑油腔经通风系统连通起来。图 26.1 为一典型通风系统的原理图。

图 26.1 中,箭头方向代表空气或油气混合物的流向。前、后腔通过外部管路(或中央通气管)连接,滑油箱、附件机匣与前腔通过管路连通,离心通风器安装在附件机匣上,由附件传动轴驱动。发动机工作时,引自压气机的增压气经前、后腔密封装置进入腔内,滑油箱和后腔油气与前腔油气汇合后,一起进入附件机匣,为减少系统滑油消耗,进入附件机匣的油气要先经离心通风器除油后再排入外界环境。

相比于供油和回油系统,通风系统涉及的部件较少,通常包括密封装置、通风

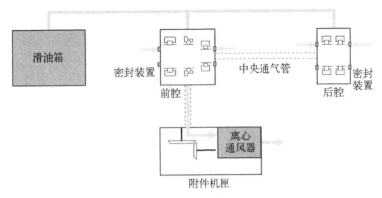

图 26.1　通风系统原理图

器、高空活门以及管路等,其中密封装置相关内容在本书第四篇进行详细介绍,这里不再赘述。通风系统设计时要考虑几点问题:① 保持轴承腔压低于密封增压空气压力,即封严腔和轴承腔始终保持正压差,避免出现密封空气路反向而发生滑油外泄;② 腔压不低于滑油泵最小进口压力,以保证良好的供/回油泵性能;③ 为减少滑油消耗,系统通风量尽量小,并应经过通风器除油后再排至机外;④ 如果通风口位于热端油腔出口,在系统设计时应考虑是否需要加灭火器。

26.2　部件及设计要求

26.2.1　通风器

通风器是航空发动机滑油系统的重要部件,其作用是将滑油腔通风油气混合物中的滑油分离出来,减少滑油消耗。通风器的工作原理是利用油滴运动过程中的惯性撞击现象和旋转离心作用实现滑油和空气的分离,滑油被甩至壳体内壁进而回收,分离出来的气体经通气管排至机外。通风器通常安装在各滑油腔与外界环境之间的通气路上,处于通风系统的末端,由于通风器结构形式多样,其具体安装位置也有所不同。

目前,航空发动机中广泛使用的通风器一般可以分为离心式通风器、叶轮式通风器和轴心通风器三类,它们分别适用于不同形式的通风设计。

离心式通风器通常作为一个完整的独立附件安装于发动机附件机匣内,并且配有专门的传动机构带动转动件旋转。图 26.2 为某航空发动机的后离心通风器结构示意图,主要由转子、壳体(前壳体和后壳体)、传动齿轮、支撑轴承等组成[30]。发动机工作时,各滑油腔的油气经通气导管连通至装有通风器的附件机匣,然后经通风器前壳体上的条状进气孔进入,传动齿轮带动转子旋转,进入通风器的油气在离心力的作用下,密度大的滑油被甩向四周,经前壳体内壁上的出油孔流出,而密度较小的空气进入中心空心管,最后从后壳体末端的空气出口、导管排出机外。在WP7、WP13、WP14、WJ5、PT6A、P29-300发动机上均采用了离心式通风器。

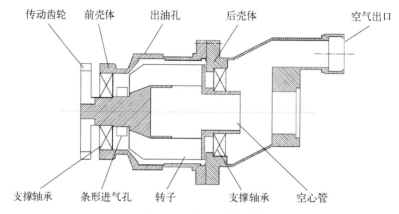

图 26.2 离心式通风器

叶轮式通风器通常集成在发动机轴承腔或附件传动机匣内,一般将叶轮直接安装于传动轴上,结构简单紧凑,没有专门的外壳体。图 26.3 为一叶轮式通风器结构示意图,主要由叶轮、空心轴等组成[31]。工作时,空心轴带动叶轮旋转,由于滑油和空气之间的密度差异,滑油被甩向四周,经叶轮外圈挡边收集后由出油口流回滑油腔,而分离后的空气经轴上 3 个周向分布的通风孔进入空心轴,最后排出机外。叶轮式通风器广泛应用于英、美发动机上,如 F100、斯贝、JT8D 发动机。

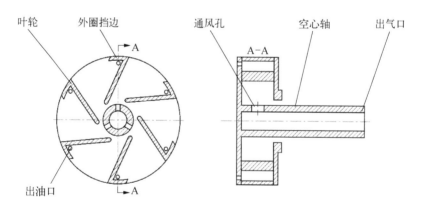

图 26.3 叶轮式通风器

轴心通风器应用于采用轴心通风形式的发动机中,一般安装在发动机主轴上或者与主轴设计为一体。图 26.4 为 CFM56 发动机前轴承腔内的轴心通风器结构示意图,该分离器主要由若干装在风扇轴上周向分布的圆筒、环形腔及轴上若干通气孔组成。发动机前轴承腔内的油气经圆筒进入通风器,在离心力的作用下将油珠分离出来,并甩回滑油腔,空气则经过风扇轴和低压涡轮轴上的开孔进入内部空心轴向后由轴后端流出,流到尾喷管的内锥中,在主燃气流的引射作用下,随主燃气流到外界。采用轴心通风器,可以省去通气管等外部管道,简化结构[8,32]。美国GE 公司研制的 J85、T700、CF6、CFM56 及 GE90 发动机都采用了轴心通风器。

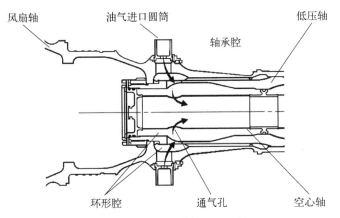

图 26.4　CFM56 前轴心通风器

随着发动机技术的发展,通风器的结构不再局限于传统的离心式或叶轮式等结构,如采用多孔介质作为通风器中的分离结构(如蜂窝结构、金属海绵),通过增加比表面积,提高油滴的凝聚能力,使通风器的分离效率提高。CFM56 发动机发展型的轴心通风器就采用了一种新型蜂窝结构。

需要说明的是,与供油系统中油气分离器的功能相同,通风器也是一种油气分离装置,但最大的区别在于通风器的工作介质为油雾形式的油气混合物。其中滑油含量很少,主要以细小液滴形式掺混于空气中,由于油滴直径可以达到微米量级,油滴随流性强,很容易随空气逃逸至机外,这对通风器的性能提出了更高的要求。

根据发动机设计规范[8,14],通风器设计过程中,应考虑以下问题:

(1) 采用离心式通风器,经分离后油气中的油雾颗粒直径不应大于 5 μm;

(2) 在满足性能要求的前提下,通风器结构与通风管尺寸的确定,应尽量减少阻力损失,一般使腔内压力略高于大气压 0.010~0.015 MPa。

26.2.2　高空活门

高空活门的功能是维持发动机在高空飞行条件下各滑油腔内合适的压力,以满足滑油泵前最低压力要求。高空活门一般应安装于通风器下游的通风出口位置。自由通风系统中,各滑油腔与外界大气相通,腔压会随着飞行高度的升高而不断降低,滑油泵的泵前压力也随之降低,当泵前压力下降至某一临界值时会导致滑油泵工作性能急剧下降,以致滑油系统无法正常工作。因此,需要设置高空活门来保证系统各滑油腔压力在合适的范围内。

图 26.5 为一典型波纹管式高空活门结构示意图[33]。该高空活门由波纹管式膜盒活门、弹簧活门等组成。膜盒壳体与波纹管之间形成了一个氩气的封闭腔——膜盒封闭腔。膜盒盖与内部通气管之间形成了一路空气流通通道,膜盒活门上下移动进而改变流通面积。高空活门的工作过程:当发动机飞行高度较低时,受到环境压力、封闭腔压力、通风排气压力和弹簧压力的作用,膜盒盖压紧膜盒壳体,此时膜盒活门打开,弹簧活门关闭;随着飞行高度的升高,环境大气压减小,膜盒盖逐渐向下移动,通风排气流通面积减小,弹簧力增大以达到新的受力平衡状态;当飞行高度继续增加,膜盒活门最终完全关闭,此时由定压弹簧活门控制轴承腔、滑油箱和机匣等的压力,使之与环境大气压力保持一定压差。

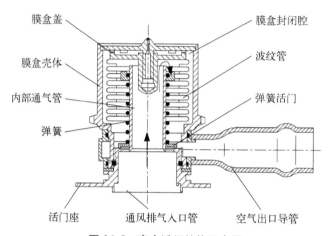

图 26.5 高空活门结构示意图

高空活门的重要性能参数包括膜盒关闭高度、弹簧活门开启压力等,在设计过程中需要考虑的问题如下[33,34]:

(1)设计前应通过试验获取滑油泵的高空特性,然后根据滑油泵高空特性曲线确定高空活门的膜盒关闭高度;

(2)合理设计定压弹簧活门开启压力(或压差),应尽量缩短高空活门过渡阶段范围(飞行高度超过膜盒关闭高度而腔压未达到弹簧活门开启压力,膜盒重新打开导致腔压降低情况),过渡阶段活门工作不稳定,往复开闭影响波纹管(或膜片)寿命。

26.3　部件性能分析方法

26.3.1　通风器

1. 通风器性能评价指标

通风器的结构形式多样,安装位置各异,但其基本工作原理主要是利用高速旋

转产生的离心效应和惯性碰撞作用实现
油气分离,如图 26.6 所示。油气混合物
经通气孔进入通风器后,经过分离结构
(叶轮或多孔介质等)将混合物中的大油
滴分离,并从分离腔壁的回油孔流出。一
部分尺寸较小的油滴,因随流性好,会随
空气进入空心轴,最后经通风管排入外界
环境,带来了一定的滑油损失。

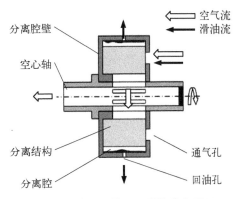

图 26.6　典型结构通风器的分离原理

　　通风器性能主要关注的是分离特性
和阻力特性,相应的性能评价指标为分离
效率、最小分离直径和通风阻力。

　　通风器分离效率指的是分离后滑油质量流量与入口滑油质量流量的比值,体
现了通风器的分离能力。定义式为

$$\eta = \frac{\dot{m}_s}{\dot{m}_{\text{oil}}} \tag{26.1}$$

式中,$\dot{m}_s$、$\dot{m}_{\text{oil}}$ 分别为滑油分离质量流量和通风器入口滑油质量流量,kg/s。工
程上,为测试通风器分离效率,可以在通风器出口采用脱脂棉吸收分离后油雾
中的油滴,根据脱脂棉重量变化以及入口滑油流量确定分离效率。另外,也有
利用激光粒度仪测试通风器出口的油滴粒径分布,通过换算进而确定分离
效率。

　　最小分离直径也称临界直径 d_c,分离后油气中粒径大于等于 d_c 的油滴全部被
回收,这时称 d_c 为最小分离直径。

　　显然,分离效率越高或最小分离直径 d_c 越小,说明油气混合物中可分离的油
滴越多,越有利于降低滑油消耗量。

　　通风阻力由介质流过通风器的总压降来表示,指的是通风器入口压力与出口
压力的差值,反映了介质流经通风器内部通道或结构时受到流通阻力的大小。通
风器可以看作是轴承腔通风流路下游的一个流阻损失元件,过高的通风阻力会导
致轴承腔压力偏高,不利于密封,而过低的通风阻力将导致轴承腔压力降低,不利
于回油和控制封严流量。

　　进行通风器性能分析研究,除了可以全面了解通风器内部油气流动特点和总
体性能参数变化规律,更重要的是根据局部结构的流通和油气分离特点,指导设计
出通风阻力小、分离能力强、结构简单且重量轻的新型通风器。

　　2. 通风器性能分析方法

　　针对通风器分离特性和阻力特性的研究,主要采用试验测量和数值仿真方法。

试验测量手段直观、可靠,在结构相对复杂的新型通风器的性能评估中起到重要作用,通过通风器试验可以方便采集滑油分离效率和通风阻力的测量数据。虽然试验手段在相关研究机构及附件厂中应用广泛,但是该方法无法全面了解通风器内部两相流流动及分离过程,所以数值仿真方法更多地被用于预测通风器内部流场和性能。本节主要对通风器性能仿真分析方法进行介绍。

通风器内部的流动一般为高转速、强湍流的二相分离运动,涉及的物理过程包括通风器内油气两相耦合运动、油滴/分离结构壁面的相互作用[35,36]。因此,在求解通风器内油气两相流流场需要解决油滴受力分析、油滴与空气之间的相互作用、油滴与壁面之间的相互作用等关键问题。

1) 油气两相流动计算

通风器内的滑油以油滴形式存在于空气中,滑油体积分数远小于空气,属于典型的稀疏两相流。油气分离过程的计算需要追踪油滴的运动轨迹,可采用欧拉-拉格朗日方法,对空气流动采用欧拉体系建立控制方程,采用拉格朗日体系建立油滴轨迹控制方程。其中,油滴轨迹控制方程的建立需要进行油滴的受力分析。相对坐标系中,单位质量油滴的动量方程为[37-39]

$$\frac{\mathrm{d}U_d}{\mathrm{d}t} = F_D + F_R + F_Q \qquad (26.2)$$

式中,U_d 为油滴速度,m/s;F_D 为空气对单位质量油滴的剪切作用力(拖曳力),N;F_R 为单位质量油滴受到的离心力,N;F_Q 为其他作用力,包括附加质量力、压力梯度力、Saffman 升力、Basset 力、浮力和重力,N。

2) 油滴与空气之间的相互作用

油滴与空气之间的耦合作用主要有单向与双向耦合两种形式,区别在于是否考虑油滴对空气流动的影响。空气对油滴的作用主要体现在空气拖曳力和 Saffman 升力对油滴运动的影响。油滴对空气的作用主要体现在空气流动控制方程的源项中,具体包括: ① 连续性方程的源项,考虑油滴蒸发带来的气相质量增加量;② 动量守恒方程的源项,考虑油滴对空气作用力引起的动量交换、滑油蒸发携带的动量;③ 能量守恒方程的源项,包含油滴蒸发从空气吸热量、蒸汽与空气的换热量;④ 湍动能 k 方程与湍动能耗散率 ε 方程,包含由于油滴运动脉动与蒸发引起的源项变化。

3) 油滴/壁面碰撞模型

油滴在通风器内运动时会与结构壁面发生碰撞,从撞击的物理现象上,可以分为黏附、反弹、铺展和飞溅等现象。当油滴在壁面上发生黏附和铺展,认为油滴完全被壁面收集,反弹表示滑油未收集,飞溅则表示有部分滑油以小液滴形式脱离壁面,形成二次油滴,剩余部分被壁面回收[40,41]。引入撞击 We_d 数提出了液滴/壁面行为判断准则,该准则已被应用于通风器和轴承腔内油滴的计算中,如图 26.7 所示。

撞击 We_d 数的定义式为

$$We_d = \frac{\rho_d (U_{w,n} - U_{d,n})^2 D_d}{\sigma_d} \tag{26.3}$$

式中,$U_{w,n}$ 和 $U_{d,n}$ 分别为壁面、油滴速度的法向分量;σ_d 为油滴的表面张力。撞击 We_d 数反映了油滴惯性力与表面张力的比值。

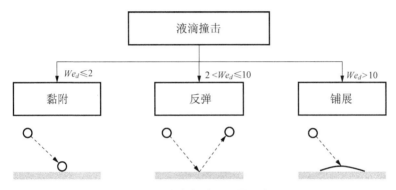

图 26.7　液滴与壁面碰撞示意图

通风器性能数值计算流程如图 26.8 所示。

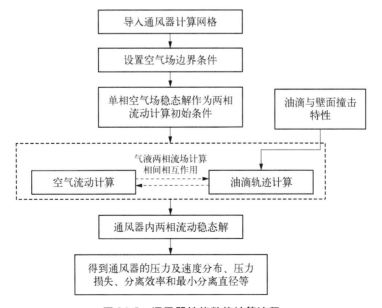

图 26.8　通风器性能数值计算流程

26.3.2 高空活门

高空活门的特性计算一般包括膜盒活门高度特性计算、膜盒活门关闭点飞行高度计算、弹簧活门静态特性计算三部分。膜盒活门高度特性是指膜盒刚度和膜盒活门关闭点飞行高度之间的关系;膜盒活门关闭点飞行高度是指膜盒活门刚刚关闭时的飞行高度;弹簧活门静态特性是指飞行高度与内腔压力之间的关系。以某高空活门为例(图 26.9),介绍高空活门的特性计算方法。该活门主要由膜盒活门和弹簧活门组成,膜盒活门由膜盒片支座、膜盒片组合、膜盒活门弹簧及活门 1 组成;弹簧活门是由弹簧支座、弹簧活门处弹簧以及活门 2 组成。膜盒片组合由多组膜片焊接而成,每组膜片内部抽成真空。弹簧活门是一个定压差活门,在膜盒活门关闭后才开始起作用。

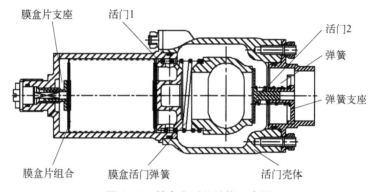

图 26.9　某高空活门结构示意图

1. 活门高度特性及膜盒活门关闭点飞行高度

膜盒片组合件是膜盒活门的主要组成部件,膜盒片组合件由多片真空膜片组成。地面状态下,膜盒片组合件与膜盒片组合件处弹簧均处于压缩状态,膜盒片内部为真空,在外界大气压力和弹簧压力的共同作用下,其受力情况如图 26.10 所示。

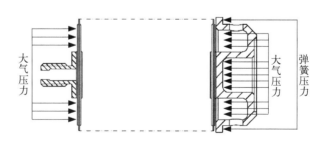

图 26.10　膜盒片组合件受力示意图

此时膜盒活门位于行程最左侧,对于膜盒片组合件存在以下受力平衡:

$$K_c(i) \times \Delta c = K_s \times \Delta s + p_0' \times A_f \qquad (26.4)$$

式中，$K_c(i)$ 为膜盒片组合件刚度，N/mm；Δc 为地面状态下膜盒片组合件压缩量，mm；K_s 为弹簧刚度，N/mm；Δs 为地面状态下弹簧压缩量，mm；p_0' 为地面大气压，Pa；A_f 为膜盒有效受力面积，m^2。

在高空飞行状态下，外界大气压力降低，膜盒活门向右慢慢移动，在未达到关闭点之前，滑油系统内腔压力与大气压力差别不大（腔压略高于大气压力），在此简化处理使两者相等。在膜盒活门右移过程中，膜盒活门处弹簧则进一步压缩，弹簧力进一步增加，在行程中某一点对于膜盒组合件存在以下受力平衡：

$$K_c(i) \times \Delta c' = K_s \times \Delta s' + p_{(i)} \times f \qquad (26.5)$$

式中，$\Delta c'$ 为高空状态下膜盒片组合件压缩量，mm；$\Delta s'$ 为高空状态下弹簧压缩量，mm；$p_{(i)}$ 为高空大气压，与飞行高度有关，Pa。

进一步可以得到：

$$K_c(i) \times c = K_s \times s + (p_0 - p_{(i)}) \times f \qquad (26.6)$$

式中，c 为膜盒片组合件压缩变化量，mm；s 为弹簧压缩变化量，即膜盒活门行程，mm。

根据膜盒片组合件刚度、膜盒活门处弹簧特性、膜盒活门行程、膜盒片组合件压缩变化量、工作温度等参数，进而可以计算获得膜盒活门关闭点飞行高度。

2. 弹簧活门静态特性

当膜盒活门关闭后，飞行高度继续增加，膜盒活门处于关闭状态，此后通过弹簧活门的开启和关闭，使得腔压保持在一个合理的动态变化范围内。弹簧活门是一个定压差活门，特性计算相对简单，计算过程中需要进行一定假设：① 温度对弹簧活门无影响；② 弹簧活门与活门座接触面上的压力是呈线性变化的关系。

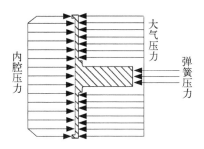

图 26.11 弹簧活门受力情况

弹簧活门受力分析如图 26.11 所示。

在弹簧活门开启的瞬间，满足以下受力平衡关系：

$$q(i) \times f_1 + \frac{q(i) + p(i)}{2} \times f_2 = p(i) \times f_3 + K_s \times s \qquad (26.7)$$

式中，$q(i)$ 为某一飞行高度下的内腔开启压力，Pa；$p(i)$ 为某一飞行高度下的大气压力，Pa；K_s 为弹簧刚度，N/mm；s 为弹簧预紧行程，mm；f_1 为内腔压力作用面积，

m^2;f_2为内腔压力过渡到大气压力的作用面积,m^2;f_3为大气压力的作用面积,m^2。

根据飞行高度下的大气压力、弹簧刚度、弹簧预紧行程和各力作用面积,计算在某一飞行高度下的内腔开启压力。

26.4 通风系统设计与分析

26.4.1 系统流路设计

1. 通风管路设计一般要求

通风系统中,通过外部管路或内部通道(如空心轴)将发动机各滑油腔连通起来,最后将除油后的空气排放至机外。在进行系统流路设计时,需满足的一般要求如下[8]:

(1)管路管径、长度和走向应满足系统阻力要求,管路保持滑油箱和各滑油腔的压力要求,如果管路系统的压力损失大于系统工作压力的20%,则应重新设计;

(2)管路的壁厚耐压,还能抗冲击,并应留有余度,以便一旦在出现事故或擦伤、装卸损坏及腐蚀时,容许进行修理;

(3)全部管子应设计成允许用钢球进行流通检查,应尽量避免"T"型和"Y"型结构的焊接。如不可避免时,应用焊接加强板连接零件;

(4)除特殊规定外,管路接头不应直接拧进铝、镁机匣。

2. 通风系统设计主要形式

现代航空燃气涡轮发动机常用的通风系统设计主要有自由通风、节流通风、轴心通风、回油泵通风和组合通风等形式。

(1)自由通风是航空发动机滑油系统普遍采用的通风形式,如 WP7、P11、JT8D、V2500、PW4000 发动机均采用自由通风设计。通常,发动机各轴承腔、滑油箱通过通气管与附件传动机匣相连,轴承腔与滑油箱内的油雾汇集后,进入装在附件机匣内的离心式通风器或叶轮式通风器,将油雾中的滑油分离出来,流回机匣,而空气则通过排气管与飞机通气管相连,排入大气。图 26.12 为一自由通风系统的流路示意图,滑油箱与前轴承腔由通风管连接,前轴承腔内的油气经通风管进入附件传动机匣,与后轴承腔内的油气汇合,经离心通风器后排入外界大气。

(2)节流通风是采用篦齿密封(或浮环密封)的轴承腔常用的通风形式,如斯贝发动机的轴承腔采用了节流通风。节流通风设计可以实现轴承腔的增压以减小篦齿密封压差,使密封泄漏量减小,进而降低轴承腔通风量。通常在轴承腔的通风管路上设置节流嘴,增大气流流通阻力,使轴承腔腔压升高。图 26.13 为某型发动机节流通风示意图[42],增压空气经篦齿(篦齿 1、篦齿 2)、石墨密封装置(石墨 1、

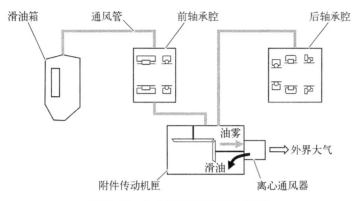

图 26.12 自由通风系统流路示意图

石墨 2）进入轴承腔（腔内包含两个轴承，轴承 1 和轴承 2），腔内油气混合物经带有节流嘴的通风管通往附件传动机匣。

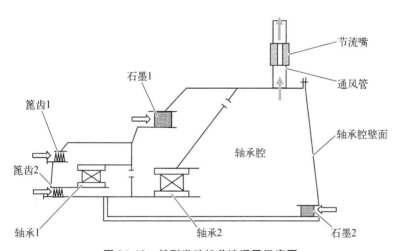

图 26.13 某型发动机节流通风示意图

（3）轴心通风是利用航空发动机中空主轴作为滑油通风管来实现各滑油腔通风的设计，这种设计可以减少外部管道，简化结构。在美国 GE 公司所设计的一系列发动机（J85、CF5、CF6、CFM56、GE90 等）中，均采用了这种设计。如 CFM56 发动机的中空通风管即作为通风系统的排气管，也起到了油气分离的作用，省去了离心通风器，如图 26.14 所示。滑油箱、附件传动机匣分别由通风管和径向驱动轴套与前轴承腔相连，通过装在转轴上的前腔轴心通风器将油珠分离出来，使之返回收油池内，空气则通过轴内通气管向后流，后轴承腔中的油气也经过后腔轴心通风器进入轴内通风管，所有分离出来的气体由轴后端流出，经阻焰器，由尾喷管气流引射排出。

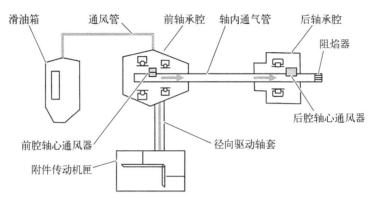

图 26.14　CFM56 轴心通风系统示意图

（4）在一些发动机,轴承腔通过增大回油泵抽油能力实现回油和通风,不需要专门的通风管路。如在某些弹用发动机中,各滑油腔仅通过回油泵将腔内的空气和滑油一同抽回至滑油箱,混合物先经过动压式油气分离器将空气分离出来,然后经由滑油箱上的排气管排出。

（5）有些发动机中,根据实际发动机结构需要,采用了组合通风形式。如斯贝发动机有三个轴承腔采用了节流通风,附件机匣则采用了自由通风。

26.4.2　通风系统网络计算

通风系统网络计算分析是发动机滑油系统热分析的基础,为供油系统管路特性计算和密封装置热负荷计算提供输入条件。通风系统计算的目的是获取各滑油腔的压力、密封装置空气泄漏量、系统总通风量。目前常用分析工具包括 GFSSP、FLOMODL、FlowMaster 以及本书作者团队开发的航空发动机滑油系统热分析通用软件 GASALS。

与供油系统类似,通风系统同样属于内流系统,基于流体网络算法的思想,通风系统可以看作是由不同的部件和结构按一定的顺序连接而成的网络。这些部件和结构称之为元件,主要包括沿程阻力元件、局部阻力元件和密封元件。通风系统的网络计算同样需要以元件特性分析为基础,而网络整体计算仍可以采用与供油系统相同的节点压力残量修正算法或线性化方法进行计算。下面主要介绍典型元件特性的计算方法。

1. 沿程阻力元件

沿程阻力元件的损失特性可按照下式进行计算:

$$\dot{m} = A \sqrt{\frac{1}{KR\overline{T}} \left(\frac{\overline{T}}{T^*} \right)^{\frac{k}{k-1}} (p_1^{*2} - p_2^{*2})} \tag{26.8}$$

其中:

$$K = \frac{fL_P}{D} \tag{26.9}$$

此处假设静温沿管长变化不大,取平均值为

$$\bar{T} = \frac{1}{2}(T_1 + T_2) \tag{26.10}$$

上式中,T_1、T_2 分别为进出口温度,K;p_1^*、p_2^* 分别为元件进出口总压,Pa。

2. 局部损失元件

局部损失元件主要包括突扩、突缩、节流孔等,其损失特性具有共同的数学表达式为

$$K = \frac{p_1^* - p_2^*}{\frac{1}{2}\rho_m V_m^2} \tag{26.11}$$

$$\dot{m} = A\sqrt{\frac{1}{K}\frac{2p_m}{RT_m}(p_1^* - p_2^*)} \tag{26.12}$$

3. 篦齿密封

篦齿是航空发动机中广泛使用的一种非接触式密封装置。这里推荐一种篦齿泄漏特性计算方法。篦齿的流量系数定义为

$$\varphi = \frac{\dot{m}\sqrt{T^*}}{A_c p_1^*} \tag{26.13}$$

式中,A_c 为齿尖处气流流通面积,m^2;p_1^* 为元件进口总压,Pa;T^* 为进口总温,K。

篦齿密封结构较为复杂,可以对特定类型的篦齿(如直通式、台阶式)进行试验研究,总结试验数据,分析多种几何参数组合下齿数、齿尖厚度、齿顶间隙以及流向对泄漏特性的影响,及随前后压比的变化特性,从而建立篦齿密封的数据库。由上式可得篦齿泄漏量的表达式为

$$\dot{m} = \frac{\varphi A_c p_1^*}{\sqrt{T^*}} \tag{26.14}$$

当已知篦齿元件的进出口压力、进口温度以及篦齿的齿型和结构参数时,即可通过建立的流量系数数据库进行插值计算获得流量系数 φ,进而得到篦齿的泄漏量。

除了上述篦齿泄漏特性分析方法,其他方法可参见本书第四篇。

26.5   滑油系统高空性分析

26.5.1   滑油系统高空性

随着发动机升入高空,滑油系统的供油压力和供油流量会发生改变,即随升空高度的增加供油压力降低、供油流量减小。通常我们将高空状态下滑油腔低压引起的油泵性能衰减称为滑油系统的高空性问题。在发动机整个飞行包线内,如果滑油泵能保证滑油系统正常工作所需的滑油压力和滑油流量,则认为该发动机滑油系统的高空性能满足要求。

滑油系统的高空性问题主要体现在系统中的滑油泵。滑油泵的性能,不仅与其自身结构有关,还与其所处的系统有关。在滑油系统(图 26.15)中,滑油箱(或油池)都是与外界大气相通的,当地大气压降低,会导致油箱(或油池)压力 p_G 降低,$p' = p_G - p_0$ 降低,滑油泵进口管路流速降低,当流速降低到不足以填充滑油泵的泵送能力时(泵进口压力为 p_0'' 时,见图 26.16),滑油泵性能急剧下降,泵送流量快速减少,此时必须采取措施,保证滑油系统高空性能。

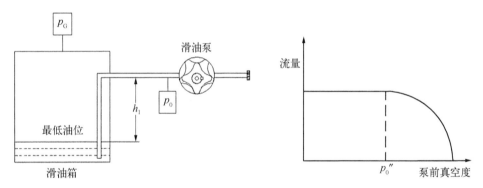

图 26.15   滑油泵及其系统简化结构   图 26.16   滑油泵高空性能特性曲线

26.5.2   滑油系统高空性能计算

滑油泵进口压力可以通过下式计算得出:

$$p_0 = p_G - \Delta p_0 + \rho g h_1 \tag{26.15}$$

式中,p_0 为滑油泵进口处压力,Pa;p_G 为滑油系统内腔压力,Pa;Δp_0 为滑油箱至滑油泵前的流体阻力损失,Pa;g 为重力加速度,m/s²;h_1 为滑油箱内最低油面高出油泵进口的高度,m。

在滑油系统高空性能分析时,只需要判断滑油泵进口压力 p_0 是否大于滑油泵进口最小允许压力 $p_{0\min}$(通常,齿轮泵进口处的最小允许压力 $p_{0\min}$ 为 20~30 kPa)。

若滑油泵进口处的最小允许压力 $p_0 > p_{0\min}$，则认为滑油系统高空性能满足设计要求；否则，认为滑油系统高空性能不满足设计要求。

滑油系统高空性能计算分析流程见图 26.17。

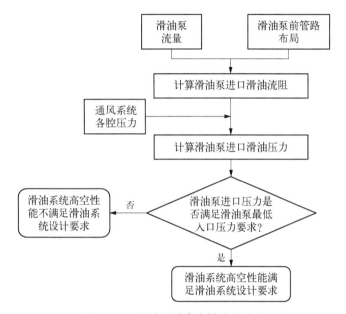

图 26.17　滑油系统高空性分析流程

26.5.3　影响高空性能的因素

滑油系统高空性能不仅与滑油系统内腔压力、滑油泵前阻力损失和滑油泵特性有关，还与滑油中含气量、滑油泵与滑油箱相对位置等因素有关。

1. 滑油系统内腔压力

滑油系统内腔压力对滑油系统的高空性能起决定性作用。滑油系统的内腔压力由通风系统出口的压力、通风管路的压降和管路中活门等确定。主要影响因素包括发动机工作线、轴承腔通风系统结构、轴承腔密封装置的空气泄漏量、通风器的阻力特性和高空活门（或滑油箱增压活门）的工作特性。

2. 滑油泵进口前阻力损失

滑油泵进口前阻力损失：

$$\Delta p = \xi \frac{\rho v^2}{2} = \xi \frac{2 Q_V \rho}{\pi D_p^2} \tag{26.16}$$

式中，ξ 为滑油箱至增压泵前的流体阻力损失系数（包括局部阻力系数和沿程阻力系数）；v 为滑油泵进口管路液体流速，m/s；D_p 为滑油箱至增压泵管路通径，m。

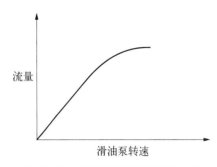

图 26.18　滑油泵转速流量特性曲线

3. 滑油泵特性

滑油泵的特性与滑油泵转速、滑油泵前真空度、滑油泵结构等因素有关。滑油泵流量与转速成正比,这是由于随着转速升高,单位时间内滑油泵填充次数增大,单次填充时间缩短。但当转速达到一定程度后,滑油泵的填充性能达到极限,滑油泵的流量不再增大(图 26.18)。滑油泵前真空度增加,会引起滑油泵的流量少量下降,主要原因是此时泵前后压差变大,通过泵的间隙从泵后至泵前的滑油回流增大。当滑油泵前真空度增加至 p''_0 时,离心力就阻滞滑油充填,滑油泵充填不足,并随之导致流量快速衰减,泵效率急剧下降。

滑油泵性能快速衰减时对应的泵前真空度,与泵自身结构息息相关。对于内啮合齿轮泵,内齿轮一齿扫过的面积、内齿轮齿数和转子宽度越大,泵高空性能越差;对于外啮合齿轮泵,齿轮模数、齿数和转子宽度越大,泵高空性能越差。反之,则有利于提高泵的高空性。

同时,齿轮泵间隙也影响泵的性能。齿轮泵的间隙主要包括端面间隙和径向间隙,间隙增大,则泵的泄漏量相应增加,泵的性能下降。对于齿轮泵,端间隙一般取 0.03~0.07 mm,径向间隙一般取 0.06~0.09 mm。

4. 滑油中含气量

在标准大气下,滑油中包含着 8%~10% 处于溶解状态的空气;发动机内部的齿轮、轴承等对滑油搅拌,也会形成油气混合物。航空发动机轴承腔采用干油池设计,滑油泵(回油泵)的流量通常为供油流量的 3~5 倍,因此发动机工作时,回油泵会抽回大量游离空气,并与滑油形成油气混合物进入滑油箱。此后,滑油箱内小部分溶解的空气以气泡的形式从滑油中释放出来,大部分气泡与滑油一起进到滑油泵(供油泵)中,降低了滑油泵抽油能力。当飞行高度增加时,大气压减小引起滑油泵(供油泵)前的压力降低,此时滑油中所含的空气泡容积增加,而进入油泵中的滑油量则相应的减少,空气泡的存在增大了管路的流通阻力,严重影响滑油系统的高空性能。

同时,滑油泵与滑油箱相对位置、滑油密度等因素,也会影响到滑油泵的填充效果或管路的流通阻力,从而对滑油系统高空性能产生影响。

26.5.4　提高系统高空性能的方法

提高滑油系统高性能的常用方法包括以下几种。

1. 设置高空活门或油箱增压活门

通常情况下,对于飞行高度大于 8 km 的发动机,可以在通风系统出口设置高空活门,或在滑油箱上设计增压活门,以保持滑油系统具有一定的内腔压力。该项措施对提高滑油系统的高空性能起决定性作用。

2. 滑油泵优化设计

在滑油泵设计时,对滑油泵齿数、模数、齿宽、分油盘等结构进行优化设计,同时严格控制齿轮泵的端面间隙和径向间隙,以改善滑油泵性能,可以提高滑油系统高空性能。

3. 泵前管路优化、油泵安装位置调整

对滑油泵进口管路进行优化,减少局部损失较大的管路弯头、优化管路布置、减小管路长度,以达到降低泵前滑油流阻的效果;使滑油泵(供油泵)的安装位置低于油箱液面,使滑油在滑油箱和滑油泵之间保持一定的势能差,能起到提高滑油泵(供油泵)进口压力的目的。由于滑油箱与滑油泵(供油泵)安装位置受到发动机限制,两者液面高度差不会太大;同时滑油泵前阻力损失本来就较小。因此,采用这两种措施提高滑油系统高空性能,效果有限。

4. 收油池位置改进及油气分离

润滑油中的含气量会降低滑油系统的高空性能。在发动机设计时,应尽量减少发动机齿轮等旋转部件对滑油的搅拌,将收油池设置在远离旋转零件的地方是比较合理的。为保证将回油路中抽回的油气混合物中的空气从分离出来,通常会在回油系统中设置油气分离器,用来减小滑油中气含量。

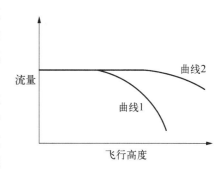

图 26.19 为滑油系统高空性能对比示意图,曲线 1 表示未采取提高高空性能措施的滑油系统,曲线 2 表示采取了提高高空性能措施的滑油系统。由此可见,采用提高滑油系统高空性能措施后,能明显改善滑油系统的高空工作能力。

图 26.19　滑油系统高空性能
对比示意图

第 27 章
轴承腔及其热分析

　　滑油系统整体循环热分析是系统设计过程中的重要环节,涉及各类热源生热分析、介质/结构间传热分析等内容。作为滑油系统中"热"问题最集中的部位,轴承腔的热分析是滑油系统整体循环热分析的关键。本章介绍了航空发动机轴承腔的主要类型和特点,论述了轴承腔设计时应遵循的基本原则,针对轴承腔热分析涉及的热源分析、腔内传热等分别阐述,并介绍了轴承腔中回油结构设计以及热防护问题。

27.1　航空发动机轴承腔介绍

　　航空发动机轴承腔是指包容发动机主轴支点轴承的容腔,作为滑油系统的重要组成部分,为主轴轴承的运行提供外部保障[1,8]。轴承腔需要满足的功能主要有:为支撑点轴承提供润滑冷却所需的滑油,保证轴承能够正常、安全、可靠的工作;将主轴所受的轴向、径向载荷通过轴承传递至机匣;保持腔压稳定以利于滑油回收,同时保证腔内滑油不外泄。

　　根据支点位置不同,轴承腔可分为压气机轴承腔和涡轮轴承腔两种,如图27.1、图27.2 所示。压气机轴承腔受压气机叶片安装筒鼓结构的影

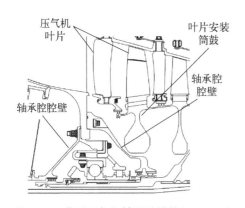

图 27.1　典型压气机轴承腔结构(CFM56)

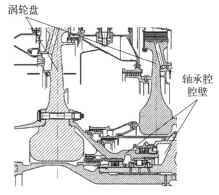

图 27.2　典型涡轮轴承腔结构

响,某些腔壁有倾角,腔体尺寸较大,因远离发动机热区(发动机燃烧室、涡轮等高温区域),其进油、进气及环境温度较低。涡轮轴承腔结构则较规则,且腔体尺寸较小,但因处于发动机热区,其进油、进气及环境温度较高。

　　主轴承腔结构一般包括转动轴、滚动轴承、轴承支撑结构、供油管、密封装置以及通风管等,有的轴承腔还包括中央传动结构与连接附件传动机匣的主传动杆等。图 27.3 为 RB199 发动机后支撑轴承腔结构图[43]。图中,源自空气系统的增压空气经三处篦齿封严进入轴承腔,防止腔内滑油外泄,另外采用喷射润滑和环下润滑方式对腔内轴承进行润滑和冷却。

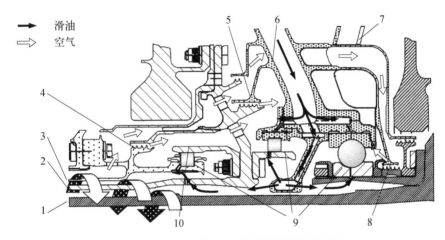

图 27.3　RB199 发动机后支撑轴承腔结构图

1. 低压轴;2. 中压轴;3. 高压轴;4、5、8. 密封装置;6. 供油管;
7. 通风管;9. 滚动轴承;10. 轴承支撑结构

27.2　轴承腔设计的基本原则

　　轴承腔设计过程中应遵循以下基本原则[8]。

　　1. 要有足够的轴承支承刚性

　　满足支承刚性要求是轴承腔结构设计的基础。发动机转子所受的各种载荷均通过轴承传递给支承结构,包括转子的径向、轴向载荷,各种振动载荷,飞机机动飞行引起的机动载荷以及意外故障(如叶片飞出)引起的动载荷等。确定轴承和支撑结构尺寸时,必须根据上述各种载荷进行专门的强度和刚度计算,并特别注意工作温度和离心力的影响。

　　2. 保证轴承获得充分的润滑与冷却

　　保证轴承获得充分的润滑与冷却,可以减少运动对偶面的摩擦与磨损,防止腐蚀和表面硬化,带走轴承摩擦所产生的热量,防止轴承表面温度过高或发生严重热变形。同时应在保证充分润滑冷却的前提下追求最小滑油供给量,减少轴承旋转件对滑油的搅动。

3. 轴承腔应为干油池设计,并有利于回油

回油能力应足够大,保证供至轴承腔的滑油能及时抽走,避免积油,减少滑油搅拌损失和轴承腔对滑油的加热。常用的轴承腔回油能力应比供油能力大 3 倍以上,特殊的可达 10 倍。同时,回油结构及回油管位置应利于回油。作用于回油上的力包括重力、回油泵抽吸力、旋转件加给的离心力、密封气流作用力等。对于较小的轴承腔,受离心力影响大,回油将以高的速度沿壁面流动,回油管可设在与轴承腔呈切向的位置。虽然发动机工作时轴承腔的回油位置不一定要设置在最低点,但考虑到降转、慢车状态时的回油,一般仍将回油口设置在腔体的底部。回油管直径应尽可能大些,回油速度通常不超过 0.6 m/s,以减少管路损失和防止回油泵气蚀。回油结构设计应避开高速旋转件,并协调工作状态与停车状态,使滑油以最短的时间和路径向回油口集中。

4. 轴承腔壁应光滑,通气管应凸出于腔内壁

为排出从密封装置进入轴承腔的气体以及滑油由于高温和搅动产生的油雾和蒸汽,多数轴承腔设有通风管,一般通风管布置在轴承腔上部,突出于腔体内壁,防止壁面的滑油或碎屑进入通风管。通风口的位置与回油口的位置最好在轴承的同侧,使通风流动方向与回油流动方向一致。

5. 防止滑油结焦与着火,防止滑油外泄

热区轴承腔设计时,必须进行轴承腔温度场热分析和着火安全性评估,选择适宜的热防护和隔热措施。应避免易燃油气混合物的产生,通过有效的壁面冷却措施消除高温热点,合理设计密封封严装置避免滑油外泄进入高温热区。防止滑油外泄同时可以减少滑油损耗。

6. 轴承腔应有足够容积

轴承腔应有足够的容积,避免出现腔内压力过高或积油油面超过密封线,发生漏油现象。

27.3 轴承腔热分析

轴承腔一直是航空发动机滑油系统"热问题"最集中、也是最突出的地方。一方面,高速滚动轴承由于摩擦和搅拌滑油而产生大量的热,若轴承内的热量不能及时有效地散发,则会引起轴承零件温度急剧上升,导致轴承因滚道及滚动体表面损伤而早期报废,甚至导致轴承因热膨胀失去工作间隙而产生"抱轴"现象,引发发动机事故。另一方面,除了轴承的大量生热外,发动机轴承腔腔体结构也向腔内的油气传递大量的热量。如果传递的热量过大,则会引起腔内滑油过热,导致滑油结

焦变性甚至着火,引发发动机故障。

　　轴承腔热分析是解决轴承腔"热问题"的根本途径。通过轴承腔热分析可以探明轴承腔内零部件的发热量以及腔内的复杂传热过程,预测特定工况下轴承腔的温度场分布、哪些零件或部件温度较高易于引发故障,判断滑油是否超温等。只有这样,才能有针对性地对轴承腔设计方案、工艺流程或结构材料进行改进,以提高发动机的寿命和可靠性。此外,轴承腔热分析还是发动机滑油系统整体热分析的基础。

　　热分析的本质是利用传热学原理进行热量及其传递过程的计算。轴承腔热分析首先需要开展的工作就是热源分析,确定轴承腔的热源形式、热量大小等;其次分析轴承腔内的传热现象和过程,确定相应的热量传递模型和热量传递特性关系式;最后利用传热学热量平衡原理进行热分析计算。

27.3.1　轴承腔热源分析

　　导致轴承腔"热问题"的热源主要包括高速滚动轴承的生热、轴承腔密封装置的生热、腔外高温环境与结构的传热等,其中密封装置的生热包括摩擦热和泄漏热两类。此外,包含中央传动机构的轴承腔还存在齿轮生热。

　　航空发动机滑油系统的基本要求是实现高温部件的高效冷却,同时避免冷却介质因超温而结焦、变性。高温部件冷却的核心是轴承冷却,而高效冷却实现的前提或先决条件则是轴承热源生热方式、生热机理和生热量的分析。因此,轴承生热一般是轴承腔的核心热源,其生热量直接影响轴承的运动状态与轴承的疲劳寿命。

　　高温环境与结构之间主要通过热传导和对流换热的方式向轴承腔传递热量,其传热量的大小需要在传热过程中计算获得,因此该部分热源,本书将在轴承腔内传热这一节中进行详细介绍。相比轴承生热而言密封装置的生热则非常小,其计算方法详见本书第四篇。

　　目前,确定轴承生热量主要有两种方法:整体法和局部法。

　　传统的整体计算方法一般采用经验或半经验半理论的计算公式来计算轴承的生热量。整体法计算得到的轴承生热量是高速滚动轴承不同位置的摩擦生热、滑油搅拌生热的总和,由于这些计算公式都是基于试验总结而来,因此它的特点是能较为高效和准确的给定轴承生热的总量,在一定程度上为发动机滑油系统的设计提供可靠依据。但是从轴承或轴承腔热分析的角度来讲,整体方法既不能明确摩擦生热量和搅拌生热量的大小,也不能给出轴承生热量在轴承系统内部的分配,导致热分析过程中热源加载这一难题的产生,给轴承或轴承腔详细的热分析带来困难。例如,在热分析时,需要首先将轴承总生热量进行人为分配,按一定比例加载到轴承的内外环和滚动体上,然后再进行热分析计算。

　　轴承生热的局部计算方法则基于摩擦学、动力学的基本原理和弹流润滑理论,直接分析获得轴承的运动与受力状态,得到轴承内不同部位、不同类型的生热量,进而获得轴承总的生热量。因此局部计算方法可以获得轴承内部的生热分布,热分析时无需人为经验分配热量,使得轴承或轴承腔的详细的热分析成为可能。

1. 轴承生热整体计算方法

目前常用的整体法主要有 Palmgren 模型[44]、B. M. 捷米道维奇模型[45]、Florous 模型[46]等。

1) Palmgren 模型

滚动轴承的生热量可以表示为滚动轴承摩擦力矩与轴承角速度的乘积,即

$$Q_{\text{bear}} = \pi n M_f / 30 \tag{27.1}$$

Palmgren 基于轴承摩擦力矩的测量结果,将轴承摩擦力矩分为载荷摩擦力矩和黏性摩擦力矩,并分别给出了载荷摩擦力矩和黏性摩擦力矩的计算关系式:

$$M_f = M_l + M_v \tag{27.2}$$

$$M_l = f_1' P_{be} D_m \tag{27.3}$$

$$M_v = \begin{cases} 10^3 f_0 (vn)^{\frac{2}{3}} D_m^3, & vn \geqslant 2 \times 10^{-3} \\ 16 f_0 D_m^3, & vn < 2 \times 10^{-3} \end{cases} \tag{27.4}$$

式中,M_f、M_l 和 M_v 分别为轴承总摩擦力矩、载荷摩擦力矩以及滑油黏性摩擦力矩;D_m 为轴承节圆直径;v 为滑油的运动黏度;f_0 是与轴承类型及润滑方式有关的系数,f_1' 是与轴承类型及所受负荷有关的系数,P_{be} 为确定轴承摩擦力矩的计算负荷;f_0、f_1'、P_b 的取值详见文献[8]。

圆柱滚子轴承和球轴承的生热计算均可采用 Palmgren 模型,但通常认为该模型仅适用于中低速轴承生热计算,在高转速和大流量润滑条件下其计算结果偏低(未考虑滑油流量影响)。

2) B. M. 捷米道维奇模型

B. M. 捷米道维奇等根据试验和理论分析研究,将轴承生热量表示为轴承阻力系数的函数,用以计算燃气涡轮发动机滚子轴承和球轴承的总体生热。

对于圆柱滚子轴承,其生热量计算式为

$$Q_{\text{roller}} = C_f \beta_y z_r \rho l_r^3 u_c^3 \tag{27.5}$$

式中,C_f 为总阻力系数;β_y 为考虑径向游隙的影响系数;z_r 为滚动体个数;l_r 为滚子长度;u_r 为保持架圆周速度。

对于球轴承,其生热量计算式为

$$Q_{\text{ball}} = C_f z_r \rho d_b^3 u_r^3 \tag{27.6}$$

式中,d_b 为球直径。

与 Palmgren 模型相比,B. M. 捷米道维奇模型适用范围更广,但一般情况下生热计算结果要偏高一些。使用该模型时,应注意滑油定性温度为滑油出口温度,因此需要进行迭代计算。

3) Flouros 模型

Michael Flouros 在欧洲 ATOS 计划的支持下,针对球轴承的生热进行了大量的试验研究,总结得到了适合球轴承生热计算的关系式:

$$Q_{\text{bear}} = Ed_i^\alpha n^\beta \nu^\gamma F_\alpha^\delta q_v^\varepsilon (AX^2 + BX + C)^\xi \tag{27.7}$$

式中,d_i 为球轴承内环内径;F_α 为轴承载荷;q_v 为轴承供油流量;X 表示球轴承前端(非承载端)供油量占轴承总供油量的比例(0~1),式中其他系数的取值具体见文献[7]。

在前两种方法中轴承的特征尺寸均选了节圆直径,而在国外公开的文献[7]中 Flouros 模型却选取了轴承内环的内径作为轴承特征尺寸,本书作者通过多次计算却发现,该模型采用节圆直径才能取得较为准确的计算结果。

2. 轴承生热局部计算方法

轴承生热的局部计算方法是基于摩擦学、动力学的基本原理和弹流润滑理论,对轴承进行运动与受力状态分析,并以此为基础分析得到轴承不同位置、不同种类的生热量。

圆柱滚子轴承中的局部生热源主要包括:1 滚动体风阻及搅油损失、2 滚动体与外环滚道之间的摩擦损失、3 滚动体与内环滚道之间的摩擦损失、4 滚动体与保持架兜孔之间的摩擦损失、5 滚动体端面与滚道凸缘之间的摩擦损失、6 滚动体端面与保持架之间的摩擦损失、7 保持架与滚道凸缘之间的摩擦损失等(图 27.4)。

球轴承中的局部生热源主要包括:1 球体与内、外环差动滑动摩擦生热、2 球体陀螺转动摩擦生热、3 球体自旋运动摩擦生热、4 滑油与球体拖曳摩擦生热、5 保持架与球体相对滑动生热、6 保持架与内外环相对滑动摩擦生热等(图 27.5)。

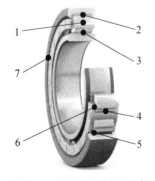

图 27.4　圆柱滚子轴承内部
生热源分布

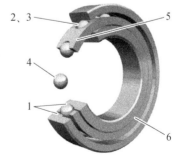

图 27.5　球轴承内部生热源分布

为获得各个局部生热量必须以轴承动力学分析为基础,以确定轴承元件的运动和受力状态,获得各运动对偶面之间的摩擦力、滑动速度等参数。轴承内部其他局部生热量的分析计算可参见相关文献[47~49]。局部法计算轴承生热量的一般分析流程如图 27.6 所示。

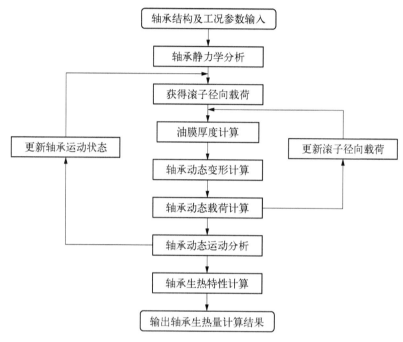

图 27.6　局部法计算轴承生热量分析流程图

相比整体法,局部法从基础理论出发,分析轴承的运动与受力关系,因此从理论上讲其不但适用于单环旋转的滚子轴承,也适用于双环旋转的轴承,而且也不受轴承结构或工况的限制,适用范围更加广泛。而前述的整体计算方法均不能适用于双环旋转的滚动轴承,虽然可以采用内外环相对转速作为输入条件进行计算分析,但得到的结果与真实数据却相差甚远。图 27.7 为本书作者采用不同方法对某反转轴承生热量进行计算分析并与试验数据进行了比较。

此外,由于局部法需要求解大量的方程组,因此计算需要耗费一定的时间。而且,由于轴承局部生热量难以试验测量,因此对于局部法的可靠性验证只能通过局部理论模型分析、相似试验等方法进行整体验证。

27.3.2　轴承腔内的传热

轴承腔内存在的换热方式主要包括热传导、对流换热、热辐射以及因质量输运引起的热量传递等。

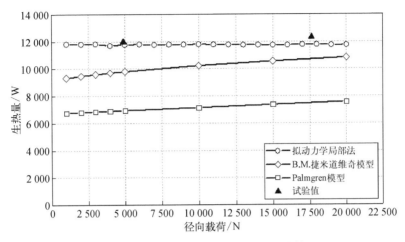

图 27.7　反转滚子轴承生热量不同方法计算结果

1. 热传导

轴承腔内部结构之间、内部结构与外部结构之间的热量传递通过热传导进行。热传导过程遵循傅里叶导热定律,即单位时间内通过单位截面积所传到的热量,正比于当地垂直于截面方向上的温度变化率。引入比例常数 λ(即导热系数),热传导的热流量可表示为

$$Q = -\lambda A_h \frac{\partial T}{\partial y} = -\frac{\partial T}{\partial y / \lambda A_h} = -\frac{\partial T}{R_h} \qquad (27.8)$$

式中,λ 为导热系数;T 为温度;y 为热传导方向;R_h 表示热传导过程的传热热阻;A_h 为换热面积。

通过热阻对轴承腔内的复杂热传递过程进行描述具有很大的便利。由于轴承腔内各结构形状和接触形态不同,其热传导计算也不同,一般将轴向接触结构之间的导热处理为平面接触导热,径向圆柱面接触的结构按照圆柱面导热计算。另外,轴承表面接触区与轴承主体之间存在 Hertz 扩散热阻,如图 27.8 所示。由 Hertz 接触理论可知,在滚子与套圈接触处,摩擦损失是在一个很小的区域中产生的,其尺寸远远小于滚子直径,导致热量从接触区流向接触体中心时受到约束,即在轴承元件表面与主体之间存在导热的"瓶颈",轴承元件的高温区主要集中在其表面很薄

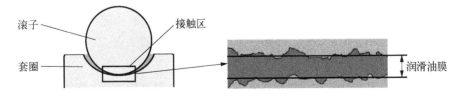

图 27.8　轴承滚珠与内滚道接触示意图

的一层上,而主体温度则相对较低。

轴承元件主体与表面间的传热扩散热阻主要与轴承材料以及接触区的面积有关,对于球轴承,轴承表面接触区与轴承主体间的 Hertz 扩散热阻计算表达式为[50]

$$R_h = \frac{1}{\pi} \left(\frac{a}{b} \right) \frac{1}{k_c a \sqrt{Pe}} \tag{27.9}$$

式中,a、b 分别为椭圆接触区的长、短轴;k_c 为滚子材料导热系数;Pe 为 Peclet 数。对于滚子轴承,其 Hertz 扩散热阻计算表达式与球轴承一致,区别在于公式中的 a、b 分别代表矩形接触区的长和宽。

2. 对流换热

对流换热是轴承腔内热量传递的主要方式之一。总体来讲主要包括两个方面:一是轴承腔内部滑油与轴承腔不同零件、不同部位之间的对流换热;二是腔外空气与腔体外壁之间的对流换热。

由于腔内滑油流动过程的复杂性,轴承腔内的对流换热也显得极为复杂。首先,温度较低的润滑油流过温度较高的轴承内外滚道表面、滚子表面和轴承保持架表面时,滚动轴承产生的热量会以对流换热的方式传递给滑油;其次,润滑和冷却高速滚动轴承的滑油由于离心的作用离开轴承,形成粒度不同的油滴飞向轴承腔内壁面并与之碰撞。碰撞后,部分油滴沉积在内壁面上形成复杂的油气两相流油膜,部分则形成二次油滴回到气相介质场中。而油膜则在腔内空气、壁面剪切力以及自身重力的共同作用下沿壁面流动形成对流换热现象。从滑油在轴承腔内的流动过程可知,沉积在轴承腔内壁面上的滑油不但吸收了高速滚动轴承内部的摩擦和滑油搅拌热,而且还要被高温的轴承腔壁进行二次加热。此外,轴承腔内油气也会与转轴以及腔体壁面等发生对流换热。

对流换热以牛顿冷却公式为其基本计算式:

$$Q = hA_h\Delta T \tag{27.10}$$

式中,h 为对流换热系数;ΔT 为固体壁面与流体间的温差。

影响对流换热的因素很多,主要包括流动的起因、有无相变、流动状态、几何因素、流体物性等。而且理论上讲,对流换热系数可以通过求解微分方程组得到,但由于换热现象的复杂性和方程的非线性,在实际应用中主要还是依靠试验来获取相关对流换热关联式。轴承腔热分析中对对流换热特性的描述亦是如此,需要根据轴承腔不同位置的换热情况,选取合适的对流换热试验关联式。

1) 滑油与轴承之间的对流换热

对于滑油与轴承强迫对流换热,美国 NASA 总结了一个适用于所有轴承部件的对流换热系数计算关系式,而且在美国开发的 CYBEAN[51]、SHABERTH[52] 和

SPHERBEAN[53]等轴承热分析程序中均采用了这一关系式。该关系式具体为

$$h = 0.098\,6\left\{\frac{n}{\nu}\left[1 \pm \frac{d_o\cos(\beta)}{D_m}\right]\right\}^{1/2}\lambda_o Pr^{1/3} \qquad (27.11)$$

式中,d_o表示轴承滚动体直径;β为轴承接触角,对于圆柱滚子轴承取值为 0;λ_o为滑油导热系数;d表示转轴直径;"+"表示轴承外圈旋转,"−"表示轴承内圈旋转。

2)滑油与轴承腔内壁面之间的对流换热

如前所述,轴承中飞溅出来的滑油,会在轴承腔内壁面上形成一层流动的油膜。由于滑油在壳体内壁面上的流动速度难以确定,而且油膜流动过程中还伴随着复杂的传质过程,早期一直没有表征这一换热特性的准则关系式见诸文献。

但是为了进行轴承腔热分析研究,人们将曲率较小的轴承腔腔体壁面近似为平板,从而采用流体外掠平板的对流换热准则关系式来计算轴承腔内壁面与滑油的对流换热系数:

$$Nu = 0.332Re^{1/2} \cdot Pr^{1/3} \qquad (27.12)$$

式中,滑油物性参数以轴承腔滑油出口温度为定性温度,特征长度取轴承腔内壁面直径,特征速度取轴承保持架线速度的 1/3。

进入 21 世纪后,为了促进高性能航空发动机滑油系统精细化的设计,西方国家发动机研究人员开始认识到航空发动机滑油系统油气两相流流动换热研究的重要意义,并重点对轴承腔内油气两相流流动换热问题进行了大量的分析与试验研究。

德国 Karlsruhe 大学联合英国发动机制造商罗·罗公司,在欧洲 ATOS 计划的支持下,建立了模拟遄达发动机轴承腔的试验台,通过试验研究了滑油流量、密封空气流量、主轴转速和腔室几何结构等对轴承内壁面油膜流动换热特性的影响,并建立了表征平均换热特性无量纲准则关系式[54,55]:

$$Nu_{D_h} = 0.35D_h^{1.46}Re'^{0.48}_L Re'^{0.32}_F Re'^{0.35}_U \qquad (27.13)$$

近年来,西北工业大学也建立了轴承腔油气两相流模拟试验台,对轴承腔内壁面油膜流动换热特性进行了分析与试验研究,研究发现内壁面油膜流动努赛尔数 Nu 基本上都与当地雷诺数 Re_l 的约 0.7 次方呈正比,与转轴转速雷诺数 Re_{rot} 的 0.345 次方成正比[56,57]。

3)滑油与旋转轴之间的对流换热

对于滑油与转轴外表面的对流换热,可以采用 SHABERTH[52]推荐使用的准则关系式来表征:

$$Nu = 0.11[0.5Re^2 Pr]^{0.35} \qquad (27.14)$$

上式中,$Re = \pi\omega d^2/\nu$,滑油物性参数以轴承腔出口滑油温度为定性温度。

　　轴承腔内还存在滑油与转轴内表面的对流换热现象,例如滑油在密封跑道内的换热问题。对于滑油与转轴内表面的对流换热,可以近似采用管内流动的对流换热准则关系式来进行计算:

$$Nu = \begin{cases} 1.36 Re^{1/3} Pr \dfrac{d_p}{l_p}, & Re < 10^4 \\ 0.027 Re^{0.8} Pr^{1/3}, & Re \geqslant 10^4 \end{cases} \qquad (27.15)$$

上式中,d_p 取密封跑道内表面直径;l_p 取密封跑道长度。特征速度取密封跑道内表面的线速度,滑油的定性温度取轴承腔滑油进口温度。

　　4) 轴承腔壳体外表面与空气的对流换热

　　由于轴承腔壳体直径较大,所以可以近似采用流体外掠平板的对流换热准则关系式进行计算,其中空气物性参数以空气腔温度为定性温度,特征长度取轴承腔壳体外表面直径,特征速度取空气流速。

　　3. 滑油流动引起的热量传递

　　滑油从供油口进入轴承腔,与轴承及轴承腔壁换热后回收到出油口,滑油在流动过程中会因质量输运产生热量传递。假设滑油质量流量为 m,入口温度 T_{10},功率损失的一部分热流量 Q 被带走,使出口温度为 T_{12},即

$$Q = \dot{m}c_p(T_{12} - T_{10}) \qquad (27.16)$$

27.3.3　轴承腔热分析方法

　　轴承腔热分析以各种传热现象的分析为基础,在获得轴承腔内部生热量后,根据传热学基本规律完成热量在轴承元件及轴承腔结构的分配,实现轴承腔稳态或瞬态热分析。

　　目前用于轴承腔热分析的方法,主要有热网络法和有限元法。

　　热网络法是一种基于热电比拟原理的数值计算方法,通过建立各种复杂传热问题的热平衡方程,得到复杂结构中各节点的温度和变化率。热网络中每个温度节点代表轴承腔中相应的某一结构或流体介质中某一体积的平均温度,节点划分根据实际需要和便于测试对比的原则进行。具有传热关系的两个节点之间通过传热热阻连接,热阻与节点之间的换热关系对应。热网络法可以高效快速地确定轴承腔的热状态,从而获得轴承腔温度场分布情况,CYBEAN、SHABERTH 和 SPHERBEAN 等轴承腔热分析程序均采用了热网络法。

　　轴承的节点划分是轴承腔热网络法应用的关键,最简单的划分方式是将轴承分为内圈、外圈、滚动体三个节点,但该方法无法体现轴承结构表面与内部主体间的温度差异,同时轴承生热加载比例也需要人为分配。模型精细化是轴承腔热网络法发展的趋势,同时应与轴承局部生热计算方法相结合。图 27.9 为某型发动机

轴承腔节点图,图 27.10 为基于西北工业大学刘振侠教授自主开发的轴承腔热分析软件所建立的热网络模型[58,22]。

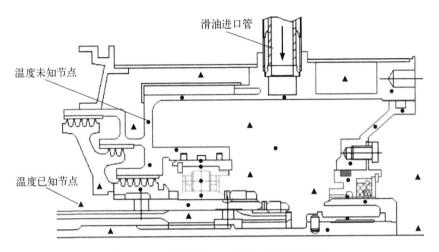

图 27.9　某型发动机轴承腔温度节点布置图

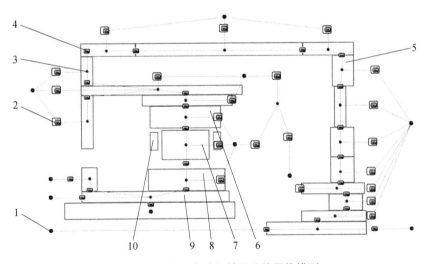

图 27.10　某型发动机轴承腔热网络模型

1. 温度已知节点;2. 对流换热或质量输运关系;3. 温度未知节点;4. 导热关系;5. 轴承腔壁结构;
6. 轴承外环;7. 轴承滚子;8. 轴承内环;9. 轴承座;10. 保持架

有限元方法是把需要求解的连续计算区域划分成有限个计算单元,然后通过恰当的方式对其进行分片插值,在选定的单元节点创建线性差值函数,创建有限个含待定参数的方程组,最后求解此方程从而获得各个节点的数值解。轴承在运转中产生的热量传入轴承内部,受热胀冷缩影响,轴承元件会发生热变形,由于温差及尺寸的差异,各个元件会产生不同的变形量,导致元件内部产生热应力,并使轴承结构尺寸发生变化,导致轴承动力学状态及生热量随之改变。同时,轴承及轴承腔内壁会与腔内的油气混合物进行对流换热,换热系数与两相流动状态密切相关。通过结合有限元法和 CFD 方法,可以实现轴承腔的流固热耦合分析,获得轴承腔结构更精确的温度场分布及热膨胀。常用的有限元分析软件包括 ANSYS、ADINA、ABAQUS 等。图 27.11 为采用有限元分析软件 ANSYS 计算得到的轴承温度场云图。

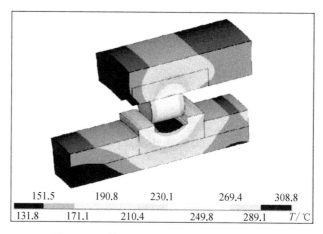

151.5		190.8		230.1		269.4		308.8	
131.8	171.1		210.4		249.8		289.1		$T/℃$

图 27.11　基于有限元法的轴承温度场云图

相比于热网络法,有限元方法划分单元的约束少,能够建立与实际结构相同的计算模型,可以获得轴承腔连续的温度场分布,但是对于结构复杂区域的适应性较差,数值计算量较大。

27.4　轴承腔回油结构设计

轴承腔回油结构对轴承腔内部滑油流动和换热问题有显著的影响。通过合理设计轴承腔回油结构,提高轴承腔回油效率,有利于减少滑油在腔内的滞留时间和滞留量,减少滑油与高速旋转结构间的搅拌,使滑油系统更加安全、高效地工作。

轴承腔回油结构设计需要考虑的问题包括: ① 低转速时应不易出现腔内局部滑油堆积;② 将回油结构设计与通风结构设计综合考虑,高转速时滑油应不易从通风孔排出;③ 回油结构设计不应影响腔内壁的冷却效果,防止出现因换热量分布不均导致的局部热区。

传统设计的发动机轴承腔多为对称式结构,当转速较低时,受重力影响滑油主要堆积在轴承腔回油孔的左侧区域;当转速较高时,滑油在空气剪切力和重力共同作用,主要堆积在回油孔右侧位置,另外由于空气剪切力对滑油运动影响增大,会拖动一部分滑油从通风口排出[56]。轴承腔对称式回油结构及其滑油堆积区域如图 27.12 所示。

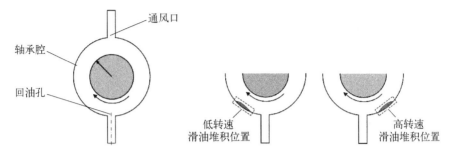

图 27.12　对称式回油结构及滑油堆积位置

针对常规对称式回油结构存在的滑油堆积问题,有研究人员通过分析腔内油气两相分布、壁面换热特性以及流动特性,提出了斜坡式和侧开式两种改进回油结构,如图 27.13 所示。斜坡式回油结构沿滑油流出方向增加了一个倾斜坡面,利于滑油直接流入回油孔,减少了因惯性力影响而流过回油孔的滑油量。侧开式回油结构则将回油结构向转轴旋转方向移动,降低了滑油在轴承腔内的容留体积。

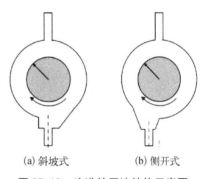

图 27.13　改进的回油结构示意图

试验测试和数值方法是指导轴承腔回油结构改进设计的主要手段,其中数值方法应与轴承腔两相流分析相结合。一般认为,侧开式回油结构回油效果最好,同时可考虑增加回油槽深度,有利于遏制转轴转速升高时回油效率下降的问题。

27.5　轴承腔热防护问题

发动机热区轴承腔外的高温气体会通过腔体结构向轴承腔传热,导致轴承腔内壁面温度升高,当内壁面热区温度超过滑油热性能极限时,就会引起腔内滑油结焦、着火,此时,热区轴承腔必须采取一定的热防护措施。目前,发动机轴承腔的热防护措施主要分为主动式、被动式和复合式三种类型。主动式包括引气环绕、对高温区域直接喷射滑油冷却等;被动式主要包括覆盖隔热材料、设置隔热夹层等;复合式是主动式和被动式两种热防护措施组合使用。图 27.14 为轴承腔热防护措施的示意图。

对于一般涡轮发动机,可以设计冷气环绕结构,从压气机抽取温度较低的空气将轴承腔与外部高温空气隔开,实现轴承腔热防护。对于高马赫数涡轮发动机,因

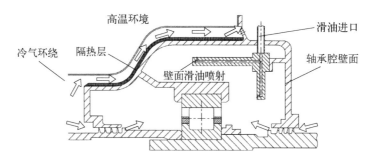

图 27.14　轴承腔热防护示意图

高马赫数飞行导致发动机进口温度升高及滑油系统周边热负荷升高,轴承腔外围用于隔热冷却的气体温度也已经很高,使轴承腔被"热气包裹"。因此,在引气隔热基础上还需要采取在轴承腔外围包覆隔热材料的措施,保证滑油工作温度不超标。对于转子部位无法包覆隔热层的区域,一般采用局部喷油冷却的方法达到局部降温的效果。

在轴承腔热防护设计中,应在综合考虑轴承腔内部滑油流动换热的条件下,分析轴承腔温度分布,预测轴承腔壁面温度分布并进行滑油结焦风险评估。结合发动机结构和性能要求,选择合理有效的热防护措施。

第 28 章
滑油系统设计与分析

航空发动机滑油系统设计除了对子系统流路、相关部件进行设计,还必须开展系统整体循环热分析,并应考虑系统防虹吸、防气塞等重要问题。本章介绍了滑油系统设计过程中要满足的具体要求和一般设计过程,阐述了滑油系统整体循环热分析方法,并详细论述了系统设计中防虹吸、防气塞设计及滑油消耗量控制等重要问题。

28.1 设 计 要 求

航空发动机滑油系统的设计,需要考虑飞行任务、耐用程度、极端运转状态下的安全性、为减少寿命循环成本所要求的适当长的发动机寿命等因素。除了供油、回油和通风系统等子系统与部件的各项要求外,滑油系统设计还应满足以下要求[8,12-14]。

(1) 在不变更润滑油的情况下,滑油系统应能保证发动机在整个飞行包线内满意地工作。连续工作时间满足发动机续航时间的要求。

(2) 整个滑油系统,包括滑油散热器和滑油箱,均应作为发动机的组成部分。若无特殊要求,发动机滑油系统不应用于飞机附件。为防止污染润滑油,在设计上应能防止燃油或其他液体渗入滑油系统。

(3) 传给滑油的热要尽可能少,避免轴承腔过热,以防止滑油的结焦、着火和过度消耗。

(4) 滑油应能在冷却装置工作所消耗的功率为最小的情况下得到冷却。当系统中具有滑油散热器时,要自动保持滑油温度在给定的范围内。

(5) 系统的滑油消耗量要小,无外部和内部的滑油泄漏,防止滑油在发动机不工作时从滑油箱串流。除漏油管(口)的放油口外,系统任何零、组件及其安装结合面不得渗漏。

(6) 滑油系统设计必须防止金属微屑等进入,设置滑油过滤器,通过收集、监测有效地将滑油中的机械杂质过滤出来,保证滑油系统清洁度,尽可能多地将滑油中的空气分离出去。

（7）当滑油系统充填及其工作时,管路与附件内不能形成空气堵塞现象。

（8）低温条件下发动机能正常且迅速起动,滑油品种的选择要适当。

（9）滑油系统应具备通过最少放油口能快速、安全、彻底地放出滑油的能力。

（10）系统管路和附件应是防火的(1 090℃明火烧 15 min 而不漏油)。且在此条件下,同时遇到在飞行包线内的最小流量、最高压力和温度时,系统管路和附件均能正常输油。必要时需配置防止滑油腔着火的灭火系统。

（11）管路、接头应有足够的强度、冲击稳定性及密封性,流体阻力要较小。滑油系统中所使用的材料应是防腐蚀的。

（12）维护和使用要简单,有关附件的可达性要好,能快速充油,方便地测量滑油量和提取分析油样,保证能将系统中的滑油排放出来。

（13）在装有多台发动机的飞行器上,每台动力装置都应有独立的滑油系统。

（14）不能把滑油直接从一个润滑区域转移到为轴承及油池提供润滑的另一个区域,无适当的过滤,不允许滑油再次润滑另一个轴承。

（15）当滑油箱内油量高于规定的"不可用"油量时,滑油系统应在发动机整个工作包线内,在规定的机动载荷和发动机姿态下满意工作。对于军机应能在发动机姿态极限图(如图 28.1)中的空白区域内连续满意地工作,在阴影区域内至少工作30 s。在负载荷条件下至少满意工作 60 s;在零载荷条件下至少满意工作 30 s。

（16）要进行防差错设计。① 滑油喷嘴应进行标识避免互换;② 单向活门要

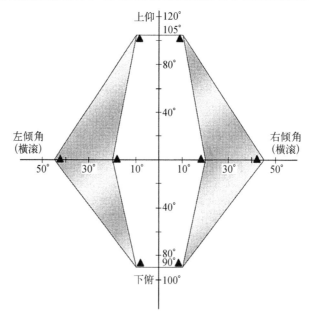

图 28.1　军用发动机姿态极限

防止倒装;③ 滑油箱注油口盖应是正向关闭特点的快速断开型结构,并有目视检查口盖确已关闭的标记。用包有塑料的钢链,把注油口盖连接在滑油箱的注油口附近;④ 在滑油泵、滑油滤、散热器、滑油箱等组件上,应永久性标记滑油进、出口,空气进、出口字样,或介质流动方向的箭头。

(17) 系统设计应从可达性、互换性、更换性、系统功能的检查技术、故障查询的检测技术等方面的可维护性考虑,便于保养、维护,以适应先进发动机发展计划中关于实际维护概念的要求。

(18) 滑油系统及其组件应进行可靠性分析与试验。

(19) 根据发动机实际使用要求,可设置应急滑油系统。

(20) 滑油系统应满足防虹吸、防气塞要求。

先进航空发动机对滑油系统提出了更高的要求,决定了滑油系统的设计逐步向紧凑型、轻量化、高安全性和高可靠性的方向发展。滑油系统的设计取决于发动机机械传动结构的要求以及设计传统和经验[8],而循环式系统均包含供油、回油和通风三个子系统,由于系统工作环境苛刻、结构布局复杂、需要润滑的区域多、涉及部件繁杂,使得滑油系统的设计较为困难。在现有发动机技术基础上,滑油系统设计过程中应结合不同类型发动机结构特点,如 JT15D 发动机通过油池腔压和合适的吹风管管径实现回油和通风,去掉了油池通风管和回油泵。CFM56 发动机采用轴心通风,油气分离器安装在转轴上,分离出的空气经空心转轴排出发动机,去掉了外部通风管。

28.2　滑油系统设计分析方法

28.2.1　滑油系统设计的一般过程

现代航空发动机滑油系统的设计,通常是基于发动机机械传动结构要求和传统设计经验,根据给定的工作极限,结合滑油系统热分析结果,进而开展供油、通风、回油冷却以及轴承腔等功能子系统和部件的设计。这一过程中,热分析计算与系统方案结构设计要进行反复的迭代与调整,以求在滑油系统性能与发动机重量之间找到最优的折中方案。

在发动机研制的方案阶段,滑油系统的设计过程大致如下。

首先,根据发动机在飞机上的使用要求,确定使用的典型飞行剖面,然后选择发动机典型的飞行点。

其次,按照初步确定的发动机结构(轴承支撑结构、轴承腔及二次流系统等)和滑油系统方案,进行通风系统、供油系统、回油冷却系统以及轴承腔热分析。

然后,进行典型点滑油系统的热分析,计算出在飞行剖面典型点上,系统滑油流量、滑油与燃油(冷却介质)温度水平、主体滑油温度、轴承和齿轮的工作温度、轴承腔壁温度分布和热点等。

再次,按规定的发动机允许最高极限温度,如主轴承允许最高温度、选用滑油允许最高温度、轴承腔热点限制、冷却介质允许最高温度(燃油喷嘴前最高燃油温度限制)等,调整滑油流量、燃油流量与滑油散热器散热面积,相关二次流系统结构进行适应性更改,以得到合适的轴承腔环绕较冷空气温度、密封挡油空气温度、所采用热防护与隔热的有效性及系统组件的基本结构等。同时,通风系统设计应保证滑油腔腔压不低于滑油泵进口最低压力,并满足轴承腔密封装置的正压差要求,尽量减少通风量以降低系统滑油消耗量。

最后,通过这种计算/设计的反复迭代,最终获得既满足发动机润滑冷却要求,重量又较轻的最佳滑油系统方案。

28.2.2　滑油系统整体循环热分析

整体循环热分析是滑油系统设计阶段的基础性工作,通过对供油系统、回油冷却系统以及系统生热特性分析,以获取典型状态点上系统滑油循环量、各部分滑油换热量、滑油与燃油温度水平、系统滑油热点、轴承腔等结构温度分布等,进而指导滑油系统和关键部件的设计,如系统散热方案的选择、轴承腔热防护设计等。

1. 整体循环热分析方法

发动机滑油系统循环量是系统设计的重要参数,也是整体循环热分析计算的目标参数之一。其定义为发动机各部位所需供油量之和,由滑油需带走的热量和滑油许用工作温度等冷却要求决定,工程上滑油系统循环量的初步估算式为

$$G = \frac{6 \times 10^4 \sum q}{c_p \rho (t_{out} - t_{in})} \tag{28.1}$$

式中,G 表示滑油系统循环量,L/min;$\sum q$ 表示发动机中需要滑油带走的各部分热量之和,W;c_p 表示滑油的定压比热容,J/(kg·℃);t_{in}、t_{out} 表示发动机允许的滑油进、出口温度,℃。

滑油系统中各类部件生热特性存在较大差异,另外轴承腔壁面油气两相流换热非常复杂,这些因素直接影响系统滑油循环量的确定。随着发动机技术的发展以及滑油系统相关科研实践经验的积累,逐渐形成了一套较为完善的滑油系统整体循环热分析方法,为全面、细致地开展滑油系统性能分析、精确预测系统循环量和滑油温度水平提供了有效手段。滑油系统整体循环热分析是基于能量守恒原理、传热学定律进行的系统性能计算,在实际分析过程中需要进行一定的假设:① 发动机在一定工况下稳定工作时,认为滑油系统内各处滑油参数不随时间变化;② 发动机实际工作过程中,一部分滑油会以密封泄漏、过热蒸发或系统通风等方式消耗掉,由于这部分消耗的滑油量很少并且难以准确计算,通常忽略滑油消耗。

滑油系统整体循环热分析流程如图 28.2 所示。

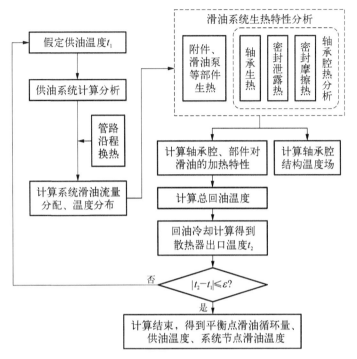

图 28.2 滑油系统整体循环热分析流程图

先假定供油温度 t_1，通过供油系统计算分析得到系统滑油流量、滑油温度；然后根据滑油流量和滑油温度进行生热特性分析，获得轴承腔、部件对滑油的加热特性，进而计算各路滑油汇合后的系统总回油温度；基于回油冷却系统计算分析，得到散热器出口滑油温度 t_2、燃油温度、散热器散热量；比较 t_1 和 t_2 是否满足精度要求，若满足计算结束，系统达到热平衡，若不满足重新假定供油温度，重复以上计算步骤，再次得到新的 t_2。经过不断迭代计算，直到滑油温度满足精度要求，此时得到的 t_1 即为滑油系统滑油平衡温度，也可以得到平衡点处的系统滑油循环量、轴承腔温度场、燃油出口温度等参数。

2. 滑油系统热源分析

滑油系统中热源生热特性计算是进行系统整体循环热分析的关键。滑油系统中的生热源有多种，如图 28.3 所示，主要热源包括：① 轴承生热；② 附件传动装置生热；③ 密封装置摩擦生热和泄漏热；④ 滑油泵与油气分离器生热；⑤ 轴承腔壁面、滑油箱、系统管路与环境的热交换。

其中，轴承生热、密封装置生热、轴承腔壁面换热已经在本篇第 27 章中进行了介绍，本节主要对其他热源生热量的计算进行说明。

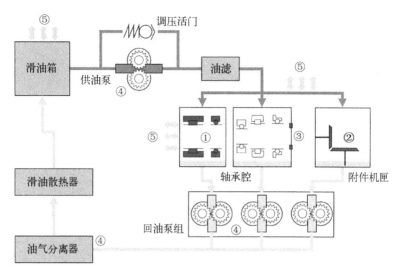

图 28.3 滑油系统主要热源示意图

1）发动机附件传动装置生热

发动机附件传动装置的生热主要来自机匣内的轴承和齿轮。工程上有时会采用功率法计算传动装置的生热量,认为传动装置的生热就是附件传动装置损失的功率,其计算表达式为

$$Q_t = P(1 - \eta_m) \tag{28.2}$$

式中,Q_t 表示传动装置的生热量,W;P 表示传动输入功率,W;η_m 表示传动效率。

为了解传动装置内部的换热状态,借鉴轴承腔热分析方法,出现了附件传动装置热分析方法,如基于热网络法对附件传动装置进行详细的生热和传热分析,以获得机匣内部轴承和齿轮副的摩擦生热、结构温度分布和对滑油加热特性。齿轮副由于高速、高应力的运转工况,在相互啮合的齿面会发生严重的摩擦,生成大量的热,主要包括滑动摩擦损失、滚动摩擦损失、风阻损失和搅油损失四部分。

2）滑油泵、油气分离器生热

滑油泵、油气分离器等部件的生热量通常采用功率法进行计算,即部件消耗的功率就是对滑油的加热功率。

3）滑油箱、轴承腔、系统管路与外界换热

轴承腔壁面、油箱与环境之间的换热问题,为降低计算难度,工程上通常将其模型化为规则的几何体,然后按照平板流动换热关联式计算换热系数。也有研究人员采用热-流-固方法对轴承腔进行数值模拟,以获取轴承腔换热特性。

当滑油系统管路较长、滑油流速较低或者与强热源(高温部件)直接接触时,管路与发动机内部结构及外界环境之间的换热会对滑油加热或冷却,影响其物性参数,进而对系统的流动特性产生影响。通过引入包含滑油管路与发动机内部结构及外部环境换热的能量方程,将系统网络的连续方程、动量方程和能量方程联立求解,实现了滑油流动和换热的耦合计算,最终获得考虑与外界换热的系统滑油流量分配、压力和温度分布。

在工程实践中,由于滑油箱、系统管路与外界的换热量和滑油泵、油气分离器等部件的生热量,相比于轴承和传动装置的生热量较小,对系统计算结果影响很小,通常将其忽略。

28.3　滑油系统设计中重要问题

28.3.1　系统防虹吸设计

对于航空发动机的滑油系统,要求当发动机停车之后,滑油箱内的滑油不能流入发动机内部,而对发动机的加油及滑油消耗量的测量等形成影响,这就需要进行滑油系统的防虹吸设计[59]。发动机滑油虹吸现象通常发生在供油系统中,即滑油箱出口(滑油泵吸油口)-滑油泵-滑油泵出口管-各支点或发附机匣、飞附机匣喷嘴这条流路上。

虹吸现象的原理如图 28.4 所示。考察分别处于 A、B、C 段的液体的受力情况。处于 A 段的液体在重力作用下向下流动时,A 段液体的上方就形成了负压(真空),B 段及 C 段的液体在大气压力作用下就会流过来补充,同时容器内的液体也在大气压力作用下进入虹吸管内补充 B 段及 C 段的液体流走后形成的空间,这样连续不断,就形成了虹吸现象。

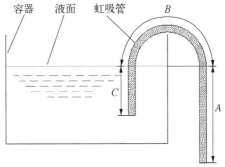

图 28.4　虹吸现象的原理图

根据虹吸现象产生的原理,可以从两方面考虑系统防虹吸设计:一是在管路 B 段上任意一处开一小孔,使 A 段液体下降后管内进入空气而无法形成负压,从而阻断虹吸现象;二是在管路上设计单向活门,阻断液体下降。两种方法各有特点,下面以几种典型的防虹吸结构为例进行介绍。

1. 在滑油泵(供油泵)出口管路上的滑油防虹吸系统

1) 油箱内油泵出口管路上开节流孔的发动机滑油防虹吸系统

图 28.5 为某发动机的防虹吸系统图。当发动机停车后,在发动机供油路上充满滑油,油箱内的滑油通过管路、滑油泵(供油泵)、主燃油-滑油散热器、滑油滤、转换活门、加力燃油-滑油散热器,被吸入到各润滑点(如轴承腔、附件机匣、飞附机匣)。其防虹吸方法是在滑油滤的进口管子(油箱内)上部开一小孔(节流嘴)。当发动机正常工作时,来自滑油泵(供油泵)的滑油除向发动机各润滑点供油外,还

通过此小孔向滑油箱内喷油;当发动机停车后,滑油箱上部的空气通过此小孔进入油滤进油管,从而阻断供油路上的虹吸现象。

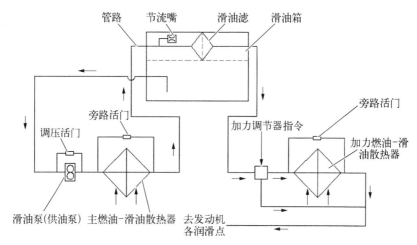

图 28.5 发动机油箱内开节流孔的发动机滑油防虹吸系统图

此结构简单、可靠,但设计时需注意以下两点:① 计算供油泵的能力时,应将节流孔的油量计算为油泵效率损失;② 此小孔的位置必须高出油箱油面。

2) 滑油泵(供油泵)出口管路上设置节流孔的发动机滑油防虹吸系统

对于滑油泵(供油泵)出口管路不经过滑油箱上方的发动机,可采取如图 28.6 所示的方法来进行滑油的防虹吸,在供油管路上安排了一条通向滑油箱的管路,并在此管路上设置节流嘴,当发动机工作时,来自滑油泵(供油泵)的滑油除向发动机供油外,还通过此节流嘴向滑油箱内喷油,当发动机停车后,滑油箱上部的空气

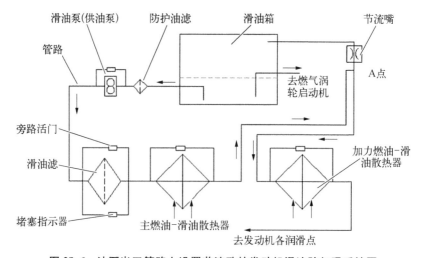

图 28.6 油泵出口管路上设置节流孔的发动机滑油防虹吸系统图

通过此小孔进入供油路,从而阻断供油路上的虹吸现象。

此结构同 1)中的结构原理基本相同,同样具有简单、可靠、实用的特点,设计时需注意的三点:① 计算供油泵的能力时,应将节流孔的油量计算为油泵效率损失;② 此小孔的位置必须在 A 点至油箱之间,A 点必须高出油箱油面,必须是滑油系统中所有部件;③ 该防虹吸方法必须考虑滑油泵(供油泵)的密封性以及调压活门的密封性。

3) 在滑油泵(供油泵)出口设置单向活门的滑油防虹吸系统

为防止虹吸现象的发生,也可在滑油供油泵后的管路上设置单向活门(图 28.7)阻断虹吸现象的发生。在供油泵出口设置单向活门的滑油防虹吸系统是最直观的方法,活门的打开压力可根据需要选定,一般为 0.01~0.015 MPa。

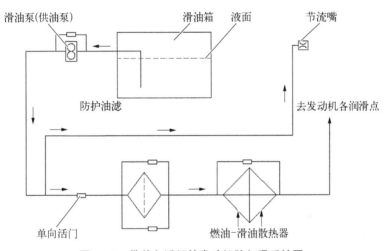

图 28.7　带单向活门的发动机防虹吸系统图

需要注意的是,在发动机起动过程中,由于供油泵入口有空气,而单向活门具有阻力,当供油泵的压力不能将空气压缩至活门打开时,就会形成供油泵的气塞。排除气塞的最好方法是放气,即在单向活门前引出一条管路。若发动机附件机匣在发动机的下方,此管可兼作主轴承腔供油;若附件机匣在发动机上方,此管可引向附件机匣的较上方(高于滑油箱表面),管中要设置直径 $\phi1 \sim \phi1.5$ 的节流嘴(图 28.7 中节流嘴)。

设计此结构的防虹吸系统需注意以下几点:① 单向活门的打开压力不宜过大,能顶住虹吸所能形成的压力即可;② 必须设计放气路以防止发动机起动时滑油泵气塞;③ 起放气作用的节流嘴(或喷嘴)必须高于滑油箱液面。

2. 在滑油泵(供油泵)入口管路上的滑油防虹吸系统

图 28.8 为滑油泵(供油泵)入口管路上的滑油防虹吸系统。此结构可置于滑油箱内,也可置于滑油箱外。滑油泵(供油泵)入口管必须由油箱液面上部引出(必有一点高出油箱液面)。如图所示,在液面上部滑油泵(供油泵)入口管上设有

两个节流嘴,两节流嘴之间用一小管通入滑油箱气腔,而两节流嘴的另一端则与滑油泵(供油泵)后连接。在正常工作时,滑油泵(供油泵)出口的滑油引入两节流嘴,此股滑油对右侧节流嘴形成堵塞,因而可以减小由于节流嘴通气腔而带来的滑油泵效率损失;当发动机停车时,滑油泵停止供油,空气通过通油箱气腔的小管及右侧节流孔进入滑油泵入口管内,防止虹吸现象的发生。

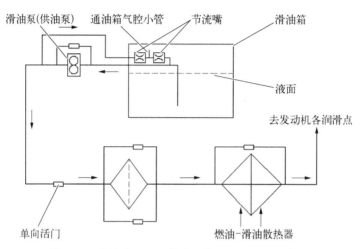

图 28.8　在滑油泵入口管路上的滑油防虹吸系统图

此结构设计时需注意以下三点: ① 滑油泵入口管必须由油箱液面上部引出;② 通油箱气腔的小管必须通入油箱气腔;③ 节流嘴不易过大,否则可能影响滑油泵的效率或高空性。

28.3.2　系统防气塞设计

航空发动机起动过程中,当滑油泵入口管路中存在空气时,可能发生气塞现象,导致滑油泵不泵油。为此,在发动机滑油系统设计中,必须采取针对性措施,破坏气塞产生条件,防止滑油泵气塞现象出现[60]。滑油泵气塞产生条件一般包括滑油泵入口有空气且难于排出、滑油泵出口阻力大、端面或径向间隙过大而导致泵的效率低等。

1. 滑油泵气塞形成原理

发动机起动过程中(尤其是首次上台运转,滑油泵内间隙中无滑油或滑油很少),由于油箱液位较泵入口低,泵进口管路中存在空气,泵前空气被泵从入口送到出口,油池内滑油进入管路补充入口管路的空气排出体积;同时,泵后空气通过油泵间隙(径向间隙、端面间隙、啮合间隙)向泵前泄漏,当泵送排出的空气量大于向泵前泄漏的空气量时,不会产生气塞,而当泵送排出的空气量小于向泵前泄漏的空气量时(如泵后阻力过大),空气会在泵内循环,就会形成气塞。

因此,滑油泵间隙泄漏量对其气塞的形成具有重要影响。对于端面间隙泄漏量,与泵前后压差成正比,与流动介质的动力黏度成反比,与端面间隙的 3 次方成正比,与转速的平方成反比;对于径向间隙泄漏量,则与泵前后压差、径向间隙、齿宽、齿顶线速度有关,泵前后压差、径向间隙和齿宽越大,泄漏量越大,线速度越大,泄漏量越小。可以分析在起动初期,滑油泵泵送的是空气,空气黏度小,相对转速较低,使得滑油泵间隙泄漏量相对较大,容易形成气塞。

2. 滑油泵气塞影响因素

根据滑油泵气塞形成原理,从泵前、泵后和泵本身三方面分析影响气塞形成的因素。具体如下:

(1) 泵前管路中存在空气(形成气塞的必要条件),且阻力较大;

(2) 泵后阻力大,泵后设置有单向活门、油滤、散热器等附件或泵后管路过长等;

(3) 滑油泵间隙(径向间隙、端面间隙、啮合间隙)较大,使泵的泄漏量相对较大。

对于航空发动机滑油系统,气塞一般发生在供油系统中。这是因为滑油箱的位置通常比滑油泵位置低,入口管路中存在空气,即使滑油箱比滑油泵位置高,为防止滑油箱中滑油的流出,吸油管常设置一段上行弯管,造成了起动时吸油管内肯定存在一定空气,空气越多,管路阻力越大,形成气塞的可能性越大;另外,由于滑油泵(供油泵)下游附件或管路等阻力元件的存在,可能会出现泵后阻力过大的情况。

对于反向循环的回油系统,尽管入口管内同样存在空气,但一般滑油泵(回油泵)出口阻力都很小,气塞不易形成。而在正向循环的回油系统中,由于回油泵后有散热器存在,其流通阻力较大,容易出现气塞现象,所以需要进行防气塞设计。图 28.9 为某发动机回油系统的防气塞设计,该滑油系统回油系统设置了喷油杆,

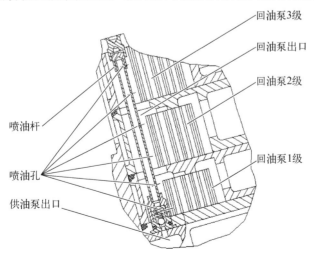

图 28.9　某发动机回油系统防气塞设计

喷油杆上分布了一些喷油孔,来自滑油泵(供油泵)的滑油进入喷油杆,通过不同位置的喷油孔喷至各级回油泵出口,进而实现系统防气塞。

3. 防止滑油泵气塞的措施

在发动机滑油系统设计中,通常可采取以下几种措施来防止气塞的发生。

1) 采用高位油箱(滑油箱中液位高于供油泵入口)

一般用于地面燃机的滑油系统设计,高位油箱可以保证滑油充满滑油泵入口管,可以从根本上杜绝气塞的发生。但需设计阀门以防止不工作时油箱内滑油的流出。

2) 滑油泵出口放气

有些发动机通过在滑油泵与单向活门之间设置管路,发动机起动时排出泵后空气,以实现防气塞目的。对于起动次数较少的地面设备(燃机、试验器等),还可以采用在泵后人工放气的办法解决过程中的气塞问题。

3) 在起动初期向油泵入口喷油

使油泵间隙充满滑油,增大泵内空气泄漏阻力,从而减少空气泄漏量。

在某些燃机的设计中,由于有辅助泵的存在,可以采用在起动初期利用辅助泵向供油泵入口喷油的方法来解决气塞问题。由于滑油黏度较大,当滑油充满油泵的内部泄漏间隙时,通过这些间隙回流的气体大大减少,从而气塞得以消除。

28.3.3　滑油消耗量控制

滑油消耗量是航空发动机滑油系统的一个重要指标,滑油消耗量的大小决定了发动机的续航时间或油箱容积设计。发动机滑油消耗量超标是目前航空发动机出现较多的故障之一,是影响发动机可靠性的一个重要因素。目前,随着发动机续航能力的不断提高,发动机对滑油消耗量的要求也在不断提高,目标是从 0.8 L/min 降到 0.3~0.4 L/min。为有效控制发动机滑油消耗量,在设计过程中要全面考虑影响滑油消耗量的各种因素,并有针对性地采取措施。

发动机的滑油消耗主要是通过密封泄漏和滑油通风损失等途径产生。密封泄漏通常以主轴密封泄漏为主,与密封形式、封严引气情况、轴承腔通风形式等因素有密切关系;滑油通风损失主要与通风量、通风温度、离心通风器分离效率及滑油蒸发率等因素有关。

1. 滑油消耗量影响因素

从密封泄漏和滑油通风损失两方面分析影响滑油消耗量的主要因素。

1) 发动机主轴密封的泄漏

航空发动机的主轴密封分为接触式密封和非接触式密封。无论是接触式密封还是非接触式密封,都是通过封严引气来实现的,即通过密封外内正压差来实现。发动机在起动、停车及过渡态时,常会发生引气压力不足的问题,从而导致主轴密封的泄漏,增大滑油消耗;另外,在某些状态下,当系统滑油回油效果不佳时,轴承腔内的滑油发生积聚,当滑油液面超过密封的封严面时,可能会出现滑油的泄漏现象。

(1) 起动、停车过程滑油的泄漏。

对于发动机主轴密封,在各型发动机上起动过程中均存在不能有效封严的问题,由于起动过程较短,对于滑油消耗量要求较高的发动机,必须考虑其对滑油泄漏的影响。发动机起动过程中,一方面封严引气压力尚未建立,可能难以实现有效密封;另一方面供回油不协调(如对于调压式滑油系统,达到稳定供油状态较快,而由于滑油泵入口有空气存在,发动机慢车状态下,滑油泵通常不能建立稳定的回油),可能造成轴承腔内积油,进而发生泄漏。

设计过程中一般可以采取以下措施来改善起动过程的两方面问题。

对于封严引气压力尚未建立的问题:① 封严空气在低转速时尽量选用高压引气,以使封严引气压力尽快建立,如 ЛД - 33 和 АЛ - 31Ф 发动机在封严空气系统中采用了转换活门,在低转速时采用高压引气,而在高转速时再转换为低压引气;② 采用较大回供油比设计,并采用活门在起动过程中切断通风,靠回油泵的抽吸在轴承腔的密封上形成正压差。

对于供回油不协调的问题:① 对于对高空性要求不高的民机或地面使用的燃机等采用全流量式滑油系统;② 采用断流活门,使主要的封严腔不供油或少供油;③ 轴承腔设计时尽量加大容腔,使腔内的积油液面不超过密封的封严面。

发动机停车过程是起动的反过程,起动过程中的问题同样存在,解决措施也同样有效。

(2) 过渡态滑油的泄漏。

在航空发动机加速、减速等过渡状态下,封严引气压力与轴承腔压力之间的差值可能发生改变,由于各腔封严压差的不平衡,可能导致部分封严漏油。因此,各腔封严引气压力与轴承腔压力设计时应充分协调,使轴承腔封严始终处于正压差。对于采用节流通风形式的滑油系统,由于封严采用非接触式密封,且轴承腔的通风被节流,发动机减速过程中,封严引气压力下降较快,腔内压力下降较慢,可能造成短时的滑油泄漏,如果漏油无法回收,就会影响滑油消耗量。通常采取在封严腔外合适位置打小孔的办法使漏油流回轴承腔。

(3) 供回油不协调引起的滑油消耗。

除起动、停车过程中的供回油不协调外,在发动机包线内还存在一些由于供回油不协调,使轴承腔内短时积油且超过密封线而造成滑油漏油的情况,如空中滑油泵(回油泵)高空性偏低、滑油箱加油过多导致滑油箱膨胀空间不足、通风系统堵塞及回油不畅等。

(4) 封严压力不足造成泄漏。

发动机在中、高空左边界工作时,由于气动负荷很小,轴承腔的封严引气压力较低,使某些高压轴承腔封严出现负压差,进而造成滑油泄漏。

2）通风带来的滑油消耗

（1）离心通风器分离效率。

通风器的性能主要是分离效率和阻力性能,二者相互制约。在通风量、转速等条件一定时,当阻力小时,分离效率通常较低,而阻力大时,虽然分离效率较高,但可能会引起发动机滑油腔压力升高,使封严压差偏小而发生漏油,增大了滑油消耗量。因此,选择合适的通风器分离特性和阻力特性对减少滑油消耗量至关重要。根据工程试验经验,离心通风器的分离效率一般达到95%以上,并且效率相差1%对发动机消耗量的影响达到20%以上。

（2）滑油蒸发损失。

通常情况下,通风量越大,滑油消耗量越大。但通风量还与滑油的滑油蒸发度、滑油及腔内的滑油温度水平有关。分离器能分离的滑油最小颗粒一般为 5~20 μm,如果滑油是由于高温而产生的蒸发损失,其蒸发后形成分子级别的滑油蒸汽很难被分离器分离。因此滑油工作温度越高,则通风排气中所含的滑油蒸汽增加,滑油消耗量增加。

2. 降低滑油消耗量的措施

1）降低通风量

在发动机各种工况下尤其是长时间工作状态下,低的通风量设计无疑是最有效降低滑油消耗的方法。应尽可能地选用接触式密封,对于不能选用接触式密封而必须选用箆齿等非接触式密封的部位,应采用轴承腔节流通风来降低通风量,并设置收油系统收集过渡态泄漏的滑油。

2）高效率的离心通风器

在通风量一定的情况下,选用高分离效率的离心通风器,并综合考虑分离效率与通风阻力之间的影响。

3）设计低的滑油使用温度

高的滑油温度水平有利于减小滑油散热器的体积、重量,简化封严系统,是高推比发动机的发展方向。但对于大涵道比和中等涵道比发动机来说,重量要求的影响减弱,长航时、长寿命的要求愈发突出,在滑油系统设计中应尽可能地降低滑油的温度水平,以有利于降低滑油消耗量。

4）选用蒸发度低的滑油

选用蒸发度低的滑油有利于减少滑油消耗,蒸发度在滑油的技术指标中是必不可少的一项,国军标和美军标中都有严格的限制要求,目前符合要求的滑油蒸发度都不大,相对来说温度的影响更大些。

5）与空气系统的高度协调

滑油系统与空气系统的协调必不可少,尤其是起动、停车过程中的协调,即封严空气在低转速时尽量选用高压引气,以使封严引气压力尽快建立,如 ЛД‑33 和 АЛ‑31Φ 发动机在封严系统中采用了转换活门,在低转速时采用高压引气,而在高转速时再转换为低压引气。

6）泄漏滑油的回收设计

对于非接触式密封的主轴密封系统,在过渡态,会有少量滑油漏出,为此应有泄漏滑油的回收设计,通常是在腔外最下部打小孔至腔内以利用重力、腔外内压差等收集滑油回到腔内。

7）轴承腔设计时尽量加大容腔

容腔加大,有利于瞬间积油的油面降低,使腔内的积油液面不超过密封线,从而降低姿态飞行过程中滑油液面淹没密封面的可能,减少漏油。

8）供回油协调设计

在系统滑油消耗量控制方面,应高度重视供回油协调的问题,尤其是发动机在起动、停车过程中以及空中的供回油协调的问题。根据实际情况,可以采取以下措施：① 充足的滑油箱膨胀空间,合理的加油量;② 采用较大回供油比设计,并采用活门在起动过程中切断通风,靠回油泵的抽吸在轴承腔的密封上形成正压差;③ 对于高空性要求不高民机或地面使用的燃机等采用全流量式系统,在亚慢车以下状态时,转速低、负荷轻,滑油的主要作用是润滑而不是冷却,可以少供油或不供油以减少漏油。

第 29 章
润滑油

润滑油是滑油系统的重要组成部分,其性能影响整个滑油系统。本章阐述了航空润滑油的分类以及国内外常用的航空润滑油,介绍了航空润滑油的性能指标和选用原则,并进行了航空润滑油的品质影响分析。

29.1 概　　述

29.1.1 航空润滑油分类

航空润滑油一般由基础油和添加剂两部分组成。基础油一般占 80% 以上,决定了润滑油的基本性质。添加剂可弥补和改善基础油性能方面的不足,赋予某些特殊的性能或消除减弱某种有害的影响。应根据航空发动机转速、载荷、工作温度和工作环境等条件,选择不同基础油和添加剂复配调和而成的润滑油。

航空润滑油通常可以按工艺和组成、按运动黏度和按使用温度三种方式进行分类。

(1) 基础油按工艺和组成分为矿物油和合成油。

矿物油包括环烷基、中间基、石蜡基油等,合成油包括合成烃油、双酯油和多元醇酯油等。矿物油是由天然原油经过蒸馏、酸碱精制、溶剂抽提、精制等工艺处理得到的润滑油,是以碳氢化合物为主要成分的具有各种不同结构的烃类的混合物。合成油是以动、植物油脂或石油为原料,用有机合成方法,经过一定的化学反应,形成的有一定化学结构的润滑油,构成合成油的元素包括碳、氢、氧、硅和磷等。

合成油的分子结构比矿物油具有更大程度的适应性,能满足矿物油无法达到的性能,使用较为广泛。

(2) 根据 98.9℃ 的运动黏度分为低黏度($3\ mm^2/s$,$4\ mm^2/s$)、中黏度($5\ mm^2/s$)和高黏度($7.5\ mm^2/s$,主要用于直升机传动系统)。

(3) 根据使用温度分为Ⅰ型、Ⅱ型、Ⅲ型和Ⅳ型[8]。

Ⅰ型(−54~165℃)、改良Ⅰ型(−54~177℃)、Ⅰ1/2~Ⅱ型(−40~204℃)。对应国内标准为 GJB 135A,美军标 MIL−L−7808;国内代表油品有应用于涡喷−7、涡喷−14、涡喷−13 系列发动机的 4109、4010 润滑油等;

Ⅱ型(−40~220℃)。对应国内标准为 GJB 1263,美军标 MIL−L−23699;国内代表油品有应用于涡扇−10 系列发动机的 4050、4106、FDS655 润滑油等;

Ⅲ型(−18~260℃)、Ⅱ1/2~Ⅲ型(−40~260℃)。目前主要应用于巡航导弹用发动机上,还未在航空发动机上正式应用。国内代表油品有 FS−4621 等;

Ⅳ型(16~315℃)。对应美军标为 MIL−L−87100。

29.1.2　国内外常用润滑油

8A 润滑油(GB 439)是以环烷基矿物油为基础油,加入复合抗氧剂调和而成。其基础油是精选克拉玛依环烷基精制基础油经过精制及精馏获取的窄馏分,工作中会使丁腈橡胶产生适度的膨胀,更有利于密封,用于早期的涡喷发动机。

8B 润滑油(GB 439)基础油是聚烯烃合成润滑油基础油。其低温性能要优于8A,8B 会使对于耐油性有明显选择的丁腈橡胶产生收缩,长期使用会导致密封件漏油,使用于寒区飞行的航空喷气发动机,使用温度为−45~120℃。

20 合成航空润滑(GB 440)(代号 HH−20,与俄罗斯 MC−20 相当,与符合美MIL−L6082D、英 DERD2472B/D、法 AIR3560 规格的产品性能相近)在我国南北方冬夏季通用。主要用于活塞式发动机。

4104 合成航空润滑油(与英 DERD2487、俄罗斯 ВНИИ НЛ−7 相当)用于近期的涡轮螺桨发动机。

4109 合成航空润滑油适用于工作温度范围为−50~175℃,短期可达 200℃的涡扇发动机的润滑。是为了解决航空喷气机润滑油(8B)不能满足高速飞机的高温润滑要求而研制的酯类合成航空润滑油。

4010 合成航空润滑油,新一代 3 厘斯合成航空发动机润滑油,适用温度范围为−54~200℃,符合 MIL−L−7808 中 3 厘斯油规范,其具有优良的材料适应性、贮存安定性,较低的泡沫倾向和优良的润滑性能,适应各种条件下航空发动机的使用。

4106 合成航空润滑油,使用温度−40~200℃,短期可达 220℃,是以合成油为基础油,并加入抗氧、抗腐蚀和抗磨损等多种添加剂精制而成,且符合国军标 GJB1263−1991 的Ⅱ型中黏度合成航空润滑油。符合美军标 MIL−L−23699C 规范。

4050 高温合成航空润滑油是符合国军标 GJB 1263−1991 的国产Ⅱ型中黏度阻化酯类合成油。该类油可用于工作温度范围为−40~204℃,短期可达 220℃的各型涡轮发动机中。4050 高温合成航空润滑油的性能与 EXXON Turbo Oil 2380 相当,主要用于三叉戟 IE 型飞机的斯贝发动机上。

925 合成航空润滑油是符合国军标 GJB 1263−1991 的国产Ⅱ型中黏度阻化酯类合成油。该类油可使用于工作温度范围为−40~204℃,短期可达 220℃的各型涡轮发动机中。925 合成航空润滑油的高温性能良好,性能优于 MOBEL Jet Oil Ⅱ。

928 GJB 5097−2004 适用于工作温度−50~200℃,进口系列等航空涡轮发动机。可替代进口 ДИПМ - 10(Ty 38.1011299) 和 ВНИИНП 50 - 1 - 4Ф(ГОСТ1 -
476) 润滑油等使用。

4011 Q/SH303 417 - 2007 适用温度为-51~220℃,适用于新型涡喷、涡扇发动机。可以
替代 MIL - PRF - 7808 等规范中 4 厘斯油品,如 Turbonycoil 400, Mobil turbo284 等油。

4108 高温合成润滑油适用于工作温度-40~200℃ (短期可达 220℃) 范围内的航空涡
轮发动机。可以替代 MIL - L - 23699G Grade HTS、SAE AS5780 HPC 和 DEF STAN 91 - 101
等规范油品如 Mobil Jet oil 254, Mobil Jet oil 387, EASTMAN turbo oil 2197, Aeroshell 560 等。

4058 高温合成润滑油是为满足航空涡轮发动机对润滑油的严苛要求而研发的高性
能 5 厘斯航空发动机润滑油,为多元醇酯基础油中加入新型高温抗氧剂、极压抗磨剂等
添加剂调和而成,高温稳定性显著优于标准型润滑油,性能达到 MIL - PRF - 23699G
中高温稳定型(HTS)润滑油和 SAE AS5780D 中高性能型(HPC)润滑油的要求。

FDS655 - HTS 航空发动机合成润滑油适用于涡轮喷气、涡轮风扇及涡轮轴发
动机以及直升机传动系统的润滑,其基础油为季戊四醇酯类油,并采用更耐高温的
胺类抗氧剂和腐蚀抑制剂复配,其长时使用温度为-40~210℃,短期可达 230℃,具
有较好的高温性能。

FDS635 航空发动机合成润滑油适用于特定型号航空涡轮发动机的滑油系统,
使用温度为-54~200℃。能够替代 ВНИИНЛ50 - 1 - 4Ф 航空润滑油使用,解决其
供货批次质量不稳定及高温性能差的问题。

常用国内外航空润滑油的理化性能参数见表 29.1~表 29.3。

表 29.1 矿物油的主要理化性能

性能	20	14	8
密度/(g/cm³)	≥0.895(0.883)	<0.890(0.869 7)	≤0.885(0.857)
运动黏度/(mm²/s) 100℃ 50℃ 20℃ 0℃ -10℃ -20℃ -30℃	≥20(20.25)	≥14(14.4) (56.2) (772) (1 710) (4 230) (12 740)	≥8.3(8.58) ≤30.0(27.4)
闪点(闭口)/℃	≥230	≥200	≥135
凝点/℃	≤-18	≤-30	≤-50
酸值/(mgKOH/g)	≤0.03	≤0.25	≤0.04
水分/%			
水溶性酸碱			
机械杂质/%			≤0.005
灰分/%	≤0.003		≤0.005
残碳/%	≤0.3	≤0.45	

表 29.2　国内主要合成油的主要理化性能

性能	4104	4109	4106	4050	4010
密度/(g/cm³)	(0.9517)	(0.9597)	(0.9702)	(0.9722)	
运动黏度/(mm²/s) 200℃		(1.18)			
100℃	≥7.35(7.42)	≥3.00(3.74)	5~5.50(5.02)	4.9~5.5(5.0) (17.4)	≥3.0
50℃		≥11.00(11.22)			
-40℃	≤13 000(12 710)	<3 500(2 819)	≤13 000(8 750)	≤13 000(9 305)	≤17 000
闪点(闭口)/℃	≥215(233)	≥210(222)	≥250(255)	≥230(250)	≥210
凝点/℃	≤-60(<-60)	≤-60(<-60)	≤-60(<-60)	≤-60(<-60)	≤-60
酸值/(mgKOH/g)	≤0.2(0.09)	≤0.2(0.04)	≤0.5(0.04)	≤0.3(0.01)	≤0.3
自然点/℃	(390)	(386)	(430)		
蒸发度/(204℃×6.5 h)%	(5.41)	(5.8)	≤10(2.2)	≤10(4.8)	≤30
机械杂质/%					
氧化腐蚀试验(℃×h×50 mL空气/min)	140℃×72 h	175℃×96 h	200℃×72 h	200℃×72 h	175℃×96 h (200℃×96 h)
运动黏度变化/%	±5	-5~+15	-5~+25	-5~+25	-5~+15 (-5~+25)
酸值/(mgKOH/g)	≤0.5	≤2.0	≤3.0	≤3.0	≤2.0
腐蚀/(mg/cm²)　钢	±0.2	±0.2	±0.2	±0.2	±0.2
铜	±0.2	±0.4	±0.4	±0.4	±0.4
铝	±0.2	±0.2	±0.2	±0.2	±0.2
镁	±0.2	±0.2	±0.2	±0.2	±0.2
钛		±0.2	±0.2		±0.2
银			±0.2		±0.2

表 29.2(续)　国内主要合成油的主要理化性能

性能	4011	4108	4058	FDS655	FDS635
密度/(g/cm³)		999.4			
运动黏度/(mm²/s)					
200℃	≥1.1(1.15)				≥3.0(3.4)
100℃	≥4.0(4.05)	1.085		1.0~2.0(1.41)	
50℃		4.9~5.4(5.260)	4.9~5.4(5.195)	4.9~5.4(5.1)	
−40℃		≤13 000(11 490)	≤13 000(10 378)	≤13 000(10 372.7)	
−54℃	4 188				
闪点(闭口)/℃	≥215(260)	≥246(255)	≥246(258)	≥246(263)	≥210(220)
凝点/℃	<−60		≤−54(−60)	≤−54(−60)	≤−60(−69)
酸值/(mgKOH/g)	≤0.5(0.04)	≤1.0(0.01)	≤1(0.17)	≤0.5(0.06)	≤0.3(0.18)
蒸发度/(204℃×6.5 h)%	≤15(7.45)	≤10(4.66)	≤10(3.55)	≤10(1.0)	≤20(12)
机械杂质/%					
氧化腐蚀试验 (℃×h 50 mL空气/min)	200℃×96 h	175℃×72 h	175℃×72 h	175℃×72 h	175℃×96 h
运动黏度变化/%	−5~18(8.21)	0~10(0.04)	0~10(0.79)	0~10(1.9)	−5~15(3.4)
酸值/(mgKOH/g)	≤2.0(0.41)	≤1.0(0.01)	≤1.0(0.02)	≤1.0(0.04)	≤2.0(0.35)
腐蚀/(mg/cm²)					
钢	±0.2	±0.2	±0.2	±0.2	±0.2
铜	+0.4	+0.4	+0.4	+0.4	+0.4
铝	±0.2	±0.2	±0.2	±0.2	±0.2
镁	±0.4	±0.2	±0.2	±0.2	±0.4
钛	±0.2				±0.2
银	±0.2	±0.2	±0.2	±0.2	±0.2

表 29.3 国外主要合成油的理化性能指标

项目	MIL-L-7808	MIL-L-23699	MIL-L-27502	DERD2487	DERD2497	AIR3513/A	3-GP-904a	ГOCT11246(ВНИИНП-7)	(Б-3В)	ГOCT13067-67(ВНИИНП50-1-4ф)	MPTy38-1-164-65(ЛНМЗ36/1К)	Ту38.101.1299-90(НПМ-10)
运动黏度/(mm²/s)												
260℃			≥1.0		≥1.3							
204℃												
98.9℃	≥3.0	5.0~5.5		≥7.5	≤5.5	≥3.0	≥3.0	7.5~8.0	5.0	≥3.2	≥3.0	≥3.0
37.8℃	≥11.0	≥25		≤39	≥25	11.0	11.0			≤2000	≤3000	≤2000
-40℃								7500 (-35℃)				
-54℃	13000	≤13000	≤15000	≤13000	≤13000	≤13000	≤13000		14000	≤11000		
黏度安定性												
温度/℃	-54		-40	-54	-40	-54	-54			-54		
3h后黏度变化/%	6					3	6			6		
3h后黏度/(mm²/s)	13000					13000	13000			17000		
12h后黏度变化/%				5	-6							
72h后黏度/(mm²/s)	17000		17000			17000	17000					
闪点/℃	≥204	≥246	≥246	≥216	≥210	≥204	≥204	≥210	≥235	≥204	≥195	≥190
凝固点/℃	≤-60	≤-54	≤-54	≤-50	≤-60	≤-60	≤-60	≤-60	≤-60	≤-60	≤-60	≤-50
总酸值/(mgKOH/g油)	0.30	0.50	0.50		0.30	0.30	0.30	0.30	4.4~5.5	0.22	0.50	0.05
自燃点/℃			≥410		≥390							
蒸发度												
温度(℃)×时间(h)	204×6.5	204×6.5	200×6.5	185×192	204×6.5	204×6.5					175×5	
损失/%	≤10	≤5	不限	≤15	≤35	≤35					≤8.0	
热氧化安定性试验条件:												
温度(℃)×时间(h)	175×72			240×22	185×192	175×72	175×72			175×72		200×50

29.2　滑油性能及使用要求

29.2.1　润滑油性能

根据润滑油的使用特点,航空润滑油的性能指标包括理化性能指标和使用性能指标。

1. 理化性能指标

1) 黏度

黏度表示油液内部产生相对运动时内摩擦阻力的大小。黏度是航空润滑油最重要的性能指标之一,也是润滑油选用的主要依据。在实际使用中,如果航空润滑油的黏度降低,则说明已经有燃料油或水等混入;如果航空润滑油黏度升高,则说明航空润滑油发生了氧化、裂解、聚合、缩合等一系列反应,严重时会生成胶质、油泥等。黏度需要稳定在一个数值范围才能保证发动机工作润滑要求。通常使用动力黏度 μ(单位为 Pa·s)或运动黏度 ν(单位为 mm²/s)来表示。

2) 闪点

闪点是表示油品蒸发性和安全性的一项指标。油品的馏分越轻,蒸发性越大,闪点越低,反之闪点就越高。在黏度相同的条件下,闪点越高安全性就越好。实际工作中闪点的变化一般为先降低后升高。原因是滑油在使用中发生氧化裂解,生成酸、醇、醛、酮等,分子量下降,闪点降低,滑油进一步氧化,发生缩合和聚合反应,生成胶质、油泥等,分子量变大,闪点升高。一般认为,闪点比使用温度高 20～30℃,即可安全使用。

3) 酸值

酸值表示润滑油含有酸性物质的指标,一定程度上反映航空润滑油的氧化降解及变质程度。酸值是以中和 1 g 润滑油所需氢氧化钠(或钾)的质量表示,单位为 mgNaOH/g(或 mgKOH/g)。一般情况下脂类油的酸值取决于酸性添加剂含量,脂肪酸为高分子有机酸,在一定浓度范围内,不会造成金属腐蚀,酸性添加剂往往作为金属腐蚀抑制剂,不会腐蚀金属,反而还会保护金属。但是润滑油在贮存和使用过程中,由于受到热、氧和光线等因素的作用,会发生氧化和分解,生成酸性物质,从而使油品的酸值不断增大,就有可能对金属产生腐蚀。

4) 污染度

污染度是衡量油品中固体颗粒大小及数量的分级指标,油液污染的控制是油液使用和维护的重要内容。油液内的固体颗粒物过多会导致机械设备异常磨损,造成设备故障、寿命缩短。润滑油使用过程中,一方面会有外部杂质进入,另一方面润滑油本身发生氧化、变质产生污染物,而且发动机运行过程中会产生金属磨粒,这些都会加重系统污染度。进行污染度检测,可以明确润滑油的污染状况和发动机的工作情况。通常情况下,按照 GJB 420B 对航空滑油的固体污染物等级进行评定,允许加入发动机的滑油固体污染度不低于该标准规定的 9 级。

5）橡胶相容性

橡胶相容性反映与润滑油接触或可能接触的橡胶体积和硬度的变化情况,数据变化越小,润滑脂对橡胶的密封性破坏越小,但适宜的膨胀率也更利于金属件之间的密封。滑油系统中橡胶密封材料与油液长期接触,一方面油液渗透到橡胶中或从橡胶中抽出可溶解的助剂,使体积增大或减小,机械性能下降;另一方面,高温下油类介质中过氧化物或自由基能破坏橡胶分子链,引起橡胶失去弹性或老化变形。以上原因均可能导致橡胶密封件失效,发生漏油故障。因此要求开展橡胶相容性试验,允许橡胶密封件体积适度膨胀但不能有收缩,对橡胶密封材料的选择匹配具有重要的参考作用。

6）腐蚀和氧化安定性

在发动机内部长时间高温和金属催化条件下,润滑油具有抵抗氧化变质的能力。氧化衰变是导致航空润滑油失效变质的最重要因素,也是决定润滑油使用寿命的关键因素。使用过程中,润滑油在温度、空气和金属催化作用下会发生氧化降解反应,生成高分子聚合物和酸性物质,酸性物质对发动机金属部件产生腐蚀,腐蚀的金属同时又对油品氧化具有催化作用,加速油品的氧化变质,导致润滑油黏度和酸值增大、颜色加深、沉积物增多,最终导致油品失效变质。

7）蒸发损失

蒸发损失是表征油品高温性能的一项指标,通过测定蒸发损失的量,能够反映使用过程中油品在高温条件下消耗的情况。

8）泡沫特性

润滑油中的空气含量,直接影响着润滑界面的润滑效果和油品在滑油系统中的输送效率,起泡是一个方面,起泡后气泡是否容易破裂,也非常重要。

9）相容性

在实际使用过程中,不可避免地会涉及润滑油的切换问题,为了确保发动机滑油系统尤其是滤网的正常使用,需要适当控制不同配方体系之间的相容性问题,避免相容性过差,添加剂相互反应,生成过多沉淀物,堵塞滑油系统,给发动机造成损伤。

10）微量元素含量

发动机在正常工作过程中,一般会存在一定程度的磨损,监控其磨损情况对发动机的状况判断具有积极的意义,而通过对油品中微量元素含量的测定则能够有效地反馈该系统的磨损情况。由于新油中的元素含量会对运行过程中油品的测定结果造成干扰,因此需要监测新油的微量元素指标以排除这种干扰。同时,为了直观地反映油品在使用过程中有无杂质混入,也需要监测油品中的微量元素含量。

2. 使用性能指标

理化指标合格表示润滑油的理化性能满足要求,并不代表实际使用性能满足发动机工作要求,增加使用性能考核,可以真实地了解航空润滑油的实际使用情况,掌握航空润滑油实际工况下的性能变化,确保符合发动机长期使用需求。这些项目主要包括润滑性能、齿轮承载能力、结焦性能、沉积性等。

1) 润滑性能

航空发动机润滑油在使用过程中,承担着润滑轴承和齿轮的任务,因此,需要润滑油有较好的润滑性能,润滑性能可以通过四球机试验和齿轮试验来评定。

国内一般采用四球机试验进行监控,在这种试验机中四个球按四面体排列,互相接触,在一定的温度和转速条件下旋转,测量最大无卡咬负荷 Pb'(又称油膜强度)、烧结负荷 Pc、负荷磨损指数 ZMZ 和磨斑直径。在上述表示方法中最大无卡咬负荷 Pb'(又称油膜强度)、烧结负荷 Pc、负荷磨损指数 ZMZ 的示值越大,油品的极压性能越好;磨斑直径越小,油品的抗磨性能越好。一般标准型滑油对最大无卡咬负荷没有特别规定,极压性滑油要求 $Pb \geqslant 890$ N。

同时,也可以采用齿轮试验评定滑油的润滑性能。在齿轮试验机中标准齿轮在一定负荷及一定温度和流率的喷油量下,以一定的转速旋转固定时间,然后逐级增加负荷,直到齿轮失效时的负荷来评价齿轮承载能力。在 MIL - PRF - 23699F 标准中,承载能力模拟台架评价方法为 FED - STD - 791 6508(Ryder 齿轮机法),目前全球仅美国海军试验台有一台 Ryder 齿轮机,其他行业早在十年前就已被 FZG 齿轮试验机所代替。FZG 齿轮试验机是由德国人提出来的一种齿轮台架试验装置,其工作原理基本与 Ryder 齿轮试验机相同,德国人曾经对 Ryder 齿轮试验机与 FZG 齿轮试验机的相关性进行了研究,研究表明,当 FZG 达到 8 级时,基本满足 Ryder 齿轮数据不小于 3 100 lb/in* 的要求。国内一般采用 FZG 法评定滑油的承载能力,符合 GJB 1263 标准的滑油要求 FZG 不小于 7 级。

2) 结焦性能

润滑油在航空发动机中的结焦、沉积可能堵塞油滤、喷嘴,加剧运动副零件的磨损,使封严不可靠或影响传热造成温度过高引起着火等,影响系统的正常工作。结焦、沉积性能的好坏也是衡量一种滑油高温使用性能的非常重要指标。

(1) 小管结焦试验:这种试验形式繁多,基本原理是使滑油以一定的流率流过加热管,该加热管一段保持固定温度,同时通以一定的空气量,滑油流过时油温逐渐升高,循环一定时间后,以试验器油滤和管子上的沉积情况、试验期间的滑油消耗量、首先出现沉积的管子温度及试验后的滑油黏度和酸值的变化来评价。

(2) 平板结焦:在一个倾斜 25° 的不锈钢箱内装 300 mL 石油,用转速

---

* 1 lb = 0.453 59 kg, 1 in = 25.4 mm。

10 000 r/min 的搅拌器把滑油拨溅到箱子上方的铝板上,温度 316℃,试验 8 h 后,以铝板上的结焦量来评价。

（3）轴承沉积：美国用 Erdco 来评价滑油的沉积性已列入了各种润滑油规范。在这种试验中,用孔径为 100 mm 的滚棒轴承,在 2 270 N 径向负荷下试验 48 h。轴承的供油量为 0.6 L/min,同时向滑油箱内通 9.9 L/min 的空气。

（4）HLPS 动态结焦：HLPS 动态结焦试验用以模拟航空发动机在运行过程中轴承腔进油口高温结焦情况。测试流程为在样品罐中加入 100 mL 试验油样加热至 150℃,体系密封充入空气加压至 1.38 MPa,试验油样以 1 mL/min 流速通过高温成焦管,返回样品罐,经 20 h/40 h 试验后,计算得试验生成的成焦物质量。

（5）VPC 气相结焦：VPC 气相结焦方法用于评价酯型合成航空润滑油在空气油两相混合状态下的结焦倾向,以模拟轴承腔通风管的状态。

3）毒性评估试验

航空润滑油在使用时,不得产生对人体有害的气体,或对人体产生刺激性反应,因此必须通过动物毒性试验和皮肤、眼部的刺激性试验,为飞行人员、机务人员的安全使用、推广提供毒理学依据。

3. 其他性能考核试验

基于理化性能指标和使用性能指标初步选定润滑油后,还需通过轴承试验、传动齿轮试验、滑油泵试验等考核试验。

1）轴承试验

通过发动机主轴轴承试验,试验载荷和试验时间应与发动机相匹配。

试验过程中润滑油元素光谱元素（根据主轴承材料选取）含量维持在一个稳定的正常范围内,润滑油的运动黏度和酸值变化符合发动机使用要求。试验结束后,分解的轴承跑道、滚动体完好,轴承工作面光度无明显变化;主要轴承试验前后各个轴承的几何参数和间隙基本无变化,各支点轴承没有磨损和结焦。

2）传动齿轮箱试验

通过发动机传动齿轮箱试验,试验载荷和试验时间应与发动机相匹配。

试验过程中润滑油元素光谱元素（根据传动齿轮箱内传动部件材料选取）含量维持在一个稳定的正常范围内,润滑油的运动黏度和酸值变化符合发动机使用要求。试验结束后,分解的轴承跑道、滚动体,齿轮、花键等传动部件完好,齿轮、轴承、花键工作面光度无明显变化;齿轮、轴承、花键的几何参数和间隙基本无变化,没有磨损和结焦。

3）滑油泵试验

通过发动机滑油泵试验,试验载荷和试验时间应与发动机相匹配。

试验过程中润滑油元素光谱元素（根据滑油泵组内传动部件材料选取）含量维持在一个稳定的正常范围内,润滑油的运动黏度和酸值变化符合发动机使用要求。试验结束后,分解的转子、齿轮、轴承、花键等传动部件完好,齿轮、转子、轴承、花键工作面光度无明显变化;转子、齿轮、轴承、花键的几何参数和间隙基本无变化,没有磨损和结焦。

4) 发动机整机试车

通过发动机整机持久试车考核试验。试车程序包括了慢车、巡航、中间、最大加力、加减速及遭遇等所有发动机状态点。在试验期间,发动机各部件不得有与该油品相关的故障。试验过程中润滑油元素光谱数据含量维持在一个稳定的正常范围内,润滑油的理化性能化验(酸值、黏度和闪点)符合发动机使用要求;试验结束后,对润滑油进行油品检测,润滑油的氧化安定性、热安定性、抗腐蚀性、相容性等符合发动机使用要求;分解的所有发动机传动件(主轴承、齿轮、密封、滑油泵等),不得有异常的沉淀物、磨损或腐蚀,发动机轴承腔内部、传动齿轮箱内部等被滑油润湿的部位零部件无滑油结焦和积碳现象产生。

5) 飞行试验

通过发动机飞行试验。飞行试验包括发动机工作包线内各状态点。在试验期间,发动机各部件不得有与该油品相关的故障。试验过程中润滑油元素光谱数据含量维持在一个稳定的正常范围内,润滑油的理化性能化验(酸值、黏度和闪点)符合发动机使用要求;试验结束后,对润滑油进行油品检测,润滑油的氧化安定性、热安定性、抗腐蚀性、相容性等符合发动机使用要求;分解的所有发动机传动件(主轴承、齿轮、密封、滑油泵等),不得有异常的沉淀物、磨损或腐蚀,发动机轴承腔内部、传动齿轮箱内部等被滑油润湿的部位零部件无滑油结焦和积碳现象产生。

29.2.2   润滑油选用原则

除非另有规定,发动机应使用符合 GB 439、GJB 135、GJB 1219、GJB 1263、GJB 3460、GJB 5097、MIL – PRF – 23699G、MIL – PRF – 7808L、ГОСТ 13076 的润滑油,并应满足发动机型号规范/产品规范的要求。使用低黏度润滑油的发动机,在整个环境温度和发动机工作包线内,不需要稀释滑油或使用诸如滑油预热器之类的特殊设备,就能满意地起动和工作。使用中黏度合成润滑油和高黏度润滑油,则不应要求在低于运动黏度为 13 000 mm²/s 的相应温度下工作,或在低于运动黏度为 13 000 mm²/s 的相应温度下允许采用加温等辅助起动方式。

航空发动机轴承是在重载荷、高速和高温下工作的,随着飞行速度的增大,轴承的工作温度越来越高。因此,航空发动机润滑油选用过程中重点考虑以下几个方面:

(1) 运行速度愈高愈容易形成油楔,选用低黏度的润滑油即可保证油膜强度,若选用黏度较高的润滑油,则产生的阻抗大,设备发热较高损害安全;

(2) 在轴承的正常工作温度下,有良好的润滑性和流动性,达到弹流润滑;

(3) 具有较好的低温流动性,保证发动机低温下迅速起动;

（4）针对金属、非金属有较小的腐蚀性；

（5）对橡胶件影响要小；

（6）洁净度要求；

（7）长期暴露在高温下,润滑油变质速度加快,具有良好的高温氧化安定性；

（8）消泡性要好；

（9）高空环境促进了润滑油的蒸发,因此蒸发性要低,闪点、自燃点要高；

（10）无毒性。

不同类型发动机对滑油的需求不同,在选用过程中可以遵循如下原则。

（1）航空活塞式发动机的主要润滑部位是活塞和曲轴。由于气缸的间隙较大,为了保证足够的油膜强度,要求润滑油具备较大的黏度,然而冷却后缸体的温度并不高,一般在 150℃ 以下,因此建议使用 100℃ 黏度为 20 mm²/s 的矿物型润滑油。

（2）涡轮风扇发动机涡轮前燃气温度高,轴承温度高,轴承温度一般在 260℃ 以上,要求润滑油高温达到 175~220℃,优先采用 100℃ 黏度为 5 mm²/s 的多元醇酯油。

（3）涡桨发动机减速器传动功率大,齿轮承受的接触负荷大,主要问题不是高温,而是高压。为了保持油膜厚度,必须采用比涡轮发动机黏度更大的润滑油,一般采用 100℃ 黏度为 7.5 mm²/s 或 5 mm²/s 的酯类油。

（4）涡轴发动机功率靠轴输出,转速更高,轴承工作温度比涡桨发动机高,润滑油工作特点是温度比涡桨发动机高、负荷比涡轮风扇发动机大,需要使用高温性能较好的黏度较大的 100℃ 黏度为 5 mm²/s 的多元醇酯油。

29.3　滑油品质影响分析

29.3.1　整体氧化安定性

整体氧化安定是指润滑油长时间暴露于氧化环境而出现可接受的品质降低（黏度、酸值变化、对金属的腐蚀性和沉积性）的最高温度。发动机中允许的滑油温度愈高,则系统可设计得使发动机热壁面至滑油的温度梯度越小,也就是说,使发动机传给滑油的热量减少。

这样可简化隔热措施,设计较小的散热器,使发动机结构简单、重量减轻;同时也可以降低滑油向燃油的换热量,使得燃油温度降低,从而达到减少燃、滑油系统重量的目的。

29.3.2　热安定性

热安定性是指润滑油在发动机中接触的轴承腔壁面等热点上生成漆状物和结

焦沉淀的特性。它一方面要求润滑油生成漆状物和结焦沉淀的起始温度高,另一方面要求润滑油生成漆状物和结焦沉淀的量要少。

发动机所用的润滑油热安定性越高,则发动机中的滑油油池和在热区有关管路的隔热要求越低,可以进一步简化结构和减轻重量;同时零部件返修寿命也可以延长,轴承齿轮、石墨等因沉淀造成的磨损损坏也可以减轻。

29.3.3　黏温特性

油品要具有良好的高温油膜强度,确保发动机运转的润滑需要,但同时也要有适宜的低温黏度,才能确保发动机在低温下的顺利起动,因此需要控制油品的低温黏度,以确保发动机有效运行。油品黏温特性如图 29.1 所示。

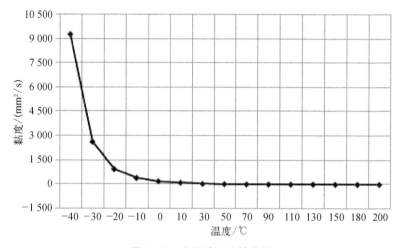

图 29.1　油品黏温特性曲线

为保证发动机全工况可靠润滑,最恶劣工况润滑油运动黏度不得低于 $1 \ \mathrm{mm^2/s}$,且高温区黏度随温度变化应尽量平缓。低温黏度选择时,应考虑润滑油的低温运动黏度是否利于发动机低温起动。低温黏度不符合要求时,润滑油使用前应进行加热处理。

第30章
滑油系统试验验证

航空发动机滑油系统试验是考核滑油系统各部件、附件和系统性能、寿命及可靠性的重要途径,是滑油系统研制过程中的必要环节。根据滑油系统的构成、试验目的、试验方法、试验设备的特点将滑油系统试验分为滑油泵试验、滑油箱试验、滑油喷嘴试验、通风器试验、油雾润滑系统试验、滑油系统姿态试验、滑油系统环境试验和滑油附件试验八类。

滑油系统试验主要参考《航空涡轮喷气和涡轮风扇发动机通用规范》(GJB 241A)、《航空涡轮螺桨和涡轮轴发动机通用规范》(GJB 242A)和《航空发动机适航规定》(CCAR‑33)执行。

30.1 滑油泵试验

滑油泵试验主要包括滑油泵密封试验、滑油泵地面特性试验、滑油泵高空特性试验、滑油泵寿命试验等科目。

30.1.1 滑油泵密封试验

通常在滑油泵试验器进行,在规定的增压级进出口和滑油泵进出口压力、滑油泵转速和滑油温度等条件下,考核滑油泵结合面的密封性能。

30.1.2 滑油泵地面特性试验

通常在滑油泵试验器进行,在滑油泵设计点工作状态下,在规定的增压级进出口和滑油泵进出口压力、滑油泵转速和滑油温度等条件下,考核各级滑油泵的流量是否满足地面流量特性要求。

30.1.3 滑油泵高空特性试验

通常在滑油泵试验器进行,模拟滑油泵在高空下的工作条件,考核各级滑油泵的流量是否满足发动机工作包线内的高空流量特性要求。

30.1.4　滑油泵寿命试验

通常在滑油泵试验器进行,按滑油泵寿命试验载荷谱进行规定时间的寿命试验,考核滑油泵使用寿命。

30.2　滑 油 箱 试 验

滑油箱试验主要包括滑油箱压力试验、滑油箱耐受压力试验、滑油箱爆破压力试验和滑油箱防火试验等科目。

30.2.1　滑油箱压力试验

通常在滑油系统附件试验器上进行,滑油箱承受 2 倍于发动机工作包线内的滑油箱最大工作压差,包括正压差和负压差,考核滑油箱试验过程中有无可见的漏油和变形。

30.2.2　滑油箱耐受压力试验

通常在滑油系统附件试验器上进行,滑油箱承受 2 倍于发动机工作包线内的滑油箱最大工作压力,考核滑油箱试验过程中有无可见的漏油。

30.2.3　滑油箱爆破压力试验

通常在滑油系统附件试验器上进行,滑油箱在施压漏油前能够承受的最大压力值,考核滑油箱承受压力的极限能力。

30.2.4　滑油箱防火试验

通常在防火试验器上进行,通过分析找到滑油箱防火的薄弱外部结构,对该外部结构施加标准火焰持续 15 min,考核滑油箱试验过程中有无漏油。

30.3　滑油喷嘴试验

通常在滑油系统附件试验器上进行,通过测量特定靶孔的滑油流量与喷嘴出口滑油流量比值(差值),考核喷嘴喷射的滑油是否到达目标靶位或润滑部位。通过测量规定的滑油压力、滑油温度条件下喷嘴的滑油流量,考核喷嘴滑油流量是否满足要求。

30.4　通 风 器 试 验

通风器试验主要包括通风器分离最小油滴直径试验、通风器分离效率特性试验、通风器阻力特性试验等科目。

30.4.1　通风器分离最小油滴直径试验

在通风器试验器上进行,通过测量分离后油气工作介质中油滴直径尺寸,获得通风器能够分离的最小油滴直径参数。

30.4.2　通风器分离效率特性试验

在通风器试验器上进行,调节通风器转速、油气两相混合物参数,通过测量被通风器分离的滑油质量、未被分离的含有少量滑油的油气混合物中的滑油质量,获得通风器在不同工况下的分离效率特性。

30.4.3　通风器阻力特性试验

在通风器试验器上进行,调节通风器转速、空气流量等条件下,通过测量通风器试验器内腔压力与通风器试验器出口压力,获得通风器在不同工况下的阻力特性。

30.5　油雾润滑系统试验

油雾润滑系统一般用于短寿命的微小型航空涡轮发动机的主润滑系统或军用航空涡轮发动机的应急润滑系统。油雾润滑试验一般分为油雾发生装置性能试验和油雾润滑系统试验。油雾发生装置性能试验用于研究油雾发生装置的油雾特性(油雾量及油雾颗粒度等)。油雾润滑系统试验用来模拟发动机上的油雾润滑系统的工作状态,研究油雾量及冷却空气的压力、流量等的分布特性。

30.6　滑油系统姿态试验

通常在滑油系统姿态试验器上进行,试验件近似模拟滑油系统的真实工作条件,试验件在发动机姿态包线内按规定的状态运转,如图 28.1 军用航空发动机姿态极限图所示,空白区试验点一般试验 30 min,阴影区试验点一般试验 30 s,记录滑油系统参数,获得滑油系统在发动机姿态包线内的供油、回油及通气的匹配性。

30.7　滑油系统环境试验

通常在滑油系统环境试验器上进行,试验件按发动机上滑油系统零部件状态进行安装和连接,将试验件环境工况设定为规定的温度及压力条件,按规定的状态运转,记录滑油系统参数,获得滑油系统在温度及压力条件下的工作性能,考核发动机的低温起动性能及最高极限温度下的系统热平衡特性。

30.8　滑油附件试验

滑油附件是指属于滑油系统的单独设备,这些附件通常安装在发动机附件机匣外侧,也有一些可能安装在内部。一般包括滑油泵、滑油箱、滑油散热器、滑油滤、磁性屑末检测信号器及各类活门等。对于滑油泵和滑油箱,因不同的发动机结构布局,有些作为部件管理,有些作为附件管理。

滑油附件试验一般分为功能性能试验、环境试验及寿命试验等,由于滑油附件试验所涉及的试验项目较多,且均有标准或规范可供参考,不一一展开叙述。

第 31 章
系统监测与故障诊断

滑油系统状态监测是航空发动机状态监测的一部分,通过对系统工作参数、滑油中屑末以及滑油本身状况的监测,为滑油系统以及发动机的故障诊断和故障定位提供充分的数据支撑。

31.1　概　　述

滑油系统监测是航空发动机重要的监测手段之一,因为滑油系统的滑油接触许多发动机的关键件,在接触这部分件的同时,也携带了相应的摩擦、磨损等信息。通过这些信息的分析可以对发动机进行故障诊断,从而确定是否有必要对发动机进行检查和维修,很多早期故障,例如发动机装配过程中轴承偏心等结构缺陷造成非正常磨损都可以通过滑油系统监测来及时发现,从而避免发动机更大故障的发生。滑油系统监测提高了发动机可靠性,减少了维护维修费用,提升了产品保证,增强了设备安全性。

发动机滑油系统监测一般可分为三种类型:

(1) 滑油系统工作参数监测,监测滑油系统的滑油压力、滑油温度、滑油量等工作参数;

(2) 滑油屑末监测,通过发动机滑油浸润部件工作中产生的屑末的数量、形貌等情况监测发动机故障;

(3) 滑油状况监测,监测滑油自身的一些物性参数的变化情况,以保证滑油的使用寿命和安全性。

31.2　滑油系统工作参数监测

31.2.1　滑油压力监测

监测发动机滑油压力可以为正常的滑油系统运行提供指示并发现异常情况。

滑油压力增高可能是由于滑油流动阻塞造成（如滑油喷嘴堵塞、滑油滤堵塞等）；滑油压力降低的原因可能是滑油泄漏、管路破裂、滑油泵的失效（全部或部分）、低油位或是减压阀故障等。

滑油压力是通过安装在滑油系统高压油路上的压力传感器进行连续检测的，测量的是滑油喷嘴与参考压力间的压差。除了压力传感器连续监测滑油压力外，还设置低油压限制值，在出现低压状况时发出警告。

31.2.2　滑油温度监测

滑油温度必须进行监测以确保不会超过滑油的使用限制温度。

通过综合其他滑油系统工作参数，滑油温度过高可以指示并帮助分离出发动机子系统故障。如果监测回油路的油温，可以检测轴承的恶性故障或热端密封泄漏，热端泄漏可能是由于过度引气导致。如果油温传感器安装在滑油散热器的下游，若散热器发生阻塞会产生超温指示。

由于影响滑油温度的因素很多（如发动机转速、燃滑油散热器中燃油的温度和流速、空气滑油散热器的空气温度、飞行高度和马赫数等），对于存在缓慢或较小油温变化的情况，难以确认是否有故障正在发生。

31.2.3　滑油量

监测滑油量及滑油加油量能够提供滑油过度消耗、滑油系统泄漏、来自故障燃滑油散热器的燃油污染，或过度添加等信息。

滑油量的检测通常采用两种方式，一种是离线测量法，该方法是在发动机停车后和出动前，通过油标尺或是带刻度的观察窗的方式对滑油箱中油量进行评估，这种方法简单易行，但是无法对空中飞行的过程滑油量进行全程监测，此外还存在增加维护工作量的问题；另一种是在线测量法，该方法可以对发动机滑油量进行全程在线监测，通过高精度测量传感器（如电容式液位传感器、磁致伸缩位移传感器和超声波液位传感器等）将油位变化转化为电信号进行测量。

31.2.4　主滑油滤检查

由于滑油滤阻塞会导致供油不足，燃气涡轮发动机的滑油滤通常设有旁路活门，活门在压差增加时打开，采用压差传感器来监测油滤芯的压降，并通过机械、电子或组合式旁路指示器在油滤芯需要更换时发出指示。滤芯的压降也被用来指示部件磨损增加、即将失效、缺乏维护或滑油故障。

主滑油滤的堵塞告警和压差监测，主要有两个目的，一是指示滑油滤需要进行维护清理，尤其对于非定期检查维护的发动机来说，这一点尤为必要；二是滑油滤堵塞时也存在大量磨损屑末进入滑油系统的可能性，对发动机工作安全是一个辅助判断。滑油滤的告警一般会在发动机本次任务完成后进行清洗和检查工作,并收集相应屑末进一步分析。

31.3　滑油中的屑末监测

除了润滑和冷却的功能外,滑油还能带走滚动和滑动表面因磨损产生的碎屑。正常磨损、加速磨损和早期失效都包括材料缺失,其磨损速度不相同,颗粒尺寸也不一样,这些碎屑上包含了关于磨损表面、磨损种类和正在发展的早期故障的颇有价值且详细的信息,构成了通过滑油系统进行发动机监测的基础(滑油屑末监测)。

发动机滑油屑末监测的主要目的是及时发现故障模式,避免造成发动机的二次故障。速度较慢的磨损模式通常不会直接造成发动机故障,但是可能会在短时间内引发二次故障,例如轴承表面的侵蚀最终会发展成碎屑剥落。

磨损和失效机构件是由润滑和载荷情况以及发动机部件机械设计特性等共同导致的。在完全油膜弹性流体动力润滑条件下,油膜厚度大于平均表面粗糙度,滚动接触轴承的主要失效模式是剥落或麻坑,此时屑末大多数是大的碎片,尺寸通常介于 $100 \sim 1\,000\ \mu m$。在边界润滑和混合润滑(部分弹流)条件下,会发生恶性接触,屑末颗粒尺寸一般小于 $100\ \mu m$。此外,研磨加胶合加速磨损模式也较常见,例如,接触磨损、轴承打滑、保持架摩擦、齿轮磨损、花键磨损与轴承套(固定的)转动。轴承在轻载情况下会打滑,会产生很细小的屑末(小于 $25\ \mu m$)。某些保持架磨损模式也只产生小的颗粒,直到保持架失效。

目前正在使用或在研的滑油屑末监测方法一般分为离线和在线屑末监测技术两种,两种方法有不同的硬件和维护需求。

1. 非机载屑末检查

滑油中细小的磨损颗粒信息对于分析接触腐蚀、轴承打滑、保持架摩擦、齿轮划伤、轴承套圈旋转及其他形式的研磨和胶合磨损等非常重要。但对于表面疲劳(如滚动接触)、剥落和微小的麻点状腐蚀等产生较少磨粒的失效形式不适用。

非机载屑末监测技术主要通过规律的滑油取样,从发动机中收集屑末,进行实验室分析或者借助一些其他的地面服务设备进行分析。相关技术主要有:滑油光谱分析、铁谱分析、磁性屑末和过滤屑末的定量与定性分析等。

(1)滑油光谱分析:滑油光谱分析是一种广泛使用的非机载滑油状态监测手段,目前广泛使用的是原子发射光谱,主要根据滑油样品燃烧时产生的光的谱线频率和密度来确定样品的化学成分和含量,光谱分析适用于 $10\ \mu m$ 以内的颗粒。

（2）铁谱分析：对油样中的铁磁性颗粒在不同梯度的磁场中特性进行分级，制成谱片在高倍显微镜下观察，通过谱片上颗粒形状、颜色和尺寸来判断与滑油接触的零件的状况。

（3）磁性屑末和过滤屑末的定量与定性分析：通过对油滤、磁塞、屑末信号器等处收集到的屑末进行称重等定量分析和扫描电镜等的定性分析，来判断零件的磨损程度和部位。

2. 机载屑末监测

机载屑末监测技术是将传感器或屑末收集器安装在发动机滑油系统中，在地面对所收集的屑末进行分析。

常用的机载屑末监测装置主要有：磁性屑末收集器、屑末信号检测器、滤网式屑末监测、离心屑末分离器（如 JD9D 上的离心过滤除气器）和滑油屑末监测器等。前四种监测装置应用较为广泛，而滑油屑末监测器监测处于进一步发展中。

（1）磁性屑末收集器：磁性屑末收集器也称磁堵或者是磁屑检测器，通常安装在各主要或单个回油路、附件或减速齿轮箱上。磁性屑末检测器是检测大磁性质点（100 μm 或者更大）引起的故障模式的最为有效的手段，例如轴承、齿轮、泵元件的表面疲劳剥落产生的大磁性质点，也可以检测小屑末颗粒主导的失效模式，如轴承打滑、齿轮和泵划伤、花键磨损、滚子轴承跑道磨损等。

（2）屑末信号检测器：由两个电极和一块磁铁组成电磁屑末检测器的屑末感应区，用来吸取磁屑。当足量的屑末以一些大质点或许多小质点的方式积聚一起时，电极连通，电极之间的空间一般设置为 1~4 mm（0.04~0.16 in），取决于发动机类型（轴的速度，载荷，齿轮系特性）、滑油过滤的程度和故障模式的严重程度。

（3）滤网式屑末监测器：屑末监测器通常安装在回油路或附件机匣中。还可以作为回油泵的入口油滤，最小通过颗粒由滤网尺寸决定。可以指示出含铁和不含铁的导电碎屑。

（4）离心屑末分离器：离心屑末分离器可以达到较高的捕获效率，适用于产生非常少量正常磨损颗粒的系统，通常安置于总回油流路上。

（5）滑油屑末监测器：通常由一个或几个传感线圈包围在滑油管线上。当滑油流路中的金属颗粒经过传感器时会引起传感线圈感应系数的变化，根据感应系数的变化进一步确定金属颗粒的体积和磁性。对于铁磁性颗粒，其质量、材料磁化系数、颗粒形状决定了信号的强度。对于非铁磁性材料，其表面积、导电率决定了信号的强度。

例如，加拿大 GASTOPS 公司研制的滑油屑末在线监测系统 ODM（Oil Debris Monitoring），可以实现在线、全液流、大颗粒金属磨粒的监测，ODM 传感器连接在滑油系统管路上连续监测，能够检测 125~1 000 μm 或更大的铁磁性和非铁磁性磨粒，能识别铁磁性和非铁磁性两大类，并分别统计颗粒大小和数量。

31.4　滑油状态监测

1. 滑油黏度测量

测定航空润滑油运动黏度的方法通常是按照 GB/T 265《石油产品运动黏度测定和动力黏度计算方法》,即在某一恒定的温度下,测定一定体积液体在重力作用下流过一根玻璃毛细管(已标定)的时间。

滑油黏度与温度密切相关,温度升高黏度降低,并且在低温区变化明显。另外,随着发动机工作时间的变化,滑油的黏度及酸值也会发生改变,如图 31.1 所示。滑油黏度随着发动机工作时间的增加而增加,黏度增加较小时对其润滑能力不会造成很大的影响,但当黏度增加到一定比例之后,滑油性能下降,致使无法满足发动机要求。一般该点与总酸值变化曲线的拐点相同。通常滑油黏度的拐点是比新油增加 25%,当滑油的黏度值高于新油的 25% 或低于新油的 10% 时,滑油将迅速恶化。

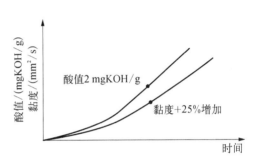

图 31.1　滑油酸值和黏度与时间

2. 滑油酸值测量

酸值测量的方法是用 KOH 与滑油样品的混合并充分综合,并测量加入 KOH 的量(中和的水平用 pH 来测量)。酸值越高,滑油裂解得越多,也可以指示滑油污染或滑油密封失效。

当燃气涡轮滑油被加热至一定时间之后,开始分解为酒精和酸性物质,酸性物质累计并存于滑油中。如图 31.1 所示,酸值随时间增加而增加,在一个定点之前,酸值以一个较低的速度增加,当达到一定值后,酸值迅速增加,这个拐点可以看作为滑油使用的最大限制值,一旦总酸值已经达到这个点(2 mgKOH/g),滑油将被认为是不可用并应更换。

3. 滑油闪点测量

滑油的闪点测量通常被作为滑油系统是否被燃油或者其他液压油污染的重要判断手段。润滑油的闪点测量一般包括开口闪点和闭口闪点两种测量方法。同一种滑油开口闪点的温度值要高于闭口闪点,闭口闪点对于掺混进入主滑油的微量燃油更为敏感。滑油中一旦掺入燃油,由于两种介质闪点的巨大差异,滑油取样分析的闪点会大大低于滑油正常的闪点值。

4. 滑油含水量测量

在发动机长期停放后,如需再次起动或是启封工作,一般先进行滑油箱中的滑油含水量测量。如果在高湿度环境下长时间停放,当滑油箱以及滑油腔中滑油被融入较多水分时,会存在轴承和齿轮钢锈蚀风险,通过滑油含水量测量,可以判断系统中的滑油是否在发动机再次工作之前需全部更换。

31.5 滑油系统故障诊断

滑油系统的监测是保证发动机飞行安全的重要手段之一,并且对于发动机的健康状态和故障诊断具有重要意义[1]。

航空发动机滑油系统常见的故障主要包括滑油压力偏低、滑油压力偏高、滑油消耗量过大、滑油温度过高、停机后滑油箱液面下降以及滑油系统污染等。

1. 滑油压力偏低

造成系统滑油压力偏低的原因可能是① 测试系统发生故障,如传感器、连接电缆等;② 系统外部管路、部件接合面发生泄漏或破损;③ 各油池积油过多;④ 滑油泵发生气塞或工作不正常,泵轴或传动轴断裂等。

2. 滑油压力偏高

造成系统滑油压力偏高的原因可能是① 测试系统发生故障,如传感器、连接电缆等;② 供油管路发生堵塞,滑油滤堵塞等;③ 调压活门发生故障;④ 滑油喷嘴或喷嘴保护油滤发生堵塞等。

3. 滑油消耗量过大

造成系统滑油消耗量偏高的原因可能是① 漏油管不满足排漏油量要求;② 通风器发生过故障;③ 涨圈、篦齿等密封装置磨损造成挡油能力下降;④ 螺栓、管路接头松动渗油;⑤ 转子不平衡引起封严失效等。

4. 滑油温度过高

造成系统滑油温度偏高的原因可能是① 测试系统发生故障,如传感器、连接电缆等;② 滑油散热器发生堵塞;③ 滑油系统摩擦副磨损严重,造成生热量增加;④ 轴承腔密封装置失效,泄漏热增加;⑤ 发动机超温,使热负荷增加;⑥ 滑油腔回油不畅,搅油损失增加等。

5. 停机后滑油箱液面下降

造成停机后滑油箱液面下降的原因可能是① 滑油箱防虹吸口出现堵塞;② 系统单向活门发生故障等。

6. 滑油系统污染

造成滑油系统污染的原因可能是① 燃滑油散热器发生故障或燃油(液压油)系统部件密封存在问题,燃油或液压油进入,污染滑油系统;② 外场多雨或环境潮湿使滑油中水分含量增加;③ 滑油滤堵塞、屑末检测器屑末较多情况下,滑油中有碎屑等污染物。

第 32 章
滑油系统的发展展望

航空发动机技术的飞速发展带动了滑油系统相关技术的进步,新材料、新技术、新理念的应用推动了现代航空发动机滑油系统朝着结构轻量化、组件小型化、系统布局合理化的方向不断发展。

32.1　滑油系统发展概述

从第二次世界大战结束至今,航空燃气涡轮发动机取代了早期活塞式发动机,占据航空动力的主导地位。自诞生起的 80 多年,现代燃气涡轮发动机的增压比、涡轮前燃气温度、转子转速等性能指标不断提高,并朝着大推重比、低耗油率、高可靠性、低费用和环境友好等方向不断发展。国外较早开始了多电/全电发动机技术的研究,但目前现役、在研的大多数先进航空发动机仍然采用机械传动设计,这就必须配备用于润滑、冷却主轴轴承、齿轮等传动部件的自封闭循环滑油系统。

传统的滑油系统结构复杂、重量大、故障多、维护难,越来越难以适应先进高性能燃气涡轮发动机的发展要求。为了满足现代发动机对滑油系统在更高的主轴转速和使用温度、有限的利用空间内可靠工作的要求,对新润滑材料、高效润滑技术、新颖组件设计等方面的探索和研究逐渐成为滑油系统研究的热点,先进航空发动机滑油系统朝着结构轻量化、组件小型化、系统布局合理化的方向快速发展。具体来说,主要有高温润滑剂研制与应用、紧凑式滑油系统设计、滑油系统附件性能优化以及滑油系统相关基础研究等发展方向。

32.2　高温润滑剂的发展和应用

润滑剂是滑油系统的核心材料,其性能对发动机的设计具有重要影响。先进高性能发动机滑油系统工作条件非常苛刻,系统热负荷、工作环境温度非常高,而目前广泛使用的 Ⅰ 型、Ⅱ 型滑油的使用温度分别为 $-54 \sim 165℃$ 和 $-40 \sim 220℃$,为保证滑油始终维持在合适的温度范围内,在发动机设计时不得不进行充分考虑,并采取相应的措施,如在热区轴承腔设置冷气环绕结构或布设隔热材料等热防护措施、选用高性能密封装置等,这使得发动机结构更加复杂;另外,冷却与封严空气量和冷却滑油量的增加,导致必须在滑油系统中配备更大能力的组件。以上两方面原因,使得发动机重量难以降低,严重制约着先进航空发动机的发展。

高温润滑剂具有优异的热性能,在高温条件下工作不易发生局部结焦或热氧化降解,应用于发动机滑油系统,使得滑油主体温度升高,系统温度容限提高,发动机对滑油的加热量降低,系统滑油循环量减少,省去了轴承腔热防护等结构,便于实现各组件小型化设计(如散热量的减少带来散热器换热面积的降低),有利于滑油系统的减重和可靠性提高。如美国 IHPTET 计划第 I 阶段研制的一种高温液体润滑剂(主体氧化温度 330℃,热点安定性 510℃),采用后可省去热区轴承腔、支座等的热防护结构和冷却空气,滑油系统流量可减少至原使用流量的 50%,整个机械系统可减重 12%[61]。

32.3   紧凑式滑油系统设计

结构复杂、重量大一直是传统发动机滑油系统存在的弊端,包含了大量功能附件和管路系统,进行紧凑式滑油系统设计是实现航空发动机滑油系统结构轻量化、组件小型化的重要途径,对于降低系统复杂度、减轻重量和提高工作可靠性具有重要意义。国内外研究人员主要在紧凑型散热器、超高转速的系统组件、小型组件及附件机匣的一体化设计和多功能组件设计等方面开展了广泛深入的研究。

紧凑型滑油散热器具有高的比表面积(单位体积的传热面积)、高效的传热特性[62]。通过采用新型换热面材料、改变表面几何形状以及优化流道布置(如采用横纹管或螺纹管,在传热路径设置螺旋线或纽带等),以提高散热器换热效率,在满足滑油系统散热要求和压力损失要求的前提下,可以有效减小散热器的体积和重量。

高转速系统组件的应用可以满足在空间限制情况下对组件高性能的要求,可有效降低组件体积和重量,如高转速滑油泵(旋板泵、摆线泵是高速滑油泵常采用的两种类型)、高转速油气分离器和高转速通风器等。高转速组件的研制需要考虑高速条件下各运转零部件的可靠性和耐磨性、动密封有效性等技术问题。

对组件(滑油箱、散热器、滑油泵等)与附件传动机匣进行一体化集成设计,组件直接安装在机匣上,燃油、滑油进出油路均设计在机匣内部,以减少各组件间的外部连接管路,减轻重量,增强可维护性,在 T700、RTM322 发动机上均采用了附件机匣一体化设计;也有将滑油箱与进气道一体式设计,以增加系统散热能力、减小组件重量[63]。

多功能组件的设计是将传统滑油系统中各功能集成在一个全新的组件上,如带燃烧功能的智能检屑系统、带引射和多姿态供油功能的油气分离器[64,65]等。以图 32.1 中多姿态油气分离器为例,对多功能组件的设计进行介绍。该油气分离器位于油箱内部,当油气混合物经回油管进入油气分离器的入口段时,通过散布在油箱液面以下的引射管抽吸滑油进入分离器,并将分离后的滑油直接从供油管供出,分离后的空气经通风管排出,该结构同时具备油气分离、多姿态吸油、供油、通风四大功能,能够保证飞机在多工况飞行时的持续稳定供油。

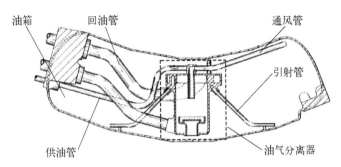

图 32.1　多姿态油气分离器

32.4　滑油系统组件性能优化

目前滑油系统的研究偏重组件及子系统的设计,通过对组件性能影响因素的分析,进行其关键结构尺寸的改进设计,以实现组件性能优化。滑油系统主要组件包括滑油泵、滑油散热器、滑油过滤器、油气分离装置等,如改进设计通风孔尺寸以实现离心通风器在分离效率与通风阻力两方面性能的提高;设计滑油散热器内介质换热流道结构,在满足压降要求的同时提高换热性能。以通风器为例,介绍其性能优化。

传统离心式通风器的分离效率受到转子外径和转速、转子轴向长度等因素的制约,其分离能力与转子外径、转速、轴向长度成正比,转子外径、转速和轴向长度越大,分离效果越好。然而,转子结构尺寸的增加会增加通风器重量,与滑油系统轻量化的发展方向相悖。

为此,发展出了兼顾性能与重量的轴心通风器,并且采用了一些新的结构和材料,如分离结构采用多孔介质。研究表明采用蜂窝结构形式[66](图 32.2),增加了比表面积,流通阻力较小,参数便于调整,对直径 5 μm 的油滴可以达到 99.6% 的分离效率。采用金属海绵[67,68](图 32.3)作为分离结构的过滤元件,流通通道曲折,增加了油气混合物流通路径,增大了比表面积,使通风器分离效率增加,但流动阻力较大。

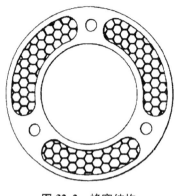

图 32.2 蜂窝结构

图 32.3 金属海绵

32.5 滑油系统相关基础研究

滑油系统的设计与分析涉及了"生热"和"两相流传热"两大基础性问题。

航空发动机滑油系统的主要热源来自轴承、齿轮等,冷却的主要对象也是轴承、齿轮等。以轴承为例,传统的轴承生热计算一般采用经验或半经验半理论的公式,计算得到的轴承生热量是高速滚动轴承不同位置的摩擦生热、滑油搅拌生热的总和。不能给出轴承的生热分布,既不能确定轴承不同部位各运动对偶面之间的局部生热,也难以给出轴承整体生热量在轴承系统内部的分配,给轴承或轴承腔详细的热分析带来困难。国外较早地建立了高速滚动轴承的分布式生热分析模型和方法,并形成完备的高速滚动轴承生热基础实验数据库。

而滑油系统"传热"问题的研究目前主要以两相流为基本特征,主要体现在滑油系统轴承腔腔体壁面、轴承内部、回油管路等关键部位。以油气两相流为基础的发动机滑油系统设计已成当前发动机设计以及国内外高性能航空发动机发展的基本要求。如英国罗·罗公司与 Nottingham 等几所大学联合成立的 UTC,已将滑油系统轴承腔内油气两相流的研究成果直接应用于发动机 Trent 900 的设计。

目前,发动机滑油系统的设计与分析在一定程度上仍处于粗糙的经验估计状态,严重制约发动机的研制与发展。针对滑油系统"生热"与"两相流传热"问题,从物理过程出发开展轴承生热机理、轴承腔油气两相流传热、回油管内油气两相流流动与传热等基础研究,为滑油系统的精细化设计与分析提供支撑。

参考文献

［1］ 林基恕.航空燃气涡轮发动机机械系统设计［M］.北京：航空工业出版社，2005.

［2］ 陈光.航空发动机结构设计分析［M］.北京：北京航空航天大学出版社，2006.

［3］ 陈光.由遄达900滑油泄漏造成澳航A380受损原因分析［J］.燃气涡轮试验与研究，2017，30（4）：56－62.

［4］ Viars P R. The impact of IHPTET on the engine/aircraft system integrated high performance turbine engine technology［C］. Seattle：Aircraft Design and Operations Meeting，1989.

［5］ Hill R J. The challenge of IHPTET［C］. International Society for Air Breathing Engines，1993.

［6］ AIAA Air Breathing Propulsion Technical Committee. The versatile affordable advanced turbine engines（VAATE）initiative［R］. American Institute of Aeronautics & Astronautics，2006.

［7］ Klingsporn M. Advanced transmission and oil system concepts for modern aero-engines［C］. Vienna：ASME Turbo Expo Power for Land，Sea，and Air，2004.

［8］ 航空发动机设计手册总编委会.航空发动机设计手册第十二分册［M］.北京：航空工业出版社，2002.

［9］ 方昌德.世界航空发动机手册［M］.北京：航空工业出版社，1996.

［10］ 林左鸣.世界航空发动机手册［M］.北京：航空工业出版社，2012.

［11］ Rolls-Royce. The jet engine［M］. Chichester：John Wiley & Sons Ltd，2015.

［12］ 程卫华，杨士杰，魏德明，等.航空涡轮喷气和涡轮风扇发动机通用规范［S］. GJB 241A－2010.北京.中国人民解放军总装备部，2010.

［13］ 易军，单晓明，何峻，等.航空涡轮螺桨和涡轮轴发动机通用规范［S］. GJB 242A－2018.北京.中央军委装备发展部，2018.

［14］ 杨九高，段馨田，郑长彦，等.航空涡轮发动机润滑系统通用规范［S］. GJB 3057－97.北京.国防科学技术工业委员会，1997.

［15］ 徐学忠.内啮合摆线齿轮泵的理论研究与仿真［D］.南京：东南大学，2005.

［16］ 何存兴.液压元件［M］.北京：机械工业出版社，1982.

［17］ Singhal A K, Athavale M M, Li H, et al. Mathematical basis and validation of the full cavitation model［J］. Journal of Fluids Engineering, 2002, 124(3)：617-624.

［18］ Lichtarowicz A, Duggins R K, Markland E. Discharge coefficients for incompressible non-cavitating flow through long orifices［J］. Journal Mechanical Engineering Science, 1965, 7(2)：210-219.

［19］ Miller D S. Internal flow system［M］. Cranfield：BHR Group Limited, 1990.

［20］ Chun S M. Network analysis of an engine lubrication system［J］. Tribology International, 2003, 36(8)：609-617.

［21］ Kutz K J, Speer T. M. Simulation of the secondary air system of aeroengines［C］. Cologne：International Gas Turbine and Aeroengine Congress and Exposition, 1992.

［22］ 刘振侠,黄生勤,吕亚国,等.航空发动机滑油系统通用分析软件开发［J］.航空动力学报，2007，22(1)：12-17.

［23］ 吴丁毅.内流系统的网络计算方法［J］.航空动力学报，1996，17(6)：653-657.

［24］ 陶智,侯升平,韩树军,等.流体网络法在发动机空气冷却系统设计中的应用［J］.航空动力学报，2009，24(1)：1-6.

［25］ 刘剑,张卫正.基于节点网络法的润滑系统图形化建模技术研究［J］.润滑与密封，2006，31(2)：59-62.

［26］ 侯升平,陶智,韩树军,等.非稳态流体网络方法在发动机空气冷却系统中的应用［J］.航空动力学报，2009，24(3)：494-498.

［27］ 赵洪利.现代民用航空燃气涡轮发动机［M］.北京：中国民航出版社，2010.

［28］ 林高平,王旭峰,舒振杰,等.磁性屑末检测器和磁性屑末检测信号器通用规范［S］. HB 5883-2014.北京：国家国防科技工业局，2014.

［29］ 秦叔经,叶文邦,等.化工设备设计全书-换热器［M］.北京：化学工业出版社，2003.

［30］ 石帅奇.航空发动机滑油系统通风器性能数值模拟研究［D］.西安：西北工业大学，2012.

［31］ 钱磊.叶轮式通风器不同参数对其性能影响研究［D］.哈尔滨：哈尔滨工程大学，2018.

［32］ 马枚.航空发动机轴心通风系统的结构演变及分析［J］.燃气涡轮试验与研究，1994(4)：23-30.

[33] 李国权. 论航空发动机高空膜盒的封焊斜线[J]. 航空发动机, 2004, 30(1): 37-39.

[34] 谷俊. 航空发动机滑油系统高空通风活门空中特性研究[J]. 航空科学技术, 2013, 1: 45-48.

[35] 赵静宇. 航空发动机滑油系统蜂窝式轴心通风器性能数值模拟研究[D]. 西安: 西北工业大学, 2014.

[36] 沈洁阳. 工况参数和结构参数对某型通风器性能的影响研究[D]. 西安: 西北工业大学, 2017.

[37] B Thomas H., M Dean R., P Mark G. Overview of SLD engineering tools development[R]. Reno: American Insititute of Aeronautics and Astronautics, 2003.

[38] 刘大有. 二相流体动力学[M]. 北京: 高等教育出版社, 1993.

[39] W William B., P Mark G. Semi-empirical modeling of SLD physical[R]. Reno: American Insititute of Aeronautics and Astronautics, 2004.

[40] Trujilloy M F, Mathews W S, Lee C F, et al. Modeling and experiment of impingment and atomization of a liquid spray on a wall[J]. International Journal of Engine Research, 2000, 1(1): 87-105.

[41] Mundo C, Tropea C, Sommerfeld M. Numerical and experimental investigation of spray characteristics in the vicinity of a rigid wall[J]. Experimental Thermal and Fluid Science, 1997, 15(3): 228-237.

[42] 郁丽, 李国权. 节流通风的航空发动机轴承腔腔压计算方法[J]. 航空动力学报, 2012, 27(11): 2616-2621.

[43] Busam S, Roßkamp H, Wittig S. Experimental studies of the boundary conditions leading to oil fire in the bearing chamber and in the secondary air system of aeroengines[C]. Amsterdam, The Netherlands: International Gas Turbine Institute, 2002: 739-747.

[44] Harris T A. Rolling bearing analysis[M]. New York: John Wiley & Sons, 2001.

[45] 斯库巴切夫斯基. 航空燃气涡轮发动机零件结构与计算[M]. 北京: 国防工业出版社, 1956.

[46] Flouros M. Correlations for heat generation and outer ring temperature of high speed and highly loaded ball bearings in an aeroengine[J]. Aerospace Science and Technology, 2006, 10(7): 611-617.

[47] D. Nelias, J. Seabra, L. Flamand. Power loss prediction in high-speed roller bearings[J]. Dissipative Processes in Tribology, 1994: 465-478.

[48] 钟冲.基于拟动力学的反转圆柱滚子轴承生热特性研究[D].西安:西北工业大学,2015.

[49] Rumbarger J H, Filetti E G, Gubernick D. Gas turbine engine mainshaft roller bearing-system analysis[J]. Journal of Lubrication Technology, 1973, 95(4): 401-416.

[50] Pouly F, Changenet C, Ville F, et al. Investigations on the power losses and thermal behavior of rolling element bearings[J]. Proceedings of the Institution of Mechanical Engineers, Part J: Journal of Engineering Tribology, 2010, 224(9): 925-933.

[51] Kleckner R J, Pirvics J. High speed cylindrical roller bearing analysis. SKF Computer Program CYBEAN. Volume 1: Analysis[R]. NASA-CR-165364, 1978.

[52] Hadden G B, Kleckner R J, Ragen M A, et al. Research report and user's manual for computer program SHABERTH[R]. SKF Report No. AT81YO003, NASA CR-165365, 1981.

[53] Kleckner R J, Dyba G J. Spherical roller bearing analysis. SKF Computer Program SPHERBEAN. Volume 2: User's manual[R]. NASA-CR-165204, 1980.

[54] Wittig S, Glahn A, Himmelsbach J. Influence of high rotational speeds on heat transfer and oil film thickness in aero-engine bearing chambers[J]. Journal of Engineering for Gas Turbines and Power, 1994, 116(2): 395-401.

[55] Busam Stefan, Glahn Axel, Wittig Sigmar. Internal bearing chamber wall heat transfer as a function of operating conditions and chamber geometry[J]. Journal of Engineering for Gas Turbines and Power, 2000, 122(2): 314-320.

[56] 任国哲.基于油气两相流的航空发动机轴承腔流动换热研究及回油结构优化设计[D].西安:西北工业大学,2016.

[57] 胡剑平,任国哲,易军,等.轴承腔内壁与油膜换热的数值模拟与试验[J].航空学报,2017, 38(9): 1-11.

[58] 高文君,刘振侠,吕亚国.轴承腔热分析通用软件的开发与应用[J].航空计算技术,2013, 43(1): 106-109.

[59] 李国权.航空发动机滑油系统防虹吸设计[J].航空发动机,2007,33(1): 34-36.

[60] 李国权,黄健.航空发动机滑油泵气塞的预防措施[J].航空发动机,2011, 37(1): 1-4.

[61] 李国权.航空发动机滑油系统的现状及未来发展[J].航空发动机,2011,

37(6)：49 - 62.

[62] Kays W M, London A L. 紧凑式热交换器[M]. 宣益民, 张后雷译. 北京：科学出版社, 1997.

[63] 江建文, 王兵, 李文高. 航空发动机机匣内部油路压力损失试验与计算研究[J]. 航空发动机, 2012, 38(3)：5 - 8.

[64] Aho Jr. Wilho V. Oil supply reservoir[P]. US4947963, 1990.

[65] Aho Jr. Wilho V, Jones Stephen R, Chetta Gregory E, et al. Multi-attitude deaerator for oil tank[P]. US5587068, 1996.

[66] 赵静宇, 刘振侠, 吕亚国, 等. 蜂窝式轴心通风器油气分离性能计算[J]. 航空动力学报, 2016, 31(7)：1583 - 1590.

[67] 李静, 刘振侠, 张丽芬. 航空发动机金属海绵通风器分离特性数值研究[J]. 科学技术与工程, 2018, 18(35)：224 - 229.

[68] Thiago P C, Hatem O. Experimental and tomography-based cfd investigations of the flow in open cell metal foams with application to aero engine separators[C]. Montréal：ASME Turbo Expo 2015：Turbine Technical Conference and Exposition, 2015.

第四篇
发动机密封

第33章
发动机密封技术的发展现状

发动机密封技术与发动机技术的发展密切相关,发动机密封的分类方法也较多,这里我们介绍了两种典型的密封分类方法;然后分类介绍了国内外的发动机密封技术的发展现状。

33.1 发动机密封的分类

发动机密封装置(或封严装置)定义:在发动机内部或外部,具有隔开不同空间以阻止固体、液体或气体介质流动的机构定义为发动机密封装置(以下均简称密封装置)。一般发动机密封的研制都需要综合考虑发动机密封装置特性以及其上、下游的工况条件。

发动机密封分类:发动机密封技术分类方法有多种,一种是按发动机密封的工作状态将发动机密封分为两类,即发动机静密封和动密封两大类;另一种是按在发动机上的部位不同将发动机密封分为三类,即发动机主轴承腔密封[1]、发动机流路密封和发动机附件轴端密封。

其中发动机主轴承腔密封通过将发动机的轴承腔与发动机的高温气有效地隔离开,可以防止高温气流对轴承腔的损害、滑油污染与变质和滑油的泄漏。国内、外主轴承腔密封主要采用的典型密封型式有篦齿密封、开口环密封、发动机单环石墨密封[2]和双联石墨密封等。发动机主轴承腔的圆周石墨密封装置常见结构见图33.1。

发动机流路密封是尽可能地减小发动机主流路和二次流路的气体泄漏。目前国外发动机流路密封主要是采用刷式密封[3]替代传统的篦齿密封,如 PW4084、GE90、V2500

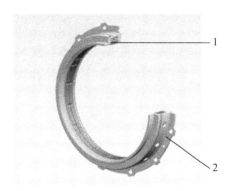

图33.1　发动机主轴承腔圆周石墨密封装置结构图

1. 石墨密封座;2. 石墨环

等发动机上都应用了刷式密封,刷式密封的应用提高了发动机推力,降低了耗油率。国内刷式密封技术已在某燃机应用上累计超过 3 000 小时,但在发动机上的应用还较少。国内典型刷式密封局部结构见图 33.2。

发动机附件轴端密封的功能是防止各类机匣内滑油的泄漏,保证机匣内传动件和轴承正常工作。发动机附件轴端密封主要包括发动机附件机匣、飞机附件机匣和燃滑油附件轴端应用的密封装置。国外发动机附件密封一般采用磁力密封、机械端面密封和唇式密封。在国内,发动机附件密封类型跟国外基本相同。

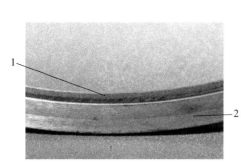

图 33.2 国内刷式密封局部结构图

1. 刷式密封刷丝;2. 刷式密封背板

图 33.3 发动机附件机匣机械端面
密封典型结构图

1. 端面密封的石墨环;2. 端面密封座

随着发动机技术的发展,附件密封的转速也不断提高,提供的密封尺寸空间更小,导致附件密封的设计难度也在加大,因此,附件密封问题导致的机匣滑油泄漏现象在发动机中相当普遍。发动机附件机匣机械端面密封典型结构见图 33.3。

33.2 国内外发动机密封的发展现状

随着发动机对先进密封技术的紧迫需求,以美国为首的航空大国开展了 IHPTET(综合高性能涡轮发动机技术)的项目,多项密封技术被列为攻关项目,如刷式密封、气膜密封、轴间密封、圆周石墨密封、机械端面石墨密封等,并开展了大量的分析计算及试验研究,促进了密封技术的发展。目前,现有发动机密封技术基本满足现役发动机的使用,发动机现有典型密封技术参数见表 33.1。

表 33.1 发动机现有典型密封技术参数

密封型式	密封压差/MPa	密封温度/℃	密封速度/(m/s)	主要材料
主轴承腔石墨圆周密封	0.45	400	130	碳石墨

续　表

密封型式	密封压差/MPa	密封温度/℃	密封速度/(m/s)	主要材料
浮环密封	0.2	400~500	150	碳石墨
流路的指尖密封	0.8	500	300	高温合金+低摩擦涂层
流路的刷式密封	0.25	520	200	高温合金+低摩擦涂层
附件轴端的机械端面密封	0.5	200	80	碳石墨

下面按发动机主轴承腔密封技术、流路密封技术和附件密封技术三个方面来介绍密封技术的发展现状。

33.2.1　发动机主轴承腔密封技术

发动机主轴承腔密封位于发动机内部,包括静子密封、转子与静子间密封和转子与转子间密封三种型式。发动机主轴承腔密封经常是由多个密封装置的组合构成;一般包括主密封装置和辅助密封装置的组合,在主密封装置和辅助密封装置之间通过引入具有适当温度和压力的空气对主密封装置进行增压,以便与轴承腔形成一定的压差来提升主密封装置的密封效果。

在国外方面,发动机主轴承腔密封的研制基本以各个企业为主,各企业具备发动机主轴承腔密封的设计、制造和试验能力。在 20 世纪 60 年代~80 年代中期以前,国外发动机的主轴承腔仍旧采用较成熟的篦齿密封装置,但此时国外各密封公司都开展了接触式圆周石墨密封的研究和试验;到 80 年代末,许多国外公司都开始了对高参数的接触式圆周石墨密封进行研究,如美国的 PW 公司、Kaydon Ring Seal 公司和 REXNORD 公司等相继开展了引气温度在 300~420℃、线速度达到 150~180 m/s、密封压差达到 0.4 MPa 和滑油温度达 200℃的高参数圆周石墨密封技术研究;到 20 世纪 90 年代,美国的 GE 等公司还开展了转子之间的密封技术研究;发展到如今,国外的主轴承腔密封主要是以较成熟的圆周石墨密封技术为主。

在国内方面,发动机主轴承腔密封的研制还是以各个研究所为主,国内尚无同时具备集设计、制造和试验于一体的专业主轴承腔密封企业。在 20 世纪 80 年代,国内发动机主轴承腔密封主要以篦齿密封和开口环密封等型式密封为主,同时也开展了接触式圆周石墨密封的理论和试验研究;在 20 世纪 90 年代初期,开始了圆周石墨密封的深入研究,并成功应用到了太行等典型的发动机中;20 世纪 90 年代末期至今,圆周石墨密封技术应用较成熟,但与国外相比仍有一定的差距。

33.2.2　发动机流路密封技术

发动机流路密封一般包括两个方面,一类是发动机主流路中外壁的叶片尖部密封装置和主流路内壁的空气密封装置,发动机主流路密封一般随压气机或涡轮部件整体考虑;另一类是指发动机二次流路中采用的密封装置,本篇中的流路密封主要指二次流路密封。发动机流路密封的功能是通过在发动机流路采用合适的密封装置,以便降低流路中空气的泄漏。发动机流路密封一般包括篦齿密封、刷式密封和指尖密封等密封型式。

目前,国内发动机流路密封技术主要是对发动机二次流路密封开展研究,典型的发动机二次流路密封型式包括篦齿密封与相配涂层、刷式密封与相配涂层和指尖密封与相配涂层等等。

国外方面,在早期,发动机二次流路密封一般采用的是篦齿密封与相配涂层或蜂窝的组合;在 20 世纪 80 年代中期以后,发动机技术先进的国家(如美国、英国、德国等)都投入了大量财力和人力进行新型二次流路密封技术的研制,如刷式密封和指尖密封等新型密封技术的研制。

发动机二次流路密封中的刷式密封被公认是篦齿密封最简单、最实用和最有效的替换产品。刷式密封是英国的罗·罗公司于 20 世纪 70 年代首次提出的概念,并在 1972 年同 CROSS 公司联合开展刷式密封的研究与试验;在 90 年代,罗·罗公司先后在 RB211、RB199 发动机和欧洲的 EJ200 发动机上应用了刷式密封,通过采用刷式密封较大地减小了发动机二次流路的泄漏,并在相同的排气温度下发动机的推力提高了约 3%,效果良好。美国是从 1984 年开始对刷式密封开展研究,并与美国 GE 公司的 ALLISON 分公司等企业合作,先后在 T406、PW150、T700 和 PW4000 系列等发动机上应用了刷式密封替代传统的篦齿密封,较大地降低二次流路的气体泄漏,甚至还节约了 0.4% 的燃油。国外刷式材料早期采用钴基材料 Haynes25,相配的涂层材料一般为 Cr_3C_2 和 Cr_7C_3 混合涂层。

国内方面,刷式密封是从 20 世纪 80 年代中期开始研究,从设计、制造工艺、对偶摩擦涂层的筛选等都取得了从无到有的进展;经过了近几十年来的深入研究,包括对普通型和低滞后型刷式密封进行的性能与耐久性试验研究,建立了普通刷式密封和"低滞后"刷式密封的计算分析程序;研制出两种摩擦性能良好的高温刷丝材料,605S 钴基合金和 SG37A 镍基稀土合金;其中 SG37A 为高温低摩擦系数的刷丝材料;开发出了含有特殊成分的碳化钨、含有自润滑相的碳化铬和稀土-钴-氧化铝等多种耐磨涂层;还建立了刷式密封试验器,试验能力转速可达到 60 000 r/min,最大刷式密封试验件直径可达到 1 000 mm;目前,刷式密封技术趋于成熟,已在部分发动机上开展应用。

33. 2. 3　发动机附件密封技术

发动机附件密封技术的功能是隔开压力相同或不同的空间,以阻止固体、液体或气体介质发生交流,防止发动机附件液体介质的泄漏超标或外来异物进入发动机附件内。发动机附件轴端密封装置一般有磁力密封、唇式密封和机械端面石墨密封等型式。

　　国外方面,发动机附件轴端密封技术的发展较快,在唇式密封方面,美国、欧洲、日本等厂商对这种装配简单、维护容易的唇式密封产品的发展较成熟,如 PT6A-27 涡轮螺旋桨发动机就采用了唇式密封技术,形成了从低速到高速的系列唇式密封产品。目前,在油气工况下,橡胶类唇式密封的线速度可以达到 25 m/s, PTFE 材料唇式密封线速度可以达到 40 m/s。磁力密封的线速度一般在 30 m/s 左右,如国外的 CFM56 发动机附件采用了磁力密封。机械端面密封的应用线速度可以达到 80~120 m/s,转速可以超过 30 000 r/min。

　　国内方面,唇式密封一般采用橡胶材料,少部分采用 PTFE 材料。目前,在油气工况下,发动机附件上应用的氟橡胶唇式密封线速度可以达到 20 m/s。磁力密封在发动机上应用的线速度可以达到 30 m/s。机械端面石墨密封的技术水平已经由线速度 40 m/s 发展到线速度 80 m/s,转速达到 30 000 r/min,接近了国际先进水平。国内唇式密封典型结构见图 33.4;磁力密封典型结构见图 33.5;机械端面密封典型结构见图 33.6。

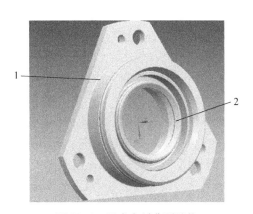

图 33.4　唇式密封典型结构

1. 唇式密封座;2. 橡胶皮碗

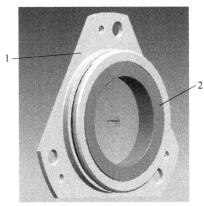

图 33.5　磁力密封典型结构

1. 磁力密封座;2. 磁性密封静环

图 33.6　机械端面密封典型结构

1. 机械端面密封座;2. 石墨密封静环;3. 密封动环

第34章
发动机密封的系统性设计

在发动机整机内部,综合考虑发动机滑油通风系统、轴承腔结构和空气系统,开展各支点轴承腔密封技术的系统性研究称作发动机密封系统设计。

早期的发动机密封设计一般更多的是考虑密封装置本身的设计研究,未系统考虑上下游的滑油通风系统、轴承腔结构和空气系统的关联关系,相对局限。本书从系统的角度出发,将综合发动机滑油通风系统、轴承腔结构和空气系统,开展各支点轴承腔密封技术的设计称作发动机密封系统设计。

发动机密封系统的功能:发动机密封系统通过有效地隔离发动机各支点轴承滑油腔与空气流路,既阻止流路中的高温空气进入主轴承腔加热滑油,保护轴承和滑油免受高温气流损害,防止滑油变性;又防止滑油向空气流路中泄漏,污染流道,降低气动部件效率;保证发动机的滑油消耗量在控制范围以内。发动机密封系统的组成主要包括辅助的增压空气系统、各支点密封组合装置与相配的密封跑道、必要的滑油冷却结构装置、轴承腔结构、轴承腔通风系统。

34.1 发动机密封系统的设计流程

发动机密封系统的设计流程从梳理设计输入开始,经过密封系统输入评审、密封系统方案设计、密封系统方案设计评审、密封系统方案设计结果(输出设计报告)、密封系统技术设计、密封系统技术设计评审、密封系统技术设计结果(输出设计报告)、密封系统详细设计、密封系统详细设计评审,直至设计输出完成。具体发动机密封系统设计流程见图34.1。

34.2 发动机密封系统原理

发动机的主轴承腔一般分为前、中、后三个轴承腔(部分发动机将前腔和中腔合成一个腔),发动机密封系统结构也相应分为前轴承腔密封、中轴承腔密封和后轴承腔密封三个部分。发动机主轴承腔通过空气系统的引气增压和滑油通风系统

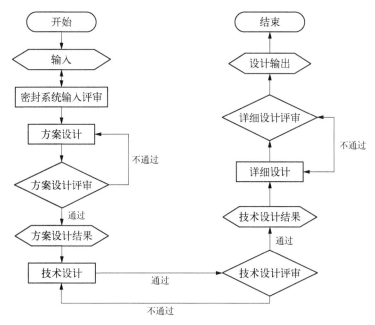

图 34.1　发动机密封系统设计流程图

的排气将不同型式的密封装置之间建立了系统关联。

发动机前轴承腔密封由前支点密封装置组合而成,一般引发动机的低压空气进行辅助封严,前轴承腔通过通风管与滑油箱、飞附机匣、发附机匣连通,油气经飞附的离心通风器进行分离后,通过高空活门排入大气;有的发动机中腔和后腔通过相关结构连通,中腔由 2 号支点密封和 3 号支点密封组成,一般引高压空气进行辅助封严,油气通过中腔的前通风器进行分离后,经低压涡轮轴轴心向后,通过发动机尾部排出;发动机后轴承腔由 4 号支点轴间密封、5 号支点密封及后通风器处密封组成,也引高压空气进行封严,油气通过后通风器进行分离,最终经发动机尾部排出机外。一种典型发动机密封系统原理图见图 34.2。

发动机密封系统设计的基本的原理是统一协调考虑各轴承腔封严压力需求,建立合适的封严压差,保障发动机密封系统的良好性能。在满足原理的前提下,不同的发动机结构、密封装置设计的密封系统也不同。以下通过两种典型的密封系统进行介绍。

为了保障发动机密封系统的通风系统稳定可靠,一种是发动机的各轴承腔采用了相同的封严引气;还有一种是发动机为了建立合适的密封系统辅助封严压差,采用按发动机不同工作状态分别进行引封严空气的方法;一般是在慢车等低状态下,引高压空气,可以保证较高的封严压力,防止低状态下出现漏油问题;而在高状态下,引低压空气,可以保证在高状态下的封严引气温度及引气压力不是太高;发动机不同工作状态的引气的控制调节通过转换阀门实现。

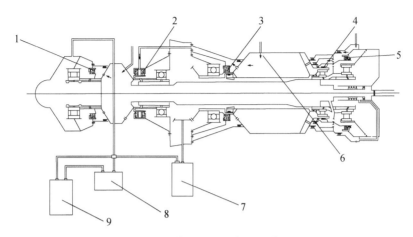

图 34.2　一种典型发动机密封系统原理图

1. 1 号支点密封装置;2. 2 号支点密封装置;3. 3 号支点密封装置;
4. 4 号支点密封装置;5. 5 号支点密封装置;6. 密封装置封严引气位置;
7. 附件机匣;8. 滑油箱;9. 飞附机匣

34.3　发动机主轴承腔密封结构设计

发动机主轴承腔密封设计一般包括发动机的前轴承腔密封设计、中轴承腔密封设计和后轴承腔密封设计三部分。主轴承腔密封设计包含涡轴、涡桨、涡喷、涡扇多种类型,结构复杂,下面以一种典型的涡扇发动机轴承腔主轴密封设计为案例介绍轴承腔密封设计的思路和需要注意的要点。

34.3.1　前轴承腔密封结构设计

典型的发动机的前轴承腔有一个轴承支点,前轴承腔密封设计采用接触式的圆周石墨密封装置和篦齿密封的组合设计;圆周石墨密封装置和篦齿密封之间引入一定压力和温度的封严空气,起到对圆周石墨密封装置辅助封严的效果;与圆周石墨密封装置配合的金属密封跑道表面通常采用镀铬涂层,密封跑道采用环下供油的方式进行冷却,以控制密封装置与密封跑道工作过程中摩擦热导致的温升;与篦齿密封相配合的涂层主要有铝、银或铜等较易磨损的材料。一种典型发动机前轴承腔密封结构图见图 34.3。

34.3.2　中轴承腔密封结构设计

发动机中轴承腔一般有两个轴承支点,中轴承腔密封设计包括 2 号支点轴承前密封设计和 3 号支点后密封设计。2 号支点轴承前密封设计可以采用双联圆周石墨密封,在两个石墨密封环中间形成增压腔,对双联圆周石墨密封的主密封进行封严;3

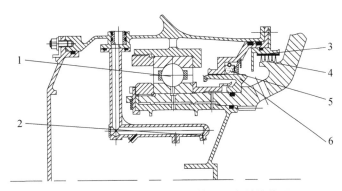

图 34.3 一种典型发动机前轴承腔密封结构图

1. 1 号支点轴承;2. 1 号支点喷嘴;3. 1 号支点篦齿密封相配涂层;
4. 1 号支点篦齿密封;5. 1 号支点圆周石墨密封装置;6. 1 号支点密封跑道

号支点轴承后采用接触式的圆周石墨密封装置和篦齿密封的组合设计,圆周石墨密封装置和篦齿密封之间引入一定压力和温度的封严空气,起到对圆周石墨密封装置辅助封严的效果;整个中轴承腔的引气采用相同高压部位空气,封严引气首先进入 3 号支点轴承后的圆周石墨密封装置和篦齿密封之间,然后再联通 2 号支点轴承前的双联圆周石墨密封内部两个石墨密封环中间;对 2 号支点轴承前的密封跑道和 3 号支点轴承后的密封跑道均采用环下供油的方式进行冷却,以控制密封装置与密封跑道工作过程中摩擦热导致的温升;中轴承腔密封跑道表面涂层和篦齿相配的涂层设计与前轴承腔设计相同。一种典型发动机中轴承腔密封结构见图 34.4。

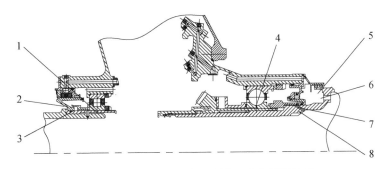

图 34.4 一种典型发动机中轴承腔密封结构图

1. 2 号支点轴承;2. 2 号支点前双联石墨密封装置;3. 2 号支点前密封跑道;
4. 3 号支点轴承;5. 3 号支点后篦齿密封相配涂层;6. 3 号支点后篦齿密封;
7. 3 号支点后圆周石墨密封;8. 3 号支点后密封跑道

34.3.3 后轴承腔密封结构设计

发动机后轴承腔一般有两个轴承支点,后轴承腔密封设计包括 4 号支点轴承前密封设计和 5 号支点前轴承密封设计。4 号支点密封可分为对转密封和同转密封,同转密封可以采用接触式密封,对转密封相对线速度大,通常采用非接触式的篦齿密封。本案例属于对转结构,4 号支点前轴承密封采用两道篦齿密封的组合设计,在两个篦齿密封中间形成增压腔,对靠近 4 号支点轴承腔侧的篦齿密封进行封严;整个后轴承腔的引气采用相同高压部位空气,封严引气首先进入 5 号支点轴承后的圆周石墨密封装置和篦齿密封之间,然后再联通 4 号支点轴承前的两道篦齿密封之间;4 号支点轴承前篦齿密封为非接触密封型式,一般不用采取供油冷却结构,5 号支点轴承前的密封跑道通过结构设计利用了 4 号支点轴承的回油进行冷却;后轴承腔密封跑道表面涂层和与篦齿相配的涂层设计与前轴承腔设计相近,需要注意的是后轴承腔外环境温度较高,篦齿的涂层需要考虑选择耐高温涂层。一种典型发动机后轴承腔密封结构见图 34.5。

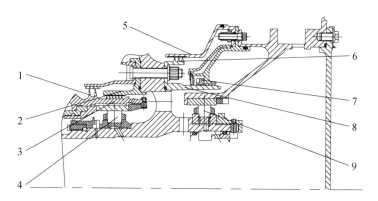

图 34.5　一种典型发动机后轴承腔密封结构图

1. 4 号支点前篦齿密封;2. 4 号支点前篦齿密封相配涂层;3. 4 号支点前篦齿密封;
4. 4 号支点轴承;5. 5 号支点前篦齿密封相配涂层;6. 5 号支点前篦齿密封;
7. 5 号支点前圆周石墨密封装置;8. 5 号支点前密封跑道;9. 5 号支点轴承

第 35 章
发动机静密封

发动机的静密封是指发动机各部件和附件中,两个没有相对运动的耦合件之间的密封,发动机典型的静密封主要包括橡胶圈密封、密封垫密封、金属静密封和柔性石墨密封等。一般静密封不允许有介质发生泄漏。

35.1　橡 胶 圈 密 封

35.1.1　概述

橡胶圈密封也称 O 型圈密封,是一种截面为圆形的橡胶圈,如图 35.1 所示。其形状简单,制造容易,成本低廉,具有良好的密封性,不仅可单独使用,而且是许多组合式密封装置中的基本组成部分。用作静密封时几乎可以做到没有泄漏[4],是静密封中使用最广泛的一种密封型式。

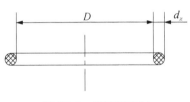

图 35.1　橡胶圈密封

35.1.2　橡胶圈密封原理

橡胶圈密封是一种挤压型密封,当 O 型密封圈装入胶圈槽后,其截面承受接触压缩力而产生弹性变形,对接触面产生一定的不均匀的初始接触密封压力。即使没有介质压力或者压力很小,O 型密封圈靠自身的弹性力作用也能实现密封。在有介质压力作用时,O 型密封圈沿作用力方向移动,移向低压侧,并改变其截面形状,填充和封闭了密封间隙,实现无泄漏密封。

35.1.3　橡胶圈密封的基本结构类型

根据橡胶圈安装形式的不同,橡胶圈密封可分为轴沟槽橡胶圈密封和孔沟槽橡胶圈密封。具体结构型式见图 35.2。图 35.2(a)中,D_D 为筒的公称直径;B 为密封圈槽的宽度;r 为密封圈径向压缩尺寸。

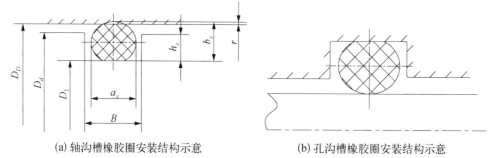

(a) 轴沟槽橡胶圈安装结构示意　　　　　(b) 孔沟槽橡胶圈安装结构示意

图 35.2　橡胶圈密封安装形式

35.1.4　橡胶圈密封设计

橡胶圈良好的密封效果很大程度上取决于橡胶圈尺寸与沟槽尺寸的正确匹配,以形成合理的橡胶圈压缩率与拉伸量。若压缩量过小,就会引起泄漏;压缩量过大,则会导致橡胶圈松弛而引起泄漏。同样,工作中拉伸过度,也会加速老化而引起泄漏。

35.1.4.1　拉伸率 α 的计算与选择

为保证密封性能,橡胶圈一般都有拉伸变形。拉伸率根据式(35.1)和式(35.2)计算。

轴沟槽密封:

$$\alpha = \frac{D_1 + d_x}{D + d_x} \tag{35.1}$$

孔沟槽密封:

$$\alpha = \frac{D_d + d_x}{D + d_x} \tag{35.2}$$

式中,α 为拉伸率;D_1 为槽的公称直径,mm;D_d 为轴的公称直径,mm;D 为橡胶圈的公称直径,mm;d_x 为橡胶圈的截面公称直径,mm。

拉伸率随着橡胶圈内径的增大而减小,对于孔沟槽活动密封,拉伸率一般较轴沟槽密封略小,可用增大直径 D 的方法来减小拉伸率,拉伸率选取可参考表 35.1。

表 35.1　拉伸率选取范围

橡胶圈内径 D/mm	≤20	20~50	>50
拉伸率 α	1.06~1.04	1.05~1.03	1.04~1.02

35.1.4.2　压缩率 Y 的计算

橡胶圈在拉伸变形后,截面直径 d_x 在径向方向减小,呈椭圆形(图 35.2)。压

缩率 Y 按式(35.3)计算:

$$Y = \frac{b_x - h_x}{b_x} \times 100\% = \left(1 - \frac{h_x}{b_x}\right) \times 100\% \qquad (35.3)$$

式中, Y 为压缩率; b_x 为橡胶圈拉伸后的短轴直径,mm; h_x 为沟槽底与沟槽顶的间距,mm。

椭圆截面的长短轴可按式(35.4)和式(35.5)计算:

$$a_x = d_x \sqrt{\frac{1}{\alpha} \left(\frac{1}{1.35 - 0.35\alpha}\right)} \qquad (35.4)$$

$$b_x = d_x \sqrt{\frac{1.35}{\alpha} - 0.35} = k \cdot d_x \qquad (35.5)$$

式中 a_x 为橡胶圈拉伸后的长轴直径,mm; k 为橡胶圈拉伸后的短轴系数,按式(35.6)计算:

$$k = \sqrt{\frac{1.35}{\alpha} - 0.35} \qquad (35.6)$$

35.1.4.3　最小压缩率 Y_{min} 的计算

橡胶圈与被密封表面间的接触压力可能因密封组件的零件制造不精确,工作介质作用下的变性及温度引起的尺寸变化和弹性降低等而减小,甚至完全丧失,使密封性破坏。实践表明,丧失密封性的情况通常是在低温条件下出现的。因此,对活动和重要的固定密封,必须校核各种因素下的最小压缩率 Y_{min} ,见式(35.7)。比值应大于最小允许压缩率 $[Y_{min}]$,即 $Y_{min} > [Y_{min}]$ 。

$$Y_{min} = \frac{b_{min} - h_{max}}{b_{min}} \times 100\% \qquad (35.7)$$

35.1.4.4　压缩率 Y 的选择

选择橡胶圈压缩率时,需恰当处理密封性与摩擦力间关系,同时考虑工作介质温度、材料等多种因素的影响。不同压缩率的选取可参考表 35.2。

表 35.2　压缩率选取范围(HB/z-4)

	内部活动密封	固定密封、外部活动密封	螺纹连接件密封
压缩率 Y	12%~17%	18%~22%	40%~45%
最小允许压缩率 $[Y_{min}]$	7%	11%	35%

注:① 外部密封是隔离部件内腔与大气的密封;② 内部密封是隔离部件内腔与内腔的密封。

35.1.4.5 橡胶圈沟槽设计

对于橡胶圈槽宽和槽深的设计,可根据对橡胶圈压缩量与拉伸量的要求计算沟槽尺寸,由于油的浸泡和温度变化,应考虑橡胶圈的压缩率和体积膨胀。橡胶圈槽口及槽底应设计圆角,胶圈槽边口处的圆角是为了防止装配时刮伤橡胶圈,槽底的圆角主要是避免该处产生应力集中,同时槽底加工时无圆角易造成刀具磨损或断裂。

不同橡胶的硬度、体积溶胀及耐寒性系数不同,在选择压缩率时要分别对待。橡胶圈截面直径大时,压缩率可选择小些;反之,压缩率选择大些。周围介质温度变化范围的大小,也影响压缩率的选择。例如,在较低温度下工作,要选择大一些压缩率。

35.2 密封垫密封

35.2.1 概述

密封垫广泛应用于航空发动机机匣的安装边结合面,其封严性能直接影响到发动机的可靠性和安全性。由于密封垫的使用效果不仅与垫片本身的性能有关,还与密封介质的压力和温度、连接件与紧固件的刚度和变形、结合面的粗糙度和平面度以及紧固载荷的大小和分布等因素密切相关,在进行航空发动机高温高压部位的机匣安装边密封垫设计时,必须将整个安装边连接结构(紧固件-垫片-连接件)作为整体进行系统分析。

35.2.2 垫片分类

垫片按其主体材料可以分为非金属垫片、半金属垫片和金属垫片三大类[5,6]:

(1)非金属垫片包括橡胶垫片、石棉橡胶垫片、耐油石棉橡胶垫片、非石棉纤维橡胶垫片和聚四氟乙烯包覆垫片等;

(2)半金属垫片包括金属包覆垫片、金属缠绕垫片、金属冲齿板柔性石墨复合垫片和金属波齿复合垫片等;

(3)金属垫片包括金属平垫片、金属波形垫片、金属齿形垫片和金属透镜垫片等。

35.2.3 泄漏方式

密封垫密封的泄漏有三种途径[4],如图35.3所示。

(1)界面泄漏:密封介质通过垫片与连接件接触面间的间隙泄漏。

(2)渗透泄漏:密封介质通过垫片内部孔隙的泄漏。

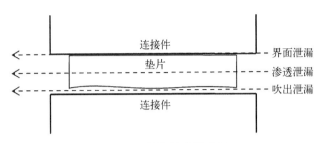

图 35.3　垫片的泄漏途径

（3）吹出泄漏：垫片被密封介质的压力吹出或撕裂的事故性泄漏。

35.2.4　密封机理

1. 初始密封机理

通过紧固件压缩垫片，使其与连接件接触面之间产生足够的预紧应力（也称垫片初始比压），阻止密封介质通过垫片内部渗透，同时垫片受压后产生的弹性或弹塑性变形能够填充界面泄漏的通道。

2. 工作密封机理

密封介质的流体压力，连接件不均匀的热变形以及垫片和紧固件的蠕变及松弛都会导致密封面发生分离，此时垫片必须能够释放足够的弹性应变能，补偿这一分离量，并保留密封垫密封可靠工作所需要的残留应力。

35.2.5　垫片设计

1. 垫片有效密封宽度计算

垫片的有效密封宽度 b_d 是计算垫片压紧力所需的一个特性参数，它与垫片基本密封宽度 b_0 有关。当选定垫片尺寸后，可按相关垫片设计标准确定垫片接触面宽度 N_d 和基本密封宽度 b_0，然后确定垫片的有效密封宽度 b_d[7]。

2. 垫片压紧力计算

预紧状态下需要的最小垫片压紧力（F_d）：密封介质压力为零时，在此压紧力作用下密封材料发生变形以填充密封面几何形状偏差形成的泄漏通道。

$$F_d = \pi D_G b_d p_d \tag{35.8}$$

式中，D_G 为垫片压紧力作用中心圆直径，mm；b_d 为垫片有效密封宽度，mm；p_d 为垫片比压力，MPa。

工作状态下需要的最小垫片压紧力（F_p）：此压紧力为密封介质工况条件下维持有效密封的最小压紧力。

$$F_p = 2\pi D_G b_d m_d P_j \tag{35.9}$$

式中, m_d 为垫片系数; P_j 为介质压力, MPa。

35.3 金属静密封

发动机的金属静密封一般包括金属密封垫和异型密封环,异型密封环目前在航空发动机中应用较多,异型密封环主要包括: W 型、C 型、Ω 型等封严环,本文以 W 型封严环为例重点介绍其在发动机中的应用。

35.3.1 概述

金属静密封的密封性能对航空发动机性能影响显著,当前世界先进航空发动机普遍采用 W 型封严环在不同温度、不同材料的零件端面之间形成有效密封。航空发动机静密封具有环境温度高、内外压差大,且在工作中会产生振动等特点,而 W 型封严环结构紧凑、回弹能力和吸振能力强,具有良好的尺寸稳定性,能较好地解决这些问题,有着广阔的应用前景。

35.3.2 W 型封严环的基本结构和类型

1. 基本结构

W 型封严环是一种轴向自紧式静密封元件,依靠自身的弹性变形,产生很高的线密封比压,隔离高温气体,达到良好的密封效果,其基本结构如图 35.4 所示。

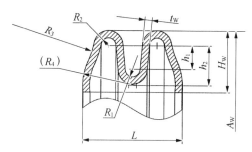

图 35.4 W 型封严环的基本结构

A_W. 直径;L. 轴向宽度;R_1. 波峰半径;R_2. 波谷半径;R_3. 相切圆半径;h_1. 波高;h_2. 圆心距;H_W. 环径向高度;t_W. 壁厚

2. 主要结构类型

航空发动机常用的 W 型封严环基本结构类型分为两类: 外开口 W 型封严环、内开口 W 型封严环。外开口 W 型封严环结构简图见图 35.5,用于外侧压力高于内侧的场合;内开口 W 型封严环结构简图见图 35.6,用于内侧压力高于外侧的场合。

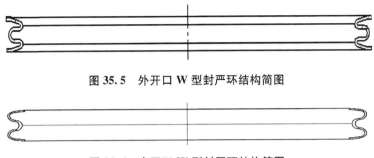

图 35.5　外开口 W 型封严环结构简图

图 35.6　内开口 W 型封严环结构简图

35.3.3　W 型封严环的工作原理

密封介质的泄漏分为界面泄漏、渗透泄漏和事故性泄漏,W 型封严环选用的是高温合金材料,可以忽略渗透泄漏,而事故性泄漏是偶发的,因此界面泄漏是封严环的主要泄漏方式。界面泄漏是连接件接触表面处的泄漏,从微观上看,经过机械加工物体表面存在一定的粗糙度和变形,因此,连接件与 W 型封严环间存在很小的泄漏通道,会造成密封介质的泄漏[8]。

W 型封严环的密封机理与金属密封垫相似,封严环预紧变形后产生较大的回弹力,在接触面上产生的接触应力使密封圈表面发生屈服,表面材料的塑性流动填充了密封面上微观的凹凸不平,从而消除接触面之间的泄漏通道,实现介质的密封要求。

W 型封严环的密封分为两个阶段分别为初始密封阶段和使用阶段。初始密封阶段,密封环压缩变形,在自身弹力作用下,密封环与接触面以线密封方式紧密结合,并在密封环表面产生弹塑性变形,将接触面之间的不平处填平从而达到密封效果。使用阶段,在腔室压力作用下,封严环在压力作用下张开,进一步增大密封面上的接触应力,保证密封效果,如图 35.7 所示。

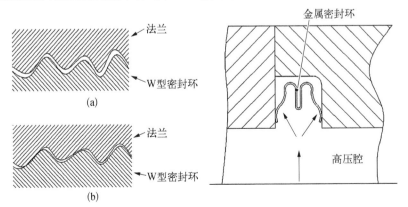

图 35.7　W 型封严环的工作原理图

35.3.4　W型封严环设计

W型封严环设计工作主要包括与总体协调、主要接口尺寸的初步确定、主要零件材料和参数的确定、主要性能参数和寿命的计算及评估、试验项目的提出等工作,其设计流程见图35.8。

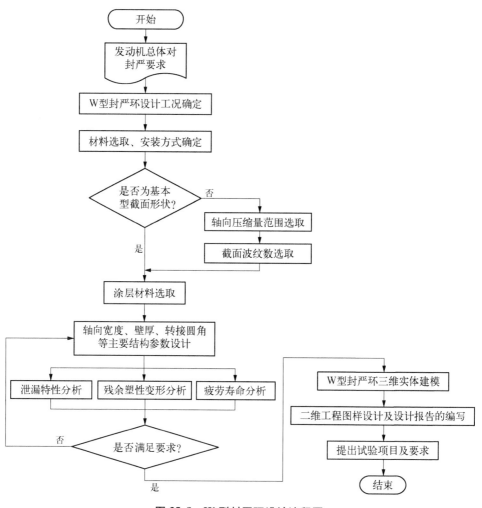

图 35.8　W 型封严环设计流程图

衡量 W 型封严环的工作能力的主要性能参数有压缩率、回弹率、轴向刚度、接触应力等[9]。

1) 压缩率

W 型封严环的压缩率是指在轴向预紧力的作用下,其压缩变形量与初始轴向宽度的比值,用字母 ε_w 来表示,表达式为

$$\varepsilon_{\mathrm{W}} = \frac{L_{\mathrm{W}} - L_{\mathrm{W0}}}{L_{\mathrm{W}}} \times 100\% = \frac{\Delta L_{\mathrm{W}}}{L_{\mathrm{W}}} \times 100\% \tag{35.10}$$

式中, L_{W} 为环的初始轴向宽度; L_{W0} 为环压缩后的轴向宽度。

W 型封严环安装是在常温下进行的, 安装时, 压缩一定量的位移来实现初始密封, 在实际中, 由于机械加工的误差, 两个密封面不可能是理想的平面, 在微观上由于粗糙度产生微量的凹凸。如果压缩率太小, W 型封严环的变形不足以填满密封面的表面粗糙, 在微观上形成微小的泄漏通道, W 型封严环在接触面的应力就越小, 当应力低于它的预紧比压时, W 型封严环不能够实现密封; 压缩率越大, 其所需的轴向预紧力就越大, W 型封严环在工作时越不容易发生界面泄漏, 但过大的压缩率容易造成 W 型封严环的断裂失效, 失去密封性能。

2) 回弹率

回弹率表征压缩载荷卸除后 W 型封严环的恢复能力, 回弹量可以补偿工作时两密封面的分离趋势, 以保持结合面的密封能力, 回弹率用 η_{W} 表示, 表达式为

$$\eta_{\mathrm{W}} = \frac{L_{\mathrm{W1}} - L_{\mathrm{W0}}}{L_{\mathrm{W}} - L_{\mathrm{W0}}} \times 100\% \tag{35.11}$$

式中, L_{W1} 为环被压缩后恢复弹性后的轴向宽度; L_{W} 为环的初始轴向宽度; L_{W0} 为环压缩后的轴向宽度。

W 型封严环的回弹率越好, 弹性补偿能力越大, 环的应力损失越小, 这样 W 型封严环才能更容易适应载荷的循环作用以保证密封的稳定性。

3) 轴向刚度

W 型封严环的轴向刚度是指施加在 W 型封严环的轴向作用力与该作用力下所引起的 W 型封严环的轴向位移之比, 通常以 k_{W} 表示, 表达式为

$$k_{\mathrm{W}} = \frac{F_{\mathrm{W}}}{x_{\mathrm{W}}} \tag{35.12}$$

式中, F_{W} 为施加在 W 型封严环的轴向作用力; x_{W} 为 W 型封严环的轴向位移。

W 型封严环的刚度分为弹性刚度和塑性刚度, 当其变形范围局限于弹性状态时, 称为弹性刚度; 当变形范围超过弹性范围进入塑性变形区域时, 称为塑性刚度。W 型封严环的轴向刚度不仅会影响它的密封性能, 而且还会影响它的振动和疲劳特性等, 是研究 W 型封严环的一个重要性能指标。k_{W} 值越小, W 型封严环的柔性越好, 但如 k_{W} 值过小, W 型封严环很有可能因载荷过大发生失稳。k_{W} 值过大, 则 W 型封严环安装困难易划伤密封表面, 严重的会导致 W 型封严环出现裂纹。

4）接触应力

接触应力是分析 W 型封严环密封性能的重要指标,分为预紧应力和工作应力。

预紧应力是 W 型封严环在初始装配下,作用在封严环上的应力。预紧应力是否能做到初始密封与结构形式及材料密切相关。当工作压力为"零"时,如果应力能够使 W 型封严环材料发生弹性或弹塑性变形,足以填塞上下密封面几何形状偏差形成的泄漏通道,此时的应力为最小设计预紧应力。

工作应力是指工况下时,考虑到在高温下,封严环发生应力松弛、蠕变及两侧密封面发生各种热变形后足以保持密封所需要的应力。

综上所述,压缩率、回弹率、轴向刚度及接触应力等参数都与 W 型封严环性能密切相关。在 W 型封严环设计中,不仅要对 W 型封严环进行理论计算,而且还需要通过对其进行密封、弹性等试验研究,通过计算与试验的反复迭代,确定压缩率、回弹率、轴向刚度及接触应力的合理范围。

35.4　柔性石墨密封

35.4.1　概述

柔性石墨密封也称为膨胀石墨密封,主要应用于航空发动机主轴承腔的供油管、回油管、通风管等部位,例如,某型涡扇发动机后轴承腔供油管采用柔性石墨结构,如图 35.9 所示。柔性石墨密封用于防止滑油或空气的泄漏,由于其使用温度高、结构简单、成本低等优点,在航空发动机中应用广泛。

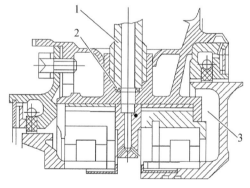

图 35.9　柔性石墨典型应用位置

1. 供油管;2. 柔性石墨环;3. 轴承腔

35.4.2　基本结构和类型

柔性石墨密封的主要密封元件为柔性石墨环,辅助元件为压块、压紧螺母及支座等,其基本结构见图 35.10。柔性石墨环安装在支座上的安装槽内,靠压紧螺母的预紧力实现轴向和径向的贴合密封,压块垫在柔性石墨环和压紧螺母之间,防止螺母旋转时对柔性石墨环产生剪切破坏。支座上的安装槽、压块的端面等与柔性石墨相贴合的部位应具有较高的光洁度和形位公差精度,保证密封面贴合性。

随着新生产工艺的不断出现,柔性石墨的编制和组成结构形式逐渐多样化。柔性石墨密封按照其主体材料可以分为常规柔性石墨、金属包边柔性石墨和金属丝加强型柔性石墨三大类。

柔性石墨材料的密度较小,弹性模量通常为结构钢的十分之一,直径小于 90 mm 的使用性能较好,若直径超过 90 mm,可能发生宏观上的"软糯"现象,难以使用,需要采用金属包边加强或金属丝加强型柔性石墨密封,提高密封环的刚度。

35.4.3 密封机理

柔性石墨密封环装入安装槽以后,经压环对它作轴向压缩,密封环内径和外径处的材料受挤压向外凸出,与轴(管道外壁)和安装槽内壁紧密贴合,产生密封效果。与此同时,柔性石墨密封环接触滑油以后会产生吸油膨胀,进一步增大与轴和安装槽的贴合性,

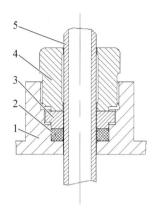

图 35.10　柔性石墨密封结构

1. 支座;2. 柔性石墨环;
3. 压环;4. 压紧螺母;5. 管道

因此柔性石墨特别适合油路密封。当轴与柔性石墨密封环有相对运动时,由于柔性石墨的塑性,能够与轴时刻保持紧密接触。由于金属表面在微观下是不平整的,与柔性石墨密封环凸包处从微观上讲只能部分贴合,而部分未接触,所以在柔性石墨和轴之间、柔性石墨和安装槽之间仍存在着微小的间隙,像迷宫一样,带压介质在间隙中多次被节流,从而达到密封作用。在航空发动机中,柔性石墨密封环能基本实现无泄漏。柔性石墨密封机理图见图 35.11。

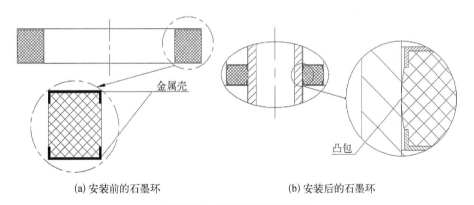

(a) 安装前的石墨环　　　　　　　　　(b) 安装后的石墨环

图 35.11　柔性石墨密封机理

35.4.4 柔性石墨密封环设计

(1)柔性石墨密封环截面的厚度和高度一般为 2~5 mm,截面形状一般为矩形。应根据密封直径的大小选择合适的截面尺寸。

(2)柔性石墨密封环的使用温度范围为 -200~450℃,能在滑油、煤油、水、空气等多种介质下可靠工作。

（3）根据不同的封严需求，柔性石墨需要 10%～30% 的压缩量，或者达到密封面的接触比压 5～30 MPa。

（4）柔性石墨密封环安装后可长期使用，但装配后的分解不可避免造成密封面的损伤，因此每分解一次都需更换新环。

35.5　其他型式静密封

发动机静密封还包括其他多种型式，如研合面密封、填料密封、密封胶密封等。

研合面密封是靠两密封面的精密研配消除间隙，用外力压紧（如螺栓）来保证密封。实际使用中，密封面往往涂敷密封胶，以提高严密性。

填料密封是指在需密封的两件之间充以填料（俗称盘根），用压盖和螺钉压紧，以堵塞住间隙，达到密封的目的。根据充填材料的不同，可用于不同的温度和压力。

对于安装边配合表面，有机和无机的密封胶得到广泛采用。用刮涂、压注等方法将密封胶涂在要紧压的两个面上，靠胶的浸润性填满密封面的凹凸不平处，有效地起到密封作用。这种密封牢固，结构简单，密封效果较好，但耐温性能较差，通常应用于 150℃ 以下。随着新型高温密封胶的发展，已有可应用于 200℃ 环境的高温密封胶，使得该密封型式可得到更广泛的应用。

这些密封结构相对简单，与通用机械设计要求相近，本章不再赘述。

第 36 章
发动机动密封

发动机动密封技术是发动机技术的重要方面,动密封的型式也多种多样,本章重点介绍发动机三大类动密封的典型密封装置,包括发动机主轴承腔密封中的篦齿密封、接触式圆周石墨密封装置、开口环密封和浮环密封,还包括发动机附件轴端密封中的唇式密封、机械端面密封和磁力密封,以及发动机流路密封中的刷式密封和指尖密封等。

36.1 发动机主轴承腔密封

36.1.1 篦齿密封

篦齿密封是航空发动机中应用最广泛的一种有效的、长寿命的非接触式密封结构,在轴承腔密封、气路密封、轴间密封中均有应用,如主轴承腔的滑油密封、流路中的气体密封等。篦齿密封通常用于存在相对运动的构件之间,篦齿与衬套之间允许存在摩擦,一般转、静子之间的篦齿密封,篦齿的齿设计在转子上,带可磨耗涂层的衬套设计在静止件上。

36.1.1.1 篦齿密封的基本结构和类型

篦齿结构主要有两种:直通式与阶梯式,篦齿密封典型结构见图 36.1,图中 P_u 为进口压力,P_d 为出口压力。

直通式为最常用结构,设计及加工简单,但泄漏较大;阶梯式结构可以减少气体泄漏,设计时需要注意考虑安装方式。

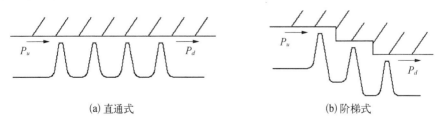

(a) 直通式　　　　　　　　　　　　　(b) 阶梯式

图 36.1 篦齿密封结构图

篦齿的齿型结构主要有三种：直齿、斜齿、特型齿，典型结构见图 36.2，图中 B_b 为齿距；t_b 为齿顶厚；H_b 为齿高。直齿加工简单，但泄漏较大；斜齿能减少气体泄漏，但加工复杂；特型齿可以减少向篦齿环的传热，加工最复杂。

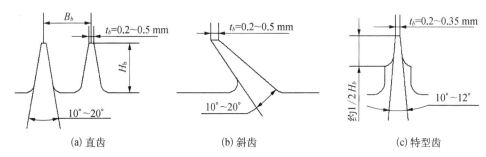

(a) 直齿　　　　　　　　(b) 斜齿　　　　　　　　(c) 特型齿

图 36.2　篦齿典型齿型结构图

篦齿对偶的衬套设计为可磨耗的，通常在金属基体材料上喷涂可磨耗的涂层，对于温度较高的部件，则采用金属蜂窝结构。对于硬度偏高的衬套材料或涂层，为避免对篦齿的齿产生损伤，通常也会在篦齿的齿尖喷涂硬质耐磨涂层。

36.1.1.2　篦齿密封的工作原理

篦齿密封的工作原理：通过篦齿与衬套之间的小间隙产生节流，并通过篦齿间的空腔，使进入的气流产生增压，从而减小泄漏量。如图 36.3 所示，气流进入篦齿与衬套间的间隙 1 后，加速降压，从 1 进入篦齿间的空腔 2 后，在空腔中产生涡流，消耗动能产生热能，同时腔内气体压力升高，经过多次循环后，流经篦齿间隙的气体温度升高，速度降低，压力升高，从而降低了泄漏。因此，篦齿密封比单纯的缝隙泄漏要低。

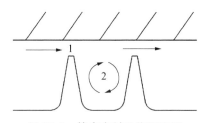

图 36.3　篦齿密封工作原理图

36.1.1.3　篦齿密封设计

1. 设计流程

篦齿密封的设计流程图见图 36.4。

2. 设计输入

篦齿密封的工作条件包括工作环境的温度、压力/压差、转子最大偏离及结构空间等要求。其中温度主要限制篦齿密封材料的选择，其他条件则影响篦齿密封的性能和结构参数的选择。

3. 篦齿密封的主要性能参数

篦齿密封的性能参数包括泄漏特性、摩擦热和温升。

1)篦齿密封的泄漏特性

篦齿密封的泄漏特性计算方法很多,包括经验公式、仿真计算等,并且,其泄漏特性跟篦齿的结构形式(如直齿、斜齿、阶梯齿等)有很大关系,方法各异,小茂岛和生、Vermes、Geza、Bevely 等均做过研究。本文推荐一种应用广泛且计算简单方便的经验公式——Martin 公式——进行计算分析,见式(36.1)。该计算方法对直通型篦齿的泄漏计算误差较小。

$$G_b = 1.449 \times 10^{-8} \times$$

$$K_b A_b \sqrt{\frac{1 - (P_d/P_u)^2}{N_b - \ln(P_d/P_u)}} \sqrt{\frac{P_u}{\theta_1}} \tag{36.1}$$

其中,G_b 为泄漏率,kg/s;A_b 为泄漏面积,mm^2;N_b 为齿数;P_u 为进口压力,Pa;P_d 为出口压力,Pa;θ_1 为进口处单位质量的气体体积,m^3/kg;K_b 为泄漏系数,按表 36.1 取值。

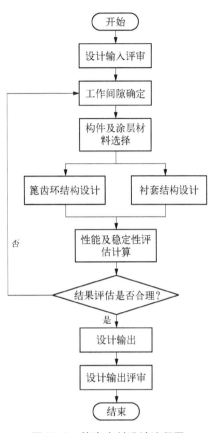

图 36.4　篦齿密封设计流程图

表 36.1　泄漏系数 K_b 取值

半径间隙/mm	K_b 值
≤0.254	75
0.508	60
0.762	50
1.016	45
1.27	40

注:表中 K_b 值适用于直通型篦齿结构。

2)篦齿密封的摩擦热

气流通过高速旋转的篦齿时,气流与壁面接触摩擦,产生摩擦热。在不考虑篦

齿与衬套涂层产生摩擦的情况下,风阻摩擦热按经验公式(36.2)计算:

$$W_b = \sum_i^{N_b} \frac{P_u + P_d}{2RT_u} \omega^3 \left[\frac{0.491}{(\lg Re_i)^{2.58}} (r_{ui}^5 - r_{ni}^5) + C_{fi}\pi Br_{ni}^4 \right]; \quad i = 1, 2, 3, \cdots, N_b$$

(36.2)

式中,N_b 为篦齿齿数;r_{ui} 为齿顶半径,m;r_{ni} 为齿底半径,m;P_u 为进口压力,Pa;P_d 为出口压力,Pa;T_u 为进气温度,K;C_{fi} 为第 i 齿的风阻摩擦系数;Re_i 为第 i 齿腔雷诺数;R 为气体常数,$R = 287$ J/(kg·K);ω_b 为篦齿转动角速度,rad/s。

$$Re = \frac{P_u + P_d}{8RT_u} \frac{\omega_b(r_{ui} + r_{ni})^2}{\mu}; \quad \frac{1}{\sqrt{C_{fi}}} = 4.07\lg(Re_i\sqrt{C_{fi}}) - 0.6$$

式中,μ 为气体动力黏度。

3) 泄漏空气的温升

按摩擦热完全被泄漏空气吸收,泄漏空气的温升按式(36.3)计算:

$$\Delta T_b = \frac{W_b}{G_b c_p}$$

(36.3)

4) 篦齿密封的主要结构参数

篦齿密封的结构参数主要有篦齿间隙、齿高、齿顶厚、齿间距、齿数等,参数选取范围可参考图 36.2。

(1) 篦齿间隙 δ_b:篦齿间隙与转子的偏离有关,原则上以极限偏离时,篦齿与衬套刚好不发生碰磨为准;

(2) 齿高 H_b:通常在 3~5 mm 范围内选取;

(3) 齿间距 B_b:推荐齿间距按齿距与齿高比按 1.0 选取;

(4) 齿顶厚 t_b:通常在 0.2~0.5 mm 间选取;

(5) 篦齿齿数 N_b:通常齿数在 3~6 之间选取。

齿顶厚、齿间距对篦齿的泄漏特性有一定影响,通常用齿厚间隙比和间隙齿间距比衡量,比值增大,将使泄漏增大。

36.1.1.4　篦齿设计分析

篦齿密封除了性能计算分析满足要求外,通常需要对其工作稳定性进行计算分析,包括气动弹性不稳定性和热不稳定性。

1. 气动弹性不稳定性

气动弹性不稳定性主要是篦齿腔内气体压力周期性变化与篦齿或衬套本身固有频率耦合产生共振,使篦齿或衬套出现损坏的一种现象。气动弹性不稳定是篦齿设计过程中必须避免的。气动弹性不稳定主要由以下几种情况下引起:

（1）转子进动导致篦齿腔内产生压力波,由此产生激振力而引起;

（2）篦齿与衬套偏心,高速旋转在篦齿腔内产生压力波,并产生激振力而引起;

（3）篦齿或衬套本身的机械固有频率与篦齿腔内气流的固有声振频率耦合产生共振,该种情况产生的气动弹性不稳定力较大。

在密封压差 0.35 MPa 以下时,气动弹性不稳定的条件很难达到,一般不进行分析。

篦齿的气动弹性不稳定性分析涉及机械振动、力学、流体力学、传热学等多个学科,理论分析较为复杂,此处介绍几种常见的避免气动弹性不稳定的方法:

（1）采用低压侧支承结构时篦齿或衬套不易出现气动弹性不稳定问题;

（2）发动机转速应避开篦齿或衬套的圆周节径振动;

（3）在共振不可避免的情况下,可以通过增加阻尼环(图 36.5)的方法解决。

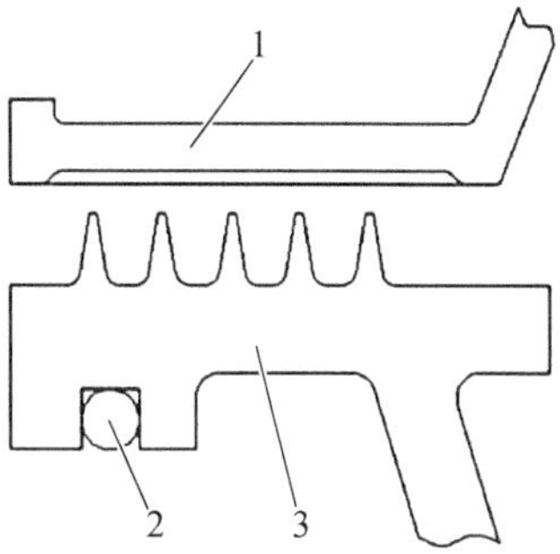

图 36.5　加阻尼环篦齿结构图

1. 衬套;2. 阻尼环;3. 篦齿

2. 热不稳定性

热不稳定性是指篦齿环和衬套摩擦时,摩擦热没有及时散出,篦齿和衬套温度升高,在热膨胀的影响下,篦齿环和衬套过盈量加大,导致摩擦加剧,继续产生大量摩擦热,产生一种恶性循环的不稳定状态,从而使密封件损坏的一种现象。

由于工作状态(如篦齿间隙值、转子偏心量等)不是固定的,因此对热弹性不稳定性进行计算分析非常困难,这里仅提供设计准则:

（1）结构设计时保留足够的篦齿间隙,这是解决热不稳定性的根本措施;

（2）结构设计上应增加篦齿环的质量;

（3）篦齿应使用导热系数小、比热容大的材料,如高温合金 GH4169、钛合金 TC11;

（4）衬套应使用导热系数大、比热容小的材料,如银铜合金;

（5）结构设计上应减少衬套的质量,缩短热传导路径。

36.1.2　接触式圆周石墨密封

36.1.2.1　概述

接触式圆周石墨密封装置在许多航空发动机中用作轴承腔的转子对静子的滑油密封,如美国 GE 公司从早期 J79、J85 到近代 F404、F110 发动机,法国 M88 发动机等;其主要优点是结构紧凑,重量轻,易装配;转子的轴向窜动裕度较大;具有破损安全性;对限制气体泄漏来说是高效的,与接触式端面密封装置相当。

　　圆周石墨密封装置的工作能力,很大程度上取决于密封跑道冷却效果、碳石墨材料的耐氧化性、耐磨损性及寿命要求。接触式圆周石墨密封的使用条件见表36.2。

表 36.2　接触式圆周石墨密封的使用条件[10]

密封压差/MPa	空气温度/℃	滑动速度/(m·s⁻¹)	跑道冷却方式	应 用 实 例
0.55	371	73	外径喷油	GE J79
0.24	454	122	环下滑油冷却	GE F404
0.69	538	140	环下滑油冷却	短寿命(≤10 h)
0.41	482	182	环下滑油冷却	美国 IHPTET 发展目标(寿命 1 000 h)

36.1.2.2　接触式圆周石墨密封基本结构和类型

　　圆周石墨密封是一种内径接触式密封装置,密封件沿周向均匀分为几段,由周向拉伸弹簧箍到旋转轴上的密封跑道外径表面上,构成主密封接口限制轴向泄漏;由轴向压缩弹簧(或波形弹簧),将密封件推靠在密封座内伸凸边端面上,构成二次密封界面限制径向泄漏。通过密封座上的定位销防止转动,但不妨碍径向浮动。

　　依据密封环各分段接头间隙的密封方式,圆周石墨密封的结构型式有三环结构、双环结构和单环结构三种。三环密封环的接头为直接头,为实现端头间隙的密封,增加有分段式背环和盖环。三环结构见图36.6。双环密封环的接头是阶梯式的,端头间隙的轴向密封靠阶梯式接头的密封来实现,取消了背环。双环结构见图36.7。单环密封环的接头为三角形凸舌-凹槽插入式接头,同时堵塞轴向和径向的泄漏通道,取消了背环和盖环。单环结构见图36.8。

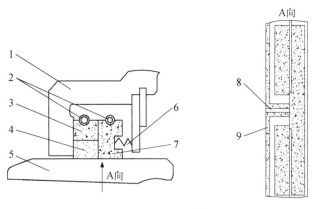

图 36.6　三环结构

1. 密封座;2. 周向弹簧;3. 盖环;4. 主密封;5. 密封跑道;
6. 轴向压缩弹簧;7. 背环;8. 接头间隙;9. 密封凸缘

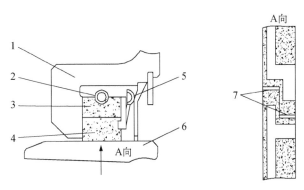

图 36.7　双环结构

1. 密封座;2. 周向弹簧;3. 盖环;4. 主密封环;5. 波形弹簧;6. 密封跑道;7. 接头间隙

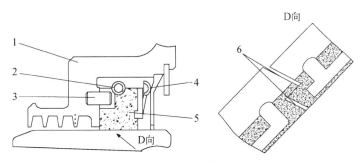

图 36.8　单环结构

1. 密封座;2. 周向弹簧;3. 防转销;4. 波形弹簧;5. 密封环;6. 接头间隙

为减少主密封接口上的压力负荷,在近低压侧的主环内环表面上,带有两端不通的周向槽,形成主密封凸缘,通过轴向槽与高压侧相通。类似地,主环的二次密封表面上也有卸荷槽并构成二次密封凸缘。

三种结构的空气泄漏特性基本相同;工作能力单环结构高,三环结构最低,单环结构的工作能力比三环结构高约 20%;三环结构对滑油泄漏最敏感,其余两种结构可以通过接头间隙方向与旋转方向的恰当配合,降低滑油泄漏的敏感性;三环结构复杂但加工容易,单环结构简单但接头加工难度高且易损坏。

由于圆周石墨密封相对滑动发生在圆柱面上,难于阻止黏性液体的动压浮升力,当气腔对油腔的压差接近零时,滑油冲入密封件随之发生少量泄漏,可控制不超过 5 mL/h[5]。

圆周石墨密封设计时,需进行接触负荷与发热量计算、密封环的随动特性计算、泄漏特性分析、热状态与变形分析等。

36.1.2.3　圆周石墨密封设计

1. 碳石墨密封环设计

碳石墨密封环是圆周石墨密封的主要构件。内孔的密封凸缘表面必须与密封跑道良好贴合,沿周向密接不间断并且沿周向接触负荷均匀分布。使其达到良好贴合的主要措施有:内孔高的尺寸精度、小的不圆度、消除波纹度,较高的密封带粗糙度;周向柔性设计,即径向高度在强度、振动允许的范围内尽可能取小值;材料的弹性模量尽可能低;除密封带以外的内孔支承表面,设计略低于密封带表面;内孔必须与辅助密封的端面高度垂直。

组成碳石墨密封环的各个分段的接头间隙已成为圆周石墨密封的主要泄漏源(具体见图 36.6~图 36.8),这就要求各个密封环分段必须按固定的装配顺序组合加工。三环结构中,盖环和内环都应该按装配组合顺序编号,并组合加工两端面和内孔;盖环的内径要比内环的外径略大些,以助于在内环接头间隙密封面,与内环的辅助密封端面构成封闭尺寸,工艺上必须保证在研磨辅助密封端面时,不损坏插入式接头的良好贴合。单环结构的三角形插入式接头,同时堵塞接头间隙的径向和轴向泄漏,在端面和内孔组合加工中都可能损害接头的密接度,因此工艺上难度最大。

内孔主密封凸缘的宽度在强度允许的范围内应尽可能窄,以减小气体不平衡负荷。密封环端面辅助密封凸缘的宽度,在能适应最大偏心的条件下,也应选得尽可能小,以便降低端面气体不平衡负荷,改善密封环的随动性能。

接头间隙应在保证工作寿命期内不出现卡滞的前提下尽可能取小值,以减小接头气体的不平衡负荷。按照发动机转动轴的旋转方向匹配接头方向和偏置角度,以便于进入接头间隙中的滑油返回轴承腔。

2. 密封跑道设计

密封跑道的几何精度要求与碳石墨密封环相同,但与碳石墨密封环对偶的跑道外圆柱表面,精度要求应比碳石墨密封环内孔高,要精磨和抛光,消除波纹度。在整个工作期间密封跑道的几何精度保持基本不变。一般圆周石墨密封与密封跑道产生的摩擦热都是通过密封跑道释放给冷却滑油。

为保持密封跑道工作状态的表面圆柱度,跑道应是对称形状,在靠近摩擦面附近不应有不连续的槽道或孔;密封跑道在加工过程需要尽量减小夹持变形和受到轴向约束,防止波瓣或腰鼓形变形。为保持尺寸稳定性,密封跑道厚度应足够,能够减小跑道温度梯度,从而降低热应力和热变形,厚度一般取密封跑道直径的 $2\%\sim4\%$。

密封跑道滑油冷却是延长密封使用寿命的关键,跑道是个热库,必须将高温、高速、高压联合作用的发热迅速散出。滑油冷却方式一般有三种:外侧喷射式、环下油孔冷却式和悬臂环下冷却。如图 36.9 所示。

外侧喷射式,结构简单,易于实现。滑油喷射到外表面的速度至少应为 $10\sim12\,\text{m/s}$,喷射点应尽可能靠近石墨密封环与密封跑道的接触部位;这种方式冷却效果差,易引起跑道锥度变形,而且容易导致滑油泄漏。

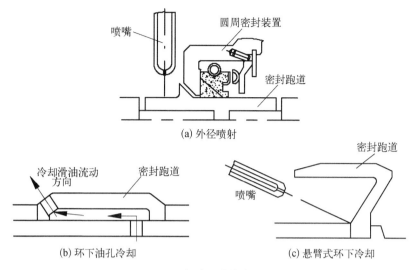

图 36.9　密封跑道的冷却方式

环下油孔循环滑油冷却,效果好,但分离的油孔使跑道周向刚度不均匀,易形成花瓣状变形。

悬臂式环下冷却,冷却效果好,沿周向冷却均匀,冷却点靠近石墨密封环与密封跑道的接触部位,换热面积大,密封跑道的温度梯度小,跑道外圆柱面轴向膨胀自由,并且受安装夹紧力影响小,因此变形小,基本消除了锥度和波瓣式变形。密封跑道冷却油膜很薄,在高速转速下为 0.04~0.15 mm,为使滑油沿周向均匀分布,该表面的同轴度和圆度精度要求要高些。密封跑道一般沿滑油轴向流动方向设计有约 0.02 mm 的锥度,可形成沿轴向均匀的油膜厚度,冷却效果更佳。

为保证碳石墨环装配安全,密封跑道装入端需设计锥形引导,引导面的小径应比碳石墨环自由状态的内径小,引导面的角度一般选取 20°~25°。引导表面及其向圆柱面的过渡应足够光滑,不允许使碳石墨环内孔装配中出现划伤。

密封跑道的材料,最重要的是要求材料的导热系数高,热膨胀系数低,弹性模量大,如 38Cr 和 40CrNiMoA,密封跑道外圆柱表面镀硬铬,厚度一般为 0.075~0.15 mm,硬铬镀层与多数碳石墨材料都具有好的摩擦适应性,能够减轻磨损。由于低合金钢易锈,可采用镀镍防护;为加强滑油冷却效果,密封跑道表面镀银也是具有显著成效的。

3. 密封座设计

密封座的设计要保证在装配和工作状态下,密封端面与轴心线垂直,密封座的密封面几何精度及粗糙度要求与密封环相同。密封座内伸凸边与密封跑道外圆柱面之间的间隙应在不出现接触碰磨的情况下尽可能取小值。

密封座上防止密封环转动并允许其径向自由浮动的定位销的位置精度必须严格控制,定位销偏差过大可能引起碳石墨分段环端头卡滞,造成泄漏增大甚至损坏石墨件。

密封座的材料,宜选用阻尼特性较好的材料,如1Cr13。

4. 弹性元件设计

密封件的周向箍紧弹簧和端面压缩弹簧的作用是使碳石墨密封环实现与跑道和密封座紧密贴合。圆周箍紧弹簧,一般为螺旋拉伸弹簧,以两端的挂钩环绕在碳石墨各分段的外径半圆槽内,使之构成整环。它的负荷和刚度设计应保证密封环的径向随动性,并防止出现质量-弹簧系统的振动。为减小振动系统的质量,有时不采用密圈,而是设计一定的节距,以减少圈数和弹簧的质量。周向弹簧力推荐范围:单位周长的拉力 0.17~0.35 N/m[2]。

轴向弹簧一般为多个圆柱螺旋压缩弹簧或一个波形弹簧,其负荷的设计必须与周向弹簧相匹配,防止碳石墨环出现摩擦卡死或悬挂现象,轴向弹簧力推荐值为单位周长力≤70 N/m。

5. 减少滑油泄漏的结构措施

在发动机轴承腔中,轴承和轴上零件转动及密封跑道倒角的驱动力,可激起强烈的油气涡旋,如果轴承腔内的滑油流入密封跑道之间的缝隙,到达碳石墨密封环附近,会形成很高的液体动压浮升力,将碳石墨密封环悬浮起来,出现滑油泄漏。因此。圆周石墨密封对液体环境是敏感的。经过大量的实践表明,以下措施可以减少滑油泄漏。

(1) 在密封座内伸凸边前方的密封跑道上设计轴向甩油槽,提高慢车和风车转速下的搅风作用;

(2) 在密封座内伸凸边的内径表面设计有反螺旋,利用旋转惯性,使螺旋槽中的油滴返回到油腔;

(3) 在油腔设计筛网,可把激起的紊流涡旋限制在筛网内侧,促进油气分离,改善回油。

以上措施具体结构见图36.10。

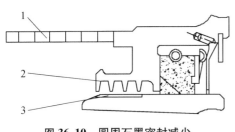

图 36.10　圆周石墨密封减少滑油泄漏的设计

1. 筛网;2. 反螺纹导套;3. 甩油槽

36.1.2.4　主要设计问题

1. 工作能力极限

目前,发动机圆周石墨密封装置可以成熟应用的工况条件为:对长寿命应用:空气温度 300~350℃、压差 0.3~0.35 MPa、线速度≤120 m/s;短期(一般≤3~10 h)发动机大状态工况甚至工作极限压差可以达到 0.45 MPa、线速度 140 m/s。

碳石墨密封件的内径磨损量,一般规定不超过卸荷槽深的 75%,依次确定密封的磨损寿命。

2. 安装技术要求

密封座的与碳石墨密封环相接触的辅助密封端面,对轴旋转线的垂直度,推荐为密封直径万分之一到万分之三。密封跑道外径表面与旋转轴线的同轴度的推荐值,在密封直径的万分之二以内。安装状态下,碳石墨各分段接口必须存在规定的间隙,出现卡死则会引起碳石墨环损坏。

3. 静态泄漏检验

圆周石墨密封装置及其装配的质量是以静态泄漏试验作为综合质量控制措施。一般推荐:密封装置的出口端为大气压力,进口端以常温空气增压,测取容积泄漏率,折算到标准状态下,空气泄漏率 $\leqslant (7 \sim 9) \times 10^{-4}$ m³/min。一般寿命期中动态泄漏率不超过静态值的 $1.2 \sim 1.6$ 倍。

36.1.3　开口环密封

36.1.3.1　概述

开口环密封是一种接触式动密封结构,主要应用于航空发动机轴承腔的油气封严。其密封环采用涨圈式的开口环结构,靠本身弹性力在径向方向上与密封座相贴合,且在轴向方向靠气体压力与高速旋转的跑道端面贴紧,从而达到封严的作用。与圆周石墨密封相比,这种密封装置的零件数量少、结构空间小、制造容易、成本低、封油效果好。但缺点在于其摩擦发热功率大,且难以应用于封严压差大的位置。

36.1.3.2　开口环密封的基本结构和类型

1. 基本结构

开口环密封的基本结构如图 36.11 所示。主要由密封环、密封跑道、密封副跑道、密封座、定距套等元件组成。开口环密封的封严功能是由密封环与密封座、密封跑道、密封副跑道共同实现的。

2. 主要结构类型

目前开口环密封的结构形式主要有三种:压力平衡型开口环密封、非压力平衡型开口环密封以及背靠背型开口环密封。

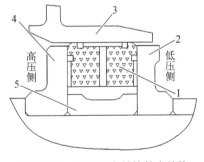

图 36.11　开口环密封的基本结构

1. 密封环;2. 密封跑道;3. 密封座;
4. 密封副跑道;5. 定距套

1) 压力平衡型

图 36.11 所示就是一种典型的压力平衡型密封环结构,这种结构的特点是,不仅在环与密封座接触的圆周面上开有压力平衡槽,而且在环与跑道接触的端面上也开有压力平衡槽,这些压力平衡槽可以起到气体润滑和气体力平衡的作用。压

力平衡型开口密封环的压力平衡槽典型结构见图 36.12。

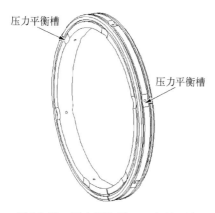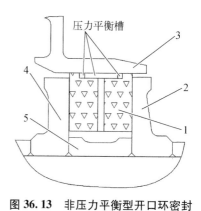

图 36.12　压力平衡型开口密封环的
压力平衡槽

图 36.13　非压力平衡型开口环密封

1. 密封环；2. 密封跑道；3. 密封座；
4. 密封副跑道；5. 定距套

2）非压力平衡型

非压力平衡型密封环只在与密封座接触的圆周面上开有压力平衡槽，端面保持平整，如图 36.13 所示。

3）背靠背型

背靠背型开口环密封在发动机停车和封严压力很低的时候也能保证密封环与跑道贴合，从而降低气体泄漏率、防止滑油泄漏。背靠背型开口环密封主要是由上游密封环、下游密封环、密封前跑道、密封后跑道、定距套、弹簧组件、密封座组成，一般用于同向旋转的轴间封严，如图 36.14 所示。

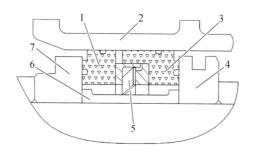

图 36.14　背靠背型开口环密封

1. 上游密封环；2. 密封座；3. 下游密封环；4. 密封后跑道；
5. 弹簧组件；6. 定距套；7. 密封前跑道

36.1.3.3　开口环密封的工作原理

开口环密封的密封环采用涨圈式的开口环结构，如图 36.15 所示，这种密封环加工时在径向切割形成自由间隙。密封环与密封座安装后，这种自由间隙缩小为安装间隙。密封环工作时靠本身弹性力在径向方向上与密封座相贴合,且在轴向方向靠气体压力与高速旋转的跑道端面贴紧,从而达到封严的目的。

36.1.3.4 开口环密封设计

开口环密封的材料选择和结构参数对其密封效果及使用寿命均有较大影响,在设计时应根据密封装置的工作条件和结构空间,对密封装置的材料选择和结构参数进行综合考虑,得到密封性能和使用寿命都最优的设计结果。

1. 设计流程

开口环密封的设计流程如图 36.16 所示。

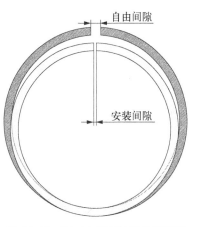

图 36.15 开口密封环的结构示意图

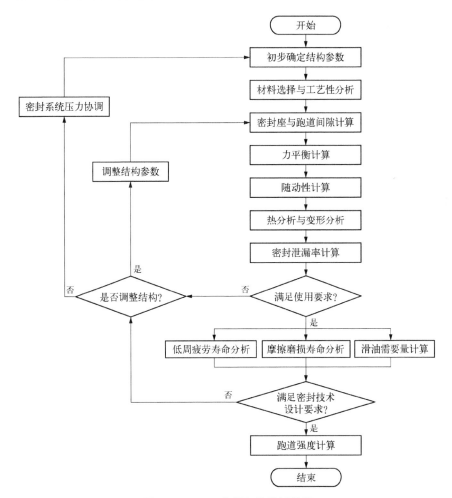

图 36.16 开口密封环的设计流程

2. 主要性能参数

衡量开口环密封的工作能力的主要性能参数有：密封环的轴向载荷、径向载荷、摩擦发热功率、气体泄漏量、滑油需要量等。

1）轴向载荷 F_T 和径向载荷 F_R

轴向载荷 F_T 和径向载荷 F_R 分别指密封环在工作时在自身弹力、高压侧气体以及低压侧气体的共同作用下，密封环所受的轴向作用力和径向作用力。在径向载荷和轴向载荷的共同作用下，密封环的端面密封面应与密封跑道贴紧，密封环的径向密封面应与密封座贴紧。密封环所受的总轴向力需大于密封座接触圆面的摩擦力，即 $F_T > F_f$，其中 $F_f = \mu_r F_R$，μ_r 为密封环外圆面与相配衬套间的摩擦系数，而 F_R 则为开口环弹力和径向气体力之和。

2）摩擦发热功率 W

开口环密封装置在运行过程中存在接触摩擦，摩擦发热量过大时会影响跑道与密封环的接触性能，降低密封效果，严重时甚至会使密封环超温，进而导致密封装置失效。因此在设计时，我们要在满足密封性能要求的基础上，尽量减小摩擦发热量。石墨开口环密封的摩擦发热功率计算如式（36.4）所示：

$$W_k = \mu_z v_k F_T \tag{36.4}$$

式中，W_k 为摩擦发热功率，W；μ_z 为密封环与跑道之间的摩擦系数；v_k 为密封环的线速度，m/s；F_T 为密封环所受的轴向力，N。

3）气体泄漏量 Q_m

开口环密封的气体泄漏主要有三处：一是通过密封环与跑道的密封端面的气体泄漏；二是通过密封环开口处的轴向通道产生的气体泄漏；三是通过密封环与密封座接触的圆周面的气体泄漏。其计算方法如式（36.5）~式（36.8）所示[2,11-13]：

$$Q_T = \frac{\pi d_{mk} h_{mk}^3 \Delta P_k}{12\mu H_k} \tag{36.5}$$

式中，Q_T 为通过密封环与跑道接触面的气体泄漏，kg/s；d_{mk} 为接触端面的平均直径，m；h_{mk} 为密封副密封面间隙，m；ΔP_k 为封严压差，Pa；μ 为流体动力黏度，Pa·s；H_k 为密封面宽度，m。

$$Q_d = \frac{\pi h_d^4 \Delta P_k}{128\mu l_k} \tag{36.6}$$

式中，Q_d 为通过密封环开口处的气体泄漏，kg/s；h_d 为矩形孔当量直径，m；l_k 为矩形孔长度，m。

$$Q_R = \frac{\pi d_y h_r^2 P_l s_k}{P_g^2}(\beta_k - 1)\rho \tag{36.7}$$

式中,Q_R 为通过密封环外圆面的气体泄漏,kg/s;d_y 为密封环外径,m;h_r 为密封副密封面缝隙高度,m;P_l 为密封环低压侧压强,Pa;s_k 为速度系数;β_k 为密封上下游压比,m;P_g 为密封面的接触压力,Pa;ρ 为气体密度,kg/m^3。

气体泄漏量 Q_m 按式(36.8)计算:

$$Q_m = Q_T + Q_d + Q_R \tag{36.8}$$

4)冷却滑油需要量 $\dot{V}$

$$\dot{V} = \frac{6 \times 10^4 W_z}{\rho_h c_p \Delta T_k} \tag{36.9}$$

式中,$\dot{V}$ 为冷却所需滑油量,按式(36.9)计算,L/min;W_z 为摩擦发热与空气泄漏产生的热量,W;ρ_h 为滑油密度,kg/m^3;c_p 为滑油定压比热,J/(kg·K);ΔT_k 为滑油温升,K。

3. 开口环密封的结构设计

密封环设计:密封环设计应满足随动性及贴合性要求。即在所有工作状态下,密封环的端面密封面应与密封跑道贴紧,密封环的径向密封面应与密封座贴紧。当密封环磨损后,或转子轴向移动后,密封环与跑道之间出现间隙时,密封装置的气体力应可以推动密封环与跑道贴紧,从而达到封严的目的。根据密封环直径大小,密封环自由状态开口间隙一般在 2~5 mm,用以提供初始弹力,补偿密封环外圆面的磨损。过大的自由状态开口间隙会导致密封环安装状态应力过大,过小的自由状态开口间隙会导致磨损补偿量不足。密封环安装状态开口间隙应尽可能小,减小气体泄漏,但应避免工作时间隙完全闭合。

密封座设计:密封座的安装定位应具有较高的精度,保证密封座内圆面与跑道端面相垂直。密封座应具有足够的刚度,防止工作中变形过大,破坏密封座内圆面与跑道端面的垂直度。密封座应有足够的刚度,减小工作载荷下的变形。密封座与跑道在工作过程中不允许相碰,并且要保持尽可能小的工作间隙。计算时需考虑热增长、离心增长、轴承游隙、形位公差、增/减速瞬时效应等因素的影响。

跑道设计:跑道的轴向厚度需满足刚度需要,且满足密封装置轴向窜动要求,并避免甩出的滑油溅到密封座上。

36.1.4　浮环密封

36.1.4.1　概述

浮动石墨环密封简称浮环密封,最早应用于石化行业中离心压缩机、离心泵中,目前广泛应用于航空、航天发动机中,国外资料显示同等条件下浮环密封的泄漏量是篦齿密封的 15%。

　　浮环密封是非接触式圆周石墨密封,与其他密封型式相比,浮环密封结构简单,密封件不产生磨损,工作稳定可靠,寿命长。其 pv 值(接触面压力与线速度乘积)可达 2 500~2 800 MPa · m/s[14],许用速度高达 100 m/s。但密封件的制造精度要求高,密封环的同轴度、端面垂直度和表面粗糙度对密封性能有显著的影响。

36.1.4.2　浮环密封的基本结构和类型

　　航空发动机浮环密封分为单级浮环密封(图 36.17)和双级浮环密封(图 36.18)。

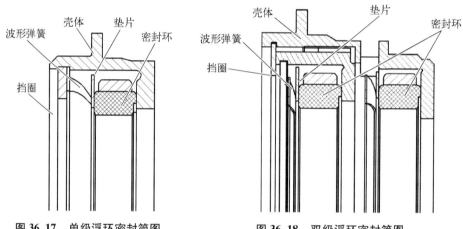

图 36.17　单级浮环密封简图　　　　图 36.18　双级浮环密封简图

　　浮环密封一般由密封环、垫片、波形弹簧、挡圈及壳体组成,其中密封环由石墨环和钢圈加热镶装而成。密封环靠流体流经小间隙的流动阻力限制泄漏。密封环可适应高速旋转圆周表面的径向跳动而移动,发动机起动阶段,转速低,气流压力小,短时间内密封环存在硬性接触;发动机正常工作时转速高,气流压力高,密封环可排除硬性接触摩擦。

　　按照密封环宽度可分为宽环和窄环密封。宽环的宽度相对其直径来说较大,其比例 $L/D = 0.4 \sim 0.6$。这种环的特点在于工作时作用在此环上的流体动压要比窄环大,浮动及密封性能更好。但宽环的两端压差较大,这样作用在端面上的压力也就较大,在自由浮动时所需克服的端面摩擦力较大,即浮动较为困难。窄环的宽度相对于直径来说较小,其比例 $L/D = 0.1 \sim 0.2$。窄环与轴的间隙较小,工作时间隙中形成的流体动压较小,因此其自动定心能力较差。由于作用在窄环上的压差较小,窄环更容易浮起,航空发动机浮环密封的密封环一般为窄环。

　　密封环中的石墨可耐高温,但太脆,在径向载荷作用下易断裂。为了防止石墨环在工作中发生断裂,常在石墨环外周镶装金属环,金属环采用热胀方法将石墨环装入金属环内。

36.1.4.3　浮环密封的工作原理

浮环密封的石墨环与跑道之间一般存在间隙δ_f,工作时由于转子偏心运动,间隙内的流体会对石墨环产生动压浮升力,当浮升力大于石墨环和金属圈的重力、浮动运动的惯性力以及石墨环环与壳体端面接触负荷的摩擦力的合力时,密封环浮起。正常工作时石墨环环与跑道表面被刚性流体膜隔开,阻止高压侧气体向低压侧泄漏,同时密封环端面在波形弹簧及两侧气体压差的作用下紧紧贴合在壳体内侧,防止气体沿径向泄漏。浮环密封工作原理见图 36.19。

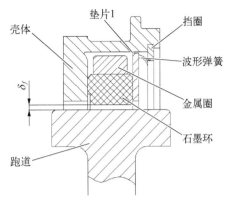

图 36.19　浮环密封工作原理图

浮环密封在良好的间隙控制和摩擦磨损控制的情况下,滑动速度可达 200 m/s 以上。由于浮环密封与跑道之间存在径向间隙,避免了固体间的相互接触摩擦,能适用于转速较高的情况。

浮动性使浮环具有自动对中作用,能适应轴运动的偏摆等,避免轴与环间出现摩擦。浮动性还可使环与轴的偏心率变小,以增强节流产生的阻力,改善密封性能。

36.1.4.4　浮环密封设计

浮环密封的设计工作主要包括与总体协调、主要接口尺寸的初步确定、主要零件材料和参数的确定、主要性能参数和寿命的计算及评估、试验项目的提出等工作,其设计流程见图 36.20。

1. 总体要求协调

根据总体和各部件对浮环密封的要求,如工作介质、转速、温度、压力等确定浮环密封的类型,与总体部门初步确定浮环密封接口尺寸。浮环密封零件的材料应满足发动机的性能、强度、寿命、可靠性等设计要求,同时充分考虑使用环境对材料的限制以及在使用环境下材料的腐蚀和退化。

2. 主要构件结构参数设计

浮环密封主要构件包括波形弹簧、石墨环、钢圈等。波形弹簧设计应根据具体的工作条件选择合适的弹簧比压,弹簧工作高度一般为自由高度的 $1/2 \sim 2/3$。选择弹簧材料不仅要考虑刚度还需考虑工况条件下疲劳及弹性退化。石墨环与钢圈组成密封环,石墨环一般采用热压方法镶入钢圈中,石墨环与钢圈的紧度根据浮环工作温度确定,保证浮环正常工作时不脱镶。

石墨环与跑道间隙一般采用恒间隙设计,通过改变浮环钢圈的厚度、宽度、材料等参数,使密封间隙在宽的温度范围上保持不变。

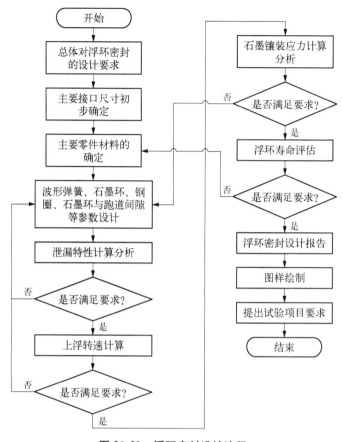

图 36.20 浮环密封设计流程

3. 浮环密封性能分析

波形弹簧、石墨环、钢圈、石墨环与跑道间隙等结构参数确定后,进行浮环密封性能参数的计算分析。浮环密封的泄漏量 Q_v,浮环密封的泄漏量按式(36.10)计算[15]:

$$Q_v = 5.56 d_F (1 + 0.314 \varepsilon_F^2) \sqrt[7]{\frac{\Delta P_F^4 h_F^{12}}{\rho^3 l_F^4 \mu}} \tag{36.10}$$

式中,d_F 为转轴的直径,m;h_F 为节流间隙平均高度,m;ε_F 为偏心率, $\varepsilon_F = e_F / h_{Fo}$,$e_F$ 为偏心距(m),h_{Fo} 为液膜厚度(m);ΔP_F 为节流间隙进出口压差,Pa;ρ 为流体的密度,kg/m³;μ 为流体的黏度,Pa·s;l_F 为节流长度,m。

浮环密封的上浮转速可根据计算得出。

浮环密封寿命目前无成熟的计算公式,需进行试验给出。

36.2　发动机附件轴端密封

36.2.1　唇式密封

36.2.1.1　概述

唇式密封是一种高技术含量的精密零件,它通过柔性密封唇与轴的接触来防止轴承润滑油的泄漏。唇式密封由于结构简单、紧凑、摩擦阻力小,对无压或低压环境的旋转轴密封可靠,因而获得了广泛应用。在油气环境下,航空发动机唇式密封的工作压力一般小于 0.1 MPa,航空发动机唇式密封一般选用橡胶或聚四氟乙烯材料,橡胶材料的唇式密封线速度不大于 25 m/s,聚四氟乙烯材料的唇式密封线速度可以达到 40 m/s。线速度再高应选用其他型式的轴端密封[16]。

早期唇式密封是用皮革定型而成,二次世界大战后使用合成橡胶生产的唇式密封使用量逐渐增加,20 世纪 60 年代初,有回流效应的流体动力唇式密封研制成功,使唇式密封的技术有了大的飞跃,解决了一些困难部位的密封问题。20 世纪 80 年代,美国制造出以聚四氟乙烯为材料的唇式密封,它不仅适用于超高速,而且耐高低温、耐多种腐蚀性介质,并适用于有干摩擦的工作环境;同期,唇式密封国际标准的颁布实施,使唇式密封在世界范围内具有通用性、互换性。各个国家纷纷参照国际标准重新制定新的国家标准[17]。近二三十年来,由于机械制造、车辆、航空、航天等工业的飞速发展,对唇式密封提出了耐高低温、耐高压、耐特殊介质,适应高速、振动和延长使用寿命等一系列苛刻的要求,从而促进了唇式密封用材料、结构、性能试验、质量控制手段和密封机理等广泛深入的研究,大大提高了唇式密封的密封性能和使用寿命。

我国在唇式密封研究方面起步较晚,尽管近十几年来有了长足的进展,但与国际水平相比,在产品结构设计、橡胶配合技术、生产工艺、生产装备、模具加工、质量控制手段上还有很大的差距。

36.2.1.2　唇式密封的基本类型和结构

1. 主要类型

唇式密封按密封作用、特点、结构类型、工作状态和密封机理等可以分成多种型式。按轴的旋转线速度高低分类,唇式密封可分为低速唇式密封(线速度 <10 m/s)和高速唇式密封(线速度 ≥10 m/s)。唇式密封按其结构可分为四种型式,即黏接型、装配型、骨架型和全胶型。下面对四种结构的唇式密封进行介绍。

1) 黏接型

这种结构的特点是橡胶部分和金属骨架可以分别加工制造,再黏接在一起成为外露骨架型。制造简单,价格便宜。美国、日本等国家多采用这种结构,其截面形状如图 36.21 所示。

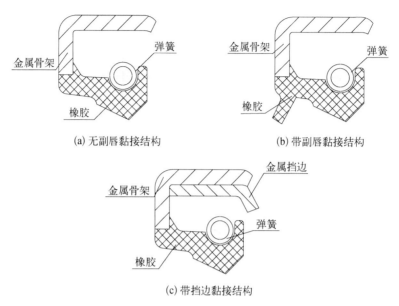

(a) 无副唇黏接结构   (b) 带副唇黏接结构

(c) 带挡边黏接结构

图 36. 21　黏接结构唇式密封结构示意图

2）装配型

装配型是把橡胶唇部、金属骨架和弹簧圈三者装配起来而成的唇式密封,它由内、外骨架把橡胶唇部夹紧,通常还有一挡板,以防弹簧脱出,如图 36. 22 所示。

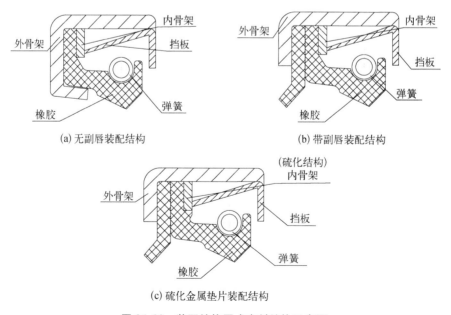

(a) 无副唇装配结构   (b) 带副唇装配结构

(c) 硫化金属垫片装配结构

图 36. 22　装配结构唇式密封结构示意图

3）骨架型

它是把冲压好的金属骨架包在橡胶之中成为内保骨架型,其制造工艺较为复杂些,但刚度好,易装配,且对钢板材料要求不高,其外径因包裹橡胶可作为辅助密封,如图 36.23 所示。目前,航空发动机所使用的唇式密封多采用这种型式。

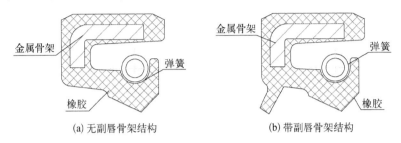

(a) 无副唇骨架结构　　　　　(b) 带副唇骨架结构

图 36.23　骨架结构唇式密封结构示意图

4）全胶型

这是一种无骨架的唇式密封,有的甚至无弹簧,对于一些不能从轴端装入但又必须采用唇式密封的工况这是仅有的一种型式。全胶结构整体由橡胶模压成型,刚度差,以产生塑性变形,但可以切口使用,如图 36.24 所示[4]。

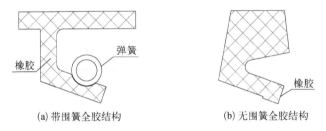

(a) 带围簧全胶结构　　　　　(b) 无围簧全胶结构

图 36.24　全胶结构唇式密封结构示意图

2. 基本结构

以典型的骨架型唇式密封为例,介绍其结构,如图 36.25 所示,该结构是全包型骨架,由橡胶、金属骨架、螺旋弹簧三部分组成。

图 36.25　唇式密封结构示意图

1）橡胶

橡胶是唇式密封的主体,利用材料的高弹性起密封作用,橡胶种类有很多,例如：丁苯橡胶(SBR)、顺丁橡胶(BR)、异戊橡胶(IR)、氯丁橡胶(CR)、乙丙橡胶(EPM,EPDM)、丁基橡胶(IIR)、丁腈橡胶(NBR);特种合成橡胶：氢化丁腈橡胶(HNBR)、氟橡胶(FPM)、硅橡胶(Q)、聚氨酯橡胶(PU)、丙烯酸酯橡胶(ACM)、氯醚橡胶(CO,ECO)、聚硫橡胶(T)、氯磺化聚乙烯(CSM)、乙烯-丙烯酸甲酯橡胶(AEM)等。在航空发动机上应用的唇式密封通常选用氟橡胶。

2) 金属骨架

金属骨架为刚性体,增加唇式密封的结构刚性,使唇式密封能够保持形状和张力。

3) 弹簧

弹簧向唇式密封提供径向力以保证密封效果。

36.2.1.3 唇式密封密封机理

初始装配后密封唇口与轴的接触宽度一般为 0.10~0.15 mm。由于密封唇口几何形状是非对称的(图 36.26),即 $\alpha > \beta$,密封唇口的接触压力分布呈非对称形态,最大值靠近液体一侧,逐渐向空气侧衰减至零。密封唇口因与回转轴跑合受到磨损,暴露出微观粗糙纹理或微观波度。当轴回转时,密封唇口在接触面上产生周向摩擦剪力,使微观粗糙纹理发生剪切变形,并在相反方向上倾斜。实际上,这些微观粗糙纹理变为许多微观流体动压楔,由其产生的流体动压升举密封唇而使其离开了回转轴,同时还从两侧将液体泵送密封唇口接触面。由于空气侧微观粗糙纹理面比液体一侧宽,向液体侧的泵送能力比向空气侧强,因此建立起流体动压平

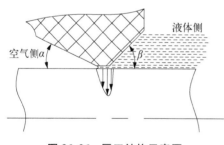

图 36.26　唇口结构示意图

衡,密封唇口就在润滑液膜上运行而没有泄漏。另外,这一密封机理也可以用空穴(气蚀)理论来解释,在上述微观动力楔的后面,流体扩散形成低压区,在低压区中液体中的气体析出或者从外部吸入空气。发生空穴现象时,整个连续流体膜局部形成空穴,从而阻止流体泄漏并形成承载能力[18]。

对于空气侧和液体侧唇形接近($\alpha \approx \beta$),或者无法形成唇口所必需的微观粗糙纹理,或者流体没有足够黏性,回转轴达不到一定的转速时,唇式密封不会产生明显的流体动力润滑和密封作用。

当唇式密封装反时($\alpha < \beta$),泵送作用会加速密封液体的泄漏。

普通唇式密封实现泵送效应的微观粗糙纹理或微观波度不是特意制造的,为了进一步提高唇式密封的泵送效应,可对唇式密封进行一定优化。在密封唇空气侧表面模压制出能产生流体动效应的螺旋、波纹、三角形肋或垫块等辅助密封,使"泵送"作用更有效果,泄漏量更小,工作寿命更长,更加适用于高转速和恶劣工况条件[19]。

36.2.1.4　唇式密封设计

1. 设计输入

唇式密封的设计需要根据所使用的工况、环境、寿命等因素来选择密封材料、基本结构、主要参数等。工况主要包括转速、轴与安装座的不同心度、轴向跳动、径向窜动、密封介质、密封腔压、轴与座的材料等因素；环境主要包括工作温度范围、沙尘条件等；寿命包含贮存寿命和使用寿命，都应满足使用工况的要求。

2. 主要结构参数

唇式密封在设计过程中需要确定的参数较多，一般参数的确定可参考 GB/T 9877—2008《液压传动旋转轴唇形密封圈设计规范》开展设计。

1）唇口

（1）唇口过盈量。

唇口过盈量是指自由状态下（未装弹簧）唇口直径与轴径之差。唇口过盈量形成唇口的初始载荷并补偿轴的偏心。唇口过盈量需选择合适，过小容易造成泄漏，过大容易造成磨损。一般轴径大的，唇口过盈量取得稍大些，轴径小的可取稍小些。此外，唇口过盈量的选取还与轴转速和密封唇材料有关，发动机唇式密封的过盈量一般在 1 mm 左右。

（2）弹簧中心相对于唇口位置。

弹簧中心相对于唇口位置 R_p（图 36.27）是指弹簧中心线偏离密封唇口接触线的距离，R 偏向密封唇口空气侧。R_p 值对于加载和形成非对称油压分布是十分重要的。如果因设计、制造、装配原因造成 R_p 值偏小，则会引起唇口翻边，存在泄漏隐患。因此，设计时需选取合适的 R_p 值，一般在 0.4 mm 左右。

（3）密封唇口倾角。

流体侧与轴的接触角 α 应大于空气侧与轴的接触角 β 时才能产生泵吸效应。经验表明，接触角范围：$\alpha = 40° \sim 50°$，$\beta = 20° \sim 40°$。

（4）腰部长度和厚度。

如图 36.27 所示，腰部长度 H_p 和厚度 t_p 决定腰部的柔韧性，而腰部的柔韧性影响腰部的弹性变形。腰部的弹性变形一方面提供部分唇口载荷，另一方面保证运转工程中密封唇口对轴的随动性。增大 H_p，减小 t_p，可以增加柔韧性，提高密封的随动性以适应径向跳动。在高压密封或者轴向窜动较大时，应适当减小 H_p，增大 t_p。

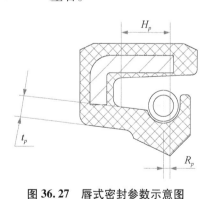

图 36.27　唇式密封参数示意图

R_p. 弹簧中心相对于唇口位置；
H_p. 腰部长度；t_p. 腰部厚度

2）轴

（1）轴的表面粗糙度及研磨痕道方向。

轴的表面粗糙度是影响唇式密封性能的重要因素。过分光滑,会使表面微观纹理和稳定的润滑油膜形成困难,导致唇口发热或烧坏;过分粗糙,易造成唇口刮伤,且会加速磨损。粗糙度的最佳范围在 $0.25 \sim 0.8\ \mu m$,且需避免表面有纵向伤痕或划痕。轴表面的研磨痕道方向也影响密封,如果痕道是细微的螺旋线则形成一道螺旋泵作用。研磨痕道方向应与旋转方向相反,反之则可能泄漏。

(2) 轴的表面硬度。

为了避免对轴的表面碰伤,减小唇口磨损,或者使用在润滑条件较差和含有磨损性颗粒密封介质中,要求轴的表面有一定的硬度。通常推荐轴表面硬度为 HRC 30 ~ HRC 55。在高转速下,或工况恶劣时,要求硬度 HRC ≥ 60。

(3) 轴的偏心。

机械加工和装配会造成静止状态下的偏心,轴的径向跳动、线胀系数不匹配造成的热态定位偏心,轴的弯曲等会造成运动工况下的偏心。设计时应考虑极限工况下的偏心情况,偏心越大,越可能造成密封泄漏,应保证直径偏差和偏心量达到最小值。

(4) 轴端结构。

为防止装配损伤、方便装配,轴的端部应加工适当的倒角或圆角,且不应有毛刺、尖角和粗糙的机加痕迹。

3) 唇式密封安装座

唇式密封的安装座内孔应具有适当的方便安装的倒角,倒角上不允许有毛刺。在一定工况下可以设计一定大小的楔形结构用于防松。

4) 材料选择

唇式密封的材料应根据使用工况、环境、寿命等因素综合考虑确定。目前,航空发动机使用的唇式密封多采用耐磨氟橡胶(FX - 16 牌号为主),在高转速时,采用 PTFE 材料的唇式密封。

3. 主要性能参数

1) 唇口温升

唇式密封唇口仅在局部区域上连续回转,将此处摩擦热及时散发出去,是决定唇式密封性能的关键因素之一。唇口的温升大小与唇口的载荷、轴表面线速度、材料润滑和导热能力有关。

2) 唇口载荷

唇口过盈量、腰部弹性变形以及弹簧箍紧力这三个力的合力形成唇口对轴的径向力。密封唇口施加在回转轴单位圆周长度上的径向力称为唇口载荷。唇口载荷对密封性能和寿命有着直接影响。唇口载荷过小,密封将会不可靠,容易产生泄漏;唇口载荷过大,则不能形成有效润滑,唇口磨损大,寿命降低。另外,在使用过程中,唇口载荷会因热膨胀(线胀系数比金属大)迅速下降,经长时间运转后会产生永久压缩变形,产生不可逆的衰减。因此,必须综合考虑泄漏、磨损和功耗的影响,选择合适的初始唇口载荷。唇口载荷的选取与转速关系较大,转速越高,唇口载荷应越小。

3）摩擦力及摩擦功耗

唇式密封的摩擦力可按下式计算:

$$F_p = f_p P_s \pi d_p b_k \qquad (36.11)$$

唇式密封的摩擦功耗可按下式计算:

$$W_p = f_p P_s \pi d_p b_k v_p \qquad (36.12)$$

式中,F_p 为唇式密封摩擦力,N;W_p 为唇式密封摩擦功耗,W;P_s 为唇口平均接触压力,N/mm^2;f_p 为摩擦系数;v_p 为轴的旋转线速度,m/s;d_p 为轴径,mm;b_k 为唇口与轴的接触宽度,mm。

4. 结构设计需要考虑的其他因素

普通型唇式密封的使用工况通常不大于 50 kPa,通过提高唇式密封刚性,改变密封唇口倾角,限制密封随轴滑移等措施,提高耐压能力。在一些外部存在如细小的沙尘、沙石、渣浆、淤泥和水或水溶液等污染物的环境中工作时,为防止污染物进入腔内,需进行防尘设计。防尘设计实际上是在唇式密封外加装一个密封,最简单的是采用两个背对背的径向密封,但这种做法在两道密封之间容易形成真空腔,会增加磨损,而且外面一道密封润滑条件更差,使用时应向外面一道密封提供润滑剂并采取措施防止真空出现,因此,不推荐采用。另一种方式是主唇再加一个或者几个副唇,如图 36.28 所示,副唇用于防尘,保护主唇。由于副唇的润滑条件差,应注意唇口与轴径配合的设计。

图 36.28　唇式密封主副唇示意图

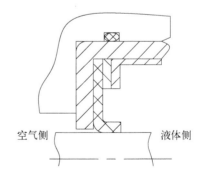

图 36.29　PTFE 唇式密封结构示意图

线速度在 20~40 m/s 的工况下,橡胶材料的唇式密封无法达到要求,这时采用较多的是 PTFE 材料的唇式密封,如图 36.29 所示。PTFE 是聚四氟乙烯(polytetrafluoroethylene)的英文缩写。PTFE 唇式密封具有摩擦系数小、耐温能力高等优点,能显著提高唇式密封线速度。

PTFE 唇式密封的密封唇较短,与表面接触为平端面,径向刚度较大,因而允许偏心和轴跳动量不能太大,比弹性体唇密封约小一半以上。

36.2.2 机械端面石墨密封

36.2.2.1 概述

机械端面石墨密封是一种用于防止流体径向泄漏的端面动密封装置。该密封装置主要是靠至少一对垂直于旋转轴线、保持贴合并相对滑动的端面进行密封。密封端面垂直于旋转轴线,相互贴合并相对滑动的两个环形零件称作密封环,其中,随轴做旋转运动的密封叫动环,与之相对应不随轴做旋转运动的称为静环,由于静环材质一般选用耐磨、耐高温、抗腐蚀、自润滑效果好的石墨材料。

36.2.2.2 基本结构和类型

机械端面石墨密封的主要组成部分有:主密封、副密封和辅助密封、补偿机构、传动及防转机构、密封辅助机构。其中主密封指的是动环和静环;副密封指的是 O 型圈、密封垫片等静密封装置;补偿机构的作用是提供轴向闭合力并对石墨环端面磨损提供轴向补偿;传动及防转机构的作用是为了防止静环在摩擦副的作用下随动环转动,主要是靠防转销和紧定螺钉等实现防转。

常用的机械端面石墨密封按密封端面数量分为单端面密封、双端面密封、多端面密封;按密封流体在密封端面上是否卸载分为平衡型和非平衡型;按密封流体泄漏方向与离心力方向是否一致分为内流式和外流式。

36.2.2.3 工作原理

端面石墨密封是接触式石墨密封,可适应较大的密封压差,端面石墨密封的空气泄漏量对转轴的轴向振动及弯曲振动较敏感,尤其当二次密封使用 O 型橡胶密封圈时,这种现象更为严重。航空发动机中端面石墨密封的结构简图见图 36.30。

端面石墨密封主要由四大部分组成:

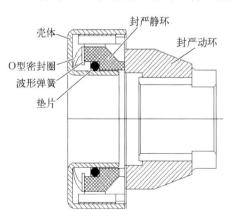

（1）由静环(碳密封环)及动环(封严动环)组成的一对密封端面,两面通常为研磨面;

（2）以弹性元件(波形弹簧)为主的补偿缓冲机构;

（3）辅助密封(O 型密封圈);

（4）使动环(封严动环)和轴一起旋转的传动机构。

碳密封环和封严动环组成一对垂直于旋转轴线的端面,碳密封环的端面在流体压力及补偿机械外弹力(波形弹簧的弹

图 36.30　端面石墨密封简图

力)的作用下,加上 O 型密封圈(辅助密封)的配合,与封严动环的端面保持贴合并相对滑动,由于两个密封端面的紧密贴合,使得密封端面之间的交界(密封界面)形成一微小间隙,当有压介质通过此间隙时,形成极薄的液膜,造成阻力,阻止介质泄漏,又使端面得以润滑,由此获得长期的密封效果。

36.2.2.4　机械端面石墨密封设计

1. 设计输入

端面石墨密封的设计需要根据所使用的工况、环境、寿命等因素来选择密封材料、基本结构、主要参数等。工况主要包括转速、轴与安装座的不同心度、轴向跳动、径向窜动、密封介质、密封腔压、工作温度范围、轴与座的材料等因素;寿命包含贮存寿命和使用寿命。

2. 设计内容

端面石墨密封的设计内容包括总体协调确定接口尺寸及配合公差、确定基本结构、主要材料选择、密封端面的设计、动环和静环的设计、辅助密封的设计、弹性元件的设计、泄漏分析、热分析、寿命分析。

1) 确定安装形式

(1) 静子件与安装位置的配合设计。

根据安装位置要求,选择静子件与安装位置过盈安装或采用 O 型密封圈起到封严效果。通常对于不需要经常装拆的静子件采用过盈安装,而需要经常装拆且有防转设计的静子件采用 O 型密封圈配合安装。

(2) 转动件与安装位置的配合设计。

根据安装位置要求,选择转动件与安装位置过盈安装或采用 O 型密封圈起到封严效果。通常对于不需要经常装拆的转动件采用过盈安装,而需要经常装拆且有防转设计的转动件采用 O 型密封圈配合安装。

2) 确定基本结构

主要确定单(双)端面、平衡(非平衡)型、内(外)装式、旋转(静止)型、大(小)弹簧结构等内容。

在航空燃气涡轮发动机(主轴承腔、齿轮箱)中常用端面石墨密封结构形式,采用的是单端面、平衡型、内装式、旋转式、波形弹簧的结构形式。

3) 主要材料选择

端面石墨密封零件的材料应满足发动机的性能、强度、寿命、可靠性等设计要求,同时充分考虑使用环境对材料的限制以及在使用环境下材料的腐蚀和退化。主要材料的选择包括摩擦副组对材料(动、静环材料),辅助密封圈材料,弹性元件材料及其他零件材料。

(1) 摩擦副组对材料。

摩擦副组对(动、静环)是材料力学性能、化学性能、摩擦特性的综合应用。为保证密封摩擦副具有长久的使用寿命和良好的密封性能,在选择摩擦副材料组对时,应注意材料具有良好的耐磨性、耐腐蚀性,机械强度高,耐热性和热传导性能好,同时要求摩擦系数小且易成型和加工等。

(2) 辅助密封材料。

辅助密封包括静子件中的静密封圈,以及动环、静子件与安装座配合处可能采用的密封圈。要求具有良好的弹性、低的摩擦系数,能耐介质的腐蚀溶胀,耐老化;在压缩之后及长期工作中具有较小的永久变形,在高温下使用不黏着,低温下不硬脆而失去弹性,在高压时要有抗爆性;另外,也要求材料来源方便、成本低廉。

静子件中的静密封圈及动环、静子件与安装座配合处的密封圈较多采用标准件 O 型密封圈,常用的材料为氟橡胶(环境温度低于 200℃)。在高温(≥200℃)情况下,可采用耐高温(最高使用温度为 260~290℃,可间歇性使用于 325℃的高温)的全氟橡胶。

(3) 弹性元件材料。

弹性元件采用较多的是波形弹簧,通常用薄钢带制造,常用材料有 0Cr18Ni9、1Cr18Ni9、0Cr17Ni12Mo2 等不锈钢带材。

(4) 其他零件材料。

壳体材料时尽量选用与壳体安装位置相同的材料。

垫片等零件,除应满足机械强度要求外,还要求耐腐蚀,一般采用 0Cr18Ni9、1Cr17Ni7 等钢带或钢板材料。

4) 密封端面的设计

主要确定密封端面宽度 b_{ds} 及高度 h_{ds},设计计算平衡系数 B_d、弹簧比压 p_s、端面比压 p_f。密封端面是由动环、静环两个零件组成。动环和静环密封端面为了有效地工作,相应地做成一窄一宽,使窄环被均匀地磨损而不嵌入宽环中去。端面宽度 b 在材料强度、刚度足够的条件下,尽可能取小值。端面高度 h_{ms} 值主要从材料的强度、刚度以及耐磨损能力确定,一般取 2~3 mm。

弹簧比压 p_s 的作用是当介质压力很小或波动时,仍能维持一定的端面比压,使密封端面贴紧,保持密封作用。弹簧比压与密封介质压力、零件材质、结构型式以及密封端面的平均线速度等因素有关。通常,低压时弹簧比压应选低值,高压时弹簧比压选高值。端面比压 p_c 是作用在密封端面面积上净剩的闭合力。当忽略辅助密封摩擦力(即辅助密封处轴向移动时的摩擦力)时,端面比压等于作用在密封端面单位面积上闭合力与开启力之差除以密封端面面积 A_D,即

$$p_c = \frac{F_c - F_0}{A_D} \tag{36.13}$$

式中, F_c 为闭合力, N; F_0 为开启力, N。

5）静环和动环的设计

（1）静环和动环的设计主要包括形状、尺寸、防转机构、强度计算等内容。

（2）常见的静环结构形式有两种，一种是镶嵌环结构，即将静环（碳密封环）镶嵌到金属环内孔，使两部分之间依靠过盈配合起到传递扭矩和密封的作用。一种是在静环（碳密封环）上开设防转槽，通过壳体上焊接的卡块防止静环沿圆周方向的旋转，常用的是第二种结构形式。

（3）动环采用宽环结构，及端面宽度大于静环，通过计算动环的强度、根据具体尺寸进行设计。

6）辅助密封的设计

辅助密封尽量采用标准件 O 型密封圈，密封圈的内径及界面公称尺寸是根据密封部位的相关尺寸确定的。为保证其密封性能，O 型密封圈必须有一定的压缩量，压缩量要掌握适当，过小会使密封性能差，过大会使安装困难，摩擦阻力加大，且浮动性差。O 型密封圈的内径尺寸偏差一般取 -1.5 ~ -0.5 mm，压缩量根据经验选取，一般取 6% ~ 10%。

7）弹性元件的设计

当密封端面磨损时，由于压缩弹簧伸长，使补偿环产生轴向移动进行补偿，此时弹簧力下降。为保证端面密封在整个使用期间，密封端面比压的变化不大，始终具有良好的密封性能，则要求弹簧力数值下降量不能超过 20%，同时结构要求紧凑，因此弹力应尽量小。采用较多的是波形弹簧。

8）泄漏分析

端面石墨密封的端面泄漏量由 E. Mayar 的泄漏量计算公式进行计算，密封端面在边界润滑条件下运行，端面泄漏量 Q_s 为

$$Q_s = \pi D_m \Delta P_d h_D^2 s_d / p_c^2 \tag{36.14}$$

式中，D_m 为端面平均直径，m；ΔP_d 为密封端面两侧压差，Pa；h_D 为折合间隙，m；s_d 为间隙系数；p_c 为端面比压，Pa。

9）热分析

端面石墨密封中热量的来源有多种，包括由于密封端面摩擦和介质剪切而产生的热量；由旋转的密封元件引起的紊流而产生的热量；也有部分热量散失，主要为介质润滑带走的热量。

目前仅对端面石墨密封在运转时，动环和静环间相对运转发生摩擦及产生摩擦热，这些热量常导致静环与动环的热变形而影响密封效果。摩擦热还会使静环与动环间的液膜蒸发致使摩擦副的最佳润滑状态遭到破坏，从而发生急剧的磨损以至端面出现烧结、龟裂等现象。

端面石墨密封的摩擦功率 W_d 如下计算：

$$W_d = \pi D_m b_{ds} f p_c v_d = \pi D_m b_D f_d p_c \frac{\pi D_m n}{60} \qquad (36.15)$$

式中,b_{ds} 为端面宽度,m;v_d 为端面平均相对线速度,m/s;n 为动环转速,r/min;f_d 为摩擦系数。

10) 寿命分析

要保证端面石墨密封的使用寿命及密封性能,既要考虑密封端面间液膜的存在,又需考虑材料的耐磨损性能,与 pv 值、液膜压力、密封准数 G、端面比压 p_c、弹簧比压 p_s 等相关的要素有关,进行端面石墨密封设计时综合考虑以上因素。寿命目前无成熟的计算公式,需通过试验验证给出寿命结果。

36.2.3 磁力密封
36.2.3.1 概述

磁力密封是在 20 世纪 60 年代中期由端面机械密封发展而来,并在 80 年代得到进一步发展和应用,其特点是在密封结构设计中采用磁力替代机械密封中的弹簧力,依靠磁力将摩擦副密封面贴合来达到密封的目的[20]。

磁力密封由于结构简单,旋转的密封动环质量小,磁性吸力稳定且分布均匀,可以将密封比压设计到很小,从而使其具有摩擦发热少、适用高速工况、使用寿命长等特点。另外,磁力密封还具有装配简单、工作可靠、易于维护的优点。

36.2.3.2 磁力密封的基本结构

磁力密封结构上与端面机械密封相似,主要由密封动环、密封静环、支撑壳体、辅助静密封、二次浮动密封组成,典型的磁力密封结构见图 36.31。

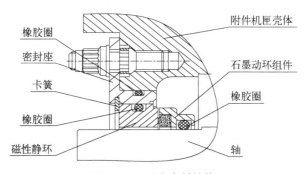

图 36.31 磁力密封结构

1. 密封动环

密封动环安装在旋转轴上,依靠二次浮动密封的周向摩擦力传递工作时的摩擦扭矩使其与轴保持同步旋转,并具有一定的角向及轴向运动补偿能力。密封动环也可称为补充动环,由石墨镶嵌在软磁材料中制成。

2. 密封静环

密封静环安装于支撑壳体内,是由硬磁材料制成的非补偿静环,工作时依靠辅助静密封的周向摩擦力将摩擦扭矩传递到支撑壳体上以防止其转动。由硬磁材料制成的密封静环不仅应具有良好的磁性能,而且应有可接受的摩擦性能和使用寿命。一般可在摩擦表面喷涂对磁性能影响小的耐磨涂层来提高密封性能和寿命。

3. 支撑壳体

支撑壳体可以是与密封静环、辅助静密封形成密封的单元体组件,也可以是机匣本身。支撑壳体必须具有隔磁功能,可选择铝、铜等材料制成。

4. 轴系

磁力密封主要用于输出或输入轴端的动密封,轴端部位应视为磁力密封的一部分,无论磁力线的回路形式如何,轴都将是构成磁力线回路的主要部件,因此,轴的材料应具有良好的导磁性。此外,轴系的设计应使工作时具有尽可能小的轴向位移。

5. 辅助静密封与二次浮动密封

多采用 O 型橡胶密封圈,但橡胶圈在使用过程中易产生老化,因此,应根据密封介质、使用环境温度的不同来选择相应的橡胶材料,并在设计中采用合适的压缩量。

36.2.3.3　磁力密封的设计

在磁力密封设计中,首先由密封的工作条件及密封性能设计要求确定密封所需的磁力,然后根据使用温度、磁力稳定性、结构材料的可加工性等选用密封静环和动环的材料,最后确定密封静环和动环的结构尺寸[21]。

1. 工作条件输入

磁力密封的工作输入条件包括封严腔压力、温度、传动轴的转向和转速、轴承类型、结构空间的尺寸协调、寿命要求等。

2. 主要性能参数计算

磁力密封的主要性能参数有端面接触比压、泄漏率、pv 值、磁性吸引力、橡胶圈对轴的压缩力、密封的随动性[5]等。

1）端面接触比压

端面密封摩擦界面上的接触比压 p_b,即接触平均压力,在保证密封性和工作稳定性的条件下,应尽可能选择较小的值,以保证工作的可靠性及较长的使用寿命。

接触比压由轴向力平衡计算而得

$$p_b = (B_c - B_m)(p_1 - p_2) + p_x \tag{36.16}$$

式中,B_c 为几何平衡系数,对非平衡型密封 $B_c = 1.1 \sim 1.4$,在结构允许情况下,尽可能取范围中较小值;B_m 为膜压系数,取决于流体性质、密封缝隙几何形状。p_b 为接触比压,Pa;p_1 为密封高压侧压力,Pa;p_2 为密封低压侧压力,Pa;p_x 为磁性力比压。

$$B_c = \frac{D_b^2 - D_a^2}{D_b^2 - d_1^2} \qquad (36.17)$$

式中,D_b 为密封凸缘外径,m;D_a 为密封凸缘内径,m;d_1 为轴直径,m。

$$B_m = \frac{1}{3}\left(1 + \frac{1}{1 + p_2/p_1}\right) \qquad (36.18)$$

$$p_x = \frac{4F_S}{\pi(D_b^2 - D_a^2)} \qquad (36.19)$$

式中,F_S 为磁性吸引力,N。

2)泄漏率

泄漏率是指单位时间内,通过主轴密封和辅助密封泄漏的流体总量:

$$Q_v = \frac{\pi \cdot d_m \cdot \Delta P \cdot h_c^2 \cdot S}{p_c^2} \qquad (36.20)$$

式中,S 为缝隙系数;d_m 为密封端面平均直径,m;p_c 为密封面接触端面比压,Pa;ΔP 为压差,Pa;h_c 为缝隙高度,$h_c = \dfrac{R_n + R_w}{2}$,m;$R_n$、$R_w$ 为密封接触面的内径和外径,m。

3)pv 值

pv 值是密封接触比压与表面滑动平均速度之积。它的许用值$[p \cdot v]$,是一定的摩擦材料根据规定的使用寿命和允许磨损量,通过试验来确定的。pv 的极限值$[p \cdot v]_{max}$ 是根据摩擦副产生热破坏确定的,它应小于或等于$[p \cdot v]$:

$$[p \cdot v]_{max} = \frac{2 \cdot \lambda \cdot \sigma_b}{f_c \cdot a \cdot \alpha \cdot E} = \frac{2K_T}{f_c \cdot a} \qquad (36.21)$$

其中:

$$K_T = \frac{\lambda \delta_b}{\alpha E} \qquad (36.22)$$

式中,λ 为密封环材料导热系数(取 λ 值低的一个环);σ_b 为密封材料抗拉强度,Pa;a 为密封环轴向厚度,m;α 为密封材料膨胀系数,1/℃;f_c 为摩擦系数;E 为密封环材料弹性模量,Pa。

4）磁性吸引力的选择

磁性吸引力 F_S 必须大于动环运动的惯性力，否则密封缝隙在工作中会开大，加大泄漏，也可能引起密封振动和不稳定工作。动环的惯性力为

$$F_a = \frac{\varepsilon_c M}{0.5 D_2} \qquad (36.23)$$

式中，M 为动环作简谐摆转动的力矩，$M = J \cdot \varepsilon_c$，$J$ 为动环对密封端面的转动惯量；D_2 为密封凸缘外径，m；ε_c 为动环角向摆动的角加速度，在给定动环结构尺寸和材料密度情况下，可以求出：

$$\varepsilon_c = \frac{\Delta \omega_c^2}{D_2} \qquad (36.24)$$

式中，Δ 为动环的全跳动量，m；ω_c 为动环旋转角速度，1/s。

应使磁性吸引力 F_S 大于动环惯性力 F_a，即

$$F_S = K_S \cdot F_a \qquad (36.25)$$

K_S 为大于 1 的系数，按经验选取，一般 $K_S = 2$。

由上述公式看出，为降低端面接触比压 p_b，必须减小动环惯性力，由于 ω 是设计要求确定的，不能变更，只能合理设计动环尺寸，选择低密度材料，减小动环质量，控制动环的端面跳动量 Δ，这对高速密封尤其重要。

5）橡胶 O 型圈对轴的压缩力

O 型圈的压缩量应控制在 8% ~ 18% 范围内，O 型圈对轴的压缩力为

$$F_O = 47 \times 10^{-7} \cdot d_o^{17} \cdot Y_b^{13} \cdot H^{4.5} \cdot L_x \qquad (36.26)$$

式中，d_o 为 O 型圈端面直径，cm；Y_b 为 O 型圈压缩率，%；H 为 O 型圈材料硬度，HS；L_x 为密封周长，cm。

力 F_O 的摩擦力矩必须大于密封端面比压 p_b 形成的摩擦力矩，以使 O 型圈起到传动动环的作用。

6）密封的随动性

主密封界面接触状态下的磁性力或弹性力不应小于二次密封的 O 型圈与轴表面的轴向的摩擦力。

3. 动环设计

动环是高速旋转件，必须有足够的刚度和强度，并且是磨损补偿环，与轴之间应有一定的间隙，具有良好的浮动作用。对于较高速度密封，动环采用石墨材料与静环组成摩擦副是恰当的，为了使磁环吸引力传动到石墨环上，将石墨环镶嵌入软磁材料金属环中，这也弥补了石墨材料强度不足的缺陷。

为了提高 $p_b v$,轴向厚度应尽可能小。为防止 O 型圈工作时被挤出,对 O 型圈挤压面的动环内径要要加以控制;为保证动环的浮动、摆动补偿作用,配合段的长度应该尽可能短,其余部位配合间隙应放大些。石墨与软磁材料金属环的配合紧度应足够,以保证在工作中具有一定的过盈量,防止二者相互转动。常温下的过盈量为

$$\delta_c = \Delta \delta_c + D_F (\alpha_1 + \alpha_2) \Delta T_c \qquad (36.27)$$

式中,$\Delta \delta_c$ 为工作温度下过盈量,mm;D_F 为配合直径,mm;α_1 为软磁金属环材料热膨胀系数,$10^6 ℃^{-1}$;α_2 为石墨材料热膨胀系数,$10^6 ℃^{-1}$;ΔT_c 为工作温度与常温之差,℃。

在确定过盈量时,应该考虑工作温度下的过盈量 $\Delta \delta_c$,根据经验确定镶嵌应力是否超过材料的许用应力。

4. 磁性静环设计

磁性静环形状比较简单,基本上是矩形断面,尺寸由产生必要的磁性吸引力而确定。为保证磁场稳定,退磁小,采用径向磁化,磁场强度沿周向呈正弦曲线分布。

5. 其他技术问题

磁力密封已在航空发动机上进行了大量的应用,并积累了一定的经验,但随着航空发动机长寿命、高可靠性的需求越来越高,还需要对磁力密封进行深入的研究,主要包括以下三方面:

(1) 考虑各种磁性参数的影响,提高硬磁材料环的设计精度研究;

(2) 各种工况及润滑条件下的摩擦系数试验测定;

(3) 影响使用寿命的石墨环磨损试验研究。

36.3   发动机流路密封

36.3.1   刷式密封

36.3.1.1   概述

20 世纪 70 年代中期,英国罗·罗公司首先提出了刷式密封概念,并开始了研制,20 世纪 80 年代,刷式密封技术取得了突破性进展,完成了设计和制造技术研究,并开始进行试验研究和发动机应用试验。刷式密封首次成功试验是在 1983 年英国罗·罗公司的 RB199 发动机上进行的,后续将刷式密封陆续应用到 RB199、RB211 等发动机中。随后,美国和欧洲其他国家也纷纷开展了刷式密封研究工作,而且也成功将刷式密封应用于 PW4000 系列发动机、GE 公司的燃机以及 EJ200 发动机等。

国内从 20 世纪 80 年代开始,对刷式密封进行了大量的研究,刷式密封设计技术、刷丝材料、刷式密封焊接工艺、刷式密封跑道耐磨涂层和刷式密封相关件的制造

加工等关键技术方面都取得了较大进展,完成了刷式密封研制,并在地面发电用燃气轮机上进行了应用;此外,刷式密封在民用的蒸汽轮机上也有一定数量的应用。

刷式密封是一种新型的流路密封装置,主要用于气体的封严,可以用于发动机的压气机级间、高压压气机后等高压、高温和高速工作环境中,能够减少流路的损失。由于刷式密封工作中是柔性接触,刷式密封能够承受转子较大的径向偏离,而不产生大的磨损,仍然能保持较小的泄漏,因此刷式密封是沿用多年的篦齿密封的最实用、最有效的替代产品。发动机的实际应用表明,只要在发动机一处或几处关键部位采用刷式密封代替篦齿密封,就可使发动机推力提高 1%~3%,燃油耗油率降低 3%~5%[5]。

36.3.1.2　刷式密封的基本结构和类型

1. 基本结构

刷式密封作为一种发动机的流路密封,其封严功能是由刷式密封和相配合的刷式密封跑道共同完成的,其基本结构见图 36.32。图中,P_u 为进口处压力,P_d 为出口处压力,D_s 为密封直径,D_j 为背板内孔直径,h_s 为背板高度,b_s 为刷丝厚度,L_s 为刷丝自由长度,β_s 为刷丝与跑道之间的角度。

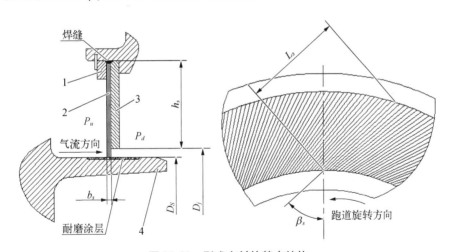

图 36.32　刷式密封的基本结构

1. 前板;2. 刷丝;3. 背板;4. 密封跑道

2. 主要结构类型

刷式密封由前板、背板和夹在两者之间的刷丝组成,通过熔焊或其他工艺方法将其连接成一体。基本结构类型大致可以分为三类:普通型刷式密封、低滞后型刷式密封以及多级结构刷式密封。

1) 普通型

普通型刷式密封是最常见的一种结构形式,通常采用两种连接方式:一种是大部分公司(如 Cross、GE 公司等)采用的熔焊方式;另一种是 MTU 公司采用的夹持方式,见图 36.33。

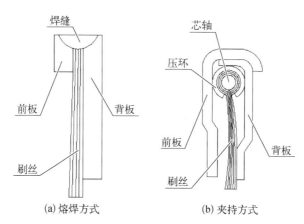

(a) 熔焊方式　　　　(b) 夹持方式

图 36.33　普通型刷式密封结构图

2) 低滞后型

一般,普通型刷式密封存在滞后而导致泄漏增加的问题,为解决该问题,研制了低滞后的刷式密封;低滞后型刷式密封主要是通过降低刷丝与背板以及刷丝内部之间的摩擦力的方法来降低刷式密封的滞后性。常见低滞后刷式密封结构见图 36.34。

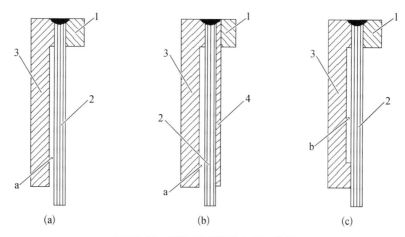

(a)　　　　　(b)　　　　　(c)

图 36.34　低滞后型刷式密封结构图

1. 前板;2. 刷丝;3. 背板;4. 前挡板;a. 缓冲槽;b. 卸荷槽

图 36.34 中,(a)所示结构为在刷丝与背板之间增加缓冲槽,刷丝在压差作用下弯曲,承受一部分压力,使刷丝与背板之间的接触力减小,从而降低刷丝的摩擦和滞后性;(b)所示结构是在(a)基础上增加了前挡板,既保护刷丝不受气流的影

响,又等同于在进口气体与刷丝之间增加了一道隔板,能够从一定程度上降低进口气体带来的冲力,进一步降低了刷丝与背板的接触力、摩擦力和滞后性;(c)所示结构是在背板上增加环形卸荷槽,从刷丝间泄漏的气体进入卸荷槽内,导致卸荷槽内的压力高于出口压力,相当于降低了作用在刷丝上的压差,从而降低了刷丝与背板的接触力、摩擦力和滞后性。

　　3)多级刷式密封结构

　　刷式密封结构参数确定后,其所能承受的最大压差就已确定。在工作环境压差超出刷式密封所能承受的最大压差的情况下,通常采用多级刷式密封结构来分担压力,以满足发动机的使用要求。多级刷式密封结构既可以采用多个刷式密封串联安装的方式组成,也可以直接将多级刷式密封直接设计并加工成一个整体结构,见图36.35。

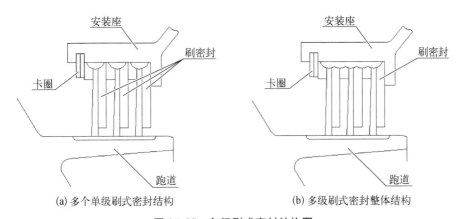

图 36.35　多级刷式密封结构图

　　在相同工作条件下,多级结构刷式密封可以在一定程度上降低刷式密封的泄漏,但其降低泄漏量的影响较小,考虑结构空间和成本等因素,一般很少采用多级刷式密封结构来降低泄漏的设计,而采用多级刷式密封结构主要目的是分担流路中较高的封严压差,以便防止单级刷式密封承受过高的压差失效。

36.3.1.3　刷式密封的工作原理

　　刷式密封的工作原理:刷式密封的刷丝与其相配的密封跑道以一定角度密集排列,具有弹性的刷丝填堵了流体流动的空间,从而减少流体从高压区向低压区的泄漏。由于刷丝与径向中心线呈一定角度,并且刷丝具有柔性的特性,在转子出现径向偏离后,刷丝能够通过自身的变形适应转子的偏离,在转子回到中心位置后,丝束又能够通过自身的弹性,回到原来位置,恢复与密封跑道的接触状态。因此,刷式密封能够克服篦齿密封在转、静子碰磨后带来的间隙变大的问题,从而大大降低了气体泄漏。

普通的刷式密封在工作时,由于刷丝与背板和刷丝与刷丝之间都存在着摩擦力,当转子出现径向偏离后,刷丝被密封跑道向直径增大的方向推,在转子回到旋转中心后,由于摩擦力的存在,刷丝不能立即跟随密封跑道恢复到原来工作位置,而是会出现一个"滞后"现象,在该过程中,刷丝与密封跑道之间存在间隙,并因此导致刷式密封的泄漏增大;而刷丝的摩擦力随压差的增加而逐渐增大,当摩擦力增加到一定程度,摩擦力大于刷丝本身产生的回弹力后,刷丝停留在最大偏移位置,此时产生刷丝的"悬挂"现象,导致刷式密封泄漏异常增大。刷式密封的滞后性和"悬挂"现象均在试验中得到了验证。

36.3.1.4 刷式密封设计

材料和结构参数的选择对刷式密封的性能及使用寿命均有较大影响,需要在设计过程中综合考虑。

1. 设计流程

刷式密封设计流程见图 36.36。

2. 工作条件输入

刷式密封需要根据其应用的工作环境条件(温度、压力、转速、气流等)及结构空间要求进行设计。因此,设计前首先要确定刷式密封的工作输入条件,包括进气压力、出气压力、温度、转子转速、结构空间的协调尺寸、转子偏离等。

3. 刷式密封的主要性能参数

刷式密封的主要性能参数有刷丝刚度、泄漏率、扭矩、摩擦热等,可以衡量刷式密封的工作能力以及对各相关系统或零组件的影响。

1)刷丝刚度

刷丝刚度的大小主要影响刷丝与密封跑道之间的接触力,进而影响刷丝与密封跑道之间的摩擦磨损,并因此影响刷式密封的使用寿命和泄漏性能。由于刷丝与背板以及刷丝之间均存在摩擦,计算结果与实际存在一定差异,也有资料对整体刷丝在单位面积上的接触力进行相关的研究工作。

2)泄漏率

泄漏率是表征刷式密封封严性能的最重要的参数。目前,几乎所有文献都采用气体泄漏系数 φ_s 来表示刷式密封的泄漏特性,用式(36.28)计算刷式密封的泄漏率[22]:

$$G_s = \frac{\varphi_s P_u D_s}{\sqrt{T_u}} \tag{36.28}$$

式中,G_s 为气体泄漏率,kg/s;φ_s 为气体泄漏系数,$(kg \cdot \sqrt{K \cdot mm})/(N \cdot s)$,通常需要通过试验获得;$T_u$ 为进口处气体总温,K;P_u 为进口处气体总压,Pa;D_s 为密封直径,m。

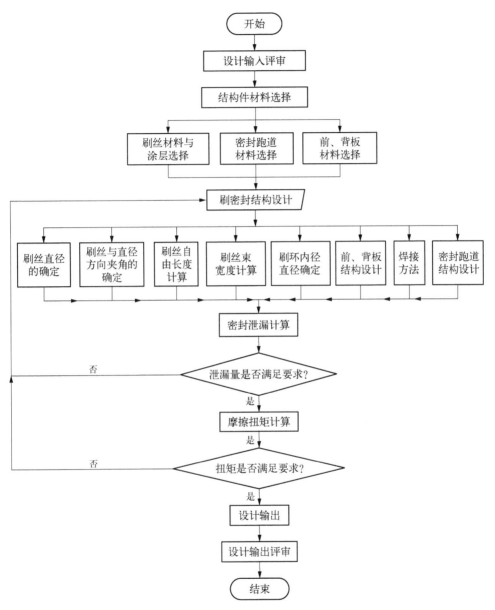

图 36.36 刷式密封设计流程图

3）扭矩

刷式密封的扭矩分析是通过刷丝与密封跑道之间的接触摩擦计算得出。

先通过式（36.29）计算出刷丝与密封跑道之间的接触力 F_{cs}，再按式（36.30）计算出刷丝与密封跑道之间的扭矩 T_n：

$$F_{cs} = K_{总} \delta_s \tag{36.29}$$

$$T_n = \mu_s F_s D_s / 2 \qquad\qquad (36.30)$$

式中,$K_{总}$ 为刷丝刚度;μ_s 为摩擦系数。

在某些情况下,刷丝与密封跑道之间设计为间隙,此时按理论计算不存在扭矩,但实际工作中,由于偏心、转子的偏离等,仍有部分刷丝与密封跑道存在接触,产生扭矩,工程应用中可以将该部分进行当量简化计算,必要的时候,通过试验测试获得实际扭矩值。

4)摩擦热

刷式密封在工作中存在接触摩擦,摩擦热过多时,会导致热不稳定状态,存在背板与密封跑道碰磨的危险,需要在设计中注意避免。

4. 刷式密封的主要结构参数

刷式密封的主要结构参数包括刷丝自由长度 L_s、刷丝厚度 b_s、刷丝排列角度 β_s、刷丝直径 d_s、背板与密封跑道的间隙 ΔR、刷丝与密封跑道的配合 δ_s 等。

刷丝自由长度 L_s:指刷丝悬臂段的长度,是从刷丝自由端至压紧位置(或焊接等其他固定点)的长度(见图 36.32);自由长度的选择与刷丝刚度有关,可以通过刷丝刚度计算得到。

刷丝厚度 b_s:指刷丝从第一排至最后一排刷丝之间的厚度,与刷丝数量 n、刷丝直径 d_s 和密封直径 D_s 有关。丝束厚度增加,刷式密封的泄漏会随之减少,但丝束厚度增加到一定程度后,泄漏变化很小。

刷丝排列角度 β_s:指刷丝在内孔位置与经过该点的直径之间的夹角(图 36.32)。排列角度 β_s 对刷丝刚度有影响,根据试验及长期以来的使用经验,刷丝排列角度通常在 40°~50° 范围选择。

刷丝直径 d_s:指丝材本身的直径,常用的刷丝直径在 0.07~0.15 mm 范围选择。刷丝直径同样会影响刷丝的刚度。

背板与密封跑道的间隙 ΔR:指背板内孔与密封跑道外径之间的间隙。间隙 ΔR 的选择原则是保证在所有工作状态下背板与密封跑道之间不发生碰磨,主要考虑的影响因素有加工/装配公差、热膨胀量、离心膨胀量以及结构件的偏转偏心等。

刷丝与密封跑道的配合 δ_s:刷丝内孔与密封跑道外径之间的配合,一种情况是采用小过盈配合,过盈量选择略大于跑道表面的总偏移量。过盈量过大会导致摩擦扭矩增大,摩擦热增多,温度升高,严重情况下产生热不稳定状态,引起背板与密封跑道的碰磨。还有一种情况是采用小间隙配合,以减少刷丝与密封跑道的摩擦磨损。

上述的刷式密封结构参数中,部分参数是通过早期研究后优选确定,如刷丝直径、刷丝排列角度、刷丝与密封跑道的配合等,其余参数则需要通过设计计算确定。在实际设计中,还可以采用其他参数,如刷丝层数、刷丝数量、刷丝密封等,这些参数可以与刷丝厚度等参数进行计算转换。

刷丝层数 m_s：刷丝层数是指刷丝沿轴向排列的列数。刷丝的理论排列方式见图 36.37，刷丝厚度按式(36.31)计算：

$$b_s = d_s + \frac{\sqrt{3}}{2}d_s(m_s - 1) \qquad (36.31)$$

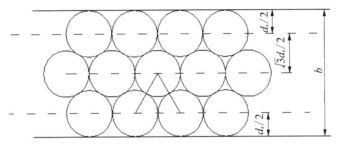

图 36.37　刷丝理论排列示意图

刷丝厚度与刷丝层数的关系密切，刷丝实际排列存在交错、搭接等方式，刷丝的实际厚度计算需要增加稀疏系数，稀疏系数最终需要通过实际加工测量确定，通常在 1.2~1.6 范围选择。

刷丝数量：刷丝数量可以通过一圈刷丝的数量和刷丝层数相乘得到。刷丝沿圆周的排列见图 36.38，一圈刷丝的数量 N_s 按式(36.32)计算得到：

$$N_s = \pi D_s \cos\beta_s / d_s \qquad (36.32)$$

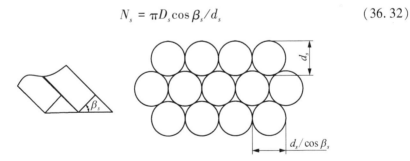

图 36.38　刷丝沿圆周理论排列示意图

刷丝密度：指单位圆周长度上的刷丝数量。由于实际工程应用中设计方法的不同，国外大部分公司在采用刷丝密度这个参数。本书认为，刷丝密度确定后，刷丝层数和刷丝数量都可以从该参数中通过计算获得，但对于不同刷丝直径或者排列角度的刷式密封，其刷丝密度取值是不同的，而采用刷丝层数的参数则可以取相同值。国外公司采用刷丝密度主要是刷丝直径和刷丝排列角度经过大量验证后基本固定，因此，对于不同应用的刷式密封，只需要保持刷丝密度参数不变，改变密封直径即可，既简化了设计过程，又继承了以前设计和试验验证的结果，不需要重新开展验证,降低了成本。

36.3.1.5　仿真分析

随着刷式密封研究的深入,借助 CFD、CAE 等功能强大的仿真分析软件,对刷式密封开展了大量的分析研究,包括对刷丝刚度、接触力等开展的仿真分析,以及采用多孔介质模型开展的流场分析、泄漏分析等。

由于刷式密封的刷丝排列、刷丝之间的相互作用和影响等具有较大的不确定性,而且刷式密封在工作中是集流、固、热耦合于一体的复杂工作状态,这就造成了刷式密封的仿真分析工作困难较大。随着刷式密封研究的深入,CFD、CAE、FLUENT 等具有强大功能的仿真分析软件得到了广泛应用,但是目前开展的刷式密封仿真分析模型均进行了较大程度的简化,仿真分析的结果也存在较大的误差,因此,刷式密封的仿真分析仍然是一个难题,在工程应用中,通常需要试验数据和经验的积累对刷式密封的仿真分析结果进行修正。

36.3.2　指尖密封

36.3.2.1　概述

指尖密封是继篦齿密封和刷式密封之后发展起来的一种应用于航空发动机气路封严和二次流路控制的新型密封技术,具有低泄漏、低成本的特点。如果能够使用一些对滑油没有污染的新材料制造指尖片,指尖密封的应用也可以扩展到轴承腔密封。在结构上,指尖密封采用一系列的从径向开有特定型线缝隙的薄片来代替刷丝束,保留了刷式密封跟随转子运动的柔顺性特点,克服了刷式密封断丝和制造工艺困难的缺点,因而在密封性能和制造成本上取得了一种平衡,这种性能和成本优势使指尖密封具有广阔的应用前景。

36.3.2.2　指尖密封的类型和构成

指尖密封大致可分为接触式指尖密封和非接触式的流体动静压指尖密封两种类型[23],接触式指尖密封已在国内外取得实际应用,非接触式指尖密封仍有气膜稳定性、制造符合性等关键问题尚待解决。

1. 接触式指尖密封

接触式指尖密封组成如图 36.39 所示,其结构犹如三明治,在前、后挡板之间夹着几层紧紧裹在一起的指尖片。每个指尖片上还有一系列的成对的装配孔。装配时将成对的孔交错排列,以便使每层指身的缝隙被相邻层的指身覆盖。指尖密封在发动机中安装于发动机内静子的支座上,内径的配合面为发动机轴或转子,并根据使用条件与轴或转子采用很小的间隙或过盈配合。

基本型指尖密封在封严压力较大的情况会出现指身梁硬化效应,在气体压力作用下,指尖片紧贴后挡板,与后挡板之间的摩擦力阻碍指身梁的即时屈服,从而密封靴不能即时跟随转子的升速或者涡动偏心增大等运动状态进行变形,此现象

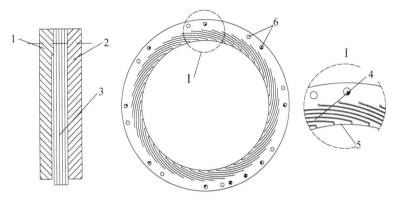

图 36.39　接触式指尖密封的组成

1. 前挡板;2. 后挡板;3. 指尖片;4. 指身梁;5. 密封靴;6. 装配孔

亦称为刚化效应。刚化效应会引起密封靴和跑道加速磨损,降低指尖密封的封严性能,缩短使用寿命。转子降速或者恢复到较小的涡动偏心位置时,指身梁与后挡板之间的摩擦力又阻碍指身梁不能立即复原,密封靴出现悬挂,称为滞后效应[24,25]。滞后效应会带来指尖密封的气体泄漏率增大。为降低刚化效应和滞后效应,延长指尖密封使用寿命,保持指尖密封优秀的封严性能,发展了"压力平衡型指尖密封"结构(图 36.40),其工作原理是利用引高压区气体进入背压腔,平衡掉部分气体载荷,从而降低摩擦力。

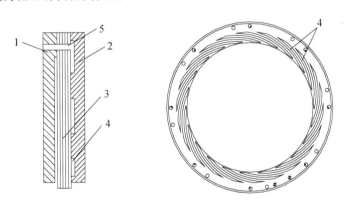

图 36.40　压力平衡型指尖密封

1. 前挡板;2. 带压力平衡腔的后挡板;3. 指尖片;4. 压力平衡腔;5. 引气孔

为了改善封严性能、降低摩擦磨损,还发展出了渐开线型指尖密封、下凹线型指尖密封及浮动式指尖密封等结构形式。下凹线型指尖密封结构见图 36.41;浮动式指尖密封结构见图 36.42。

2. 非接触式指尖密封

非接触式指尖密封与接触式指尖密封结构相比,其主要区别在于非接触式指

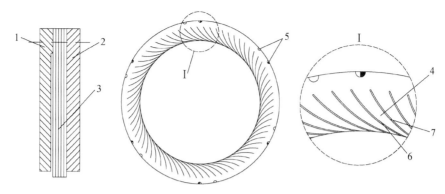

图 36.41 下凹线型指尖密封

1. 前挡板;2. 后挡板;3. 下凹型指尖片;4. 凹形指身梁;5. 定位槽;6. 密封靴;7. 指身缝隙

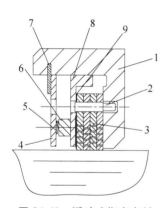

图 36.42 浮动式指尖密封

1. 密封座;2. 栓;3. 指尖片;
4. 挡板;5. 弹簧;6. 弹簧套;
7. 卡圈;8. 压环;9. 遮流片

尖的密封靴部带有宽垫(称为升力靴)。与接触式密封相比,非接触式指尖密封最大特点在于其带升力靴的指尖片具有"自浮性",即密封靴部与转子之间能保持一较小的具有承载能力的流体间隙,在指尖受到轴向和径向作用后密封的整体性能不会受到影响,因而在密封效果尤其是使用寿命方面具有明显的优势[26]。典型的非接触式指尖密封结构由不带升力靴的高压指尖片和带有升力靴的低压指尖片组成,如图 36.43 所示。高压指尖片主要用来封挡低压指尖片指尖梁周向间隙间的缝隙泄漏;在转子旋转时,低压指尖片的升力靴和转子表面之间由于流体动/静压作用形成动压膜,可避免升力靴和转子表面之间的接触,只要合理地控制流体膜厚度,也可将气体泄漏量控制在允许的范围内。

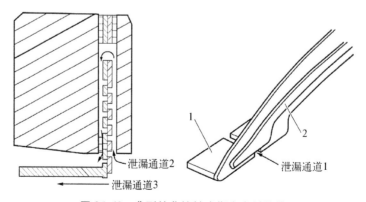

图 36.43 典型的非接触式指尖密封结构

1. 低压侧指尖片;2. 高压侧指尖片

为提高典型非接触指尖密封结构的制造符合性、提高动态条件下气膜稳定性，还发展出了采用双梁支撑的非接触指尖密封等结构，如图 36.44 所示。这种结构在工作状态下，由于气体载荷的作用，密封靴变形产生与转子间的楔形气膜间隙，如图 36.45 所示。

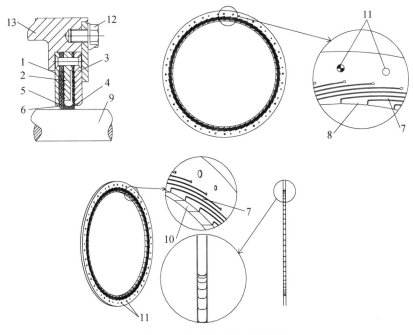

图 36.44　非接触指尖密封结构

1. 前挡板；2. 中间挡板；3. 后挡板；4. 带升力靴的指尖片；5. 高压侧指尖片；6. 遮流片；
7. 指身梁；8. 密封靴；9. 转子；10. 升力靴；11. 装配孔

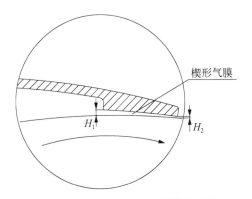

图 36.45　非接触指尖密封靴部结构

36.3.2.3　指尖密封的工作原理
指尖密封装配时各指尖片是轴向交错叠置的，其目的是指尖片的指身梁覆盖住相邻指尖片上的缝隙,即使是只有 2~4 片指尖片的非接触式指尖密封也是如此。从这一点来讲,接触式指尖密封和非接触指尖密封是没有区别的,也就是说对指身梁之间的缝隙泄漏密封在原理上是一样的。

但是,接触式指尖密封和非接触式指尖密封在转子与密封靴之间的间隙泄漏采用了不同的方式,因而表现出不同的密封原理。

接触式指尖密封工作时密封靴和转子理论上是接触的,为此设计时密封靴与转子保持小的过盈量有助于提高封严性能。虽然转子与密封靴接触并在接触面上存在接触压力,但接触于柔性的指身梁使得密封靴能够随动性地适应转子的运动变化,且使得接触表面上的接触压力并不是很大,减小了密封靴和转子接触面的磨损,提高的密封的工作可靠性和寿命。

非接触式指尖密封工作时密封靴和转子之间是不接触的,存在着间隙。这一方面使得密封靴和转子几乎不发生磨损,工作寿命也比较长,但另一方面却使得密封靴和转子之间存在气体泄漏,因此密封性能较之接触式指尖密封要差些。为了改善非接触指尖密封的这一不足,故而主要对密封靴的结构尺寸、有时也包括指身梁型线进行合理设计,尽可能减小密封靴和转子之间的间隙,以将气体泄漏程度控制在一个允许的范围。

36.3.2.4 指尖密封的设计

指尖密封设计工作主要包括主要零件材料和参数的确定、指身梁坐标计算、参数优化和性能计算及评估等工作,其设计流程见图 36.46。

由于指尖密封和刷式密封在结构上具有继承性,原理上具有相似性,因此,指尖密封在材料选择、工作条件输入、设计分析内容等方面的要求与刷式密封具有相似性。同时,由于指尖密封结构的特殊性,在设计上存在一些差异,下面进行简要介绍。

1. 工作条件输入

与刷式密封类似,在设计指尖密封前,需要明确包括进气压力、出气压力、温度、转子转速、结构空间的协调尺寸、转子偏离等条件输入。

2. 指尖密封的主要结构参数设计

指尖密封的主要结构参数包括指尖片的个数 N_z、指尖片的厚度 B_o、指尖梁个数 n_z、指尖梁宽 b_z、指尖梁的长度 L_z、指尖梁间隙 h_w、靴高 h_z、指尖梁根圆直径 D_o、背板与密封跑道的间隙 ΔR、指尖片与密封跑道的配合 δ_z 等。

指尖片的个数 N_z:即指尖片轴向叠加的层数,指尖片的个数与压差载荷、封严性能需求、摩擦发热量等因素相关,设计时应根据具体需求确定,单级指尖密封一般在 3~12 片。

指尖片厚度 B_o:即单个指尖片的轴向厚度,常用的指尖片厚度在 0.08~3 mm 之间选择,厚度越大指尖梁的刚度越大。

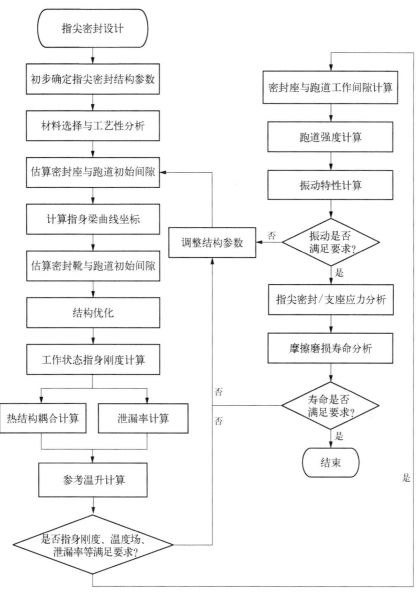

图 36.46　指尖密封设计流程

指尖梁的个数 n_Z、指尖梁宽 b_z、指尖梁长度 L_z、指尖梁间隙 h_w、靴高 h_z、指尖梁根圆直径 D_o 见图 36.47 所示,这些参数的选取与指尖梁的形状直接相关,目前有圆弧形、渐开线形、螺旋线形、下凹线形和组合线形等多种类型,其中圆弧形和渐开线形有较多应用。

背板与密封跑道的间隙 ΔR:指背板内孔与密封跑道外径之间的间隙。间隙 ΔR 的选择原则是保证在所有工作状态下背板与密封跑道之间不发生碰磨,主要考

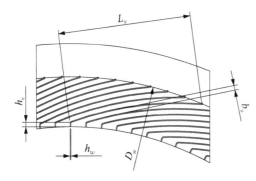

图 36.47　指尖片结构参数示意图

虑的影响因素有加工/装配公差、热膨胀量、离心膨胀量以及结构件的偏转偏心等。

指尖片与密封跑道的配合 δ：指尖片内孔与密封跑道外径之间的间隙，一种情况是采用小过盈配合，过盈量选择略大于跑道表面的总偏移量。过盈量过大会导致摩擦扭矩增大，摩擦热增多，温度升高，严重情况下产生热不稳定状态，引起背板与密封跑道的碰磨。还有一种情况是采用小间隙配合，以减少指尖与密封跑道的摩擦磨损。

上述的指尖密封结构参数中，基本都是通过早期研究后优选确定，如指尖片的个数 N_z、指尖片的厚度 B_o、指尖梁个数 n_z、指尖梁宽 b_z、指尖梁的长度 L_z、指尖梁间隙 h_w、靴高 h_z 等，其余参数则需要通过设计计算确定，然后根据具体使用条件和要求，通过分析主要性能参数，对结构参数进一步调整、优化。

3. 指尖密封的主要性能参数

指尖密封主要分析的性能参数与刷式密封是相似的，包括指尖片刚度、泄漏率、扭矩、摩擦热等，可以衡量指尖密封的工作能力以及对各相关系统或零组件的影响。具体可参考上一节刷式密封部分。

当指尖密封处于非工作状态下，指尖密封的指身刚度是指组成指尖密封片的单个指尖曲梁的结构刚度，当材料一定的情况下，其大小取决于指尖梁的几何结构。而当指尖密封处于工作状态时将受到流体压差和转子径向激励的作用，指尖梁将发生弹性变形，且指尖梁靴部与转子表面的接触压力会发生变化，从而影响指尖梁的刚度。故在研究指尖密封实际工作状态下的指身刚度时，将指尖靴底所受的平均压力 F 与靴底平均位移 x 之比定义为指身刚度 K。由于指尖梁的形状不是简单的几何构型，为了得到准确的指身结构刚度一般采用有限元法计算指尖密封的指身刚度。

36.3.2.5　仿真分析

指尖密封的性能计算主要是对指尖密封指身综合刚度、发热量、温度场、结构变形及参考空气温升等进行有限元分析。指尖密封振动特性分析是为了防止指尖密封与发动机发生共振现象。

36.3.2.6　其他技术要求

1. 清洗

指尖片加工后一般使用超声波+铬酸洗液清洗掉表面油污、线切割的重熔层和部分毛刺，也可使用电化学加工方法去除重熔层及毛刺。指尖密封组件中除指尖片之外的部分可用汽油擦拭,严禁使用绸布、棉花等物品擦拭组件中的指尖片。

2. 装配

在密封跑道外径处涂上少量润滑油有助于指尖密封在发动机最初工作时具有较低的摩擦系数,保证正常的启动工作。允许装配时加热支座或冷却密封件。

装配前,指尖密封及其相关的组装零件,必须经过仔细清洗、晾干(或烘干),排除包含发动机润滑油、汽油在内的各种污物。

在将指尖片装配成组件之前,必须检查指尖片的旋向与前挡板或后挡板要求的旋向是否一致。

3. 包装

指尖片经加工成型、检验合格、清洗干净后,一定数量的指尖片和遮流片组成一组,投入专用夹具中进行保存。夹具应选用具有一定刚度、防锈、防腐蚀材料(如硬质塑料、经处理过的木材、铝合金、不锈钢及经过表面处理的其他钢材)制造,夹具与指尖片接触的面要求平面度和表面粗糙度应有具体要求。夹具能够保证指尖片和遮流片不受异物磕碰、防止异物进入。安装指尖片后的夹具应投入专用包装箱中存储和运输。在取指尖片时,需穿戴干净手套,不能接触指尖片的指身梁。

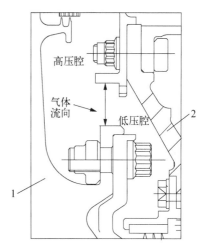

图 36.48　封严涂层部位示意图

1. 涡轮盘;2. 支座

36.3.2.7　指尖密封设计及应用实例

1. 设计需求

某涡扇发动机中,因封严的需要,拟在高压涡轮盘后采用指尖密封,减小从高压涡轮盘后高压腔流入后轴承腔外围低压腔的热空气流量,降低后轴承腔周围环境温度。高压涡轮转子旋转方向为逆航向顺时针,高压涡轮盘后结构见图 36.48。

2. 指尖密封在发动机流路中的设计与应用

1)设计输入梳理

指尖密封工作条件如表 36.3 所示。

表 36.3　指尖密封工作条件

名　　称	数　　据
进气压力/MPa	0.7
进气温度/℃	400

名　　称	数　　据
出气压力/MPa	0.25
出气温度/℃	350
转子转速/(r/min)	25 000
密封直径/mm	300
泄漏率要求/(g/s)	<20

根据设计结构要求,指尖密封在设计工况下的摩擦线速度为

$$v_z = n_r \pi D_{\text{seal}}/6\,000 \tag{36.33}$$

式中,v_z 为摩擦线速度,m/s;n_r 为转速,r/min;D_{seal} 为密封直径,mm。

2）指尖密封结构设计方案

根据指尖密封封严压差,结合涡轮后的设计空间,指尖密封采用单级方案,如图 36.49 所示。将指尖片、遮流片、挡板及密封支座等零件通过定位销连接为指尖密封组件,再整体焊接在指尖密封座上;当指尖密封磨损失效后,整体更换指尖密封组件。指尖密封组件靠密封支座上的防转销周向防转,靠与密封支座装配紧度径向定心。

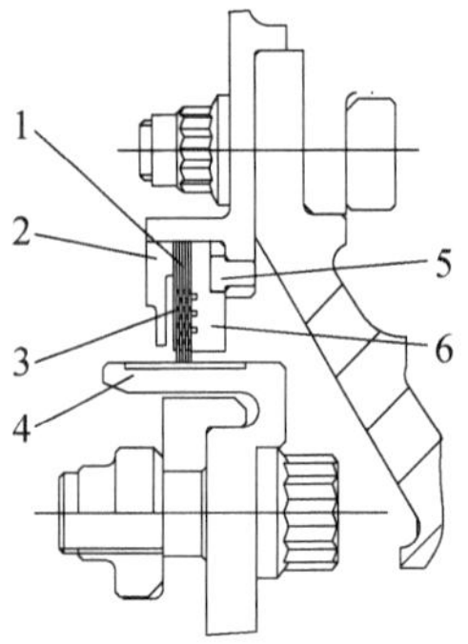

（1）材料选择。

依据该发动机指尖密封的环境温度和摩擦线速度,选择 GH4169 作为指尖片材料、一种碳化铬作为跑道涂层材料,指尖密封片安装座材料选择为 GH141,高压涡轮后轴材料选择为 GH4169。其他零件材料根据耐温能力、耐磨性能需求、焊接性需求、线膨胀系数、强度及成本等方面考虑做出选择。

（2）指尖密封参数设计。

根据密封直径,指尖密封设计时指身梁形线近似为圆弧。指尖密封主要结构参数设计结果如表 36.4 所示。

图 36.49　指尖密封结构方案

1. 指尖片;2. 前挡板;3. 遮流片;
4. 带耐磨涂层的跑道;5. 防转销;
6. 带压力平衡腔的后挡板

表 36.4　指尖密封参数

名　　称	数　　据
指尖片数量/个	6
指尖片内径/mm	300

续　表

名　称	数　据
指尖片外径/mm	330
密封靴高度/mm	1.5
指身梁根圆直径/mm	312
指尖片厚度/mm	0.1
指身梁个数/个	80
指身梁缝隙宽度/mm	0.3
挡板厚度/mm	3.0

（3）设计与分析。

采用数值仿真的方法进行指尖密封工作条件下的载荷、温度场、流场特性及应力分布计算。仿真分析中,需考虑密封间隙的流体黏性摩擦热以及指尖靴与转子的接触摩擦热导致的密封系统温度升高,考虑密封热变形改变密封系统的材料热物性参数从而影响指尖密封的泄漏与接触磨损性能,能够进行指尖密封考虑流体和固体的热效应影响的热-流-固耦合分析,并应用最新的研究成果计算指尖密封的换热和接触导热等分析边界条件,能获得较为准确的密封性能。

指尖密封泄漏率的计算可以采用经验公式的方法,泄漏流量系数由以往试验件试验数据总结得出。指尖密封的泄漏率为

$$Q_{zg} = \frac{\phi \cdot P_u \cdot D_{seal}}{\sqrt{T_u}} \tag{36.34}$$

式中,Q_{zg} 为泄漏率,kg/s;ϕ 为泄漏流量系数,$kg \cdot \sqrt{K}/(MPa \cdot m \cdot s)$;$P_u$ 为进气压力,MPa;T_u 为进气温度,K;D_{seal} 为密封直径,mm。

3. 应注意的问题

（1）指尖密封的承压能力受后挡板间隙的限制,其工作压差不应超过最大压差限制。指尖密封最高使用温度不超过指尖片和涂层允许的温度范围。

（2）指尖片的安装方向应与转子旋转方向相匹配,使指身梁工作时受拉而不是受压。同时,摇转发动机的方向必须顺着指身梁的旋转方向,不能反向摇转发动机。

（3）指尖密封的跑道(涂层)表面应有足够的长度以适应转静子轴向伸长不一致,需要有足够的轴向余量。

（4）指尖片上密封靴的径向最大可位移量应大于后挡板与跑道之间的冷态间隙,该径向最大可位移量由指身梁缝隙、指身梁长度及个数决定。

（5）指尖跑道必须满足破裂转速和屈服转速的强度要求。

（6）指尖密封和跑道都应满足低循环疲劳寿命标准。

（7）在发动机工作范围内，必须使指尖密封装置避免与发动机各阶频率相共振。这就要求指尖密封装置 n 个节径的自振频率不与发动机转速范围的任何一发动机转速的 N 倍频率相重合。

第 37 章
发动机密封材料

发动机的密封材料包括静密封材料和动密封材料。其中发动机静密封材料一般包括橡胶类、工程塑料类等;发动机动密封材料一般包括石墨类、金属类和涂层类等。

37.1 发动机静密封材料

37.1.1 橡胶类

橡胶类辅助密封圈是使用最广的一种静密封型式。橡胶材料按照工作温度和介质相容性来选择,主要有丁腈橡胶、氟橡胶和三元乙丙橡胶等。

37.1.1.1 丁腈橡胶

丁腈橡胶,是由丁二烯腈在悬浮液中聚合所得到的共聚物。耐石油基油、耐碳氢化合物以及耐水性,随丙烯腈的含量增加而提高,但低温性能及真空条件下的不透气性能则下降,丁腈橡胶可以在低温-50~-40℃情况正常工作。耐热性和耐老化性能随—CN 基团含量增加而提高,丁腈橡胶可以在 120℃ 以下温度中长期使用,短时耐温可达 150℃。

丁腈橡胶耐化学品腐蚀性较好,对碱和弱酸具有良好的抗耐性,但对强氧化性酸的抵抗能力较差,其他诸如气密性和耐水性均较好,它的气密性仅次于丁基橡胶。

要求耐油性好的场合,以采用丁腈-40 为宜;低温采用,以采用丁腈-26 为宜。丁腈橡胶耐气候老化性差,当臭氧浓度高时会迅速龟裂,不宜在高温空气中使用,也不适用于磷酸酯抗燃液压油。

氢化丁腈橡胶,性能优于通常的丁腈橡胶,耐硫化氢比氟橡胶好,在 200℃ 蒸汽中使用仅次于三元乙丙橡胶。

37.1.1.2 氟橡胶

氟橡胶具有优良的耐高温、耐油、耐真空和耐腐蚀性能,适用于空气、石油基滑油、燃油和液压油、硅酸酯和双酯类合成滑油,但不宜在酮类溶液中使用,也不宜在某些磷酸酯油中使用。目前氟橡胶主要品种大致可以分为以下三大类：含氟烯烃类；亚硝基类；其他类氟橡胶等。氟橡胶是目前在航空发动机内部应用最为广泛的一种静密封橡胶材料。

1. 含氟烯烃类橡胶

含氟烯烃类橡胶主要品种如下：

（1）26 型氟橡胶：偏氟乙烯/六氟丙烯的共聚物，是常用的氟橡胶品种，国外牌号为 Viton A 型氟橡胶；

（2）246 型氟橡胶：偏氟乙烯/四氟乙烯/六氟丙烯的共聚物，国外牌号为 Viton B 型氟橡胶；

（3）23 型氟橡胶：偏氟乙烯/三氟氯乙烯的共聚物，是较早开发的氟橡胶品种，性能比 26 型氟橡胶差，国外牌号为 Kel - F 型氟橡胶；

（4）四丙氟橡胶：偏氟乙烯/丙烯的共聚物，它除具有氟橡胶的性能外，加工性好、密度小且价格低，国外牌号为 Aflas 型氟橡胶。

烯烃类氟橡胶目前仍是氟橡胶的主导品种，性能优异，具体表现如下：

（1）在特种橡胶中，具有较高的拉伸强度，摩擦系数低；

（2）耐热老化性能优异，26 型氟橡胶可在 200~250℃ 下工作；

（3）具有极优异的耐化学介质性能，对有机物质、浓酸、高浓度过氧化氢和其他强氧化剂均具有很好的稳定性；

（4）耐候、耐臭氧性能好，对日光、臭氧和气候的作用十分稳定，实验证明经过 10 年自然老化后仍保持较好的性能；

（5）耐燃性好，卤素含量高，属于自熄型橡胶。

2. 亚硝基类氟橡胶

亚硝基类氟橡胶由于碳原子完全氟化，具有比烯烃类氟橡胶更高的化学稳定性，如耐强酸和 N_2O_4 等。耐燃性突出，即使在纯氧中也不燃烧。比烯烃类氟橡胶的耐寒性好，耐热性交烯烃类氟橡胶差。

3. 其他类氟橡胶

全氟醚橡胶不但具有聚四氟乙烯特有的耐化学药品稳定性，而且具有橡胶的弹性，几乎能承受一切化学试剂的侵蚀，耐热性优异，且应用温度范围很宽（-45~316℃），但价格较高。

氟橡胶中耐热性最好的是全氟三嗪醚橡胶，可在 300℃ 下稳定工作，短时间使用温度可达 371℃，但价格昂贵，应用受限。

37.1.1.3 乙丙橡胶

乙丙橡胶，是由乙烯与丙烯的聚合物。应用较多的是三元乙丙橡胶。它特别能耐磷酸酯类液压油、酮、醇和一些酸、碱，同时又耐高压水蒸气，耐气候性和耐臭氧性好，但它在矿物油和二酯类润滑油中溶胀大。

橡胶的配方不同,成分不同,对介质的适用性也不同。一般来讲,耐油用丁腈橡胶,根据丁腈含量的不同分为高、中、低三种,含丁腈量越高,耐油性能越好。耐天候和耐臭氧用氯丁橡胶,耐热用丙烯酸酯橡胶和氟橡胶,耐高压和耐磨损用聚氨酯橡胶。

37.1.2　工程塑料类

用于密封的工程塑料以聚四氟乙烯[polytetrafluoroethylene,英文缩写为 Teflon(又称"特氟隆")或 PTFE]为主。聚四氟乙烯被称为"塑料王",具有良好的耐腐蚀性,是当今世界上耐腐蚀最佳的材料之一,同时,聚四氟乙烯还具有良好的耐高低温性能、耐老化、抗辐射等性能,化学性质极佳。

聚四氟乙烯于 1936 年由氟树脂之父罗伊·普朗克特在美国杜邦公司研究氟利昂的替代品时发现。因聚四氟乙烯性质优良,可用于原子弹、炮弹等的防熔密封垫圈,该技术在二战期间一直保密。二战结束后解密并于 1946 年实现工业化生产聚四氟乙烯[27]。

37.1.2.1　材料结构

在聚四氟乙烯中,氟原子取代了聚乙烯中的氢原子,由于氟原子体积较大半径为 0.064 nm,大于氢原子半径 0.028 nm,且相邻大分子的氟原子的负电荷又相互排斥,使得聚四氟乙烯分子外形呈一个螺旋结构,并形成一个紧密的完全"氟代"的保护层,这使其具有其他材料无法比拟的化学稳定性以及低的内聚能密度。

由于聚四氟乙烯大分子间的相互引力小,且表面对其他分子的吸引力也很小,因此其摩擦系数非常小,是目前发现的摩擦系数最低的自润滑材料。在聚四氟乙烯分子中没有光敏基团,所以它不仅在低温与高温下尺寸稳定,在苛刻环境下性能也能保持不变,即使在潮湿状态下也不受微生物侵袭,而且它对各种射线辐射具有极高的防护能力。聚四氟乙烯的物理化学性质见表 37.1。

表 37.1　聚四氟乙烯的物理化学性质

名　称	数　据
分子式	$(C_2F_4)_n$
分子量	100.015 612
熔点	327℃
沸点	400℃
折射率	1.35
线膨胀系数	$10×10^{-5} \sim 12×10^{-5}/℃$
密度	2.14~2.20 g/cm³

37.1.2.2　材料性能优缺点

聚四氟乙烯作为工程塑料中的主要密封材料,其优点主要如下:

(1)具有良好的耐高低温性能:使用工作温度范围为 $-190\sim250℃$,可在 $-180\sim250℃$ 长期工作;

(2)具有良好的耐腐蚀性:对大多数化学药品和溶剂,表现出惰性,可耐强酸强碱、水和各种有机溶剂,在王水中煮沸也不起变化;

(3)具有良好的耐氧化性:具有极佳的耐氧化性;

(4)具有良好的耐老化性:具有塑料中最佳的老化寿命;

(5)具有良好的摩擦系数:聚四氟乙烯在力学性能方面具有的优异特性是摩擦系数小且具有自润滑性,其摩擦系数为 $0.01\sim0.10$,是固体材料中摩擦系数最低的材料,而且从超低温到其熔点,摩擦系数几乎不变;

(6)不黏附:具有固体材料中最小的表面张力,不黏附任何物质,这使它成为极好的防粘材料,但同时也使它与其他物件表面黏合极为困难。

聚四氟乙烯的主要缺点如下:

(1)具有"冷流性":在长时间连续载荷作用下发生塑性变形(蠕变),当使用聚四氟乙烯密封垫时,由于"压紧力"的存在会使密封垫被压扁,应采用填料或者改进结构的方式克服;

(2)线膨胀系数大:聚四氟乙烯的线膨胀系数为钢的 $10\sim20$ 倍,比大多数的塑料大,并且其线膨胀系数随温度的变化很不规律,因此,在使用聚四氟乙烯时,要充分考虑线膨胀系数的影响;

(3)耐磨性差:由于分子间引力小,聚四氟乙烯的硬度低,易被其他材料磨损,设计时对磨材料的表面粗糙度需选择合适;

(4)易产生塑性变形、弯曲[28]。

37.1.2.3　应用

聚四氟乙烯的密封件、垫圈、垫片等解决了航空航天、军工、石油化工、煤气、有机合成等领域的许多问题,被广泛地用作密封材料和填充材料。在航空发动机密封中被用作密封垫等静密封材料、动密封中作为唇密封中代替橡胶的材料以及作为一些密封件中防腐、减磨的表面处理材料。在高性能航空发动机研制过程中,对密封材料提出了比以往更为苛刻的要求,聚四氟乙烯与其他材料组合而成的复合材料、复合结构正在研究和探索中,相信在未来的航空发动机密封领域,聚四氟乙烯将具有更为广阔的舞台。

37.1.3　其他类

除橡胶类及工程塑料类外,常用的静密封材料还包括发动机结合面处广泛采用的耐油橡胶石棉垫;对于油管或通气管等存在微动的密封部位,膨胀石墨材料得到了应用;对于高温气体的静密封,过去采用金属材料的开口环和空心金属 O 型圈。目前,金属 C 型和 E 型密封圈由于弹性好、预紧力低、密封效果好,现已取代空心金属 O 型圈,其材料基本上选自可做波形弹簧和波纹管的不锈钢或高温合金,如 GH4145、GH4169、GH738 等。应用于安装边配合表面的密封胶,可分为室温硫化聚硫橡胶密封胶、室温硫化硅橡胶密封胶、厌氧密封胶和非硫化型液体密封胶等多种类型。

37.2　发动机动密封材料

37.2.1　石墨类

密封装置的碳石墨材料分为碳石墨、树脂热压石墨及热解石墨。

碳石墨分为硬质碳石墨和软质电化石墨。它们用石油炭黑、油烟炭黑与焦油、沥青等混合,经粉碎压制成素坯,放置高温中焙烧而成。两者除材料的成分不同外,主要区别是后者需经 2 400~2 800℃的高温石墨化处理。碳石墨在焙烧时,由于黏结剂挥发以及黏结剂的聚合、分解和碳化,使碳石墨出现小气孔,若气孔数量多会使碳石墨强度降低。如果直接将这种碳石墨加工成密封环,则密封环强度较低且工作中会出现渗透性泄漏。因此这种碳石墨一般要进行浸渍处理以填补气孔,经过浸渍处理后成为不透性产品,强度也得以提高。

树脂热压石墨是将烧结后的石墨粉碎,以苯酚树脂或环氧树脂等作粘结剂,混合后经热压的制品。它是不透气性石墨,但导热性能差、热膨胀系数大,适用于批量生产,成本低廉。

热解石墨是用丙烯等碳氢化合物在高温条件下经热解,碳蒸汽渗透到碳石墨坯体的气孔中堵住气孔。形成高密、少孔、低透气性的纯石墨材料,该产品成本较高。

高性能航空发动机密封装置均在高温、高压、高转速条件下工作,因此要求其碳石墨材料不仅具有较好的耐温和强度性能,同时还需保持优良的摩擦磨损性能和抗热冲击性能(线膨胀低、导热系数高)。碳石墨是动密封装置应用最广泛的密封材料,与多种金属、非金属及其涂层具有较好的配对性能(表 37.2)。

表 37.2　碳石墨密封环的摩擦系数和推荐配对材料

系列名称	浸渍物		摩擦系数	推荐的配对材料	最高使用温度/℃
碳-石墨	树脂		≤0.15	硬质合金、镀铬钢、氮化硅、碳化硅、马氏体不锈钢等	200
	低熔点金属	巴氏合金	≤0.15		200
		铝合金			300
	高熔点金属	锑			500
		铜合金			400
		银			900

系列名称	浸渍物		摩擦系数	推荐的配对材料	最高使用温度/℃
电化石墨	树脂		≤0.25	硬质合金、镀铬钢、氮化硅、碳化硅、马氏体不锈钢等	200
	低熔点金属	巴氏合金	≤0.25		200
		铝合金			300
	高熔点金属	锑	≤0.25		500
		铜合金			400
		银	≤0.15		900

除此之外碳石墨还有如下许多优良性能,是航空发动机中端面密封、圆周密封、浮环密封的首选材料。

(1) 较高的导热性。碳的导热系数 20~40 W/(m·K),石墨的导热系数 40~128 W/(m·K),仅次于银、铜和铝,是非金属材料中唯一具有高导热率的材料,比某些金属(例如司太利硬质合金和哈氏合金等)的热导率高得多。因此能及时将产生的摩擦热散失,从而降低密封面的温度,这对提高可靠性和使用寿命都是非常必要的。

(2) 较低的线膨胀系数。石墨的线膨胀系数为 $2 \times 10^{-6} \sim 6 \times 10^{-6}$,大约是金属的 1/2~1/4。在温度升高时,其变形量较小,对保持密封端面的平行是有利的。低的膨胀系数加上高的导热率,使其具有良好的热稳定性,耐热、耐寒和耐热冲击性好,在承受温度剧变的时候不产生裂纹。

(3) 较好的自润滑性。这是因为石墨与金属或其他材料相对摩擦时,在微观上有一薄层石墨转移膜迅速涂覆在密封面上,形成石墨与石墨的相对摩擦。这一低摩擦膜在控制温升中起了重要的作用。此外石墨还有低的摩擦系数,石墨与金属对磨对摩擦系数为 0.04~0.05,在全液润滑条件下,摩擦系数仅为 0.008~0.01。

(4) 石墨的抗拉强度较低,抗压强度较高,属于脆性材料。由于硬度较低,常用于摩擦副中的软环。可以很方便地进行加工。

虽然碳石墨有以上诸多优点但其突出的缺点是孔隙率较大,一般在 18%~22%。为弥补此缺点,实际应用的石墨都是浸渍过的,已堵塞气孔,提高气密性。目前所用浸渍物有三类:有机树脂、无机物和金属。

碳石墨在制造中,原材料经压缩后再焙烧到约 1 000℃,挥发物被驱除,留下是"基础级别"的碳石墨。为了改善的承载性能一般情况下用浸渍合成树脂或金属控制其渗透性。

目前广泛使用各种合成树脂浸渍剂。其中有酚醛树脂、环氧树脂、呋喃树脂等,根据不同的介质性质选用不同的浸渍液。酚醛树脂耐酸性能好,环氧树脂耐碱性介质的腐蚀,呋喃树脂耐酸碱性能较好,因此呋喃树脂用得较普遍。

浸渍金属如锑、铜、铅或巴氏合金的石墨可以改善材料的强度、热导率和摩擦性能。选择金属做浸渍剂时要注意金属的熔点不可过低,浸渍金属要耐介质的腐蚀。

表 37.3 为航空发动机密封装置常用的国产碳石墨的牌号与性能。

表 37.3　国产碳石墨的牌号与性能

牌　　号	密度/ (g/cm³) ≥	抗折强度 ≥	抗压强度 ≥	硬度/HS	气孔率/% ≤	膨胀系数/ (×10⁻⁶/℃) ≤	使用温度/℃ ≤
M234	1.9	50	110	100	6	2.2	500
M234AO	1.9	50	110	100	6	2.2	650
MAT4000	1.82	62	208	85	1	5.2	260
M210W	1.9	40	100	40~65	4	3.0~5.0	600
M211W	1.8	45	98	55~65	3	5	600
M236	1.82	40	100	70~80	6	5	550
M246	1.9	70	150	80~100	1	5	350

目前,国外高温高速主轴承腔石墨密封装置所应用的碳石墨材料,以细颗粒粉料等静压成型,经焙烧和石墨化处理得到碳石墨和石墨的基体。这种工艺使基体材料达到各向同性、孔隙率小且分布均匀,提高了强度及使用温度。

37.2.2　金属类

37.2.2.1　铸铁

铸铁是早期密封结构的常用摩擦副材料,具有一定的耐磨性和润滑性,常用于金属涨圈、活塞环等对滑油的密封结构中,常见的材料有铬钼铸铁、钼铬铸铁、镍铬铸铁、镍铬钼铸铁等。在航空发动机中,由于金属涨圈、活塞环等密封型式已被泄漏更低、使用寿命和可靠性更高的石墨密封取代,相应铸铁材料也被石墨等性能更高的密封材料取代,在现代的发动机中,铸铁类密封材料已很难见到。

37.2.2.2　合金钢

现代发动机的密封材料中,合金钢仍占据很重要的地位,其应用包括密封的摩擦副材料、加载的弹性材料、磁性材料等。

1. 摩擦副材料

1) 密封跑道材料

作为摩擦副材料的合金钢主要用于低速的密封中,如附件机匣轴端的机械密封、皮碗密封的对偶材料等,该类材料主要选择硬度高、导热性好、线膨胀系数低、弹性模量大的高强合金钢,如 38CrA、40CrNiMoA、38CrMoAlA 等,一些高强齿轮材料,如 12Cr2Ni4A、16Cr3NiWMoVNbE 等,也直接用作皮碗的对偶材料。为提高耐磨性,常在该类材料的摩擦表面采取渗碳、渗氮或碳氮共渗等工艺提高表面硬度,对于不耐腐蚀材料,通常在摩擦表面采用镀硬铬,在非摩擦表面涂镀防护涂层或表面氧化等方式进行防护。

对于石墨密封的密封座材料,在工作中与石墨之间存在微动摩擦,其材料同样选择耐磨性好、导热系数高的材料,常用的材料有 1Cr13、2Cr13 等。对于特殊工况的应用,可以选择相应的金属合金,如在盐雾环境下工作可以选择耐盐雾腐蚀能力强的不锈钢材料。

2) 篦齿材料

理想情况下,篦齿与衬套之间是不会出现接触摩擦的,但实际工程应用中,篦齿与衬套之间的摩擦是不可避免的,因此,篦齿材料需要选择硬度高、强度高、摩擦系数低、热膨胀系数低、导热性差的材料,实际使用中,常见的材料有高强合金钢,如 1Cr11Ni2W2MoV、2Cr13、40CrNiMoA 等;高温合金材料,如 GH4169(Inconel 718)、GH738 等。

衬套不与篦齿直接接触摩擦,因此其材料的可选择范围很大,除工作环境的要求外,主要取决于衬套材料与可磨耗涂层的匹配性,尽量选择与涂层结合力高、线膨胀系数接近的材料,而一些软的合金材料,可以直接用作可磨耗的对偶材料,如铝合金、铜合金等,但该类材料仅能用于温度较低的场合。

3) 蜂窝材料

蜂窝通常用于可磨耗涂层无法满足要求的高温条件下,其材料选择主要取决于材料的可成型性和可焊接性,目前可采用的材料是 GH536。蜂窝材料硬度较高,一般不用于轴承腔封严,避免磨屑进入轴承腔,对轴承造成损伤。

2. 弹性材料

密封的弹性元件主要是压缩弹簧和波形弹簧,用于对密封件的加载。其材料可选用常用的弹簧合金材料,如 50CrVA、65Mn、1Cr18Ni9Ti、GH4145(Inconel X - 750)等,在机械行业,该类材料已经形成国家标准或行业标准,可供选择。

3. 磁性材料

磁性材料主要用于磁性力作为加载方式的磁力密封装置中,包含永磁材料和软磁材料两种。在磁力密封装置中,永磁材料主要采用铝镍钴系,软磁材料大部分采用的是 1Cr13 材料,该种材料作为常见的不锈钢材料,应用非常广泛。

作为密封装置的永磁材料需要兼具较高的磁性能和满足摩擦学方面的性能两种作用。对永磁材料的磁性能要求有以下几点。

大的磁能积 BH:对于确定的磁力,磁能积越大,需要的磁性材料体积越小;

高剩余磁感应强度 B_r 和矫顽力 H_c:取决于永磁体的尺寸比 L/D(L 为有效磁路长度,D 位磁路有效截面的等效直径),当 L/D 较大时,要求剩余磁感应强度 B_r

大,当 L/D 较小时,要求矫顽力 H_c 大。

高磁导率:磁感应强度和磁场的比值 B/H 为磁导率,高磁导率材料产生的磁性力大;

较高回复磁导率:回复磁导率大,则受到反磁场作用时的磁性能下降小,但通常情况下,永磁材料的回复磁导率大,则矫顽力 H_c 小,抗退磁能力差,两者需要兼顾。

高磁感应温度系数:磁感应温度系数小,则温度变化对磁性能的影响小,磁力较稳定。密封材料的磁感应温度系数尽量小。

居里温度:居里温度是永磁材料完全退磁的温度点,且为不可逆退磁。

对于密封装置用的软磁材料,需要较大的磁导率和低的矫顽力 H_c,防止动环在工作中发生磁化现象。

4. 刷密封材料

刷密封为接触式动密封,在刷丝与跑道之间存在摩擦磨损,其材料选择包括两部分,即刷丝材料和与之相配的涂层摩擦副材料。摩擦副材料的选择除了满足使用环境和介质的要求,以及材料之间的相容性外,还需要满足与各自相结合件之间的相匹配性。

大部分刷密封都是跑道为转动件,因此,刷丝与跑道之间的摩擦磨损期望是刷丝产生磨损,跑道尽可能不产生大的磨损,因此,涂层往往选择硬度高、摩擦系数低、耐磨性好的材料。由于工作过程中刷丝与跑道之间产生摩擦热,会导致刷丝处于较高的温度,因此刷丝材料主要选择高温合金材料,常见的主要有镍基高温合金和钴基高温合金,如 Haynes 25(GH605)、Inconel X - 750(GH4145)、Inconel 718(GH4169)、Hastelloy X(GH536)、Haynes 214、Alloy A 等。刷丝材料选择主要考虑刷丝的成型特性、刷丝与前板和背板之间的焊接性能以及刷丝与跑道涂层之间的摩擦学匹配性。

随着技术的进步,碳纤维作为刷丝材料也得到了研究和应用,由于碳纤维材料较软的特性,碳纤维刷丝材料的刷密封被用于轴承腔的密封。

国外对刷丝与跑道耐磨涂层之间的摩擦学匹配性开展了大量研究工作,研究了多种刷丝与不同的耐磨涂层之间的匹配性,因而能够在不同使用条件(如温度等)下选择合适的刷丝和耐磨涂层进行匹配。国内研究院所也开展了相关的研究工作。

37.2.3 涂层类
37.2.3.1 封严涂层分类
封严涂层对提高发动机效率,延缓发动机性能衰退,降低燃油消耗率有重要作用。近几十年来,国内外在封严涂层材料、制备、喷涂方式和试验评价等方面取得了一系列成果。封严涂层大致可分为两类[29-32]：可磨耗涂层和耐磨涂层(图37.1)。

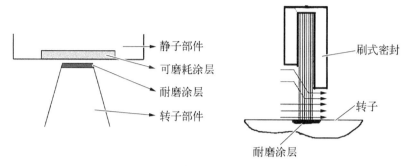

图37.1　封严涂层部位示意图

可磨耗涂层主要应用于篦齿密封以及压气机叶片、涡轮叶片的对偶表面。耐磨涂层主要应用于篦齿齿尖及密封跑道处。所处的位置和功能决定了它们都需要保持足够的硬度以抵抗高温高速气流及其携带颗粒的冲蚀,但是当叶尖或齿尖与对偶表面发生碰磨时,可磨耗涂层需要被干净利落地刮去,而耐磨涂层不发生或尽可能减少磨损。

37.2.3.2　典型可磨耗涂层的种类和应用

应用于篦齿密封对偶面的可磨耗涂层有环氧树脂、银铜、铝铜、镍石墨、松孔镍、铝/氮化硼。特别是用于轴承腔支点密封部位时,需要特别考虑涂层与滑油的相容性,以及磨粒对轴承润滑的危害性。

37.2.3.3　典型耐磨涂层的种类和应用

篦齿齿尖的耐磨涂层主要采用 $Al_2O_3 \cdot TiO_2$ 陶瓷涂层。

指尖或刷式密封的跑道与金属指尖片或刷丝对磨,其工作环境温度高,滑动线速度高,无外界润滑和冷却,因此指尖或刷式密封跑道对涂层的要求较高。目前主要应用的涂层有[5]：

(1) 含有8%Co黏结的碳化钨涂层,最高工作温度约480℃。

(2) 含有 CaF_2/BaF_2 共晶体添加剂的NiCr合金黏结的碳化铬涂层,耐温能力约760℃。

(3) 氧化铬涂层,耐温一般700~950℃。

(4) 专利合金涂层Triboloy800,耐温约800℃。

耐磨涂层是影响指尖或刷式密封性能和寿命的主要因素之一,也是国内外重点研究的一项密封关键技术。影响涂层破坏的主要因素包括涂层材料自身性能、涂层与刷丝材料匹配性以及涂层与基体的匹配性,如热膨胀系数、弹性模量、微观结构等。研究表明,一般跑道涂层硬度高于对磨件(如刷丝、指尖片等)硬度HV200时,具有较长的服役寿命[33]。例如,通过用高速火焰喷涂代替大气等离子喷涂,采用 $50NiCr - 50Cr_3C_2$ 替代 $25NiCr - 75Cr_3C_2$,调节涂层与刷丝之间的硬度差,可进一步改善跑道涂层材料与刷丝材料的匹配性[5]。涂层还需要具备自润滑性能。而单一的材料组分难以满足复杂工况下的润滑与耐磨要求。因此,通过融合多种功能组分制备复合涂层成为解决问题的关键。国外采用等离子喷涂工艺制备出在 $25\sim800℃$ 宽温度范围内具有低摩擦系数的涂层,该涂层将硬质相如 $NiCr$,Cr_3C_2,Cr_3O_2 等,与氟化物、贵金属等润滑相混合组成复合涂层,涂层摩擦系数在整个测试温度范围内在 $0.2\sim0.6$ 波动。通过调节复合涂层中的功能组分配合是改善其高温耐磨性能的有效方法,但目前对组分的调控多依靠于经验,尚未能发展出有效的理论设计依据。

主轴密封装置中,摩擦副一般设计为石墨环对金属跑道,跑道主要采用的镀层为硬铬,其硬度高、耐高温、线膨胀系数小、与石墨配伍性能好。也有跑道采用氧化铬、碳化钨、碳化铬涂层,但需要注意与石墨材料的匹配性。

第 38 章
发动机密封典型故障与分析

发动机密封引起的故障占发动机的故障率还是占有一定比例的,一般主轴承腔密封故障发生的概率较低,而发动机附件轴端密封较容易发生漏油故障,大多数发动机密封的故障都是由附件轴端密封漏油引起的。这里我们通过分析典型的发动机静密封故障和动密封故障,让大家对发动机的各类密封故障的分析方法有一定的了解。

38.1 发动机静密封典型故障与分析

38.1.1 橡胶圈密封失效与分析

随着橡胶圈在航空发动机上的大量应用,苛刻的使用工况条件对橡胶圈的密封性能提出了更高的要求,设计或使用不当都会加速橡胶圈的损坏,丧失密封性能。导致橡胶圈失效的主要原因包括选材不当、胶圈设计不合理、加工质量问题、装配损伤、间隙啃伤等[34]。

38.1.1.1 橡胶圈选材不当

不同类型的橡胶圈有不同的使用温度范围,高温会加速橡胶的老化,如橡胶圈应用的位置环境温度过高,橡胶圈的永久变形就越大,当永久变形超过 40%时,橡胶圈就将失去密封能力而发生泄漏。

橡胶圈在低温环境中使用时,其初始压缩能力可能由于温度的急剧降低而减小直至完全消失,在降低温度下,不耐低温的橡胶材料会完全丧失初始应力,影响密封性能。

因此,设计时应尽量保证橡胶圈具有适宜的工作温度,根据工作温度选取相应的耐高、低温的橡胶材料,以延长使用寿命。

38.1.1.2 胶圈设计不合理

橡胶圈压缩率设计得过大或过小都会引起密封失效。橡胶材料属于黏弹性材料,在压缩状态下都会产生压缩应力松弛现象。压缩率和拉伸量越大,使用时间越长,则由橡胶应力松弛而产生的应力下降就越大,以致橡胶圈弹性不足,失去密封性能。另外,若橡胶材料与密封介质不相容,使得橡胶圈在介质中过度膨胀,也会使得压缩率过大,从而引起密封失效。

橡胶圈只有在压缩变形时才能发挥密封作用,当压缩率过小时,没有产生足够的压缩变形,在介质压力的作用下,也将会产生泄漏现象。

设计合理的橡胶圈压缩率对胶圈的密封性能和长期使用有重要影响,要严格按照相关设计准则合理选取。

38.1.1.3 加工质量问题

橡胶圈生产过程中,可能出现的质量问题包括过硫或欠硫、添加成分不均等原因导致橡胶圈力学性能、硬度等出现批次性差异,不能满足使用要求;橡胶圈成型后的几何尺寸和精度不符合要求;存在夹杂、气孔等缺陷;存在飞边、毛刺,或胶圈槽的几何精度、表面粗糙度等加工不合格。上述加工质量问题均会导致橡胶圈在使用过程中异常磨损,最终失效。

为避免出现上述问题,建议出厂前检查橡胶圈的表面质量,重点检查是否存在气孔、毛刺、飞边、裂痕等缺陷,条件允许的情况下,检查橡胶圈的尺寸及胶圈槽的加工质量、粗糙度等是否满足相关要求。

装配过程对橡胶圈产生的损伤主要包括以下几类:

(1)强行将橡胶圈压入安装槽中,造成橡胶圈局部异常变形、扭曲、偏心;

(2)胶圈在安装时被零件锐边处的毛刺等划伤;

(3)装配的工装设计不合理,使得胶圈安装不到位或产生偏斜,或是胶圈遭受过大的拉伸引起塑性变形;

(4)胶圈或安装槽装配时带入异物,造成橡胶圈磨损。

为防止装配损伤,装配前需确认密封沟槽、密封耦合面无杂质,并对橡胶圈涂润滑脂,装配时注意避免橡胶圈扭曲、划伤或偏心。

38.1.1.4 间隙啮伤

被密封的零件存在着几何精度(包括圆度、椭圆度、圆柱度、同轴度等)不良、零件之间不同心以及高压下内径胀大等现象,都会引起密封间隙的扩大和间隙挤出现象的加剧。橡胶圈的硬度对间隙挤出现象也有明显的影响,液体或气体的压力越高,橡胶圈材料硬度越小,则橡胶圈的挤出现象越严重。

防止间隙啮伤的措施是对橡胶圈的硬度和密封间隙加以严格的控制。选用硬度合适的密封材料控制间隙。硬度低者用于低压,高硬度者用于高压。

上文给出了橡胶圈常见的失效形式和原因,可为橡胶圈故障的分析提供参考,但在实际工况条件下,失效往往不是单一原因造成的,特别是裂纹和断裂失效,应针对橡胶圈的具体使用情况进行综合分析,找出确切原因,提出可行的预防或改进措施,有效减少橡胶圈密封故障的发生。

38.1.2 密封垫密封失效与分析

航空发动机密封垫密封失效会造成密封介质泄漏或被污染,安装边结构及相关部件被烧蚀或破坏,发动机效率降低甚至起火,引发严重的飞行事故。导致密封垫密封失效的原因主要有以下几个方面。

38.1.2.1 密封垫密封系统

(1) 连接结构设计不合理,连接件的刚度与紧固件的预紧力和分布不匹配。

(2) 连接结构的变形不协调,造成泄漏增大或垫片破坏。

(3) 密封介质的温度、压力、速度和理化性质波动过大或超过允许值。

(4) 密封介质对连接结构具有破坏性的物理和化学作用。

(5) 航空发动机的振动和惯性力对密封垫密封效果有不同程度的影响。

38.1.2.2 垫片

(1) 垫片几何尺寸如宽度和厚度等参数选择不当。

(2) 垫片材料选择不当,垫片材料不能含有引起连接结构腐蚀的成分或杂质,应在所有工作状态下不受密封介质的影响。

(3) 垫片在航空发动机高温部位长期使用,材料性能会发生很大变化,容易发生高温回弹性失效和高温强度失效[35]。

(4) 垫片质量问题,内部组织、成分或厚度不均匀;外部划伤、缺陷或剥落。

38.1.2.3 连接件

(1) 连接件刚度不足,变形量大,导致紧固件预紧力无法均匀地传递给垫片[4],垫片也无法通过回弹补偿过大的分离间隙。

(2) 连接件密封面没有达到相应的质量要求,密封面的平面度和垂直度是保证垫片均匀压紧的前提,其形状和表面粗糙度应与垫片相配合,避免刻痕、凹槽、毛刺、机械损伤和杂物残留。

38.1.2.4 紧固件

(1) 紧固件预紧力不足,垫片没有压紧造成渗透泄漏,工作条件下垫片残留应力不满足密封要求甚至被吹出。预紧力过大,垫片发生塑性变形失去弹性甚至压溃。

(2) 紧固件拧紧扭矩控制不精确,没有施加正确的预紧力。拧紧顺序不当,造成压紧力不均匀、垫片弯曲变形或解体。

(3) 紧固件长期使用后发生松动和蠕变,造成压紧力变小或不均匀。

(4) 紧固件脆性断裂及疲劳失效,这种失效会突然发生,危害较大[36]。

(5) 紧固件由于被密封介质腐蚀、高温蠕变和质量缺陷导致强度失效。

38.1.3 金属静密封失效与分析

过大的压缩率容易使 W 型封严环变形范围超过弹性范围进入塑性变形区域,

造成封严环发生屈服,失去回弹能力,导
致密封失效,失去密封性能。如图 38.1
中 W 型封严环已经发生塑性变形,失去密
封性能。

金属封严环作为弹性密封零件,首先
要满足强度条件,其最大应力不超过给定
条件下的许用应力,许用应力可根据材料
屈服强度或疲劳强度除以一个安全系数
确定。避免封严环发生明显的塑性变形,
保证封严环有一定的回弹量。

图 38.1　发生塑性变形的 W 型封严环

1) 裂纹、断裂

封严环的刚度过大、疲劳、磨损、振动等因素可能导致出现裂纹、断裂。封严环
的刚度分为弹性刚度和塑性刚度,当其变形范围局限于弹性状态时,称为弹性刚
度;当变形范围超过弹性范围进入塑性变形区域时,称为塑性刚度。轴向刚度是研
究封严环的一个重要性能指标。同样的外界条件下,轴向刚度越小,封严环的柔性
越好,但如果过小,封严环很有可能因载荷过大发生大变形导致失稳。轴向刚度越
大,封严环的载荷就越大,密封性能越好,但补偿能力越差,封严环安装困难,稍有
不当轻则会使封严环用以实现密封的那个表面划伤,重则使封严环出现裂纹;同等
压缩量下其等效应力也更大,这样导致密封环发生断裂的可能性就越大。封严环
的轴向刚度不仅会影响它的密封性能,而且还会影响它的振动和疲劳特性等,而且
轴向刚度的大小并不是恒定不变的,在长时间的高温环境中,封严环会发生蠕变。
封严环壁厚和截面形状是影响封严环压缩刚度的两个主要因素。

2) 磨损

工作时的安装边变形、微动磨损,以及发动机或部件振动可能会导致封严环的
磨损,进而影响封严环结构和发动机性能。

影响磨损的因素很多,例如相互作用表面的相对运动方式(滑动、滚动、往复运
动、冲击)、载荷与速度的大小、表面材料的种类、组织、机械性能和物理-化学性能
等,各种表面处理工艺,表面几何性质(粗糙度、加工纹理和加工方法),环境条件
(温度、湿度、真空度、辐射强度和介质性质等)和工况条件(连续或间歇工作)等。这
些因素的相互影响对于磨损将产生或正或负的效果,从而使磨损过程更为复杂化。

根据磨损分类可知封严环工作过程中的磨损是微动磨损,即两个固体接触表
面上,发生周期性小振幅的相对运动产生的磨损。微动磨损是一种典型的复合磨
损,它涉及黏着、磨料、疲劳和腐蚀磨损等多种类型。

3) 翘曲变形

图 38.2 中的 W 型封严环配装某发动机燃气涡轮分解后发现已翘曲变形,经

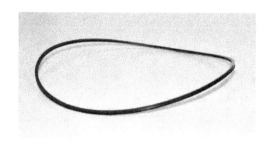

图 38.2 发生翘曲变形的 W 型封严环

初步排查估算,该封严环实际工作温度已超过材料推荐工作温度范围,其他方面正常,因此,异常超温现象会导致封严环出现翘曲变形。在保证发动机性能稳定的同时,在燃气涡轮等高温区工作的封严环应尽可能选择工作温度范围高的材料。

金属封严环基体材料的选择需要考虑密封部位的工作温度,材料的抗腐蚀性能,与密封介质的相容性。另外,为了保证密封的完整性,需要综合考虑材料的力学性能以及变形过程中的性能变化问题,重点要考虑以下几个方面材料的屈服强度、硬度及疲劳性能。

38.1.4 柔性石墨密封失效与分析

柔性石墨密封环失效的主要表现有密封介质泄漏或被污染、密封环发生破坏。导致垫密封失效的原因主要有以下几种:

(1) 工作过程中介质泄漏,应首先检查压缩量是否过大或过小;

(2) 柔性石墨被挤进轴和挡圈或压盖之间的间隙,多因为设计的间隙过大或偏心,可通过减小间隙,检查同轴度来解决;

(3) 柔性石墨外表面被研伤,导致密封面处泄漏,是由于摩擦力过大,可改用带金属包边的柔性石墨密封环来解决。

38.2 发动机动密封典型故障与分析

38.2.1 发动机主轴承腔密封

发动机主轴承腔密封的故障一般发生的概率较小,主轴承腔密封一旦发生故障,可能会导致发动机主轴承发生关联故障,而主轴承故障严重将会导致发动机空中停车的重大安全事故。目前,通过对主轴承腔的滑油光谱变化监控和发动机滑油消耗量监测预防故障的发生。一般发动机主轴承腔密封的典型故障有:石墨密封静子与转子发生碰磨故障,石墨密封内进入异物异常损坏故障,石墨密封环断裂故障,石墨开口环损坏故障、石墨开口环过度磨损故障、篦齿密封与涂层的基体碰磨故障、篦齿密封与封严件抱轴故障等等。

发动机主轴承腔密封的排除故障流程,主要包括故障概述、故障问题定位、故障机理分析、故障问题复现、纠正措施及验证情况和结论共六个步骤,流程图见图38.3。

下面我们以发动机主轴承腔的圆周石墨密封故障作为典型故障分析。

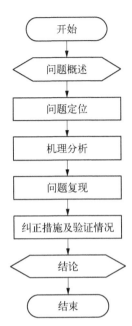

图 38.3　发动机主轴承腔密封
排除故障流程图

图 38.4　密封跑道外径损坏图

图 38.5　密封装置故障件图

　　问题概述：发动机在一次试车过程时,金属屑末信号器报警,停车后检查发现,金属屑末信号器和滑油滤上都有大量金属屑末,滑油油样呈蓝黑色,并含有悬浮微粒,滑油光谱结果表明 Fe 含量超标。发动机分解检查,发现密封跑道及密封装置严重损坏,密封跑道外径损坏图见图 38.4;密封装置故障件图见图 38.5。

　　问题定位：根据故障现象和分解检查情况,确认该故障为石墨密封装置故障,考虑各种可能导致的故障原因。石墨密封装置的故障树排查见图 38.6。

　　根据故障树对故障的排查及分析,确定了本次故障的主要原因如下所示。

　　(1) 支撑组件形位公差超差;轴承安装部位与密封安装部位的同轴度超差以及轴承定位端面与密封座安装端面的平行度超差,对密封装置的转、静子间隙减小的影响较大,是本次故障发生的主要原因。

　　(2) 密封跑道组件装配不到位对故障的发生起到促进的作用,是本次故障的次要原因。

　　机理分析：对轴承安装面进行镀镍修复后的支撑组件,存在尺寸和形位公差超差,其中轴承安装部位与密封安装部位的同轴度超差,以及轴承定位端面与密封座安装端面的平行度超差较大,导致密封跑道组件与密封座之间的径向间隙过小,在发动机的较大工作状态,由于低压轴的偏转、振动、温度不均引起的热变形等因

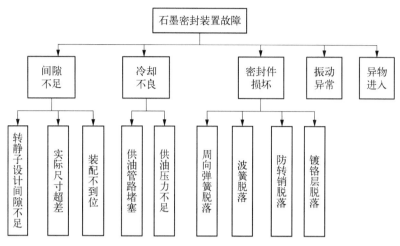

图 38.6 石墨密封装置故障树

素的影响,使密封跑道组件与密封座之间产生碰磨;同时由于存在装配不到位的现象,影响转子件的运转精度,加剧了转、静子之间的碰磨,摩擦热使密封座和密封跑道组件温度升高,热膨胀量增加,并因此引起更加剧烈的碰磨,最终导致密封跑道组件磨断、金属屑末信号器报警、石墨件破碎等一系列故障。

纠正措施及验证情况:根据确定的故障原因,采取如下措施:

(1)在发动机装配石墨密封装置新件,支撑组件更换合格件;

(2)技术要求中增加支撑组件的去应力要求,改进支撑组件的加工工艺,保证合格件装机使用。

该发动机在装配合格支撑组件后,进行试车,试车后的分解检查发现,密封装置及密封跑道完好。在后续进行了多台份试车和试飞中,也未再次出现故障,而且多台发动机均通过了耐久性寿命试车验证。

结论:通过对某发动机出现的密封组件碰磨问题的复查和分析,确定了故障的主要原因是支撑组件超差,通过采取增加支撑组件去应力要求,改进支撑组件加工工艺,解决了支撑组件加工后的变形问题,保证合格件装机,通过上述措施能够避免超差件装机的问题发生,经多台发动机的试车和试飞验证,故障排除。

38.2.2 发动机附件轴端密封

本文以附件轴端密封中机械端面石墨密封的典型故障进行介绍及分析。

机械端面石墨密封是一种用于防止流体径向泄漏的端面动密封装置。该密封装置主要是靠至少一对垂直于旋转轴线、保持贴合并相对滑动的密封端面。密封端面垂直于旋转轴线,相互贴合并相对滑动的两个环形零件称作密封环,其中,随轴做旋转运动的密封叫动环,与之相对应不随轴做旋转运动的称为静环。机械端

面石墨密封的主要组成部分有主密封、副密封和辅助密封、补偿机构、传动及防转
机构、密封辅助机构。其中主密封指的是动环和静环;副密封指的是 O 型圈、密封
垫片等静密封装置;补偿机构的作用是提供轴向闭合力并对石墨环端面磨损提供
轴向补偿;传动及防转机构的作用是为了防止静环在摩擦副的作用下随动环转动,
主要是靠防转销和紧定螺钉等实现防转。

1. 石墨环开裂

图 38.7 为机械端面石墨密封中主
密封的静环——石墨环,出现开裂
现象。

由于出现故障的石墨材料材质偏
硬。考虑到石墨材料本身的脆性,石墨
环在受到径向的张力时,容易出现开裂
现象。同时,静环组件中的 O 型密封

图 38.7　石墨环开裂

圈内、外径尺寸超差,会引起石墨环在径向方向上受更大的挤压作用力。在试车过
程中,石墨环在周向有轻微的转动。在运转一定时间后,石墨环与密封装置安装座
之间的 O 型密封圈因为内、外径超差易产生卷曲,导致石墨环在径向方向上受到异
常张力,致使石墨环在薄壁处发生开裂现象。导致石墨环开裂故障的原因如下。

（1）由于石墨环的材质偏硬,考虑到石墨材料本身的脆性,其在受到径向张力
时,硬度高的石墨环更容易出现开裂现象。石墨环的材质差异是引起石墨环开裂
故障的主要原因。

（2）静环组件中的 O 型密封圈尺寸超差。在运转过程中,石墨环由于受到与
动环表面摩擦力的作用,在周向有轻微的转动。当运转一定时间后,静环组件中的
O 型密封圈因为内、外径超差会产生卷曲,导致石墨环在径向方向上受到异常张
力,是导致石墨环在薄壁处开裂的原因之一。

2. 动环内胶圈碳化

图 38.8 为机械端面石墨密封装置中主密封——动环内的胶圈出现碳化现象。
一般机械端面石墨密封装置动环与转动件的配合情况有两种:一种情况是对于不
需要经常装拆的转动件采用过盈安装;另一种情况是需要经常装拆且有防转设计
的转动件采用 O 型密封圈配合安装。

该故障出现是由于静环——石墨环的材质偏硬,大于动环工作表面镀层的硬
度,在工作中与动环接触产生异常挤压,使动环工作表面的镀层先受到磨损,加大
了动环与石墨环之间的摩擦力,进而产生更多的热量。再加上动环基体材料的散
热性差,辅助冷却喷嘴设计流量偏小以及动环工作表面的粗糙度设计偏低等因素,
导致多余的热量不能及时散发,累积后会使动环的温度升高,进而引起胶圈碳化失
效。导致动环胶圈碳化的原因如下:

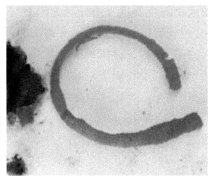

(a) 动环内胶圈碳化   (b) 胶圈碳化

图 38.8　胶圈碳化

（1）由于石墨环的材质偏硬,工作时动环工作表面的镀层先受到磨损,进而使石墨环与动环接触表面产生异常摩擦,产生过多热量,累积后会使动环的温度升高,是动环内部胶圈碳化的主要原因;

（2）动环的基体材料的热传导系数低,导致散热性能差,在密封装置工作时,动环与石墨环之间的挤压摩擦做功转化成的热能在动环内散发较慢,导致温度逐渐升高,是增加故障发生率的原因之一;

（3）动环的工作表面粗糙度偏低,会增大动环与石墨环之间的摩擦力,产生更多的热量,进而影响动环内胶圈的工作环境温度,是引起动环内胶圈碳化的原因之一;

（4）喷嘴的流量偏小,会影响密封装置的冷却效果,加剧动环处的热量积累,也是可能的原因之一。

3. 动环的密封面发生烧蚀

图 38.9 为机械端面石墨密封的主密封——动环的密封面发生烧蚀。

从图中可以看到,动环的密封面上有一整圈的烧蚀面。出现该故障的原因是原设计产品在原先设计的使用线速度为 21 m/s,而在现使用环境的最高线速度达到 56 m/s。由于密封接触面表面线速度比原先超出较多,试验时密封装置与对象件摩擦产生的热量使对象件表面产生烧蚀。后续通过重新设计波形弹簧,减小接触面的压紧力;改进密封对象件的材料及表面处理工艺;对密封装置的结构形式进行优化等处理措施,解决了动环密封面的烧蚀现象。

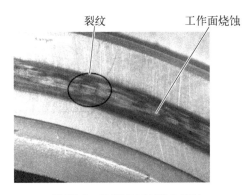

裂纹　　　工作面烧蚀

图 38.9　动环密封面发生烧蚀

38.2.3 发动机流路密封

对于不同的密封结构,其故障形式不同,在航空发动机流路密封中,采用的主要密封结构为篦齿密封、刷密封、指状密封等。气路密封的典型故障主要介绍几种常见密封结构的典型故障形式、原因分析及解决办法。

38.2.3.1 篦齿密封典型故障

篦齿密封的主要故障有可磨耗涂层脱落、篦齿与可磨耗涂层黏接、篦齿裂纹等几种形式。

1. 可磨耗涂层脱落

可磨耗涂层脱落故障的主要现象是可磨耗涂层边缘处掉块,基体材料裸露,见图 38.10。可磨耗涂层掉块会导致篦齿与衬套之间的间隙变大,封严性能下降。

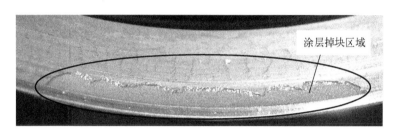

图 38.10　银铜涂层掉块故障图

故障的主要原因有如下几种:

(1) 可磨耗涂层与基体结合力低;

(2) 可磨耗涂层与基体材料的热匹配性差;

(3) 可磨耗涂层与篦齿碰磨导致。

对于可磨耗涂层与基体结合力低、热匹配性差的问题,可以采用更换涂层或基体材料等方式解决,对存在碰磨问题,可以通过增加篦齿与衬套的间隙的方式解决。

2. 篦齿与可磨耗涂层黏接

篦齿与可磨耗涂层黏接故障的主要现象是篦齿与可磨耗涂层焊接(或黏接)成一体,导致转子出现"抱轴"问题。该问题会导致整个转子无法转动,产生发动机无法启动的问题。

该问题的主要原因是篦齿与衬套间存在严重摩擦,大量摩擦热未能及时散出,导致篦齿和可磨耗涂层温度升高,达到可磨耗涂层的熔点,在转子停止转动后,出现焊接现象。解决该问题的方法是增加篦齿和衬套之间的间隙,减轻篦齿与涂层之间的摩擦,或将低熔点的金属涂层材料改为石墨等不会出现熔融的涂层材料。

3. 篦齿裂纹

篦齿裂纹故障的主要现象是篦齿从齿尖产生的沿径向的裂纹,见图 38.11,有的时候,通过目视检查很难发现,需要借助荧光、着色等辅助手段检查才能发现。篦齿裂纹会随使用时间的增加而逐渐扩展,到一定程度后导致结构件的损坏。

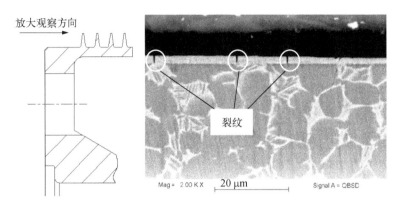

图 38.11　篦齿裂纹故障图

篦齿裂纹故障产生的原因很多,主要有以下几条:

(1) 篦齿与涂层或蜂窝间存在严重摩擦,摩擦应力导致篦齿产生裂纹;

(2) 篦齿与涂层或蜂窝间存在较重摩擦,摩擦热未能及时传出,热应力导致篦齿产生裂纹;

(3) 篦齿出现气动弹性问题,导致篦齿出现疲劳裂纹。

对于摩擦导致的篦齿裂纹,可以通过增加篦齿间隙的方式解决,对于气动弹性导致的篦齿裂纹,则需要开展详细的分析,排除气动弹性问题,或增加阻尼环等方式解决。

38.2.3.2　刷密封典型故障

刷密封的主要故障有耐磨涂层脱落、耐磨涂层裂纹、耐磨涂层磨损、刷丝局部缺失、刷丝自由端黏接等几种。

1. 耐磨涂层脱落

耐磨涂层脱落故障的主要现象是耐磨涂层的局部或整体脱落,基体材料裸露,如图 38.12 所示。该故障会导致刷丝与跑道之间间隙增大,封严性能显著降低。

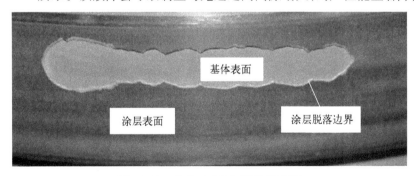

图 38.12　跑道耐磨涂层脱落故障图

故障的主要原因有如下几种：

（1）耐磨涂层与基体结合力低；

（2）耐磨涂层与基体材料的热匹配性差；

（3）耐磨涂层与刷密封或异物等存在碰磨。

对于几种原因，可以分别采用如下解决措施：

（1）对结合力低和热匹配性差问题，可以采用增加过渡底层，更换涂层或基体材料等方式解决；

（2）对存在碰磨问题，可以通过增加刷密封前板和背板与跑道的间隙，或增加防护防止异物进入等方式解决。

2. 耐磨涂层裂纹

耐磨涂层裂纹故障的主要现象是耐磨涂层与刷丝接触部位存在裂纹，如图 38.13 所示。该故障会导致刷密封泄漏增加，并且随工作时间的增加，裂纹会逐渐扩展，并最终出现耐磨涂层脱落的问题。

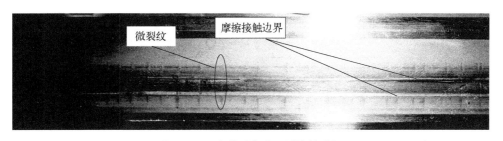

图 38.13　跑道耐磨涂层裂纹故障图

故障的主要原因刷丝与跑道之间的摩擦热过大导致耐磨涂层出现热裂现象。

针对原因，可以采用如下解决措施：

（1）更换耐磨涂层或跑道基体材料，提高材料之间的热匹配性，或降低材料之间的摩擦系数；

（2）降低刷丝刚度，或增加刷丝与跑道的配合间隙（减小过盈量），降低摩擦热的产生。

3. 耐磨涂层磨损

耐磨涂层磨损故障的主要现象是耐磨涂层与刷丝接触部位存在较深的摩擦痕迹，如图 38.14 所示，摩擦接触区存在明显的环形凹陷。该故障除了会导致刷密封泄漏增加外，还会由于磨损不均匀使跑道不平衡量变大，从而影响整个转子的不平衡量。

故障的主要原因刷丝与跑道之间的接触力过大，导致摩擦磨损严重。可以采用降低刷丝刚度，或增加刷丝与跑道配合间隙（减小过盈量）的措施解决。

4. 刷丝局部缺失

刷丝局部缺失故障的主要现象是刷丝局部缺失,刷丝呈现不连续状态,对刷丝缺丝部位进行放大检查发现,刷丝存在磨损折断的问题,如图 38.14 所示。该故障会导致刷密封泄漏增加。

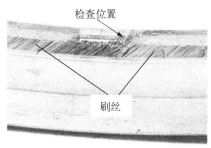

(a) 故障位置

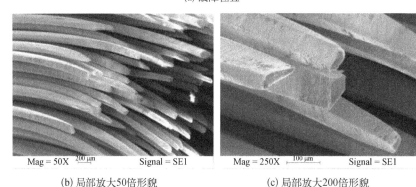

(b) 局部放大50倍形貌   (c) 局部放大200倍形貌

图 38.14   刷丝缺丝故障及放大图

故障的主要原因有如下几种:

(1) 刷丝之间以及刷丝与跑道之间接触力过大,刷丝微动磨损严重,导致刷丝磨细后折断;

(2) 刷丝之间存在大量杂质颗粒,工作中存在过度磨损。

对于几种原因,可以分别采用如下解决措施:

(1) 在刷丝与前板和背板之间保留足够的间隙,防止刷丝被前板和背板挤压;

(2) 降低刷密封前后的压差,降低气体力;

(3) 采用更耐磨材料,或刷丝外表面采用耐磨涂层;

(4) 加工后清洗刷丝,清除刷丝间的杂质颗粒。

5. 刷丝自由端黏接

刷丝自由端黏接故障的主要现象是刷丝自由端黏接在一起,如图 38.15 所示。该故障会导致刷密封和跑道涂层出现严重的磨损,并导致结构件的损坏。

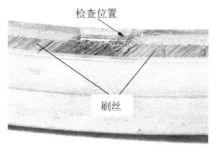

(a) 故障位置

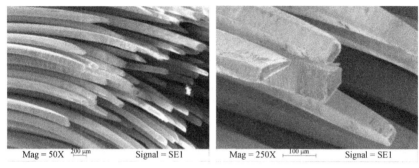

| (b) 局部放大50倍形貌 | (c) 局部放大200倍形貌 |

图 38.15 刷丝自由端黏接图

　　故障的主要原因是刷丝与跑道之间摩擦热过多,导致刷丝温度升高,达到一定温度后刷丝自由端出现熔融焊接现象。可以采用降低刷丝刚度,或增加刷丝与跑道的配合间隙(减小过盈量)的措施解决。

第 39 章
发动机密封试验验证

　　航空发动机密封技术发展至今,密封的理论基础已较为成熟,仿真分析等先进分析手段的使用,不仅使原本无精确解的情况可以进行分析,也使理论分析的精确度得到了很大提高,但由于密封件加工精度、工作条件的变化、发动机振动等影响,发动机密封的实际使用条件跟理论分析边界和假设条件存在差异,导致理论分析结果不能够完全支撑实际应用,加上新材料、新加工工艺的发展和进步,对新材料、新加工工艺的摩擦磨损特性仍需通过试验完成研究和验证。对于一些新型先进密封装置,通常建立在新的理论上,或多种理论共同作用产生,因此需要开展大量的试验验证,来验证理论分析的正确性,以及新型先进密封装置在发动机上使用的可行性、可靠性。

　　由于航空发动机密封装置的种类多,各类型密封装置需要开展不同的试验,试验目的也各不相同。根据发动机密封的试验目的不同,大致可以分为以下几类。

　　机理研究类:用于密封机理研究,探究密封产生的原因、效果和影响因素等。

　　摩擦磨损类:用于密封材料的选择及使用寿命的评估。

　　理论研究类:用于对密封的理论分析结果进行验证,并指导新型密封结构的开发和研究。

　　质量验证类:用于对新产品的加工质量进行验证,通常作为新产品合格验收的依据。

　　产品可行/可靠类:用于新产品对使用条件是否满足的验证,一般包括性能验证和耐久性验证。

　　其他特殊要求:用于对某些特殊要求进行试验,以评价产品的适应性,如海洋盐雾条件的耐腐蚀性试验、高温条件的抗氧化性试验等。

　　密封试验是保证航空发动机密封产品质量和安全可靠使用的保证,需要根据不同类型密封结构的特点、密封使用的工作条件以及整机对密封的特殊功能和要求开展,同时,密封试验也是开展密封理论分析和研究,提高密封技术水平的重要基础手段。

　　根据前面的章节,本书主要对各种不同类型的密封试验项目进行介绍。

39.1　发动机静密封试验

发动机用的大部分静密封设计和分析手段较为成熟,并经过了大量的试验和随整机的验证,一般不需要进行设计相关的试验验证,如胶圈、密封垫、柔性石墨等,按国标、国军标等的设计准则开展设计即可满足使用要求。对于该类密封,一般需要开展的是使用条件对密封提出的特殊要求,如密封材料与密封介质的相容性、材料在特定环境下的适应性(包括耐腐蚀、老化、霉菌等)等。

39.1.1　W 型封严环试验

W 型封严环设计和加工质量均对其性能和寿命具有很大影响,试验是发动机应用和确定使用寿命的重要依据,通常需要通过试验了解 W 型封严环性能和可靠性,以提高 W 型封严环使用寿命。一般情况下,W 型封严环需要开展的试验项目和要求如下。

1. 密封性试验

密封性试验的目的是验证 W 型封严环在某一工况(温度、压力、压缩量等)的密封性是否满足要求。试验评定准则一般包括: 泄漏量不超过规定值;荧光检查不允许有裂纹。

2. 弹性试验

弹性试验分为常温弹性试验与高温弹性试验两种。试验目的是验证 W 型封严环在某一工况(温度、压力、压缩量等)的回弹性是否满足要求。试验评定准则一般包括: W 型封严环轴向宽度的塑性变形量不超过规定值,荧光检查不允许有裂纹。

3. 疲劳试验

疲劳试验的目的是验证 W 型封严环在设计载荷谱条件下的使用寿命。试验评定准则一般包括: W 型封严环轴向宽度的塑性变形量规定值,荧光检查不允许有裂纹。

39.1.2　柔性石墨密封试验

柔性石墨密封试验主要是模拟柔性石墨密封在发动机中的安装状态和环境条件,在一侧通入加温、加压的润滑油,保压一定时间,从另一侧观察滑油泄漏情况,评判标准为不允许有肉眼可见滑油渗漏。

39.2　发动机动密封试验

发动机动密封类型较多,各自需要开展的试验和要求也有一定差异。

39.2.1 摩擦磨损试验

摩擦磨损试验是各种类型动密封都需要开展的试验项目,即使作为非接触式的篦齿密封,由于工作中不可避免存在篦齿与衬套之间的碰磨,也需要开展摩擦副之间的摩擦磨损试验。

摩擦磨损试验一般在摩擦磨损试验机上进行,有特殊工作条件要求的则在专用试验机上进行,试验时模拟摩擦副之间的环境温度、摩擦线速度等工况。发动机密封需要开展的摩擦磨损试验包括刷丝与跑道涂层、石墨环与对偶件、指尖片与跑道涂层、篦齿与衬套涂层等。摩擦磨损试验的主要目的是测试摩擦副之间的摩擦特性,包括摩擦系数、磨损率、磨损机理和磨损形貌等,用于摩擦副材料的选择。

39.2.2 篦齿密封试验

篦齿密封的试验主要包括静态试验、动态试验、气动弹性不稳定性试验及摩擦热不稳定性试验。篦齿密封研究较为成熟,常用齿形和结构的理论分析结果与实际使用相差很小,一般不需要开展试验器验证,只有在特殊工况条件或出现问题的情况下,才通过试验器验证确定其性能及可靠性。

1. 静态试验

静态试验是指在一定工况(温度、压力等)下对篦齿密封泄漏量进行测量的试验,目的是研究篦齿结构形式和结构参数对泄漏的影响关系,并可以对结构参数进行优化设计。试验结果可为空气系统设计提供数据支持。

2. 动态试验

动态试验是静态试验的补充,指在使用工况(温度、压力、转速等)下对篦齿泄漏量进行测量的试验,目的是评估发动机不同工作状态下的密封性能,为空气系统的精确设计提供试验数据。

3. 气动弹性不稳定性试验

气动弹性不稳定性试验是模拟篦齿在发动机上的工况条件(温度、压力、转速等)、安装支承结构等,研究篦齿密封在发动机全工作状态下的疲劳损坏特性,并可以进一步研究各种阻尼结构和阻尼效果。

试验中主要测量篦齿和衬套的应力/应变,寻找振动失稳点。

4. 摩擦热不稳定性试验

摩擦热不稳定性试验用于评估篦齿与衬套的可磨耗涂层的摩擦和磨损适应性,防止出现恶性摩擦引起摩擦热失稳。试验模拟篦齿在发动机上的安装结构、使用工况条件等,尤其是篦齿和衬套的材料(热胀系数匹配),两者之间的不同心、间隙、转子转速等,这些参数对试验结果的准确性产生直接影响。

39.2.3　接触式圆周石墨密封试验

接触式圆周石墨密封的试验主要包括静态试验、动态试验,主要用于接触式圆周石墨密封的静态和动能性能测试评估,以及长期工作可靠性的综合评定和验证。

1. 静态试验

静态试验是在一定工况(温度、压力等)下对接触式圆周石墨密封泄漏量进行测量,目的是检验新产品或工作某一周期后的密封装置的密封性能。静态性能试验是新产品交付使用前必须进行的试验,作为新产品加工质量检验的一个方法。

接触式圆周石墨密封的静态试验有两种方式:一种是在规定条件(温度、压力等)下测量单位时间内的空气泄漏量;一种是在标准容积内,测量空气压力从规定的高压力值降低到规定的低压力值所用的时间。目前两种方法都有使用。

2. 动态试验

动态试验包括动态性能试验和耐久性试验,均是模拟密封装置在发动机上的使用工况(温度、压力、转速、安装等)条件进行试验。动态性能试验是测量接触式圆周石墨密封的动态泄漏特性,耐久性试验则测试密封的长时间工作能力和性能变化情况。

耐久性试验是对接触式圆周石墨密封的性能、结构、使用寿命的综合检验,是发动机使用和寿命确定的依据。

39.2.4　开口环密封试验

开口环密封的试验包括弹性检测试验、静态试验、动态试验,弹性测量试验用于交付前的产品质量检测试验,静态和动态试验用于接触式圆周石墨密封的静态和动能性能测试评估,以及长期工作可靠性的综合评定和验证。

1. 弹性检测试验

弹性检测试验是对开口环在工作状态下的弹性张开力进行测量,目的是保证开口环在工作状态下对衬套的压力符合设计要求。弹性检测试验是新产品交付使用前必须进行的试验,作为新产品加工质量检验的一个方法。

2. 静态试验

静态试验是在一定工况(温度、压力等)下对开口环密封泄漏量进行测量,目的是检验新产品或工作某一周期后的密封装置的密封性能。

3. 动态试验

动态试验包括动态性能试验和耐久性试验,均是模拟开口环密封在发动机上的使用工况(温度、压力、转速、安装等)条件进行试验。动态性能试验是测量开口环密封的动态泄漏特性,耐久性试验则测试密封的长时间工作能力和性能变化情况。

耐久性试验是对接触式圆周石墨密封的性能、结构、使用寿命的综合检验,是发动机使用和寿命确定的依据。

39.2.5　浮环密封试验

浮环密封试验包括静态密封试验和动态试验,主要用于浮环密封的静态和动能性能测试评估,以及长期工作可靠性的综合评定和验证。

1. 静态密封试验

浮环静态密封试验是指在某一工况(温度、压力、安装条件等)下浮环密封对象件静止时,对浮环密封装置的泄漏量进行测量的试验。静态试验是密封装置装机前必须进行的试验,主要是用来检验新产品或工作某一周期后的密封装置的密封性能。

浮环密封静态试验包括工况温度条件下静态试验和常温状态下的静态试验。

2. 动态试验

动态试验是检验密封装置在某一工况(转速、温度、压力、安装条件等)下浮环密封装置的性能。动态试验一般在专用的试验器上进行,试验转接段按试验要求进行设计,试验条件如密封安装状态与环境温度、介质温度、压力和流量、主轴旋转等应尽量模拟密封装置实际的工况条件。

浮环密封全工况动态密封试验包括浮环密封泄漏试验、浮环上浮试验及持久试验。

泄漏试验主要考核浮环密封在工况条件下浮环密封的密封性能。

浮环上浮试验主要考核浮环密封装置中石墨环的上浮性能,是评估浮环寿命长短的重要依据。持久性试验是对浮环密封的性能、结构和使用寿命的综合性检验[37]。

持久性试验一般在专用的试验器上进行,其试验结果是发动机应用和确定使用寿命的技术依据。

39.2.6　机械端面石墨密封/磁力密封试验

机械端面石墨密封/磁力密封包括静态密封试验和动态试验。

1. 静态密封试验

机械端面石墨密封/磁力密封静态密封试验是指在某一工况(温度、压力、安装条件等)下密封的转动件(动环)静止时,对密封装置的泄漏量进行测量的试验。

静态试验是端面石墨密封装置/磁力密封装机前必须进行的试验,主要是用来检验新产品或工作某一周期后的机械端面石墨密封/磁力密封的密封性能。

通常以 1.25 倍最高工作压力进行水压(工作介质:油)试验,持续 15 min,泄漏不得超过规定值;或以一定压力的空气进行试验,持续 15 min,通过测量经通气管伸入水下一定深度处溢出的气泡数量评估密封性能。

2. 动态试验

端面石墨密封动态试验是检验密封装置在某一工况(转速、温度、压力、安装条件等)下端面石墨密封装置的性能。动态试验一般在专用的试验器上进行。试验转接段按试验要求进行设计,试验条件如密封安装状态与环境温度、介质温度、压力和流量、主轴旋转等应尽量模拟密封装置的实际工况条件。

端面石墨密封全工况动态密封试验包括端面石墨密封泄漏试验及持久试验。

泄漏试验主要考核端面石墨密封在工况条件下端面石墨密封的密封性能。

持久试验一般在专用的试验器上进行,其试验结果是发动机应用和确定使用寿命的技术依据。

39.2.7 刷式密封/指尖密封试验

刷式密封/指尖密封试验包括静态密封试验和动态试验。

1. 静态试验

静态试验是模拟一定工况条件(温度、压力等),对刷式密封/指尖密封泄漏量进行测量,目的是检验新产品或工作一定周期后的密封装置的密封性能,用于对刷式密封/指尖密封在使用前后的性能变化进行评估,也可作为刷式密封/指尖密封是否满足使用要求的结果评定。目前静态试验是作为新设计产品对使用工作条件满足情况的验证,不作为新加工产品交付前的质量验收评定。

2. 动态试验

动态试验包括动态性能试验和耐久性试验,均是模拟刷式密封/指尖密封在发动机上的使用工况(温度、压力、转速、安装等)条件进行试验。动态性能试验是测量刷式密封/指尖密封的动态泄漏特性,对不同设计参数开展动态性能试验,还可以作为刷式密封/指尖密封结构优化设计的一种方法;耐久性试验则测试刷式密封/指尖密封的长时间工作能力和性能变化情况。

耐久性试验用来综合评估刷式密封/指尖密封的密封能力、使用可靠性和使用寿命,作为刷式密封/指尖密封满足发动机使用要求的试验依据。

第 40 章
发动机密封技术发展展望

　　未来发动机对气体密封和液体密封的工况要求将会更高,发动机密封技术的发展将面临更高参数的挑战,包括更高的密封温度、更高的密封线速度和更长的密封试用寿命等参数。发动机密封技术需要在结构设计、材料应用及计算分析能力上进行全面的提升,才能满足未来发动机对密封技术的需求。未来发动机典型密封技术发展技术指标见表 40.1。

表 40.1　未来发动机典型密封技术发展技术指标

密封型式	密封压差/MPa	密封温度/℃	密封速度/(m/s)	材　　料
附件轴端的机械端面密封	1.2	350	120	碳石墨或碳/碳复合
主轴承腔石墨圆周密封	0.5	450	160	碳石墨或碳/碳复合
浮环密封	0.3	500~550	220	耐高温石墨
流路的指尖密封	1.2	750	460	优质合金或陶瓷
流路的刷式密封	0.35	750	450	优质合金或陶瓷

　　另外,随着现代工业的飞速发展,对密封的要求越来越高,单一的密封装置有时难以满足苛刻的工况条件,将几种密封装置组合起来,利用其各自优势,使其充分发挥作用,因此,发动机组合密封技术研究将成为未来发展方向之一。发动机密封的泄漏率和磨损率是表征发动机密封性能的两个方面,在实际使用中,发动机工作参数的变化必然引起发动机密封性能的变化,如发动机振动突然增大造成的质瞬间密封介严重泄漏;控制好各工况下发动机密封系统的稳定工作,即可控密封技术的研究也是未来发动机密封发展中方向之一。

40.1　发动机密封系统技术发展展望

　　发动机密封系统技术在发动机研制初期就开始综合考虑,包括发动机的辅助空气系统、各支点密封组合装置与相配的转动密封件、必要的滑油冷却结构装置、合理的轴承腔结构、顺畅的轴承腔通风系统等方面因数,其中发动机主轴承腔密封装置的封严压差与辅助空气系统及轴承腔的通风系统需要进行多次迭代设计和平衡各系统的优缺点,才能形成一个较为优良的发动机密封系统的设计。

目前,国内还没有发动机密封系统试验器的试验能力,一般都是密封装置可以在试验器上提前验证,而发动机密封系统只能随发动机整机进行试验验证,验证后视情对发动机密封系统进行优化改进;因此,发动机的密封系统的仿真分析技术将是未来发动机密封系统技术发展的一个重要研究内容。

发动机密封系统的仿真分析技术需要综合考虑各流通单元的压力、速度、温度、密封间隙等因素,形成各因素之间相互影响的流体动力学分析方法。在发动机密封静态性能分析过程中主要考虑温度场、流场和结构场相互作用下的热-流-固耦合问题;在发动机动态密封性能分析中主要考虑轴向或角向强迫振动等引起的动态响应、不可避免的周期振动条件下密封性能影响。通过发动机密封系统的仿真分析,可以在发动机研制初期对发动机密封系统模拟验证并提前开展优化设计,可以较大提高发动机密封系统技术的可靠性、节省发动机密封系统技术的研制周期,将会促进发动机密封系统技术的更快发展。

另外,发动机在工作过程中,经常伴随着发动机密封系统的封严压差经常受到发动机辅助空气系统的变化而波动,影响了发动机密封系统的整体密封效果。因此,发动机密封系统将来可以联合空气系统、轴承腔通风系统一起开展人工智能控制技术研究,主动对发动机密封系统的封严压差进行调节;例如研制智能控制装备,控制发动机不同工作状态的各支点密封装置封严压差稳定,这样既可以防止发动机低状态密封装置封严压差不足导致滑油泄漏,也可以避免发动机高状态的密封装置封严压差过高而导致发动机的滑油消耗量增大问题。

40.2　发动机主轴承腔密封技术发展展望

在运输用发动机方面,发动机的主轴承腔密封技术一般采用篦齿密封型式较多,篦齿密封为非接触,寿命和可靠性方面优势明显;而军用发动机一般采用性能更好的接触式圆周石墨密封型式多些,更先进的发动机一般采用双联圆周石墨密封组合代替现在的圆周石墨密封与篦齿密封组合的结构,这样将消耗的空气系统引气量更小,发动机滑油消耗量也相对更小。未来发动机主轴承腔密封目标参数:封严压差将增加到 0.5 MPa;封严引气空气温度有可能达到 450℃,甚至短期达到

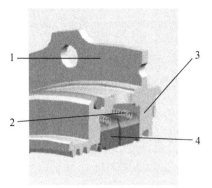

图 40.1　发动机双联石墨圆周结构局部图

1. 石墨密封座；2. 周向弹簧；
3. 压环组件；4. 石墨环

500℃；密封线速度有望达到 160 m/s；除了发动机主轴承腔密封的工况参数较大幅度提高外，长寿命的密封技术也将是发动机密封技术发展的重要方向。发动机双联圆周石墨密封结构局部图见图 40.1。

另外，随着发动机主轴承腔逐渐开始采用弹性支撑结合结构，以及齿轮驱动风扇（GTF）发动机的特殊工况结构，都提高了对发动机主轴承腔密封装置的要求，主轴承腔密封装置除了具有更高的抗氧化温度和高摩擦线速度外，还需要具备承受大径向跳动和一定角向偏差的能力；美国的 STEIN 密封公司未来将研究可承受 2.5 mm 径向跳动和 0.5° 的角向偏差[38] 的能力的主轴承腔密封装置，并要求该密封装置具有 30 000 h 的平均拆换时间。

发动机转子与转子之间的主轴承腔密封技术方面，仍然较多采用轴间篦齿密封结构为主，该型式密封为非接触密封结构，同样发动机工况条件下，非接触密封结构较接触密封结构的密封性能差距较大，因此发动机转子与转子之间采用接触式密封结构也将发动机主轴承腔密封技术的一个发展方向。

40.3　发动机流路密封技术发展展望

发动机流路密封中的刷式密封技术方面，高温、高压和高速工况条件下刷式密封技术应用还不太成熟，这就需要未来加强多级刷式密封技术的应用和长寿命刷式密封技术，通过开展多级刷式密封的热-流-固耦合分析、多级刷式密封的压力分布、温度场分布以及泄漏特性变化等技术的研究，可以有望实现高技术参数问题工况条件下的刷式密封应用。

发动机新型流路密封中的指尖密封技术也可能成为未来流路密封的发展方向[39]。美国 NASA Glenn 研究中心、Army 研究实验室和 AlliedSignal 发动机公司都投入到指尖密封的技术研究中，试验结果表明：指尖密封的泄漏量比常用的四齿篦齿密封减少 20%~70%。国内对于指尖密封技术的研究也较多，并已经在一些发动机上开展了应用，未来长寿命指尖密封技术以及碳/碳复合等新材料的指尖密封技术有可能成为发展方向。

另外，在发动机流路密封的技术研究中，如何控制好发动机不同工作状态中流路密封转子与静子之间受高温膨胀、离心膨胀等影响的径向和轴向尺寸变化，将成为提升发动机流路密封的性能和寿命影响的重要因数之一。

40.4　发动机附件轴端密封技术发展展望

随着发动机附件轴端的转速不断增高,对发动机轴端密封的要求也更高。在发动机附件轴端密封中的唇式密封方面,唇式密封的线速度可能达到 35~40 m/s,橡胶类材料的唇式密封已经无法满足,需要改用更耐磨的 PTFE 材料唇式密封。

发动机附件轴端密封中的机械端面密封方面,其未来的线速度可能高达120 m/s,密封装置的耐温也将超过 350℃,这就需要开展机械端面密封表面改形技术的研究。机械端面密封表面改形技术是通过在机械端面密封的工作面上开出各种形状的槽,微米级的浅槽一般开在机械端面密封的转子工作表面,浅槽内的黏性流体在动压效应作用下,会在机械端面密封的转、静子之间产生一层流体膜,这层流体膜改善了机械端面密封转、静子之间的润滑状况,从而降低了高线速度工况下机械端面密封转、静子之间摩擦磨损,较大地提高了机械端面密封的寿命。

40.5　发动机密封材料发展展望

发动机密封技术的发展除了密封设计技术的发展外,还跟密封材料的发展密不可分。发动机主轴承腔密封方面,未来耐温 500℃、耐压 0.5 MPa、线速度高达160 m/s 的主轴承腔密技术中对石墨密封材料的要求较高,现有的石墨密封材料无法满足需求,因此,新型石墨密封材料的发展尤为迫切。在流路密封方面,耐更高温度的刷丝材料和新型指尖材料将是流路密封进一步发展的关键。至于附件轴端密封方面,高性能的石墨材料对附件密封的发展同样重要,而且适应较高径向跳动和轴向窜动能力机械端面密封也是未来的发展方向之一;高线速度的唇式密封材料研制将决定的唇式密封未来技术发展。

另外,在发动机密封的转、静子之间采用的涂层材料将会是发动机密封材料发展的一个重要组成部分,低磨损或无磨损的新型涂层材料将会促进高工况条件下的发动机密封技术发展。

参考文献

［1］ 胡广阳.航空发动机密封技术应用研究［J］.航空发动机,2012,38(3):1-4.

［2］ 王伟,赵宗坚,张振生.单环圆周密封设计和应用研究［J］.航空发动机,2009,35(4):7-11.

［3］ Dinc S, Demiroglu M, Turnquist N, et al. Fundamental design issues of brush seals for industrial applications［C］. New Orleans：ASME Turbo Exposition, 2001.

［4］ 付平,常德功.密封设计手册［M］.北京：化学工业出版社,2009.

［5］ 航空发动机设计手册总编委会.航空发动机设计手册第十二分册［M］.北京：航空工业出版社,2002.

［6］ 成大先.机械设计手册：单行本.润滑与密封［M］.北京：化学工业出版社,2004.

［7］ 李新华.法兰用密封垫片实用手册［M］.北京：中国标准出版社,2014.

［8］ 蔡仁良,顾伯勤,宋鹏云.过程装备密封技术［M］.北京：化学工业出版社,2006.

［9］ 龚雪婷.航空发动机用 W 形金属密封环特性研究［D］.北京：北京化工大学,2011.

［10］ 林基恕.航空燃气涡轮发动机机械系统设计［M］.北京：航空工业出版社,2005.

［11］ Kim S H, Ha T W. Prediction of leakage and rotor dynamic coefficients for the circumferential-groove-pump seal using CFD analysis［J］. Journal of Mechanical Science and Technology, 2016, 30(5)：2037-2043.

［12］ Hayden T S, Keller C H. Design guide for helicopter transmission seals［R］. NASA-CR-120997, 1974.

［13］ 林建忠,阮晓东,陈邦国,等.流体力学［M］.北京：清华大学出版社,2013.

［14］ 胡国桢,石流,阎家宾.化工密封技术［M］.北京：化学工业出版社,1990.

［15］ 陈志,高春阳,范唯超.浮环密封流场数值模拟及泄漏率公式的修正［J］.四

川大学学报(工程科学版),2016,48(1):208-214.

[16] 吴庄俊.径向唇形密封的密封性能研究[D].重庆:重庆大学,2012.

[17] 江华生.唇形油封密封性能及其轴表面织构效应的研究[D].浙江:浙江工业大学,2016.

[18] 康帅.旋转唇形油封泵汲机理和散热机理研究[D].重庆:重庆大学,2014.

[19] 贾晓红,Salant R F, Jung S,等.旋转轴唇密封轴表面微螺旋槽的反向泵送特性[J].清华大学学报(自然科学版),2013,53(10):1448-1451.

[20] 王伟,信琦,孙晓萍.航空动力附件磁密封设计[J].航空科学技术,2011(4):55-58.

[21] 孙晓萍.航空发动机磁力密封设计与试验研究[J].航空发动机,2003(1):1-4.

[22] Chupp R E. Advanced seal development for large industrial gas turbines[C]. Orlando:AIAA, 1997.

[23] 陈国定,苏华,张延超.指尖密封的分析与设计[M].西安:西北工业大学出版社,2012.

[24] Arora G K,Proctor M, Steinetz B M, et al. Pressure balanced, low hysteresis, finger seal test results[C]. Los Angeles:35th Joint Propulsion Conference and Exhibit, 1999.

[25] 陈国定,徐华,虞烈,等.指尖密封的迟滞特性分析[J].机械工程学报,2003,39(5):121-124.

[26] Braun M J, Choy F K, Pierson H M, et al. Structural and dynamic considerations towards the design of padded finger seals[C]. Huntsville:39th AIAA/ASME/SAE/ASEE Joint Propulsion Conference and Exhibit, 2003.

[27] 王文东,单旸,金石磊,等.低摩擦 PTFE 复合材料旋转运动密封[J].有机氟工业,2013(3):41-45.

[28] 冀宏,兰博杰,任小青,等.高压叶片泵聚四氟乙烯矩形密封圈的密封原理分析[J].润滑与密封,2011,36(9):30-37.

[29] Novinski E R. The selection and performance of thermal sprayed abradable seal coatings for gas turbine engine[C]. New Orleans:25th Annual Aerospace/Airline Plating & Metal Finishing Forum & Exposition, 1989.

[30] Meetham G W. Recent advances and developments in coatings[M]. London:Rolls-Royce plc, 1989.

[31] Dorfman M, Novinski E, Kushner B, et al. A high performance alternative to nicral/bentonite for gas turbine abradable seal[C]. Orlando:13th International Thermal Spray Conference & Expositive, 1992.

[32] DeMasi-Marcin J T, Gupta D K. Protective coatings in the gas turbine engine [J]. Surface and Coatings Technology, 1994, (68): 1-9.

[33] Zajchowski P H, Freling M, Meier S M, et al. Wear resistant coating for brush seal applications[P]. US6815099B1, 2004.

[34] 王占彬,范金娟,肖淑华,等.橡胶密封圈失效分析方法探讨[J].失效分析与预防,2015,10(5):314-319.

[35] 赵春梅.垫片密封失效分析及垫片的选用[J].炼油与化工,2009,20(3):54-55.

[36] 沈轶,陆晓峰.高温法兰连接系统的失效分析[J].润滑与密封,2006(4):164-166.

[37] 朱立新,王汝美.实用机械密封技术问答[M].北京:中国石化出版社,2014.

[38] Pescosolido A, Dobek L. Development of high misalignment carbon seals[C]. Salt Lake City: 37th AIAA/ASME/SAE/ASEE JPC Conference & Exhibit, 2001.

[39] Arora G, Steinetz B, Proctor M. Finger seal: A novel approach to air to air sealing[R]. NASA/CP-2006-214329, 2006.